大数据科学与应用丛书

Hadoop 大数据实战权威指南（第2版）

黄东军　编著

電子工業出版社
Publishing House of Electronics Industry
北京•BEIJING

内 容 简 介

大数据贵在落实！

本书是一本讲解大数据实战的图书，按照“深入分析组件原理、充分展示搭建过程、详细指导应用开发”的指导思想编写。全书分为三篇，第一篇为大数据的基本概念和技术，主要介绍大数据的背景、概念、特性及关键技术；第二篇为 Hadoop 大数据平台搭建与基本应用，内容涉及 Linux、HDFS、MapReduce、Yarn、Hive、HBase、Sqoop、Kafka、Spark 等；第三篇为大数据处理与项目开发，包括交互式数据处理、协同过滤推荐系统、销售数据分析系统，并就京东的部分销售数据使用大数据进行处理分析。

本书适合初学者入门和进阶，也可供希望全面、系统地理解并掌握大数据实际应用的读者参考，对从事大数据项目开发的专业人员也有参考价值。

为了方便读者实践，本书配有开发资源包，读者可登录华信教育资源网（www.hxedu.com.cn）免费注册后下载。

图书在版编目（CIP）数据

Hadoop 大数据实战权威指南 / 黄东军编著. —2 版. —北京：电子工业出版社，2019.8
（大数据科学与应用丛书）
ISBN 978-7-121-37033-5

Ⅰ. ①H…　Ⅱ. ①黄…　Ⅲ. ①数据处理软件－指南　Ⅳ. ①TP274-62

中国版本图书馆 CIP 数据核字（2019）第 138059 号

责任编辑：田宏峰
印　　刷：天津嘉恒印务有限公司
装　　订：天津嘉恒印务有限公司
出版发行：电子工业出版社
　　　　　北京市海淀区万寿路 173 信箱　邮编：100036
开　　本：787×1092　1/16　印张：20.00　字数：508 千字
版　　次：2017 年 7 月第 1 版
　　　　　2019 年 8 月第 2 版
印　　次：2022 年 1 月第 6 次印刷
定　　价：79.00 元

凡所购买电子工业出版社图书有缺损问题，请向购买书店调换。若书店售缺，请与本社发行部联系，联系及邮购电话：（010）88254888，88258888。

质量投诉请发邮件至 zlts@phei.com.cn，盗版侵权举报请发邮件至 dbqq@phei.com.cn。

本书咨询联系方式：tianhf@phei.com.cn。

第 2 版前言

本书第 1 版于 2017 年 7 月面世，到目前已经印刷多次，受到了广大读者的欢迎和好评，作者为此备受鼓舞。随着时间的推移，大数据技术又有了新的变化，例如，Hadoop 由写作第 1 版时的 Hadoop 2.6 升级到 Hadoop 3.1，其官方文档声称新版 Hadoop 的速度比同期 Spark 快 10 倍；其他组件也在不断更新和升级。作为大数据实战权威指南，本书当然要紧跟技术发展，及时反映新平台、新技术、新方法和新特性。因此，我们撰写了《Hadoop 大数据实战权威指南（第 2 版）》。

第 2 版的写作架构上与第 1 版保持一致，仍然分为 3 篇、12 章，但是各章内容进行了提升和改写，对软件平台和主要组件都进行了升级，具体变化如下：

（1）采用 Hadoop 3.1。在实践中我们也感受到， Hadoop 3.1 在速度、稳定性、易用性等方面都好于早期的版本。

（2）JDK 由原来的 1.7.0_71 升级到了 1.8.0_171。从业界反馈的信息看，1.8.0 版本的 JDK 是很受开发人员欢迎的。

（3）MySQL 由原来的 5.7.13 升级到 8.0.11，其性能得到了显著的提高。

（4）Hive 从原来的 2.1.0 升级到 3.1.0。

（5）HBase 继续采用 1.2.4 版。我们观点是，必要的升级是有效的，但是，升级软件组件也面临适配性问题，在生产实际中更是需要慎重对待。从官方文献及实践来看，Hadoop 与 HBase 存在很强的适配性问题，不同版本的 Hadoop 需要对应不同版本的 HBase。研究证明，Hadoop 3.1 与 HBase 1.2.4 能够很好地配合使用。

（6）Spark 由原来的 2.0 升级到 2.4。与之配套的开发平台 IDEA 也由原来的 2016.3 升级到 2018.3.4。

特别需要说明的是，在上述升级中，为读者展示了大量的新方法和新变化，曾踩过了很多的坑，解决了不少技术问题。这些这对学习者、项目开发者都有很好的参考作用。

大数据正处于方兴未艾的发展时期，我们将努力为读者奉献精品力作。由于作者水平有限，错误和疏漏在所难免，恳请广大读者提出宝贵的意见和建议。作者的电子邮箱是：djhuang@csu.edu.cn。

黄东军

2019 年 8 月 21 日于长沙

第 1 版前言

本书内容

本书分为三篇，共 12 章。

（1）第一篇　大数据的基本概念和技术

第 1 章　绪论，描述大数据的时代背景，探讨大数据的概念和特性，重点阐述大数据系统的技术支撑体系，包括数据采集、存储、分布式计算和应用，并讨论大数据人才特点与能力要求。

第 2 章　Hadoop 大数据关键技术，详细介绍大数据系统涉及的主流技术，主要包括大数据采集与生成、分布式存储、分布式计算框架、数据分析与挖掘等方面的技术和工具。

（2）第二篇　Hadoop 大数据平台搭建与基本应用

第 3 章　Linux 操作系统与集群搭建，介绍 Linux 操作系统的安装、Java 开发包（JDK）的安装，以及集群的配置方法。

第 4 章　HDFS 安装与基本应用，介绍 HDFS 的架构、工作原理，以及 Hadoop 安装、配置、启动和程序的运行。

第 5 章　MapReduce 与 Yarn，介绍 MapReduce 的工作原理，描述 MapReduce v2（Yarn）的架构和执行流程，重点介绍如何设计 MapReduce 程序，给出了在 Eclipse 中实现 Java 语言 MapReduce 程序的具体过程。

第 6 章　Hive 和 HBase 的安装与应用，主要介绍 Hive 和 HBase 的安装配置和应用方法，同时也介绍 MySQL 和 ZooKeeper 的安装与应用。

第 7 章　Sqoop 和 Kafka 的安装与应用，介绍 Sqoop 和 Kafka 组件的安装及其基本应用方法。

第 8 章　Spark 集群的安装与开发环境的配置，介绍 Spark 架构及其工作原理，详细介绍 Spark 开发环境的安装与配置，包括热门的 IntelliJ IDEA 集成开发环境的安装与基本应用。

第 9 章　Spark 应用基础，介绍 Spark 程序的运行模式和应用设计方法，通过编写计算圆周率 Pi、基于随机森林模型的贷款风险预测 Scala 程序，展示了在集成开发环境 IDEA 中编写 Spark 程序的流程。

（3）第三篇　大数据处理与项目开发

第 10 章　交互式数据处理，介绍如何利用 Hive 进行大数据的处理和分析。Hive 是建立在 Hadoop 和 MapReduce 基础上的数据仓库工具，借助于 SQL 语句，用户可完成很多处理和分析，对实际工作有很大的帮助。

第 11 章　协同过滤推荐系统，介绍推荐算法的基本概念和应用，展示基于 Spark 机器学习库 MLlib 实现的协同推荐应用。

第 12 章　销售数据分析系统，通过一个完整的销售数据分析系统设计，展示如何利用 Hadoop 的各种组件开发实际的大数据应用系统。本章用到的组件包括 HDFS、MySQL、Eclipse、Phoenix、HBase、WebCollector、Servlet、Tomcat 等，所展示的数据和应用均来自真实场景，对读者有较高参考价值。

本书特点

本书把原理、架构、运行流程分析与实际应用融合起来介绍，融合性地阐述框架优于单纯的原理分析，因为原理最终要付诸于应用。

本书高度重视实践能力的培养，对系统安装、配置和应用过程给出了十分详细的描述，所有实验都是基于实际完成的操作来进行介绍的，并配有截图，为读者展示了真实、详尽、可重现的场景，十分方便读者自学和钻研。

与很多大数据技术书籍不同，本书突出了数据处理本身，深入介绍了如何运用技术进行实际的数据分析，所采用的数据样本来自生产一线，所展示的项目具有实用的参考价值，读者掌握这些技术之后，就可以开始进行项目开发了。

本书的读者群

本书十分适合初学者入门和进阶。

本书也可供那些已经学习过 Hadoop 组件技术，但希望全面、系统地理解并掌握实际应用的读者参考。

本书对从事大数据项目开发的专业人员也有参考价值，书中所描述的在 Hadoop 组件应用中遇到的各种问题及其解决办法十分实用。

本书特别适合自学，读者完全可以利用本书给出的资源和示例，一步一步地完成各项操作和应用，体验一种登堂入室的成就感。

致谢

感谢大数据时代，感谢开源社区，感谢 Apache 基金会，感谢 Google，感谢所有关心和热爱大数据的人们！

作者在创作本书时借鉴了中科普开（北京）科技公司的部分培训资源，在此表示衷心的感谢。特别感谢中南大学郑瑾副教授，本书的部分内容参考了她编撰的书稿。由衷地感谢王建新教授、李建彬教授、张祖平教授，他们耐心地审阅了本书，提出了很多中肯的意见和建议。非常感谢电子工业出版社田宏峰编辑，他细心专业的工作方式，给作者留下深刻印象，并为本书的高质量出版提供了保障。

由于作者水平有限，本书的错误和疏漏在所难免，恳请广大读者提出宝贵意见和建议，作者的电子邮箱是 djhuang@csu.edu.cn。

作　者
2017 年 6 月于长沙

目　录

第一篇

大数据的基本概念和技术

第 1 章

绪　　论

最早提出“大数据”时代到来的全球知名咨询公司麦肯锡称：“数据，已经渗透到当今每一个行业和业务职能领域，成为重要的生产因素。人们对于海量数据的挖掘和运用，预示着新一波生产率增长和消费者盈余浪潮的到来。”

本章主要分析大数据的时代背景与我国的大数据战略，给出大数据的概念，并分析其特性，重点介绍大数据技术的支撑体系，包括数据采集、存储、分布式计算和应用，最后简要讨论大数据领域的主要职位及其要求。

1.1　大数据的时代背景

1.1.1　全球大数据浪潮

为什么最近几年大数据变得如此引人注目？大数据到底有多大？

一组名为“互联网上一天”的数据告诉我们，一天之中，互联网产生的全部内容可以刻满 1.68 亿张 DVD；发出的邮件有 2940 亿封之多；发出的社区帖子达 200 万个（相当于《时代》杂志 770 年的文字量）；卖出的手机为 37.8 万台，高于全球每天出生的婴儿数量 37.1 万。

目前，全球数据量已经从 TB（1024 GB=1 TB）级别跃升到 PB（1024 TB=1 PB）、EB（1024 PB=1 EB）乃至 ZB（1024 EB=1 ZB）级别。国际数据公司（IDC）的研究结果表明，2008 年全球产生的数据量为 0.49 ZB，2009 年的数据量为 0.8 ZB，2010 年增长到了 1.2 ZB，2011 年的数量更是高达 1.82 ZB，相当于全球每人产生 200 GB 以上的数据。而到了 2016 年，人类生产的所有印刷材料的数据量是 300 PB，人类历史上说过的所有话的数据量大约是 5 EB。IBM 的研究称，整个人类文明所获得的全部数据中，有 90%是过去在最近几年内产生的，而到了 2020 年，全世界所产生的数据规模将达到 2016 年的 44 倍。

这样的趋势将会持续下去。我们现在还处于大数据的初级阶段，随着技术的进步，设备、交通工具和迅速发展的可穿戴科技将实现互连互通。科技的进步已经使创造、采集和管理信息的成本降至十年前的六分之一，而从 2005 年起，用在硬件、软件、人才及服务之上的商业投资也增长了整整 50%，达到了 4000 亿美元。

正如《纽约时报》2012 年 2 月的一篇专栏文章所称，“大数据”时代已经降临，在商业、经济及其他领域中，决策将日益基于数据和分析而做出，而并非基于经验和直觉。哈佛大学社会学教授加里金说：“这是一场革命，庞大的数据资源使得各个领域开始了量化进程，无论学术界、商界还是政府，所有领域都将开始这种进程。”

越来越多的政府、企业等机构开始意识到数据正在成为最重要的资产，数据分析能力正在成为核心竞争力。

2012 年 3 月 22 日，美国政府宣布投资 2 亿美元拉动大数据相关产业发展，将“大数据战略”上升为国家意志。美国政府将数据定义为“未来的新石油”，并表示一个国家拥有数据的规模、活性及解释运用的能力将成为综合国力的重要组成部分。未来，对数据的占有和控制甚至将成为陆权、海权、空权之外的另一种国家核心资产。2014 年 5 月美国总统办公室提交了“大数据：把握机遇，维护价值”政策报告，强调利用大数据来促进增长、降低风险的重要性。2016 年 5 月白宫又提出了“联邦大数据研发战略计划”，谋划大数据战略的下一步行动方针。

欧盟方面，最近几年主要在四方面持续发力：一是资助大数据领域的研究和创新活动；二是实施开放数据政策；三是促进科研实验成果和数据的使用及再利用；四是整合数据价值链的各个战略要素。

日本政府也十分重视大数据研究与产业发展。矢野经济研究所预测，日本大数据市场规模在 2020 年将超过 1 兆日元（约 650 亿元人民币）。

联合国也在 2012 年发布了大数据政务白皮书，指出大数据对于联合国和各国政府来说是一个历史性的机遇，人们如今可以使用极为丰富的数据资源来对社会经济进行前所未有的实时分析，帮助政府更好地响应社会和经济运行。

最为积极的还是众多的 IT 企业。麦肯锡在一份名为“大数据：下一轮创新、竞争和生产力的前沿”的专题研究报告中提出，“对于企业来说，海量数据的运用将成为未来竞争和增长的基础”，该报告在业界引起广泛反响。麦肯锡的报告发布后，大数据迅速成为计算机行业争相传诵的热门概念，也引起了包括金融界在内的各行各业的高度关注。随着互联网技术的不断发展，数据本身是资产，这一观点在业界已经形成共识。如果说云计算为数据资产提供了保管、访问的场所和渠道，那么如何盘活数据资产，使其为国家治理、企业决策乃至个人生活服务，则是大数据的核心议题，也是云计算内在的灵魂和必然的升级方向。事实上，全球互联网巨头都已意识到了大数据的重要意义，包括谷歌、苹果、惠普、IBM、微软在内的全球 IT 企业纷纷通过收购大数据相关厂商来实现技术整合，可见其对大数据的重视。

例如，IBM 提出，上一个十年，他们抛弃了 PC，成功转向了软件和服务，而这次将远离服务与咨询，更多地专注于因大数据分析软件而带来的全新业务增长点。IBM 总裁罗睿兰认为：“数据将成为一切行业当中决定胜负的根本因素，最终数据将成为人类至关重要的自然资源。”

在国内，阿里巴巴在大数据应用和开发上投入巨资，已经取得了令人瞩目的成绩；百度也致力于开发自己的大数据处理和存储系统；腾讯则提出要开创数据化运营的黄金时期，把整合数据看成未来的关键任务。

总体上，从 SGI 的首席科学家 John R. Masey 在 1998 年提出大数据概念，到大数据分析技术广泛应用于社会的各个领域，已经走过了 20 多年的时间。现在，再也没有人会怀疑大数据分析的力量，并且都在竞相利用大数据来增强自己企业的业务竞争力。但是，即使已经过去了 20 多年，大数据分析行业仍然处于快速发展的初期，每时每刻都在产生新的变化，特别是随着移动互联网的快速发展，大数据从概念到实用、从结构化数据分析到非结构化数据分析，正处于新的高潮和进化阶段。

1.1.2 我国的大数据战略

毫无疑问，在全世界进入以信息产业为主导的新经济发展时期，以大数据为代表的新兴产业将以新经济方式引领新常态，我们国家也必然提出并实施国家大数据发展战略。

“十三五”规划对实施网络强国战略、互联网+行动计划和大数据战略等进行了部署，提出要切实贯彻落实好党的十八届五中全会、“十三五”规划纲要的部署，着力推动互联网和实体经济深度融合发展，以信息流带动技术流、资金流、人才流、物资流，促进资源配置优化，促进全要素生产率提升，为推动创新发展、转变经济发展方式、调整经济结构发挥积极作用。

国务院于 2015 年 8 月出台了《促进大数据发展行动纲要》，提出要通过开放、产业和安全“三位一体”建设数据强国。三位一体主要是政府数据开放共享，它是开放的条件；产业是根基，即以推动产业创新发展为根本；安全是保障，要健全数据的安全保障体系。

总体来讲，可以概括为“一个目标，三大内容、十项工程、七大举措”。一个目标，就是全面推进我国大数据发展和应用，加快建设数据强国目标。三大内容是加快政府数据开放共享，推动资源整合，提升治理能力；推动产业创新发展，培育新兴业态，助力经济转型；强化安全保障，提高管理水平，促进健康发展。十项工程包括政府数据资源共享开放工程、国家大数据资源统筹发展工程、政府治理大数据工程、公共服务大数据工程、工业和新兴产业大数据工程、现代农业大数据工程、万众创新大数据工程、大数据关键技术及产品研发与产业化工程、大数据产业支撑能力提升工程、网络和大数据安全保障工程。七大举措是完善组织实施机制、加快法规制度建设、健全市场发展机制、建立标准规范体系、加大财政金融支持、加强专业人才培养、促进国际交流合作。。

同时，国务院还决定建立国家大数据发展和应用的统筹协调机制，通过设立 3+X 工作机制，由工业和信息化部、国家发展和改革委员会，以及中央网络安全和信息化领导小组办公室（网信办）三个部门牵头，联合其他 40 个政府部门建立了促进大数据发展的部级联席会议制度。围绕着三个关键的环节精准发力，这三个关键环节是加快数据的开放共享、推动产业的创新发展、科学规范地应用数据。

当前，在大数据产业的发展思路方面，国家强调要以市场为导向，并在四个方面进行探索：一是支持关键技术产品的研发和产业化；二是推动行业大数据应用的不断深化；三是繁荣大数据产业生态；四是完善大数据支撑体系。在关键技术产品的研发和产业化方面，主要是要抓住大数据引领的 IT 技术的架构和产业变革的机遇，在技术研发、产品体系、服务支撑这三个方面着力；在推动行业大数据应用不断深化方面，主要是大力推动工业和信息通信业大数据应用发展，支持大数据跨行业的融合应用发展，包括公共服务、社会治理、金融、能源、交通和农业等国民经济各个方面；在繁荣大数据产业生态方面，主要是合理规划大数据的基础设施建设，促进大数据的创业创新发展，优化大数据产业的区域布局；在完善大数据支撑体系方面，主要是支持数据交易流通的平台探索，培育大数据开源社区项目，加快大数据标准体系建设，建立大数据统计及评估体系，完善大数据安全保障体系。

大数据贵在落实。国家有关部门近期关于大数据方面的重点工作包括：

（1）支持大数据关键产品的研发和产业化，目前是在三个领域：一是进一步加大支持力度，利用项目资金支持研发和产业化；二是技术产品的研发，例如非结构化的数据处理、大数据管理系统及数据分析、数据安全等关键技术产品的研发和产业化；三是形成一批自主创新、技术先进，满足重大应用需求的产品解决方案。

（2）大力推动工业大数据的应用。在落实互联网+等战略中，将大数据作为抓手，促进大数据与工业融合创新发展；启动智能制造试点示范的 2016 专项行动，利用相关的项目资金支持工业大数据技术产品的应用示范；加强制造企业与信息服务企业的合作，推进大数据在研发、设计、生产、制造、售后服务等全生命周期的应用，形成工业大数据优秀的解决方案，推动工业大数据与工业云、工业互联网、CPS 等协调发展。

（3）支持地方开展大数据产业发展的应用试点。鼓励和支持各地方、各行业、各部门先行先试，开展大数据方面的探索和实践，严格标准，按照成熟一个建设一个的原则，选择有条件、有基础的地方和区域建设大数据综合实验区，鼓励并支持地方结合自身的基础和优势，发展大数据产业，推动大数据产业的集聚发展。

（4）推动大数据的标准体系建设，依托大数据标准化工作组，加快数据质量、数据安全、数据开放共享和交易等标准的研制工作，结合大数据综合实验区和产业集聚区，选择一批关键急需的标准在综合实验区开展应用试点，积极参与国际标准的制定工作，推进标准的国际化，提高我国大数据标准制定的国际话语权。

1.2 大数据的基本概念和特征

大数据是当前的热门话题，人人都在谈论它，但我们需要从纷繁的议论中看到事物的本质。究竟什么是大数据？它的本质特征是什么？大数据在技术上包含哪些内容？怎样让大数据应用落地？本节介绍大数据的基本概念，探讨大数据的基本特征。

1.2.1 基本概念

在舍恩伯格和库克耶编写的《大数据时代》一书中，大数据被定义为不用随机分析法（抽样调查）这样的捷径，而采用全量模式进行分析处理的数据。

事实上，有关大数据的定义目前并没有一个统一的说法，这也反映出了大数据作为快速发展中事物的特点。以下是几个比较典型的大数据定义。

维基百科给出的定义是：大数据是指无法在一定时间内用常规软件工具对其内容进行采集、存储、处理和应用的数据集合。

百度百科给出的定义是：大数据是指无法在一定时间范围内用常规软件工具进行捕捉、管理和处理的数据集合，是需要新处理模式才能具有更强的决策力、洞察发现力和流程优化能力的海量、高增长率和多样化的信息资产。而大数据技术，则是指从各种各样类型的大数据中，快速获得有价值信息的方法或能力。

我们认为，大数据是互联网发展到一定阶段后，数据爆炸性增长的一种态势，这种态势具有强烈的时代特征。所以，给大数据下定义，不能脱离互联网，也需要包含以云计算为代表的技术创新。因此，我们给出的大数据定义是：**大数据是指在互联网和以大规模分布式计**

算为代表的平台支持下被采集、存储、分析和应用的具有产生更高决策价值的巨量、高增长率和多样化的信息资产。显然，这个定义更加全面和准确。

1.2.2 基本特征

为了深入理解大数据的概念，有必要分析一下大数据的基本特征。

目前，人们普遍采用 4V 表示大数据的特征：Volume（大量）、Velocity（高速）、Variety（多样）、Value（价值）。下文解释了 4V 的含义。

大量，就是指数量巨大。互联网上的数据每年增长 50%，每两年便将翻一番，目前世界上 90%以上的数据是最近几年才产生的。据 IDC 预测，到 2020 年全球的数据量将达到 35 ZB。互联网是大数据发展的前提，随着 Web 2.0 时代的发展，人们似乎已经习惯了将自己的生活通过网络进行数据化，方便分享以及记录并回忆。这里有必要指出，巨量是**大数据的首要特性**。在很多场合，少量数据就有很高的应用价值，但是，这并不表示数据越少越好，少量有价值的数据或信息是从大数据中挖掘出来的，没有大数据，就没有这些小数据。在大数据时代，决策被置于全量式和全景式的环境下。

高速，这是**大数据的关键特性**。高速的本质是在线，这不一定意味着绝对速率高，真正有革命意义的是数据是在线数据，这恰恰是互联网的特点。数据在线远比数据量大更能反映大数据的本质。例如，Uber 系统需要大量交通数据支持，如果这些数据是离线的，就没有什么用；为什么淘宝数据值钱，就是因为在线，写在纸上或磁带上的数据效率极其低下。其实，大数据以前也有，但仅仅只有数据量大是没有用处的。又如，欧洲粒子物理对撞实验室做一次碰撞产生的数据是巨大的，如果不采用在线分布式并行处理，恐怕无法获得有意义的实验结果。

多样，表示数据的来源与形态具有包罗万象的特点，这是**大数据的自然属性**，因为人类生活本身是极具多样性的。目前，由网络日志、条码与射频识别（RFID）、传感器网络、工业生产过程、政府社会管理、社交网络、互联网文本和文件、互联网搜索引擎、呼叫详细记录、视频监控、天气预报、基因测序、军事侦察、医疗记录、影音档案、银行交易记录、大规模电子商务等系统或活动产生的数据，已经成为大数据的主要来源。

价值，一方面指数据即生产力，即具有决策价值，被比喻为新时代的石油和黄金；另一方面，也表示大数据的价值密度很低。例如，几小时的监控视频中可能有价值的就两三秒，其价值需要通过数据过滤、清洗、挖掘和呈现等多个处理步骤才能展现出来。价值是**大数据的基本属性**，人类的决策要依靠数据，在大数据时代，数据的决策价值得到了空前的提升。

1.3 大数据系统的技术支撑体系

1.3.1 技术支撑体系概览

大数据的核心价值是决策，但前提是必须有强大的技术支撑。纵观各种大数据解决方案，我们可以抽象出大数据系统的一般技术支撑体系。

一个完整的大数据系统是由大数据采集、大数据存储、大数据分析（或数据处理与服务）和大数据应用四个部分构成的。图 1-1 给出了大数据系统的技术支撑体系。

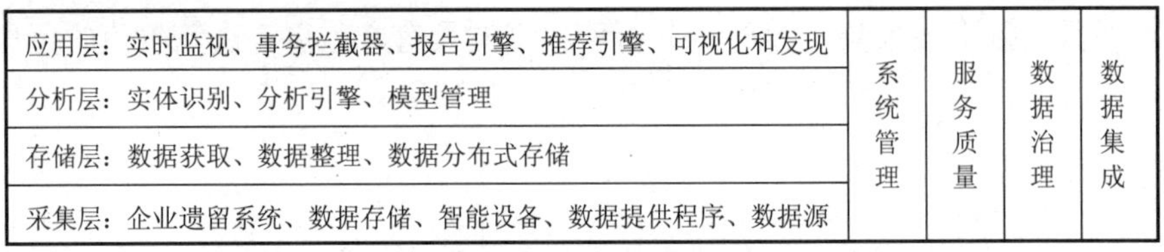

<table>
<tr><td>应用层：实时监视、事务拦截器、报告引擎、推荐引擎、可视化和发现</td><td rowspan="4">系统管理</td><td rowspan="4">服务质量</td><td rowspan="4">数据治理</td><td rowspan="4">数据集成</td></tr>
<tr><td>分析层：实体识别、分析引擎、模型管理</td></tr>
<tr><td>存储层：数据获取、数据整理、数据分布式存储</td></tr>
<tr><td>采集层：企业遗留系统、数据存储、智能设备、数据提供程序、数据源</td></tr>
</table>

图 1-1　大数据系统的技术支撑体系

总体上，大数据系统的底层首先进行大数据采集，其来源具有多样性；接着通过数据接口（如数据导入器、数据过滤、数据清洗、数据转换等）将大数据存储于大规模的分布式存储系统中；在大数据存储的基础上，进一步实现大数据分析（处理与服务），最终是大数据应用。

1.3.2　大数据系统的采集层

本层考虑的第一个问题是数据来源。必须考虑所有渠道的、所有可用于分析的数据，这就要求公司或组织中的数据分析人员阐明执行分析所需要的各种类型数据。**这体现出大数据的第一个特性，即大量**。

技术上包含如下组件：

（1）企业遗留系统。该系统是公司或企业当前的应用程序，它们包括了目前的主要数据。典型的应用系统有：客户关系管理系统、结算操作、大型机应用程序、企业资源规划、Web 应用程序、数据管理系统（DMS）、存储了逻辑数据流程策略，以及各种其他类型的文档，如 Microsoft Excel、Microsoft Word 等。

（2）数据存储。数据存储包含企业数据仓库、操作数据库和事务数据库，这些数据通常是结构化数据，可直接使用或轻松地转换后来满足需求。这些数据不一定存储在分布式存储系统中，具体依赖于所处的环境。

（3）智能设备。智能设备能够捕获、处理和传输各类协议和格式的信息，这方面的例子包括智能仪表、摄像头、录音设备、医疗设备等，这些设备可用于执行各种类型的分析。绝大多数智能设备都会执行实时分析，从智能设备传送来的信息也可批量分析。

（4）数据提供程序。这些数据提供程序可拥有或获取数据，并以复杂的格式和所需的速度通过特定的过滤器公开这些数据。每天都会产生海量的数据，它们具有不同的格式，以不同的速率生成，而且可通过各种数据提供程序、传感器和现有企业提供。

（5）数据源。有许多数据来源于自动化的系统，地理信息如（地区详细信息、位置详细信息、人员详细信息、车辆详细信息），人类生成的内容（社交媒体、电子邮件、博客、微信、在线评论），传感器数据（天气、降雨量、湿度、电流、能源储能、导航装置、电离辐射、亚原子粒子、位置、角度、位移、距离、速度、加速度、振动、热量、热度、可见度、压力、流动、流体、力、密度级别等）。

上述任何一种数据来源都需要依赖特定的技术。但无论技术复杂还是简单，核心问题都是数据格式、数据类型（基本分为结构化、半结构化或非结构化三类）、数据速率、数据量、数据源的位置（可能位于企业内部或外部）、数据访问权限（访问权对数据的访问会影响可用于分析的数据范围）。

1.3.3 大数据系统的存储层

存储层负责从数据源获取数据，并在必要时将它转换为适合数据分析的格式。例如，一幅图像可能经过转换后，才能将它存储在分布式文件系统或关系数据库管理系统（RDBMS）中，以便进一步处理。注意，规范性制度和治理策略要求为不同类型的数据提供相适应的存储方式。

在技术上，因为传入的数据可能具有不同的特征，所以数据变动（或转码）和存储层中的组件必须能够以不同的速率、格式、大小在不同的通道上读取数据。

（1）数据获取。从各种数据源获取数据，并将其发送到数据整理或存储在指定的位置中。数据获取组件必须足够智能或自动化（人工方式与大数据的特性背道而驰），能够选择是否以及在何处存储传入的数据，它必须能够确定数据在存储前是否应进行变动，或者数据是否可直接发送到分析层。

（2）数据整理。负责将数据转换为需要的格式，以实现分析用途。数据整理可拥有简单的转换逻辑或复杂的统计算法来转换源数据，分析引擎将会确定所需的特定数据格式。数据整理主要的挑战是容纳非结构化数据格式，如图像、音频、视频和其他二进制格式。

（3）数据分布式存储。负责存储来自数据源的数据，通常有多种数据存储选项，如分布式文件存储系统、云存储、非传统关系型数据库集群等。

1.3.4 大数据系统的分析层

分析层是大数据系统的核心和关键，体现了大数据的价值特性。

分析层从存储层读取经过整理后的数据。注意，在某些情况下，分析层可以直接从数据源访问数据。设计分析层时需要认真地进行筹划和规划，必须确定如何管理以下任务的决策：生成想要的分析、从数据中获取洞察、找到所需的实体、定位可提供这些实体的数据源、理解执行分析需要哪些算法和工具。

技术上包含如下组件：

（1）实体识别。负责识别和填充上下文，这是一个复杂的任务，需要高效、高性能的流程管理系统的支持。数据整理应为这个实体识别提供补充，将数据转换为需要的格式。分析引擎将需要上下文来进行分析。

（2）分析引擎。使用其他组件（具体来讲，包括实体识别和模型管理）来处理和分析数据，分析引擎可以具有支持并行处理的各种不同的工作流、算法和工具。

（3）模型管理。负责维护、验证和检验各种统计模型，通过持续训练模型来提高准确性。模型管理会推广这些模型，它们可供实体识别或分析引擎使用。

1.3.5 大数据系统的应用层

应用层使用了分析层所提供的输出，使用者可以是可视化的应用程序、人工、业务流程或服务。应用层可用于检测欺诈，实时拦截交易，并将它们与使用已存储在公司或企业中的数据构建的视图进行关联，在发生欺诈性交易时，可以告知客户可能存在的欺诈，以便及时采取操作。此外，应用层还可以根据分析层的结果来触发业务流程。例如，如果客户接收了一条可自动触发的营销信息，则需要创建一个新订单，如果客户报告了欺诈，那么就可以停止使用信用卡。

分析层的输出也可被推荐引擎使用，该引擎可将客户与他们喜欢的产品相匹配。通过分析可用的信息，推荐引擎可以提供个性化且实时的推荐。

应用层还可以为内部用户提供理解、查询和定位企业内部或外部信息的能力。对于内部使用者，应用层可为用户提供构建报告和仪表板的能力，使得利益相关者能够做出精明的决策并设计恰当的战略。为了提高操作的有效性，应用层不仅可以从数据中生成实时的警告，还可以实时监视关键指标。

在技术上应用层包含如下组件：

（1）事务拦截器。事务拦截器可以集成并处理来自各种来源的数据，如传感器、智能仪表、摄像头、GPS 设备和图像扫描仪等；可以使用各种类型的适配器和 API 来连接数据源；可以使用各种分析器和加速器来简化开发，如实时优化和流分析器，视频分析器，银行、保险、零售、电信和公共运输领域的加速器，社交媒体分析器，以及情绪分析器。

（2）实时监视。实时监视可以从分析层得到的数据生成实时的警告，并将实时的警告发送给感兴趣的使用者和设备，如智能手机和平板电脑；也可以根据分析层生成的数据洞察来定义并监视关键指标，以便确定操作的有效性。实时数据能够以仪表板的形式向用户公开，以便实时监视系统是否“健康”或度量营销活动的有效性。

（3）报告引擎。具有生成与传统商业报告类似的报告的能力是至关重要的，通过报告引擎，用户可基于分析层得到的数据来创建临时的报告、计划的报告，并可进行自主查询和分析。

（4）推荐引擎。基于分析层的结果，推荐引擎可以向用户提供实时的、相关的和个性化的推荐，从而提高电子商务交易中的转换率和每个订单的平均价值。推荐引擎可以实时处理可用信息，并动态地响应每个用户，例如响应用户的实时活动、存储在 CRM 系统中的注册客户信息，以及非注册客户的社交概况。

（5）可视化和发现。数据可能具有不同的内容和格式，所有的数据（如结构化、半结构化和非结构化的数据）可组合起来进行可视化并提供给决策者或任何需要的用户。此能力使得公司或组织能够将其传统的业务内容（包含在企业内部管理系统和数据仓库中）与新的社交内容（如博客）组合到单个用户的界面中。

1.3.6 大数据系统的垂直层

影响大数据系统的采集层、存储层、分析层和应用层的组件都包含在垂直层中，分别是数据集成、数据治理、服务质量和系统管理。

（1）数据集成。垂直层的数据集成可供多种组件（如数据获取、数据整理、模型管理和事务拦截器等）使用，负责连接到各种数据源。如果需要集成具有不同特征（如协议和连接性）的数据源信息，则需要高质量的连接器和适配器，可以使用加速器（如社交媒体适配器和天气数据适配器）连接到大多数的数据源。通过数据集成，可以在大数据系统中存储和检索信息。

（2）数据治理。数据治理有助于处理企业内部或外部数据的复杂性、量和种类，在将数据传入企业进行处理、存储、分析、清除和归档时，数据治理可用来监视、构建、存储和保护数据。除了正常的数据治理需要考虑的因素，数据治理需要考虑的因素还有：管理各种格式的大量数据、持续训练和管理必要的统计模型、对非结构化数据进行预处理（这是处理非结构化数据的重要一步）、设置保留和使用外部数据的策略、定义数据归档和清除的策略、创建跨系统复制数据的策略、设置数据加密的策略。

（3）服务质量。垂直层的服务质量用于定义数据质量、隐私和安全性策略、数据频率、每次抓取的数据大小，以及数据过滤器。

（4）系统管理。垂直层的系统管理对大数据系统来说是至关重要的，因为它涉及跨企业集群和边界的许多系统。对整个大数据生态系统的健康状况的监视包括：管理系统日志、虚拟机、应用程序和其他设备；关联各种日志，帮助调查和监视具体情形；监视实时警告和通知；使用显示各种参数的实时仪表板；引用有关系统的报告和详细分析；设定和遵守服务水平协议；管理存储和容量；归档和检索管理；执行系统恢复、集群管理、网络管理和策略管理。

1.4 大数据领域的主要职位及其能力要求

大数据是时代的重要力量，而熟练掌握大数据技术的人才是根本。由于大数据系统的复杂性和层次性，大数据领域的职位有不同特点和不同能力要求。

1.4.1 首席数据官

首席数据官（Chief Data Officer，CDO）和数据科学家（或称数据分析师）是企业大数据落地的典型人才。

CDO 是指懂得企业或组织业务运作的数据分析者，CDO 不能仅仅停留在简单地收集、整理、分析、报告这个层面上，而是要结合实际，发现数据背后潜藏的挑战和机遇，并将挑战和机遇提交决策层，从而将这些数据应用于企业的战略规划和日常运营中。CDO 掌握了企业内部核心的数据资源，需要对历史数据进行整理，对业务发展进行分析和预测，从而提高企业在数据获取、存储和分析的水平，为高层管理者提供更科学有效的决策支持，以及开拓新的业务领域。CDO 的主要职责是领导数据分析团队，将数据转化为企业业务语言，从而使得决策层容易理解和运用。通过 CDO 来加强数据管控，可提高对业务风险的控制水平。

CDO 必须具备五种能力或知识：统计学和数学的知识、洞悉网络产业和发展趋势的能力、IT 设备和技术选型的能力、商业运营的能力、管理和沟通的能力。他们不仅要关注系统架构中所承载的内容，更要担任企业决策和数据分析汇总的枢纽；要熟悉面向服务的架构（SOA）、商业智能（BI）、大规模数据集成系统、数据存储交换机制，以及数据库、可扩展标记语言（XML）、电子数据交换（EDI）等系统架构；要深入了解企业的业务状况和所处的产业背景，清楚地了解组织的数据源、大小和结构等，才可将数据资料与业务状况联合起来分析，并提出相对应的市场和产品策略。

1.4.2 数据科学家

与 CDO 一样，数据科学家是受到广泛关注的大数据专业人才。数据科学是一门交叉学科，涉及数学、统计学、计算机科学、数据可视化技术，以及具体行业的专业知识等。数据科学家的专长是“量化问题，然后解决问题”，他们的工作由三种内容混合而成：定量分析（让你了解数据）、程序设计（让你可以处理数据）、讲故事（让你了解数据的含义）。

数据科学家应该具有扎实的统计学基础，统计学是当前很多数据分析和数据挖掘算法的理论基础。对统计理论，如概率分布、假设检验、贝叶斯理论等的理解，有助于对数据进行更好的解读。

数据科学家应能够深刻理解预测模型，能够使用常见的预测模型（如回归、聚类、决策树等）在历史数据基础上预测未来。对这些预测模型使用方法、应用场景的理解，是数据科学家必须具备的技能。

数据科学家应当能够熟练使用统计工具。为了提高工作效率，数据科学家要熟练使用一种或多种分析工具。Excel 是当前最为流行的小规模数据处理工具，SAS 工具得到了广泛的应用。而以 Hadoop 为代表的数据管理工具，将越来越广泛地应用于数据业务中。

数据科学家基本、通用的一种技能是写代码，用所有相关方面都能听懂的语言进行沟通；另一种特殊技能是用数据讲故事，通过口头表达和视觉效果进行描述。

数据科学家是专业的数据研究者，需要具备熟练的数据处理和分析技能。CDO 职能更多涉及企业或组织总体管理和战略决策层面，数据科学家在 CDO 指导下工作，能解决复杂的数据问题，专业性更强。

一个初级的数据科学家可能只需要掌握基本分析技巧便可胜任；成熟的数据科学家需要对数据分析方法有较深入的理解；而优秀的数据科学家则应具备丰富的经验、广泛的知识面，能够独立设计和完成相关解决方案。总之，对数据的重视程度越来越高，数据科学家在经营和决策中所起的作用也越来越大，因而对数据科学家的技术技能和内在素质均提出了更多的要求。

成熟的数据科学家应具备四个条件是：熟悉业务的细节、掌握数据分析工具的操作、对数据价值的敏感度和对数据提炼融合的能力。目前很多数据科学家比较擅长的是通过数据分析对已发生的问题查找原因，但缺乏发掘未知问题的能力，也缺少对趋势预测的把握，而大数据的价值恰恰在于预测未来。如果只熟悉数据分析工具的操作，却不熟悉业务的细节，就无法从既有的数据中挖掘出新的价值，达到推动企业发展的目的。

1.4.3 大数据开发工程师

互联网公司希望大数据开发工程师具有统计学和数学的硕士或博士学历。因为缺乏理论背景的数据工作者，更容易进入一个技能上的危险区域。按照不同的数据模型和算法总能得到一些结果，但如果不知道数据代表什么，也就不能得到真正有意义的结果，并且这样的结果还容易误导人。只有具备一定的理论知识，才能理解模型、复用模型甚至创新模型，从而解决实际问题。

除了良好的数学背景，对大数据开发工程师来说，还要求有很强的计算机编程能力。实际开发能力和大规模数据的处理能力是作为大数据开发工程师的必备能力。许多数据的价值来自挖掘过程，开发人员必须亲自动手才能发现其价值。例如，人们在社交网络上产生的许多记录都是非结构化的数据，如何从这些毫无头绪的文字、语音、图像甚至视频中获取有意义的信息，就需要大数据开发工程师亲自挖掘。即使在某些团队中，大数据开发工程师的职责以商业分析为主，但也要熟悉计算机处理大数据的方式。

除了数学和统计学相关理论知识，以及很强的计算机编程能力，作为大数据开发工程师，还需要具有特定应用领域或行业的专业知识。大数据开发工程师这个角色很重要的一点是，不能脱离市场，因为只有和特定领域的应用结合起来大数据才能产生价值。大数据开发工程师不能只是懂得数据，还要有商业头脑，不论零售、医药、游戏还是旅游等行业，都要对其中某些领域有良好的理解，最好还要与企业的业务方向一致。过去，我们常说一些奢侈品店员势利，看人一眼就知道他是否能买得起，但这群人恰恰是有敏锐性的，他们是这个行业的专家。又如对医疗行业了解的人，他在考虑医疗保险业务时，不仅会查看人们去医院看病的相关记录，也会考虑饮食数据，这些都基于对该领域的了解。

对于一个优秀的大数据开发工程师来说，除了上面列出的要求，还有一个非常重要的要求，即他们必须深入理解大数据系统的架构，各个组件的基本原理、实现机制，甚至其中涉及的算法等。只有这样，他们才能构建一个强大且稳定的分布式集群系统，并充分利用分布式存储和并行计算的能力来处理大数据。

对于大多数企业而言，自行研发一个高性能的集群系统往往要支付高昂的代价。经过多年的发展，如今已形成了以 Hadoop 为核心的开源大数据生态系统，利用通用的硬件就可以构建一个强大、稳定、简单并且高效的分布式集群系统计算系统，可以满足企业基础架构平台的需求，付出相对低廉的代价就可以轻松处理超大规模的数据。因此，大数据开发工程师必须深入理解以 Hadoop 为核心的开源大数据生态系统的系统架构、原理及开发应用，并具有丰富的优化经验，才能充分利用该系统来处理超大规模的数据，甚至在该系统上开发特定应用的新组件。当然，大数据开发工程师还需要具有大数据采集、大数据预处理、大数据存储与管理、分析挖掘与展现应用等大数据相关技术。

1.4.4 大数据运维工程师

除了大数据分析人才（开发人才），企业还需要运维方面的人才。由于大数据系统是一个非常复杂的系统，涉及的技术繁多，尤其是在基于开源的平台下，对大数据系统运维工程师提出了非常高的能力要求。大数据系统运维工程师应熟悉 Java、Python、Shell 等语言；熟悉 Hadoop 工作原理，对 HDFS、MapReduce 运行过程要有深入理解，具备 MapReduce 开发经验，熟悉数据仓库体系架构，熟悉数据建模；熟悉至少一种 RDBMS，如 MySQL、Oracle、SQLServer，熟练使用 SQL 语言；熟悉大数据生态圈及其他技术，如 HBase、Storm、Spark、Impala、Kafka、Sqoop 等技术的细节。

目前，大数据运维方面的人才非常缺乏，也很难培养。因为大数据系统是一个非常复杂的系统，要想熟悉其中的每一个组件，是非常不容易的。这是其他专业（如 MySQL、J2EE 等）的完全不能相比的，所以企业要特别注意储备和培养大数据运维方面的人才。

1.5 本章小结

本章介绍了大数据兴起的时代背景，分析了我国的大数据战略。本章重点介绍了大数据的概念和特性，讨论了大数据系统的结构，从层次结构上看，大数据系统是由数据采集层、存储层、分析层、应用层和垂直层构成的。最后我们阐述了对大数据专业人才的要求。

第2章 Hadoop大数据关键技术

在整个IT行业，大数据并非只有以Hadoop为核心的开源大数据生态系统。但是，无论从学术上还是从应用上看，Hadoop都是最成功的。本章主要对以Hadoop为核心的开源大数据生态系统（Hadoop生态系统）及其组件技术进行概括性描述，为后续的学习奠定基础。

2.1 Hadoop大数据应用生态系统

2.1.1 架构的基本理论

1. 架构的概念

架构（Architecture）一词最初来源于建筑业，用于表示建筑物的整体结构模式和风格，它把整个建筑物看成一个系统，强调整体受力空间结构方式的合理性和有效性。架构实际上是一个广泛应用的概念，通常指系统的整体结构及其组成部分的关系。

随着计算机、网络和软件技术的不断发展，系统变得日益复杂，因而架构一词在信息领域变得越来越重要。IEEE给出的架构定义是：**架构是一个系统的基础组织结构，包括系统的组件构成、组件之间的相互关系、系统和其所在环境的关系，以及指导系统设计和演化的相关准则。**

必须指出，架构总是用来描述系统结构的，无论系统是软件系统还是硬件系统，也无论业务系统还是应用系统，甚至无论数据系统还是存储系统。由于系统可以从不同的角度来划分和观察，因此就出现了各种冠以“架构”的系统描述。例如，当我们关注系统的软件构成方式时，就有了软件架构的概念；如果关注系统的硬件构成方式，就有了硬件架构（或物理架构）的概念；如果关注系统在处理数据过程的集中性与分散性，就有了集中式架构和分布式架构的概念。此外，我们知道，软件涉及程序、数据和文档，所以软件架构可以进一步分为程序（或软件组件）架构、数据架构或数据库架构。可见，架构一词具有广泛的适用性，但不管架构一词如何被广泛使用，其核心理念都是强调系统的组织结构及其组成部分的关系。

2. 系统架构的设计目标

归根结底，人们之所以需要架构，是因为随着系统的复杂性越来越高，设计人员必须从系统的高度对整个平台进行全局性的思考。

系统架构的设计目标主要包括可靠性、安全性、可伸缩性、可扩展性、可维护性等。

可靠性是指系统的运行过程中出错的概率非常小，用户的商业经营和管理可以完全依赖该系统。

安全性是指系统具有保护信息的能力，通过加密、认证、访问控制等手段可确保系统的数据处于完整、可控的状态。

可伸缩性是指系统必须能够在用户的使用率、数目很快增加的情况下，保持合理的性能，只有这样才能适应用户市场扩展的可能性。

可扩展性是指在新技术出现的时候，一个系统应当允许导入新技术，从而对现有系统进行功能和性能的扩展。

可维护性包括两个方面：一是排除现有的错误；二是将新的需求反映到现有系统中。一个易于维护的系统，意味着可以有效降低技术支持的成本。

3. 技术架构

技术架构是指系统中组件的组织结构，由于技术包括软件和硬件两个方面，因此技术架构也可以分为软件架构和硬件架构两个方面。

研究大数据的技术架构有三个基本观点需要确立。

（1）对于大数据部署和应用来说，技术总是具体的，抽象地讨论技术没有太多意义。例如，银行中的传统系统基本上都采用了 IOE 技术，即以 IBM、Oracle 和 EMC 为代表的商业软件与相关硬件技术，而大数据时代，银行业则普遍在探讨所谓的去 IOE 技术，也就是采用像 Hadoop 和 NoSQL 这样的开源技术。因此，分析和讨论大数据系统的架构，应当而且必须以目前最重要的开源技术为对象。

（2）从应用的角度看，技术架构也是具体的，不同规模与性质的企业可能会有不同的系统架构。既然是研究架构，就需要理解各种不同架构的共同点，以便揭示大数据系统设计的内在规律和演化趋势，从而指明正确的系统建设方向。

（3）大数据系统的抽象模式实际上就是大数据系统的基本架构。对这个架构进行初次分解，就得到采集层、存储层、分析层和应用层四个层次，因此，技术架构也需要相应地从这四个层次来描述，这时就可能出现各种角度的架构概念，如软件架构、总体架构、数据库架构、分布式架构、部署架构等。

2.1.2 Hadoop 大数据应用生态系统的主要组件及其关系

目前，以 Hadoop 为核心，整个大数据系统的应用与研发已经形成了一个基本完善的生态系统。图 2-1 给出了 Hadoop 大数据应用生态系统中最主要的组件，该图描述了这些组件的地位，以及它们之间的相互作用关系，这是一个基本架构。

HDFS（Hadoop 分布式文件系统）源自 Google 的 GFS 论文，该论文发表于 2003 年 10 月，HDFS 是 Google GFS 的实现版。HDFS 是 Hadoop 大数据生态系统中数据存储管理的基础，是一个高度容错的系统，能检测和应对硬件故障，可在低成本的通用硬件上运行。HDFS 简化了文件的一致性模型，通过流式数据访问，可提供高吞吐量的应用程序数据访问功能，适合带有大型数据集的应用程序。HDFS 提供一次写入多次读取的机制，数据以块的形式同时分布存储在集群中不同的物理机器上。

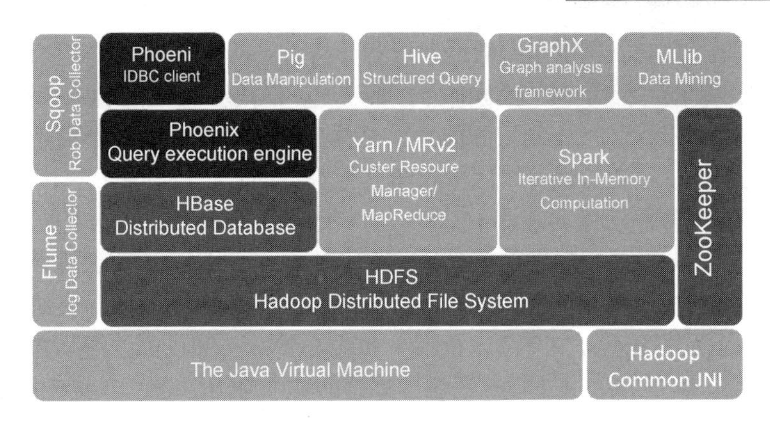

图 2-1 Hadoop 大数据应用生态系统中最主要的组件

MapReduce（分布式计算框架）源自 Google 的 MapReduce 论文，该论文发表于 2004 年 12 月，MapReduce 是 Google MapReduce 的克隆版。MapReduce 是一种分布式计算模型，用于进行海量数据的计算，它屏蔽了分布式计算框架细节，将计算抽象成 Map 和 Reduce 两部分。其中 Map 对数据集上的独立元素进行指定的操作，生成键-值（Key-Value）对形式的中间结果；Reduce 则对中间结果中相同“键”的所有“值”进行规约，从而得到最终的结果。MapReduce 非常适合在由大量计算机组成的分布式并行环境中进行数据处理。

HBase（分布式列存数据库）源自 Google 的 BigTable 论文，该论文发表于 2006 年 11 月，HBase 是 Google BigTable 的实现版。HBase 是一个建立在 HDFS 之上，面向结构化数据的可伸缩、高可靠、高性能、分布式和面向列的动态模式数据库。HBase 采用 Google BigTable 的数据模型，即增强的稀疏排序映射表（Key-Value），其中，键由行关键字、列关键字和时间戳构成。HBase 提供了对大规模数据的随机、实时读写访问，同时，保存在 HBase 中的数据可以使用 MapReduce 来处理，它将数据存储和并行计算完美地结合在一起。

ZooKeeper（分布式协作服务）源自 Google 的 Chubby 论文，该论文发表于 2006 年 11 月，ZooKeeper 是 Google Chubby 的实现版。ZooKeeper 的主要目标是解决分布式环境下的数据管理问题，如统一命名、状态同步、集群管理、配置同步等。Hadoop 大数据生态系统中的许多组件依赖于 ZooKeeper，运行在计算机集群上，用于管理 Hadoop 操作。

Hive（数据仓库）由 Facebook 开源，最初用于解决海量结构化的日志数据统计问题。Hive 定义了一种类似于 SQL 的查询语言（HQL），将 SQL 转化为 MapReduce 后在 Hadoop 上执行，通常用于离线分析。HQL 用于运行存储在 Hadoop 上的查询语句，Hive 使不熟悉 MapReduce 的开发人员也能编写数据查询语句，这些语句被翻译为 Hadoop 上的 MapReduce。

Pig（ad-hoc 脚本）由 Yahoo 开源，其设计动机是提供一种基于 MapReduce 的 ad-hoc 脚本（计算在查询时进行）数据分析工具。Pig 定义了一种数据流语言——Pig Latin，它是 MapReduce 编程复杂性的抽象，Pig 平台包括运行环境和用于分析 Hadoop 数据集的 Pig Latin。

Sqoop 是 SQL-to-Hadoop 的缩写，主要用于关系数据库和 Hadoop 之间的数据传输。数据的导入和导出本质上是 MapReduce 程序，充分利用了 MapReduce 的并行化和容错性。Sqoop 利用数据库技术描述数据架构，用于在关系数据库、数据仓库和 Hadoop 之间传输数据。

Flume 是 Cloudera 开源的日志收集系统，具有分布式、高可靠、高容错、易于定制和扩展的特点，它将数据从产生、传输、处理并最终写入目标的过程抽象为数据流。在具体的数据流中。数据源支持在 Flume 中定制数据发送方，从而支持收集各种不同协议的数据。同时，Flume 具有对日志数据进行简单处理的能力，如过滤、格式转换等。此外，Flume 还具有能够将日志写往各种数据目标（可定制）的能力。总体来说，Flume 是一个可扩展、适合复杂环境的海量日志收集系统，当然也可以用于收集其他类型的数据。

Mahout（数据挖掘算法库）起源于 2008 年，最初是 Apache Lucent 的子项目，它在极短的时间内取得了长足的发展，现在是 Apache 的顶级项目。Mahout 的主要目标是创建一些可扩展的、机器学习领域经典算法的实现，旨在帮助开发人员更加方便、快捷地创建智能应用程序。Mahout 现在已经包含了在聚类、分类、推荐引擎（协同过滤）和频繁集挖掘中广泛使用的数据挖掘方法。除了算法，Mahout 还包含数据的输入/输出工具，以及与其他存储系统（如数据库、MongoDB 或 Cassandra）集成的数据挖掘支持架构。

Yarn（分布式资源管理器）是下一代的 MapReduce，即 MRv2，是在第一代 MapReduce 基础上演变而来的，主要是为了解决 Hadoop 扩展性较差、不支持多计算框架而提出的。Yarn 是一个通用的运行时框架，用户可以编写自己的计算框架。

Mesos（分布式资源管理器）是一个诞生于 UC Berkeley 的研究项目，现已成为 Apache 项目，当前有一些公司使用 Mesos 管理集群资源，如 Twitter。与 Yarn 类似，Mesos 是一个资源统一管理和调度的平台，同样支持 Map Reduce、Steaming 等多种运算框架。

Tachyon 是以内存为中心的分布式文件系统，拥有较高的性能和容错能力，能够为集群框架（如 Spark、MapReduce）提供可靠的内存级速度的文件共享服务。Tachyon 诞生于加州大学伯克利分校 AMP Lab。

Spark（内存 DAG 计算模型）是一个 Apache 项目，也被称为快如闪电的集群计算，它拥有一个开源社区，是目前最活跃的 Apache 项目。最早的 Spark 是加州大学伯克利分档 AMP Lab 所开源的、类似于 Hadoop MapReduce 的通用并行计算框架。Spark 提供了一个更快、更通用的数据处理平台。和 Hadoop 相比，Spark 可以让程序在内存中运行时的速度提升 100 倍，或者在磁盘上运行时的速度提升 10 倍。

Spark GraphX 最先是加州大学伯克利分校 AMP Lab 的一个分布式图计算框架项目，目前整合在 Spark 运行框架中，为其提供 BSP 大规模并行图计算能力。

Spark MLib 是一个机器学习库，它提供了各种各样的算法，这些算法用来在集群上执行分类、回归、聚类、协同过滤等操作。

Kafka 是 Linkedin 于 2010 年 12 月开源的消息系统，主要用于处理活跃的流式数据。活跃的流式数据在 Web 网站应用中非常常见，这些数据包括网站的 PV（Page View）、用户访问了什么内容、搜索了什么内容等。这些数据通常以日志的形式记录下来，然后每隔一段时间进行一次统计处理。

Apache Phoenix 是 HBase 的 SQL 驱动（HBase SQL 接口），Phoenix 使得 HBase 支持通过 JDBC 的方式进行访问，并将 SQL 查询转换成 HBase 的扫描和相应的动作。

Apache Ambari 的作用是创建、管理、监视 Hadoop 的集群，是为了让 Hadoop 以及相关的大数据软件更容易使用的一个 Web 工具。

在大数据的发展历程中，有大量不同类型和用途的组件相继产生，它们实现了大数据系统的 4 个层次中的各种功能。但是，在激烈的竞争浪潮中，最终为业界和学术界认可并得到广泛应用的组件或框架只有 20 多种。

2.2 大数据采集技术

大数据采集可以细分为数据抽取、数据清洗、数据集成、数据转换等过程，将分散、零乱、不统一的数据整合到一起，以一种结构化、可分析的形态加载到数据仓库中，从而为后续的数据使用奠定坚实基础。

数据采集可以分为内部采集与外部采集两个方面。

内部数据采集技术主要包括：

（1）离线数据采集技术，首先要是基于文件的数据采集系统、日志收集系统等，代表性的工具有 Facebook 公司开发的 Scribe、Cloudera 公司开发的 Flume 和 Apache 基金会支持的 Chukwa 等；其次是基于数据库和表的数据采集技术，基于数据库的数据采集系统中代表性工具有 GoldenGate 公司的 TMD、迪思杰公司而数据采集软件、IBM 公司的 CDC（InfoSphere Change Data Capture，CDC）、MySQL 支持的 Binlog 采集工具等；在基于表的批量抽取软件中，广泛应用的是 Sqoop 和其他 ETL 工具。

（2）在线数据采集技术，主要是基于消息的采集、数据流采集等。基于消息采集的技术，如性能数据采集等，代表性的产品有 Linkedin 的 Kafka，以及开源的 ActiveMQ、RabbitMQ、RocketMQ 等。基于数据流的采集技术，如信令数据采集等，代表性的产品有 IBM StreamBase、Twitter 公司的 Storm 等。这些工具或组件一般会根据场景选择压缩算法。

外部数据采集主要是指互联网数据的采集，相关技术主要分为两类。

（1）网络爬虫类，即按照一定的规则，自动抓取互联网信息的程序框架，例如，用于搜索引擎的网络爬虫属于通用网络爬虫，商用的代表性产品有 Google、Baidu 公司开发的系统等，其网络搜索技术已经非常成熟，但是并不对外开放技术。开源的技术有 Apache Nutch、Scrapy、Heritrix、WebMagic、WebCollector 等网络爬虫框架。

（2）开放 API 类，即数据源提供者开放的数据采集接口，可以用来获取限定的数据。在外部数据中，除了互联网数据采集技术，也有基于传感器应用的采集技术，这种技术在物联网中用得较多。此外，还有电信公司特有的探针技术，例如，我们在打电话、利用手机上网时，电信公司的路由器、交换机等设备中都会有数据交换，探针就是从这些设备上采集数据的技术。

目前，数据抽取、清洗、转换面临的挑战在于：数据源的多样性问题、数据的实时性问题、数据采集的可靠性问题、数据的杂乱性问题。这里要特别指出的是，通过采集系统得到的原始数据并不是干净的数据，大部分的数据都是带有重复、错误、缺失的所谓脏数据。实际上，数据科学家几乎 80%的工作都是处理这些脏数据，可见由数据的杂乱性带来的麻烦是非常大的。因此，如何高效精准地处理好这些原始数据，也是大数据采集技术研究面临的重大挑战。

2.2.1 结构化数据采集工具

在 Hadoop 大数据应用生态系统中，Sqoop 作为 Apache 的顶级项目，主要用来在 Hadoop 和关系数据库之间传递数据。通过 Sqoop 可以方便地将数据从关系数据库导入 HDFS、

HBase 或 Hive 中，或者将数据从 HDFS 导出到关系数据库中。图 2-2 是 Sqoop 系统架构示意图。

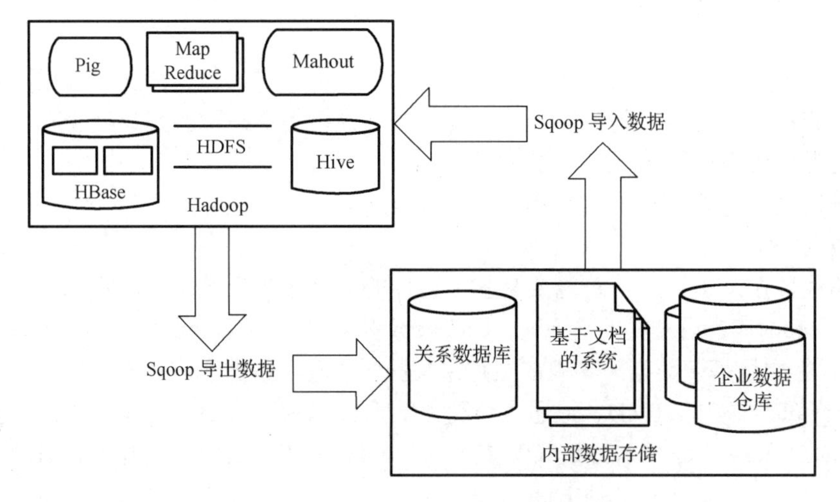

图 2-2　Sqoop 系统架构示意图

Sqoop 系统架构非常简单，主要通过 JDBC 和关系数据库进行交互。从理论上讲，支持 JDBC 的数据库都可以使用 Sqoop 和 HDFS 进行数据交互。

Sqoop 系统数据具有以下特点：

- 支持文本文件、Avro Datafile、SequenceFile；
- 支持数据追加，可通过 apend 指定；
- 支持表的列选取，支持数据选取，可和表一起使用；
- 支持数据选取，如读入多表连接（join）后的数据，不可以和表同时使用；
- 支持 Map 数定制；
- 支持压缩；
- 支持将关系数据库中的数据导入 Hive（Hive-import）、HBase（HBase-table）中。

2.2.2　日志收集工具与技术

日志收集是大数据的基石，企业内部的业务平台每天都会产生大量的日志数据，这些日志数据可供离线和在线的分析系统使用。高可用性、高可靠性和高扩展性是日志收集系统需要具有的基本特征。

1．日志收集

日志收集模块需要使用一个分布式的、具有高可靠性和高可用性、能够处理海量日志数据的框架，并且应该能够支持多源采集和集中存储。目前常用的开源日志收集系统有 Flume、Scribe 等。Flume 是由 Cloudera 开发的一个分布式、高可靠性和高可用性的海量日志收集系统，支持在系统中定制各类数据发送方，用于收集数据；同时，Flume 也可对数据进行简单处理，并写入各种数据接收方（可定制）。

Flume 的工作流程是先收集数据源的数据，再将数据发送到接收方。为了保证这个过程的可靠性，在发送到接收方之前，会先对数据进行缓存，等到数据真正到达接收方后，才会删除缓存的数据。

Flume 传输数据的基本单位是事件（Event），如果是文本文件，则通常是一行记录，这也是事件的基本单位。事件（Event）从源（Source）传输到通道（Channel），再从通道传输到目的地（Sink），事件本身是一个字节数组，并可携带消息头（Headers）信息。

Flume 运行的核心是 Agent，Agent 本身是一个 Java 进程，一般情况下 Agent 由三个组件构成，分别是 Source、Channel 和 Sink。通过这三个组件就可以完成整个数据收集工作，使 Event 能够从一个地方流向另外一个地方。图 2-3 给出了 Flume 的工作流程。

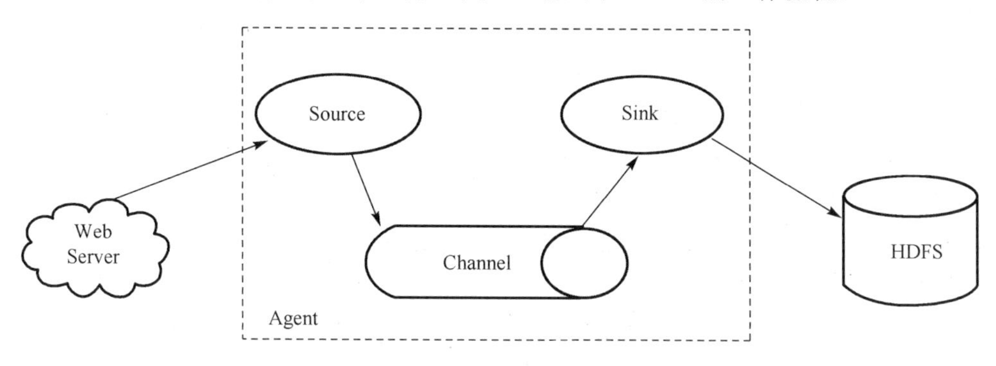

图 2-3　Flume 的流程

Source：可以接收外部数据源发送的数据，不同的 Source 可以接收不同的数据格式。例如，Spooling Directory 可以监视指定文件夹中文件的变化，如果该目录中有新文件产生，就会立刻读取该文件中的内容。

Channel：用来接收 Source 输出数据的缓存池，Channel 中的数据在进入 Sink 并成功发送出去后或者进入终端时才会被删除，当 Agent 内部发生写入故障时不会造成数据的丢失，保证了数据收集的高可靠性。

Sink：用于接收 Channel 中的数据，发送给数据接收方或者其他 Source，例如数据可以写入 HDFS 或者 HBase 中。

2．数据分发工具 Kafka

Flume 收集的数据和进行日志处理的系统之间可能存在多对多的关系，为了解耦和保证数据的传输延迟，可以选用 Kafka 作为消息中间层进行日志中转分发。Flume 发送源数据流的速度不太稳定，有时快有时慢，当 Flume 的数据流发送速度过快时（这种情况很常见），会导致下游的消费系统来不及处理，这样可能会丢弃一部分数据。Kafka 在这两者之间可以扮演一个缓存的角色，而且数据是写入到磁盘上的，可保证在系统正常启动/关闭时不会丢失数据。

Kafka 是 Apache 开发的一个开源分布式消息订阅系统，该系统的设计目标是给实时数据处理提供一个统一、高吞吐量、低等待的平台。Kafka 提供了实时发布订阅的解决方案，克服了实时数据消费和更大数量级的数据量增长的问题，Kafka 也支持 Hadoop 中的并行数据加载。图 2-4 是 Kafka 的架构图。

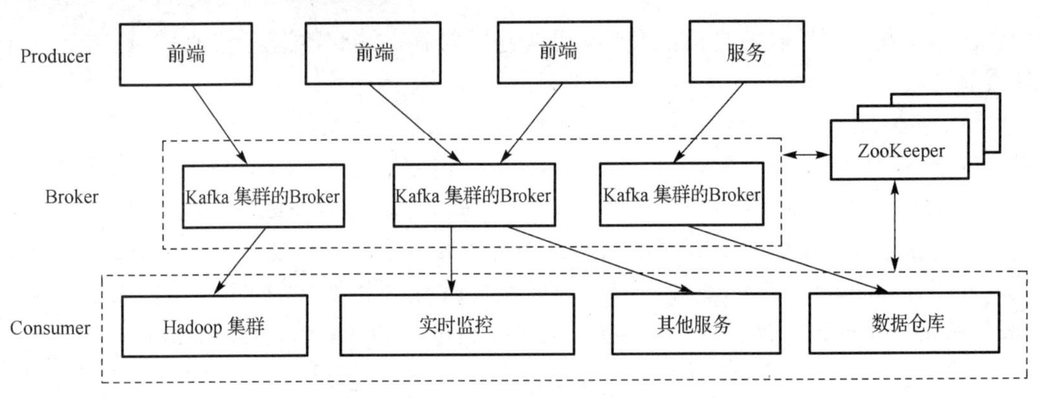

图 2-4 Kafka 的架构图

Kafka 架构包含几个重要的组成部分，如 Kafka 集群的 Broker、生产者（Producer）、消费者（Consumer）。Kafka 在保存消息时会根据 Topic 进行归类，发送消息者称为 Producer，消息接收者称为 Consumer。此外，Kafka 集群由多个 Kafka 实例组成，每个实例（Server）称为 Broker。无论 Kafka 集群还是 Producer 和 Consumer，都是通过 ZooKeeper 来保证系统可用性的。

（1）Topic：消息的基本单位。一个 Topic 可以看成一类消息，Kafka 在保存消息时会按照 Topic 进行归类，每个 Topic 具体的数据存放位置由配置文件来决定，可能会存放到不同的分区（Partition）上。每条消息在文件中的位置称为偏移量（Offset），偏移量是一个数据类型为长整型（long）的数字。

（2）Broker：Kafka 集群的基本单位，Kafka 集群中包含多个 Broker。Kafka 集群中可能存在一个或多个代理（Broker）服务器，负责 Producer 和 Consumer 二者之间的消息处理与交互。

（3）Producer：生产者，生产（发布）Topic 的进程。

（4）Consumer：消费者，消费（订阅）Topic 的进程，同时若干个消费者还可以组成一个消费组，这样当生产者发布 Topic 时可以实现以下两种常用功能。

- 只针对某一些 ID 或某组 ID 对应的消费者通过点播发布消息；
- 通过广播将消息发给所有的消费者。

图 2-5 给出了 Kafka 的应用流程。

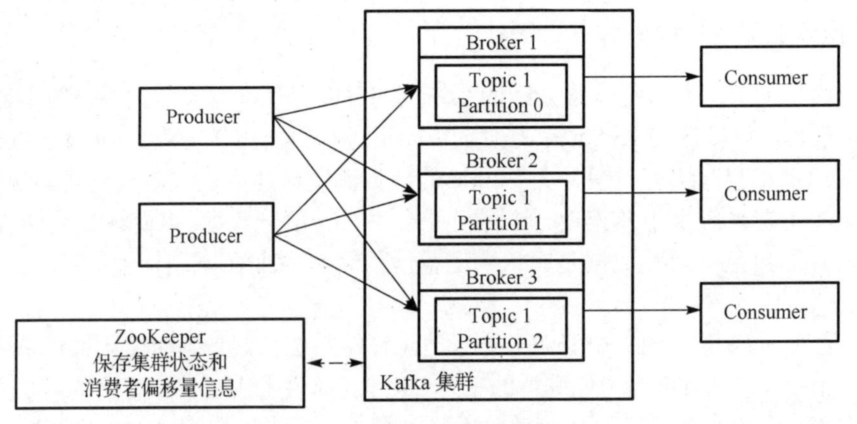

图 2-5 Kafka 的应用流程

Kafka 需要使用 ZooKeeper（分布式应用管理框架）进行协调，从而保证系统的可用性，以及保存一些元数据（Meta Data）。ZooKeeper 与 Broker、Producer、Consumer 之间是通过 TCP 协议进行通信的。

Kafka 的典型使用场景如下。

（1）消息系统（Message System）。对于一些常规的消息系统，Kafka 是个不错的选择。分区、多复本和容错等机制可以使 Kafka 具有良好的扩展性和性能优势。不过，到目前为止，Kafka 还没有提供 JMS 中的事务性消息、传输担保（消息确认机制）、消息分组等企业级特性。Kafka 只能作为常规的消息系统使用，并不能确保消息发送与接收绝对可靠。

（2）网站活性跟踪（Websit Activity Tracking）。Kafka 作为网站活性跟踪的最佳工具时，可以将网页/用户操作等信息发送到 Kafka 中，并进行实时监视或者离线统计分析等，例如，各种形式的 Web 活动产生的大量数据，用户活动事件（如登录、访问页面、单击链接），社交网络活动（如喜欢、分享、评论），以及系统运行日志等，由于这些数据的高吞吐量（每秒百万级的消息），因此通常由日志收集系统和日志聚合系统来处理。这些传统方案可将日志数据传输给 Hadoop 来进行离线分析。但是，对于需要实时处理的系统，就需要其他工具的支持。

（3）日志聚合系统（Log Aggregation System）。Kafka 的特性使它非常适合作为日志聚合系统，可以将操作日志批量、异步地发送到 Kafka 集群中，而不是保存在本地或者数据库中。Kafka 可以批量地提交消息、压缩消息等，这对 Producer 而言，几乎感觉不到性能的开展。此时 Consumer 可以使 Hadoop 来进行存储和分析。

总之，Kafka 是一个非常通用的系统，允许多个 Producer 和 Consumer 共享多个 Topic。相比之下，Flume 主要用于向 HDFS、HBase 发送数据，它对 HDFS 进行了特殊的优化，并且集成了 Hadoop 的安全特性。如果数据被多个系统消费，则建议使用 Kafka；如果向 Hadoop 发送数据，则建议使用 Flume。

2.3　大数据存储技术

2.3.1　相关概念

1．列存储

传统的关系型数据库行存储（Row Storage）的方式，存储的下一个对象是同条记录的下一个属性通常采用。传统的行存储数据排列方式如表 2-1 所示，传统的关系型数据库，如 DB2、Oracle、Sybase、SQLServer、Greenplum、Netezza 和 Teradata 等都采用行存储。

表 2-1　传统的行存储数据排列方式

	Column 1	Column 2	Column 3	Column 4	Column 5
Row 1	Data 1-1	Data 1-2	Data 1-3	Data 1-4	Data 1-5
Row 2	Data 2-1	Data 2-2	Data 2-3	Data 2-4	Data 2-5
Row 3	Data 3-1	Data 3-2	Data 3-3	Data 3-4	Data 3-5
Row 4	Data 4-1	Data 4-2	Data 4-3	Data 4-4	Data 4-5

Vertica 的公司进行了颠覆性的改变，把行转 90°，变成列，用列存储的方式存储数据。列储数据排列方式如表 2-2 所示。

表 2-2　列存储数据排列方式

	Row 1	Row 2	Row 3	Row 4
Column 1	Data 1-1	Data 2-1	Data 3-1	Data 4-1
Column 2	Data 1-2	Data 2-2	Data 3-2	Data 4-2
Column 3	Data 1-3	Data 2-3	Data 3-3	Data 4-3
Column 4	Data 1-4	Data 2-4	Data 3-4	Data 4-4
Column 5	Data 1-5	Data 2-5	Data 3-5	Data 4-5

在列存储方式下，存储空间中的下一个对象就从同一条记录的下一个属性转变为下一条记录的同一属性。虽然这种旋转了 90° 的存储方式并没有减少数据量，但会带来以下好处：

（1）大数据应用往往需要批量访问列数据（当用户主要关心同一属性的统计特性时），这时列存储方式的优势就会体现出来，列存储方式对属性的访问比行存储方式快很多，据有关报道，它的读取速度比行存储方式要快 50～100 倍。

（2）有利于提高数据的压缩比，同类数据存储在一起有助于提高数据之间的相关性，从而有利于实施高效压缩算法（如行程压缩算法等）。

两种存储方式的数据都是从上至下、从左向右排列的。行是列的组合，行存储方式以一行记录为单位，列存储方式以列数据集合为单位，或称为列簇（Column Family）。行存储方式的读写过程是一致的，都是从第一列开始，到最后一列结束的。列存储方式的读取是列数据集中的一段或者全部数据，在写入时，一行记录被拆分为多列，每一列数据都追加到对应列的末尾。

但是，两种存储方式各自的特性都决定了它们都不可能是完美的解决方案。如果首要考虑的是数据的完整性和可靠性，那么行存储方式是不二的选择，列存储方式只有在增加磁盘并改进软件设计后才能接近这样的目标。如果以保存数据为主，则行存储方式的写入性能比列存储方式高很多。在需要频繁读取单列数据的应用中，列存储方式是最合适的。如果每次读取多列数据，则两个方案可酌情选择：采用行存储方式时，设计中应考虑减少或避免冗余列；采用列存储方式时，为保证读写效率，每列数据应尽可能分别保存在不同的磁盘上，多个线程并行读写各自的数据，这样就可避免磁盘竞用的同时提高读写效率。无论选择哪种存储方式，将相同属性的数据存放在一起都是必需的，可减少磁头在磁盘上的移动，提高数据的读写效率。

正是由于存储方式的转变，数据仓库产品的性能提升了 50 倍。表 2-3 给出了行存储方式与列存储方式的比较。

表 2-3　行存储方式与列存储方式的比较

比较对象	行存储方式	列存储方式
优点	写入效率高，保证数据完整性	读取过程没有冗余，适合数据定长的大数据计算
缺点	数据读取有冗余现象，影响计算速度	缺乏数据完整性保证，写入效率低
改进	优化存储格式，保证能够在内存的快速删除冗余数据	多磁盘多线程并行读写（需要增加运营成本和修改软件）

业界对两种存储方式有很多争执，争执的焦点是谁能够更有效地处理海量数据，且兼顾

安全、可靠、完整性。列存储方式以列为单位来存储数据，适合对某一列进行随机查询处理。采用列存储方式的数据库系统具有高扩展性，即使数据增加也不会降低处理速度，因此，列存储方式主要适合需要处理大量数据的情况。

在已知的几种大数据处理软件中，Hadoop 的 HBase 采用列存储方式；MongoDB 采用文档型的行存储方式；Lexst 采用二进制型的行存储方式。行存储方式不适合用在联机事务处理（OLTP）或更新操作，尤其是插入、删除操作比较频繁的场合。

2. Key-Value 存储

Google 在其分布式数据库技术产品 BigTable 中，为了存储 Web 页面，创造性地提出了 Key-Value 这种 Map 数据结构，并广泛应用到 Google 的多种应用中。

键值（Key-Value，KV）存储数据库是一种 NoSQL（非关系型数据库）模型，其数据按照键值对的形式进行组织、索引和存储。KV 存储数据库非常适合不涉及过多数据关系、业务关系的数据，同时能有效减少读写磁盘的次数，比 SQL 数据库存储拥有更好的读写性能。

这里以 BigTable 为例，介绍 Key-Value 数据结构。

BigTable 采用 Key-Value 数据结构，Key 由行关键字、列关键字、时间戳组成，Value 为对应的数据内容。行关键字和列关键字都是字符串数据类型；时间戳是一个 64 位的长整数，可精确到毫秒。这三个属性在一个数据库中是唯一的。由 Key 和 Value 构成的 Key-Value 数据结构称为一个数据项。考虑到分布式数据库的多复本的特性，数据项会按照时间戳进行排序，并对于过期的数据项进行过期回收。BigTable 中的 Key-Value 数据结构如图 2-6 所示。

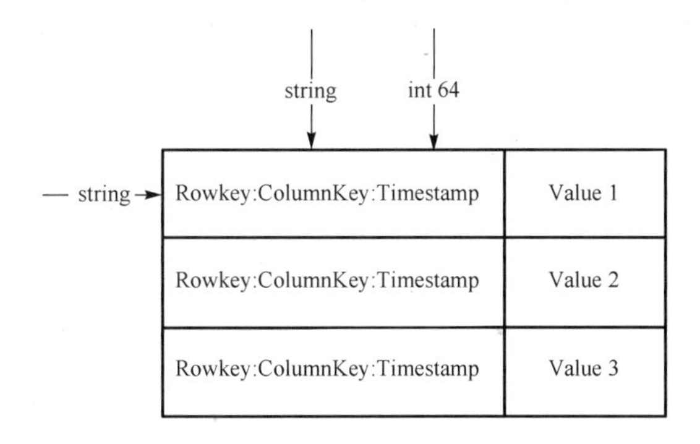

图 2-6　BigTable 中的 Key-Value 数据结构

Key-Value 数据结构本质上就是一个映射，Key 是查找数据地址的唯一关键字，而 Value 则是实际存储的内容。Key-Value 数据结构使用哈希函数实现关键字到值的快速映射，这种数据结构可以提高数据的存储能力和并发读写能力，适合通过主键快速查询。

目前有很多用于大数据处理的免费 KV 存储数据库，例如 Memcached、Redis。Redis 是一个高性能的 KV 存储数据库，和 Memcached 类似，它支持存储的 Value 类型相对更多，包括 String（字符串）、List（链表）、Set（集合）和 Zset（有序集合）。与 Memcached 一样，为了保证效率，数据都在内存中缓存，区别的是 Redis 会周期性地把更新的数据写入磁盘或者把修改操作写入追加的记录文件，并且在此基础上实现主从同步。Redis 的出现，在很大程度上补偿了 Memcached 这类 KV 存储数据库的不足，在部分场合可以对关系型数据库起到很好的补充作用。Redis 提供了 Python、Ruby、Erlang、PHP 客户端，使用很方便。

3. NoSQL（Not only SQL）数据库

随着 NoSQL 数据库的日益成熟，其在企业和组织信息管理系统中的应用已逐步深入。

NoSQL 数据库泛指非关系型的数据库，其兴起的原因是传统的关系型数据库应对大规模、高并发数据的能力有限，NoSQL 数据库能够弥补传统的关系型数据库在这方面的不足。相比于传统的关系型数据库，以云平台为基础的 NoSQL 数据库系统具有以下特点：

- NoSQL 数据库去掉了传统的关系型数据库的关系特征，易于扩展；
- 由于 NoSQL 数据库结构简单，所以在大数据中的读写性能很好；
- NoSQL 数据库可以随时存储自定义的数据格式；
- NoSQL 数据库可以方便地实现高可用性的架构。

这些特点使得 NoSQL 数据库在金融行业具有较广泛的应用研究前景。金融行业主要包括两类系统需求：一类是以事务处理为主的高一致性的系统需求，如银行的核心信息系统；另一类是面向分析的系统需求，如反欺诈、反洗钱、客户关系管理系统等。NoSQL 数据库在面向分析的系统中有一定的潜在技术优势。例如，在传统联机分析系统中，为了支撑对各种统计查询的高速响应，需要对各种属性组合进行预计算，这就需要对大量的中间计算结果进行存储，在属性量比较大和属性值比较多的情况下，所需的计算资源往往大大超过单机所具备的存储能力。为此，金融行业在构建联机分析系统时需要投入大量资源。

由于 NoSQL 数据库采用高度并行的系统和列存储方式的数据管理结构，其数据查询具有弹性查扩展的特点，在响应大规模聚集查询时相对于传统的关系型数据库具有较大的优势。随着 NoSQL 数据库的事务处理能力越来越强，其应用范围将越来越广。

常见的几类 NoSQL 数据库如下。

（1）KV 存储数据库（如 Memcached、Redis）。这类 NoSQL 数据库在互联网中应用范围最广。Memcached 提供具备 LRU 淘汰策略的 KV 内存存储；而 Redis 提供支持复杂结构（如 List、Hash 等）的内存及持久化存储。Redis 适用于数据变化快且数据库大小可预见（适合内存容量）的应用程序，如股票价格、数据分析、实时数据收集、实时通信。

（2）列存储型数据库（如 HBase、Cassandra）。HBase 是基于列存储方式的分布式数据库集群系统。由于列存储方式以列为单位来存储数据，适合对某一列进行随机查询处理。采用列存储方式的数据库具有高扩展性，即使数据增加也不会降低处理速度，因此，采用列存储方式的数据库主要适合应用于需要处理大量数据的情况。

HBase 是 Hadoop 大数据应用生态系统中的重要一员，实现了对海量数据的随机实时读写访问。从逻辑上讲，HBase 将数据按照表、行和列进行存储。HBase 的主要目标是依靠横向扩展，通过不断增加廉价的商用服务器来增加计算和存储能力。HBase 提供了命令行管理和丰富的 API 接口，通过调用这些接口，可以使用多种程序语言对 HBase 进行访问。

HBase 适用于偏好 BigTable，并且需要对大数据进行随机实时访问的场合，如 Facebook 的消息数据库。HBase 是一个写快读慢的系统（当然，这里的慢是相对于写而言的）。对于读数据比较多的情况，可对 HBase 进行读优化，主要方法是增强系统的 IO 能力（HDFS 层面）、增大 BlockCache、调整主压缩（Major Compaction）策略等。若随机读较多，还可以减小 BlockSize。

Cassandra 也是基于列存储方式的开源分布式 NoSQL 数据库，它最初是由 Facebook 开发的，用于存储收件箱等简单格式数据，集 Google BigTable 的数据模型与 Amazon Dynamo 的完全分布式的架构于一身。Facebook 于 2008 年将 Cassandra 开源，Cassandra 具有分布式、基于行的结构化及高伸展性特性。Cassandra 本质上是由一堆数据库节点共同构成的一个分布式网络服务，对 Cassandra 的写操作会被复制到其他节点上，对 Cassandra 的读操作也会被路由到某个节点上。对于一个 Cassandra 集群来说，扩展性能是比较简单的事情，在集群里面添加节点即可。Cassandra 是一个混合型的非关系型数据库，类似于 Google BigTable，是一个网络社交云计算方面理想的数据库。使用 Cassandra 可以像文档存储那样不必提前解决记录中的字段。Cassandra 可以在系统运行时随意添加或移除字段，这是一个惊人的效率提升。Cassandra 是纯粹意义上的水平扩展，为给集群添加更多容量，可以指向另一台计算机，不必重启任何进程即可改变应用查询或手动迁移数据；可以调整节点布局来避免某一个数据中心出问题，备用的数据中心至少有每条记录的完全复制；支持范围查询，采用列表数据结构，在混合模式可以将超级列添加到 5 维，对于每个用户的索引，这是非常方便的；采用分布式写操作，可以在任何地方任何时间读写数据，并且不会有任何单点失败。

（3）文档存储型数据库（如 MongoDB、CouchDB）。文档存储数据库不需要定义表结构，存储格式多样化，适合存储非结构化的数据。它可以通过复杂的查询条件来获取数据，是非常容易使用的 NoSQL 数据库。CouchDB 的最佳应用场景是：适用于数据变化较少，执行预定义查询，进行数据统计的应用程序；适用于需要支持数据版本的应用程序，如 CRM 和 CMS 系统。

MongoDB 的最佳应用场景是：需要动态查询；需要使用索引而不是 MapReduce 功能；对数据库有性能要求；需要使用 CouchDB，但因为数据改变太频繁而占满内存的应用程序。

4．图存储数据库

图存储数据库是基于图理论构建的，使用节点、属性和边的概念。节点代表实体，属性用来保存与节点相关的信息，边用来表示实体之间的关系。图存储数据库在存储某些数据集时速度非常快，可以把图直接映射到面向对象的应用程序中。

在 Web2.0 时代，随着互联网及移动互联网的发展，NoSQL 数据库在互联网行业中的重要性与日俱增。在大型互联网应用中，为应对大规模、高并发的数据访问，大多都引入了 NoSQL 数据库，其中 Memcached、Redis 以其高成熟度、高性能、高稳定性得到了广泛使用。例如，微博平台具备了千台规模的 NoSQL 数据库集群，微博核心的 Feed 业务、关系业务也都依赖 Memcached 及 Redis 提供高性能服务。

2.3.2　分布式存储系统

在当前数据呈爆炸式增长的形势下，单台计算机无论从存储还是从计算能力上都不能满足实际的需求。云计算的一大优势就是能够快速、高效地处理海量数据。为了保证数据的高可靠性，云计算通常采用分布式存储技术，将数据存储在不同的物理设备中。这种模式不仅摆脱了硬件设备的限制，同时扩展性变得更好，能够快速响应用户需求的变化。

分布式存储与传统的网络存储并不完全一样，传统的网络存储系统通过集中的存储服务器存放所有数据，存储服务器成为系统性能的瓶颈，不能满足大规模存储应用的需要。分布式存储系统采用可扩展的系统结构，利用多台存储服务器分担存储的负荷，利用位置服务器定位存储信息，它不但可提高系统的可靠性、可用性和存取效率，还易于扩展。在当前的云计算领域，Google 的 GFS 和 Hadoop 的 HDFS 是比较流行的两种云计算分布式存储系统。下面以 Hadoop 的 HDFS 为例，对海量数据的分布式存储进行介绍。

1. HDFS

Hadoop 的出现解决了传统的单机处理模式受内存、计算能力限制的问题，利用集群的存储和计算能力为海量数据提供可靠的存储和处理。

Hadoop 是由 Apache 基金会开发的一个开源的分布式系统基础架构，提供了一系列数据并行处理工具和应用解决方案，并具有高度可伸缩性，可以根据数据规模和需求来动态地增加或删除节点。用户可以在不了解其底层细节的情况下，方便地在普通硬件上架设大规模的集群系统，开发分布式程序，从而充分地利用集群系统的能力进行高速运算和存储。

HDFS 设计思路有以下几点。

（1）硬件异常是常态。在一个大数据环境下，HDFS 集群由大量物理机器构成，每台机器由很多硬件组成，因为某一个硬件异常而使 HDFS 集群出错的概率是很高的，因此 HDFS 集群的一个核心设计目标就是能够快速检测硬件异常并快速从异常中恢复工作。

（2）访问流式数据。在 HDFS 集群上运行的应用要求访问流式数据，为适用于批处理而非交互式处理，因此在设计 HDFS 集群时更加强调高吞吐量而非低延迟。

（3）大数据集。在 HDFS 中，典型的文件大小是 GB 级甚至 TB 级的，因此 HDFS 设计的重点是支持大文件，并且可以通过扩展物理机器的数量来支持更大的集群。

（4）简单的一致性模型。HDFS 提供的访问模型是一次写入多次读取的模型。文件在完成写入操作后就不需要再修改了，采用这种简单的一致性模型，可以支持更高的吞吐量，以及文件追加。

（5）移动计算比移动数据的代价更低。HDFS 利用了计算机系统的数据本地化原理，认为数据离 CPU 越近，性能更高。HDFS 提供的接口可以让应用感知到数据的物理存储位置。

（6）异构软硬件平台兼容。HDFS 集群应该被设计成能够方便地从一个平台迁移到另外一个平台。

按如上思路设计的 HDFS 是可扩展的分布式文件系统，适用于大型的、分布式的、对大量数据进行访问的场景。Hadoop 运行于廉价的普通硬件上，具有高容错性与高吞吐量。大部分 ICT 厂商，包括 Yahoo、Intel 的云计划采用的都是 Hadoop 平台的 HDFS 数据存储技术。

如图 2-7 所示，HDFS 集群由一个 Master（NameNode）和多个 Slave（DataNode）组成。

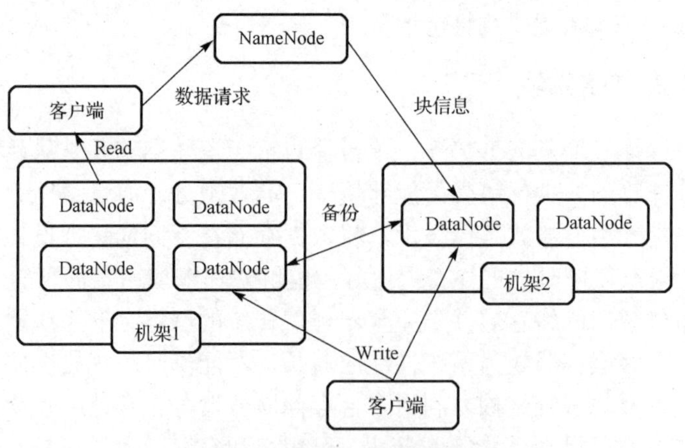

图 2-7　HDFS 集群结构

在HDFS内部，一个文件中的数据是按照某种固定大小（如128 MB）的块（Block）来存储的，每个块可以按照用户指定的副本量存储在不同的机器上。NameNode维护系统的命名空间，包括文件到块的映射关系、访问日志等属性，以及元数据都存储在NameNode中。文件的基础信息存储在NameNode中，采用集中式存储方案。NameNode定期通过心跳消息与每一个DataNode通信，给DataNode发送指令并收集其状态。在HDFS集群中只能有一个NameNode，但是可以设置一个备份的Secondory NameNode来保证系统的可靠性、容错性。

DataNode提供文件内容的存储、操作功能。文件数据块本身存储在不同的DataNode中，DataNode可以分布在不同机架上。DataNode定期与NameNode通信，给NameNode发送状态并接收NameNode发送的指令。DataNode启动之后会扫描本地文件系统中块的个数，并将对应的块信息发送给NameNode。

虽然HDFS集群采用主从结构，但客户端可以分别访问NameNode和DataNode，以获取文件的元数据及内容。HDFS集群的客户端可直接访问NameNode和DataNode，相关数据直接从NameNode或者DataNode传送到客户端。

综合上述的设计假设和架构分析，HDFS特别适合以下场景：

（1）要求顺序访问的场景，如提供流媒体服务等大文件存储。

（2）要求大文件全量访问的场景，如要求对海量数据进行全量访问、OLAP等。

（3）整体预算有限的场景，想利用分布式计算的便利，但又不打算购买昂贵的HPC（高性能计算机群）、高性能小型机等。

但是，HDFS在如下场景中的性能还是不尽如人意。

（1）要求低延迟数据访问的场景。低延迟数据访问意味着要求快速定位数据，如10 ms级的响应，系统若忙于响应此类要求，则有悖于快速返回大量数据的假设。

（2）存在大量小文件的场景。大量小文件将占用大量的块，不仅会造成较大的浪费，对NameNode也是严峻的挑战。Hadoop适用于较大的文件，原因在于Map任务每次会处理一个输入的小文件（FileInputFormat通常是被分割的文件）。如果文件太小（这里指的是小于HDFS的块大小），并且有很多这样的小文件，那么就会增加打开文件的性能开销；同时，大量的小文件也会增加NameNode元数据的存储开销。

（3）多用户进行并发写入的场景。并发写入违背数据一致性模型，数据可能会出现不一致。

（4）要求实时更新的场景。HDFS支持文件追加（Append），但实时更新会降低数据吞吐量，以及增加维护数据一致的模型代价。

2. 分布式内存文件存储

“内存为王”这句话现在很流行，大数据处理对速度的追求是无止境的。由于内存的速度和磁盘的速度不是一个数量级，同时，内存的价格越来越低、内存的容量越来越大，这就使得数据存储在内存中有了可行性。伴随着这种趋势，大量的基于内存的计算框架也研制出来了，如Spark，就是优秀的基于内存的计算框架。但是，现有的计算框架还面临一些挑战。Tachyon的出现解决了内存中的垃圾回收（Garbage Collection，GC）开销大、缓存数据丢失等问题。

Tachyon 是一个分布式内存文件系统，可以在集群里以访问内存的速度来访问存储在 Tachyon 里的文件。Tachyon 是安装在底层的分布式文件存储和上层的各种计算框架之间的一种中间件，主要职责是将那些不需要存储到 HDFS 中的文件存储到分布式内存文件系统中，以此实现共享内存，从而大幅提高访问效率。Tachyon 可以在不同的计算框架内共享内存，同时可以减少内存冗余和基于 JVM（Java 虚拟机）内存计算框架的 GC 时间。

Tachyon 采用传统的主从结构，和 Hadoop 类似。在 Tachyon 中，Master 里的 WorkflowManager 是 Master 进程，为了防止单点问题，可以部署多台 Standby Master（备用主机）。Slave 是由 Worker Daemon（工作守护进程）和 Ramdisk（内存盘）构成的，Worker Daemon 是基于 JVM 的，Ramdisk 是一个 Off Heap Memory（堆外内存）。Master 和 Worker 之间的通信协议是 Thrift。

图 2-8 所示为 Tachyon 的应用模式。

Tachyon 也有类似 RDD（Resilient Distributed Dataset，弹性分布式数据集）的血统概念，输入文件和输出文件都会有血统关系，从而达到容错的目的。同时，Tachyon 也利用血统关系来异步实现检查点的操作。在文件丢失的情况下，可利用两种资源分配策略来优先计算丢失掉的资源。

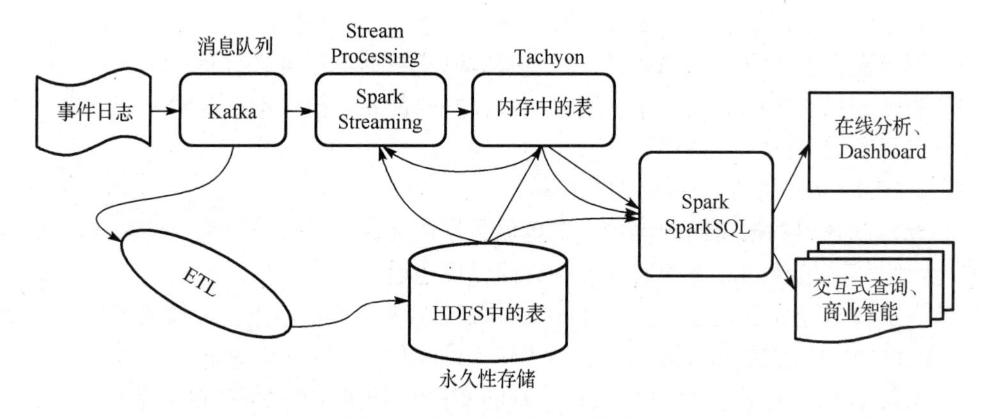

图 2-8 Tachyon 的应用模式

2.3.3 数据库（HBase）与数据仓库（Hive）

1. HBase

HBase（Hadoop Database）是一个高可靠、高性能、基于列存储方式、可伸缩的分布式存储系统，利用 HBase 技术可在廉价计算机上搭建起大规模的结构化存储集群。

HBase 适合存储大表数据（表的规模可以达到数十亿行和数百万列），对大表数据的读写可以达到实时级别。HBase 采用 HDFS 作为文件存储系统。在典型的大数据系统中，利用 Spark 和 Hadoop 的 MapReduce 来处理 HBase 中的海量数据，利用 ZooKeeper 作为协同服务。HBase 集群由主备 Master 进程和多个 RegionServer 进程组成。HBase 集群的系统结构如图 2-9 所示。

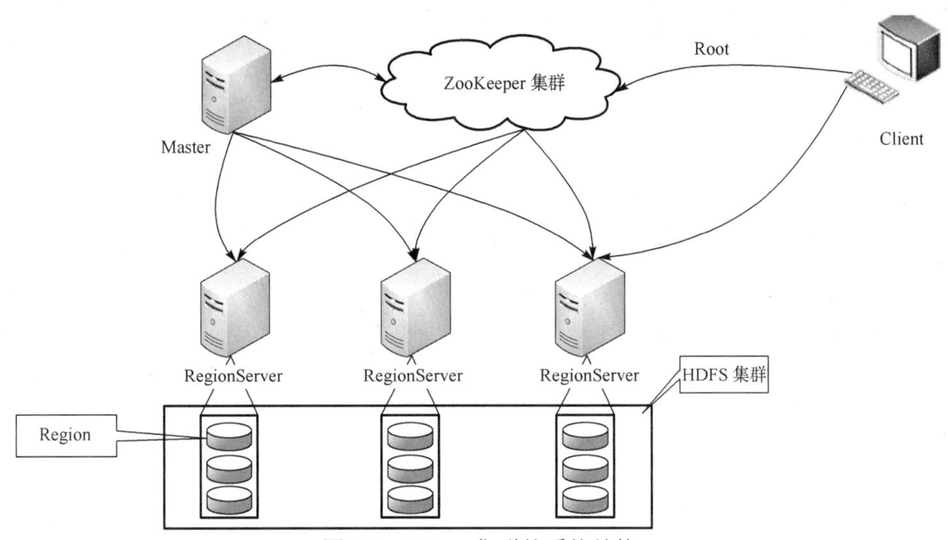

图 2-9　HBase 集群的系统结构

表 2-4 列出了 HBase 集群中各组件的功能说明。

表 2-4　HBase 集群中各组件中的功能说明

组件名称	说　明
Client	Client 使用 HBase 的远程过程调用（Remote Proceduce Call，RPC）机制与 Master、RegionServer 进行通信。Client 与 Master 进行管理类通信，与 RegionServer 进行数据操作类通信
Master	又称为 HMaster，在高可用（High Available，HA）模式下，包含主用 Master 和备用 Master。主用 Master 负责 HBase 中 RegionServer 的管理，包括表的增删改查、RegionServer 的负载均衡、Region 的分布调整、Region 的分裂、分裂后的 Region 分配，以及 RegionServer 失效后的 Region 迁移等。当主用 Master 故障时，备用 Master 将取代主用 Master 对外提供服务，故障恢复后，原主用 Master 降为备用
RegionServer	RegionServer 负责提供表数据读写等服务，是 HBase 的数据处理和计算单元。RegionServer 一般与 HDFS 集群的 DataNode 合并，实现数据的存储功能
ZooKeeper 集群	ZooKeeper 集群为 HBase 集群中各进程提供分布式协作服务。各 RegionServer 将自己的信息注册到 Zookeeper 集群中，Master 由此感知各个 RegionServer 的状态
HDFS 集群	HDFS 集群为 HBase 提供高可靠的文件存储服务，HBase 的数据全部存储在 HDFS 集群中

（1）HBase 的查询过程。在 HDFS 中，HBase 上的数据是以 HFlie 二进制的形式存储在 Block 中的，所以对于 HDFS 来说，HBase 是完全透明的。HBase 的数据访问流程如图 2-10 所示。

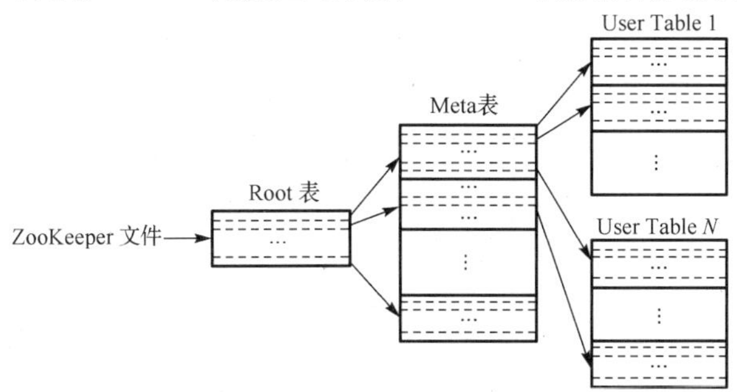

图 2-10　HBase 的数据访问流程

HBase 的响应速度快是因为其特殊的存储模型和访问机制，HBase 中有两张表：Meta 表和 Root 表，Meta 表记录了用户的 Region 信息，包含了多个 Region 及其所在的 RegionServer 服务器地址，Root 表则记录了 Meta 表的 Region 信息。因此，Root 只有一个 Region。图 2-10 中，客户端可以快速定位到要查找的数据所在的 Region Server。当要对 HBase 进行增删改查等数据操作时，HBase 的客户端首先访问分布式协调服务器 ZooKeeper，通过 ZooKeeper 可以访问 Root 表的地址，因为 Root 表里面记录了 Meta 表的地址，通过 Meta 表就可以找到数据所在的位置，并将数据操作命令发送给 RegionServer，该 RegionServer 接收并执行该命令从而完成本次数据操作。

（2）基于 HBase 的二级索引机制。HBase 具有扩展性强、实时查询效率高等特点，在大数据实时处理中应用十分广泛。但是，因为 HBase 的 Key-Value 存储特性，所以只支持少量的 SQL 查询操作，不支持二级索引。对于非主键的查询，只能通过全表扫描和过滤的方式获取数据，效率非常低，使得 HBase 存在很大的局限性。即使通过 Hive、Pig 等组件对全表进行 MapReduce 计算，依然会占用大量的资源，也会大大增加延迟。

如果在 HBase 存储的基础上对表中一列的 Value 进行索引，而主键 RowKey 作为该索引的值，则通过对 Value 的索引可快速定位到符合要求的 RowKey，再通过 RowKey 进行二次查找即可将结果数据取出来。虽然这种方式会损失部分查询效率，但能保证实时性，而且可以极大地提高查询的便捷性，这就是 HBase 二次索引机制的基本思想。

（3）ITHBase 拓展项目。ITHBase（Indexed Transactional HBase）是在 HBase 0.19.3 版本中的第三方带索引的独立拓展项目。在 HBase 写入数据时，如果 MemStore 写满后发出写磁盘的请求，则 ITHBase 会拦截请求并为 MemStore 中的数据创建索引，索引会在表中以列簇（Column Family，CF）的形式存在，而且 ITHBase 只支持 Region 级别的操作。当 ITHBase 读取数据时，会通过表中的索引列来加速扫描数据。

ITHBase 对 HBase 的源码进行了修改拓展，并在其基础上重新设计了 HBase 中的 RegionServer 模块，而 Client 只负责处理逻辑。HBase 版本更新迅速，但 ITHBase 的源码几年未更新，是否具有工业强度的稳定性成为用户选择它的主要障碍。

（4）Phoenix 项目。Phoenix 起源于 Saleforce 社区的一个开源项目，后来发展成为 Apache 的顶级项目。Phoenix 是为了解决 HBase SQL 查询有限、不支持二级索引等问题开发的一个 Java 中间层，并提供可嵌入的 JDBC（Java Database Connectivity）驱动供客户端使用。通过发送 JDBC 请求给 HBase，Phoenix 自定义的 HBase 协处理器将查询语言转化为多个 HBase 扫描操作和服务器端过滤，Phoenix 带来了更快的开发效率。

Phoenix 会将一个聚合查询分成多个扫描操作，然后将扫描操作分配给 Phoenix 自定义的 HBase 协处理器，进行扫描操作并执行生成 JDBC 标准的查询结果。这些协处理器可以在服务器中并行工作，从而提高查询性能。平衡地拆分表是 Phoenix 能否获得高效查询的最重要因素之一，例如，将相等大小的分区平均分配到不同的 RegionServer 上，表中的数据在各个 RegionServer 上均匀分布可以保证每一个 Phoenix 线程处理的数据量相当，这样就可以减少查询的等待时间。

Phoenix 对于大数据集的查询可以达到毫秒级性能。当查询条件同时存在 RowKey 主键索引和二级索引时，会自动选择最优的索引。Phoenix 维护一个系统表（System Table）作为 Scheme 元数据的存储，支持对多列进行动态索引的创建、删除和修改，并且不限制列数。当索引可变时，列数越多，写入速度受影响就越大；当索引不可变时，不影响写入速度，且 Phoenix 提供了对 RowKey 分析的特性，可以让数据均匀分布在各个 RegionServer 上。Phoenix 还具备其他值得关注的特性，例如，通过客户端（Client）批处理可支持有限的事务、支持版本化的模式仓库、优化扫描等。目前，Phoenix 对 HBase 的支撑比较完善，包括索引更新、增量识别等功能。

2. Hive

Hive 是基于 HDFS 和 MapReduce 架构的数据仓库，提供了类似 SQL 的 HiveQL 语言来操作结构化数据，其基本原理是将 HiveQL 语言自动转换成 MapReduce 任务，从而对 Hadoop 集群中存储的海量数据进行查询和分析。图 2-11 所示为 Hive 的系统架构。

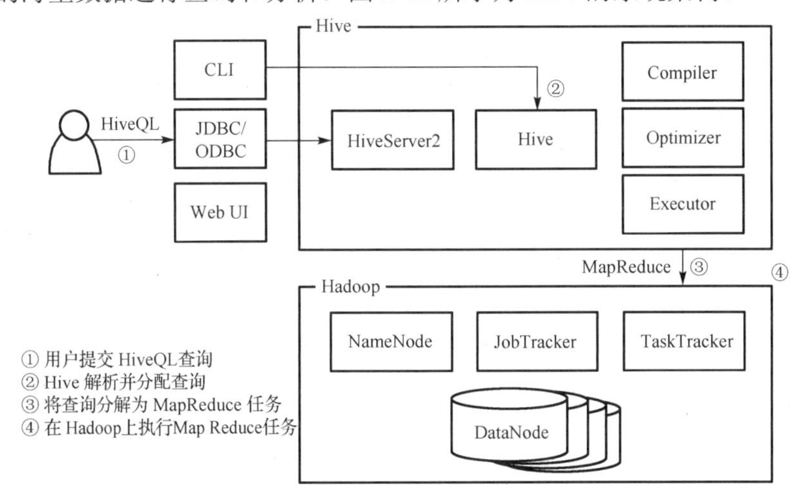

图 2-11　Hive 的系统架构

Hive 支持海量结构化数据分析汇总，可将复杂的 MapReduce 任务简化为 SQL 语句，具有灵活的数据存储格式，支持 JSON、CSV、TEXTFILE、RCFILE、SEQUENCEFILE 几种存储格式。

Hive 采用 HDFS 作为文件存储系统。Hive 数据库中的所有数据文件都可以存储在 HDFS 中，Hive 所有的数据操作也都是通过 HDFS 的接口进行的。

Hive 所有的数据计算都依赖于 MapReduce。在进行数据分析时，Hive 会将用户提交的 HiveQL 语句解析成相应的 MapReduce 任务并提交给 MapReduce 执行。

Hive 的 MetaStore 可用来处理 Hive 的数据库、表、分区等结构和属性信息，这些信息需要存放在一个关系型数据库（如 MySQL）中，从而对 MetaStore 进行维护和处理。表 2-5 给出了 Hive 中各个组件的说明。

表 2-5　Hive 中各个组件说明

名　称	组 件 说 明
HiveServer	在 HA 模式下，包含主用 HiveServer 和备用 HiveServer。 主用 HiveServer：对外提供 Hive 数据库服务，将用户提交的 HiveQL 语句进行编译，解析成对应的 MapReduce 任务，从而完成数据的提取、转换、分析。 备用 HiveServer：当主用 HiveServer 故障时，备用 HiveServer 将取代主用 HiveServer 对外提供服务

续表

名　称	组件说明
MetaStore	提供 Hive 的 MetaStore 负责 Hive 表的结构和属性信息的读写、维护和修改
ZooKeeper 集群	ZooKeeper 为 HiveServer 的 HA 机制提供了仲裁，各 HiveServer 将自己的信息注册到 ZooKeeper 中，为客户端访问主用 HiveServer 提供依据
HDFS 集群	Hive 表数据存储在 HDFS 集群中
MapReduce 集群	提供分布式计算服务：Hive 的大部分数据操作依赖于 MapReduce，HiveServer 的主要功能是将 HiveQL 语句转换成 MapReduce 任务，从而完成对海量数据的处理

Hive 提供了一系列的工具，可以用来进行数据提取、转化、加载（Extraction Transformation Loading，ETL），这是一种可以存储、查询和分析存储在 Hadoop 中大规模数据的机制。Hive 也允许熟悉 MapReduce 的开发者实现自定义的 Mapper 和 Reducer 来处理内建 Mapper 和 Reducer 无法完成的复杂分析工作。

Hive 将所有的数据都存储在 Hadoop 兼容的文件系统（如 Amazon S3、HDFS）中。在加载数据过程中，Hive 不会对数据进行任何修改，只是将数据移动到 HDFS 中 Hive 设定的目录下，因此，Hive 不支持对数据的改写和添加，所有的数据都是在加载时确定的。Hive 的设计特点如下：

- 支持索引，可加快数据查询；
- 支持不同的存储类型，如纯文本文件、HBase 中的文件；
- 可将元数据保存在关系型数据库中，大大减少了在查询过程中执行语义检查的时间；
- 可以直接使用存储在 HDFS 中的数据；
- 内置大量用户函数（UDF）来操作时间、字符串和其他的数据挖掘工具，支持用户扩展 UDF 函数来完成内置函数无法实现的操作；
- 类似于 SQL 的查询方式，将 SQL 查询转换为 MapReduce 任务后在 Hadoop 集群上执行，Hive 与 SQL 相似促使其成为 Hadoop 与其他 BI 工具结合的理想交集。

由于 Hive 构建在基于静态批处理的 Hadoop 上，Hadoop 通常都有较高的延迟，并且在作业提交和调度时需要大量的开销，因此，Hive 并不能够在大规模数据集上实现低延迟、快速的查询。例如，Hive 在几百兆字节的数据集上执行查询一般有分钟级的延迟，因此，Hive 并不适合那些需要低延迟的应用，如联机事务处理（OLTP）。Hive 查询操作过程严格遵守 MapReduce 的模型，Hive 将用户的 HiveQL 语句转换为 MapReduce 任务并提交到 Hadoop 集群上，Hadoop 集群监控作业的执行过程，然后返回执行结果给用户。Hive 并不是为联机事务处理而设计的，Hive 不提供实时的查询和基于行级的数据更新操作。Hive 的最佳使用场合是大数据集的批处理作业，如网络日志分析。

根据业务系统和大数据系统的功能划分，大数据系统的存储系统至少要支持三种存储方式：一是行存储方式，用于数据由传统数据库向大数据系统数据库过渡；二是基于键值对的存储方式，用于大体量、高并发数据的实时查询；三是分布式内存存储方式，用于对交互式数据进行分析和挖掘，可通过构建分布式 Cube 加速性能，也可部分使用固态硬盘（Solid State Disk，SSD）替代，程序自动选择存储层。

2.4　分布式计算框架

随着各种硬件设备和网络性能的快速发展，人们可以更快地获得原始的海量数据。虽然有很多专用的算法可以处理这些数据，但是，由于输入的数据量巨大，在只有一台主机参与计算的情况下，很难在可接受的时间范围内得到结果。如果有成千上万台的主机参与计算，每台主机只处理其中一小部分数据，就会很容易在可接受的时间范围内得到结果。但是当成千上万台的主机出现的时候，如何处理并行计算、如何分发数据、如何处理错误、这些都是分布式计算框架要解决的问题。

2.4.1　离线计算框架

1．MapReduce

MapReduce 是出现最早、知名度最大的分布式计算框架，主要用于大批量的集群任务。MapReduce 致力于解决大规模数据处理的问题，在设计之初就考虑了数据的局部性原理。MapReduce 利用局部性原理将整个问题分而治之。MapReduce 指的是 Map（映射）和 Reduce（归约）两种函数，也是计算过程的两个阶段。Map 函数对类型为 Key-Value 的数据进行映射处理，之后交给 Reduce 函数进行归约处理。简单地说，MapReduce 就是将一个规模比较大的任务拆分成多个规模比较小的任务同时并行进行作业，在完成各个规模比较小的任务后，再将它们进行归约聚合，这也是并行分布式计算思想的体现。当一个任务失败时，调度器会挑选另一个节点重新开始作业，从而保证系统的可靠性、容错性。利用该模型，使用者只需关注想要执行的运算逻辑规则，而不必关心分布式执行中的容错、数据和计算分布、负载均衡等复杂的细节，MapReduce 框架会自动处理这些问题。图 2-12 给出了 MapReduce 的执行流程。

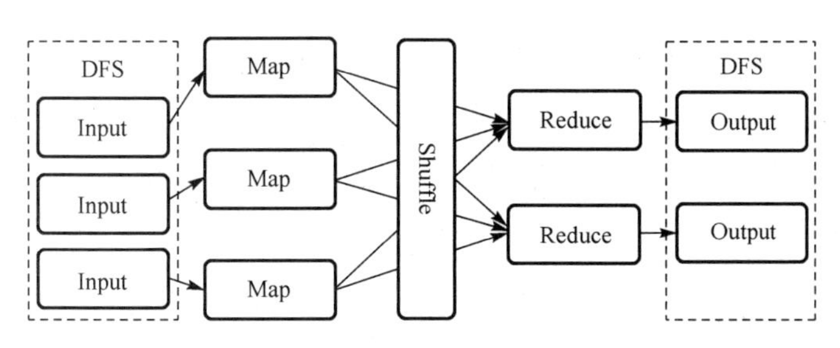

图 2-12　MapReduce 的执行流程

由于 Hadoop 相比传统计算模式的突出优势，基于 Hadoop 的应用已经被大量开发，尤其是在互联网领域，Hadoop 目前足以承担 PB 级的大数据处理任务，MapReduce 也已经成为主流的分布式编程模型。

MapReduce 集群由普通 PC 构成，是无共享式的架构。在处理之前，将数据集分布至各个节点。在处理时，每个节点就近读取本地存储的数据处理（Map），并对处理后的数据进行合并（Combine）、排序（Shuffle 和 Sort）后再进行分发（至 Reduce 节点），避免了大量数据的传输，提高了处理效率。无共享式架构的另一个好处是配合复制（Replication）策略，MapReduce 集群可以具有良好的容错性，一部分节点的宕机不会对集群的正常工作造成影响。基于 MapReduce 的应用程序能够运行在由上千个商用机器组成的大型集群上，并以一种可靠容错的方式并行处理上 TB 级的数据集。

MapReduce 适合 PB 级以上的海量数据离线处理。文件是 MapReduce 任务的数据初始存储地。输入文件一般存在 HDFS 中，这些文件的格式可以是任意的，可以是基于行的日志文件，也可以使用二进制格式、多行输入记录或其他一些格式。这些文件会很大，通常为数十吉字节或更大。这种设计原理决定了其数据是静态的，不能动态变化，因此，MapReduce 不能处理流式计算，而且由于是批量执行的，因此时效性偏低。

MapReduce 的优点是灵活性很高，它不仅可以部署到 Hadoop 框架中，而且可以部署到多种分布式框架中。现在，云计算技术已逐渐成熟，Hadoop 可以轻松地部署在云上，并且不会增加开销。

MapReduce 第一个版本（MRv1）的主要不足表现在大型集群上。当集群包含的节点超过 4000 个时（其中每个节点可能是多核的），就会表现出一定的不可预测性，其中一个最大的问题是级联故障，由于要尝试复制数据和重载活动的节点，所以一个故障会通过网络泛洪形式导致整个集群崩溃。总体说来，MRv1 存在扩展性受限、单点故障、难以支持 MR 之外的计算等缺陷，多个计算框架各自为战，数据共享困难。针对这些问题，Yarn（MRv2）应运而生了。

2. Yarn（MRv2）

Hadoop 的发展并没有因为 MRv1 的不足而停止。从 MapReduce 0.23.0 版本开始，Hadoop 开发团队摒弃了原有框架，从根本上进行了改变。新的 MapReduce 框架命名为 Yarn 或 MRv2。

MRv1 的 JobTracker 和 TaskTracker 方法是一个重要的缺陷，它关系到可伸缩性、资源利用，以及对 MapReduce 不同的工作负载的支持。在 MapReduce 框架中，作业执行受两种类型的进程控制：一个是称为 JobTracker 的主要进程，用于协调在集群上运行的所有作业，分配要在 TaskTracker 上运行的 Map 和 Reduce 任务；另一个是称为 TaskTracker 的下级进程，用于运行分配的任务，并定期向 JobTracker 报告进度。

大型的 Hadoop 集群出现了由单个 JobTracker 导致的可伸缩性瓶颈。例如，当在集群中有 5000 个节点和 40000 个任务同时运行时，这样一种设计实际上就会受到限制。由于此限制，因此不得不创建和维护更小的、功能更差的集群。此外，较小和较大的 Hadoop 集群都从未最高效地使用它们的计算资源。在 MapReduce 中，每个从属节点上的计算资源由集群管理员分解为固定数量的 Map Slot 和 Reduce Slot，这些 Slot 不可替代。设定 Map Slot 和 Reduce Slot 的数量后，节点在任何时刻都不能运行比 Map Slot 更多的 Map 任务，即使没有 Reduce 任务在运行。这影响了集群的利用率，因为在所有 Map Slot 都被使用（而且还需要更多）时，无法使用任何 Reduce Slot，即使它们可用；反之亦然。

在 MapReduce 中，JobTracker 具有两种不同的职责：

（1）管理 MapReduce 集群中的计算资源，这涉及维护活动节点列表、可用或占用的 Map Slot 和 Reduce Slot 列表，以及依据所选的调度策略将可用的 Slot 分配给合适的作业和任务。

（2）协调在 MapReduce 集群上运行的所有任务，这涉及指导 TaskTracker 启动 Map Reduce

任务、监视任务的执行、重新启动失败的任务、推测性地运行缓慢的任务、计算作业计数器值的总和等。为单个进程安排大量职责会导致重大的可伸缩性问题，尤其是在较大的集群上。

为了解决可伸缩性问题，一个简单而又绝妙的想法是减少单个 JobTracker 的职责，将部分职责交给 TaskTracker，因为 MapReduce 集群中有许多 TaskTracker。在新的设计中，这个概念通过将 JobTracker 的双重职责（集群资源管理和任务协调）分为两种不同类型的进程来实现。

Yarn 不再拥有单个 JobTracker，而是引入了一个集群管理器，它唯一的职责就是跟踪 MapReduce 集群中的活动节点和可用资源，并为它们分配任务。对于提交给 MapReduce 集群的每个作业，会启动一个专用的、短暂的 JobTracker 来控制该作业中任务的执行。短暂的 JobTracker 由在从属节点上运行的 TaskTracker 启动。因此，作业的生命周期的协调工作就分散到了 MapReduce 集群中所有可用的机器上。得益于这种设计，更多工作可并行完成，可伸缩性得到了显著提高。

为了实现上述设计，在 Yarn 中，将 MRv1 中 JobTracker 的资源管理和任务调度、监控分离。在 Yarn 框架中增加了一个 Resource Manager 来全局管理所有应用程序计算资源的分配，同时，每个节点中增加了一个 Node Manger，它是节点的代理。

Yarn 在处理日志方面也做了较大的改进，现在的 Node Manager 会将日志进行压缩后再传送到文件系统中。

可以看出，MRv1 受到了 JobTracker 的约束，JobTracker 负责整个集群的资源管理和作业调度。Yarn 打破了这种模型，引用了 Resource Manager 来管理跨应用程序的资源使用，Application Master 负责管理作业的执行。这一更改不仅消除了 MRv1 的瓶颈，还改善了 Hadoop 集群的扩展能力。此外，不同于 MRv1，Yarn 允许使用消息传递接口（Message Passing Interface，MPI）等标准通信模式，同时可执行不同的编程模型，包括图形处理、迭代式处理、机器学习和一般集群计算等。

随着 Yarn 的出现，Hadoop 将不再受 MRv1 开发模式的约束，可以创建更复杂的分布式应用程序。实际上，可以将 MapReduce MRv1 视为 Yarn 架构可运行应用程序的一部分。Yarn 几乎没有限制，不再需要与一个集群上可能存在的其他更复杂的分布式应用程序框架相隔离。随着 Yarn 变得更加健全，它有能力取代其他一些分布式处理框架，同时还可以简化整个系统。

3. Spark

随着 Yarn 的出现，MapReduce 的使用者不需要担心任务的并行性和容错问题，只需要使用一些基本的操作就能并行地读写数据。但是，由于 MapReduce 框架并没有很好地使用分布式内存，每个 MapReduce 任务均需要读写磁盘，这使得 MapReduce 对于某些需要重用中间结果的应用效率很低。在很多迭代式的机器学习和数据挖掘算法中，使用中间结果是非常常见的。如果使用 MapReduce 框架来处理这类应用，那么数据副本、磁盘 I/O 和数据序列化将会花费大量时间。因为内存的读写速度远远高于磁盘。在理想状况下，如果所有的工作数据都能放入内存，那么大部分的任务就能在很短的时间内完成。

为了避免 MapReduce 框架中多次读写磁盘的消耗，更充分地利用内存，加州大学伯克利分校 AMP Lab 提出了一种新的、开源的、类似于 MapReduce 的内存编程模型——Spark。Spark 是基于 MapReduce 算法实现分布式计算的，拥有 MapReduce 的优点；不同于 MapReduce 的是 Job Tracker 中间输出和结果可以保存在内存中，从而不再需要读写 HDFS，因此 Spark 能更好地适用于数据挖掘与机器学习等场景。Spark 掀起了内存计算之先河，引领了大数据技术的发展。

Spark 是基于内存的分布式计算框架。在迭代计算的场景下，数据处理过程中的数据都会存储在内存中，从而避免了 MapReduce 计算框架中的问题。Spark 能够使用 HDFS，使用户能够快速地从 MapReduce 切换到 Spark，并且提供比 MapReduce 高 10～100 倍的性能。作为计算引擎，Spark 还支持小批量流式处理、离线批处理、SQL 查询、数据挖掘，避免用户在这几类不同的系统中加载同一份数据带来的存储和性能上的开销。Spark 能够融入 Hadoop 的生态系统。

Spark 是用 Scala 语言编写而成的，Scala 是一种运行在 Java 虚拟机上的高级静态语言，是一种函数式编程语言。Spark 支持多语言编程，主要支持 Scala、Java、Python、R 四种语言，这一特点使得开发者可以使用自己熟悉的语言进行开发。Spark 自带了 80 多个内置 API，如 map、flatMap、groupBy、filter 等，这些 API 使得 Spark 的易用性更强，同时允许在脚本（Shell）中进行交互式计算。

目前，Spark 正在促使 Hadoop 的大数据生态系统发生演变，以便更好地支持大数据的分析需求。Spark 已经在其核心的基础上发展了 Spark Streaming、Spark SQL、MLlib、GraphX 等组件，使其在支持传统批处理应用的同时，能够支持交互式查询、流计算、机器学习、图计算等各种应用，满足各种场景的需求。这些应用都是基于 Spark 框架的，可以简单地把以上各种应用整合到一起，在实际应用中具有重要的意义。

Spark 也已经结合 Hadoop 等大数据处理工具发展出了自己的生态系统。Spark 的生态系统如图 2-13 所示，读者可以参考相关文献了解其中涉及的组件，本书将在后面的章节中重点介绍 Spark MLlib 的应用。

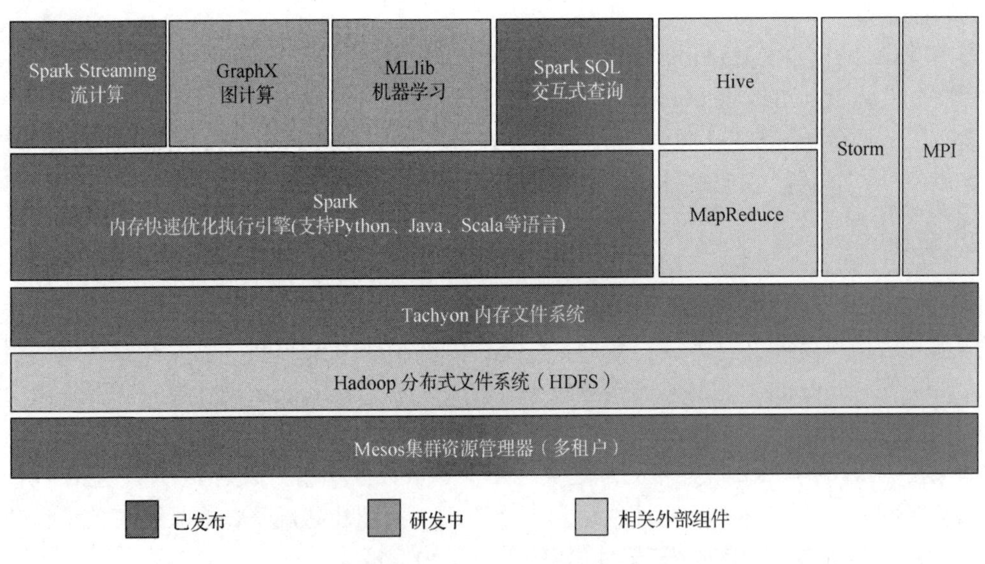

图 2-13　Spark 的生态系统

由于 Spark 是基于内存的迭代计算框架，因此非常适用于需要多次操作特定数据集的场景。需要反复操作的次数越多，所需读取的数据量越大，受益就越大，数据量小但是计算密集度较大的场景，受益就相对较小。由于RDD的特性，Spark不适合那种异步小粒度更新状态的应用，例如，Web服务的存储或者增量的Web爬虫和索引，对于那种增量修改的应用模型不适合。

在学术界，Spark早已得到各大院校的关注。Spark源于加州大学伯克利分校，目前国内一些知名大学也都开始对其展开相关的研究。而在工业界，Spark已经在互联网领域得到了广泛的应用。例如，国外Cloudera、MapR等大数据厂商全面支持Spark框架，Amazon和Yahoo都在使用Spark进行日志分析。在国内，淘宝使用Spark进行用户交易数据分析，网易在使用Spark对海量数据进行报表查询，腾讯使用Spark进行精准广告推荐等，豆瓣也在使用Spark的Python克隆版DPark。可见Spark的优势之大与流行之广。

4. Flink

Flink是一个高效、分布式、基于Java实现的通用大数据分析引擎，它具有类似于MapReduce的高效性、灵活性和扩展性，以及并行数据库查询优化方案，支持批量和基于流式数据的分析，且提供了基于Java和Scala的API。Flink已升级成为Apache基金会的顶级项目，其设计思想主要来源于Hadoop、MPP数据库、流式计算系统等，支持增量迭代计算。

对于Flink而言，其所要处理的主要场景就是流数据，批数据只是流数据的一个特例。换句话说，Flink会把所有任务当成流来处理，这也是其最大的特点，Flink可以支持毫秒级流式计算。

Flink有几个最基础的概念，如Client、JobManager和TaskManager。Client用来提交任务给JobManager，JobManager分发任务给TaskManager去执行， TaskManager会通过心跳消息来汇报任务状态。看到这里，有的人应该已经有种回到了Hadoop的错觉。确实，从架构来看，JobManager很像JobTracker，TaskManager也很像TaskTracker。然而有一个最重要的区别就是，TaskManager之间是流（Stream）。在Hadoop中，只有Map和Reduce之间的Shuffle，而对Flink而言，可能是很多级，并且在TaskManager内部和TaskManager之间都会有数据传递，而不像在Hadoop中那样在固定的Map到Reduce之间传递数据。

Flink具有如下主要特征：

- 数据集DataSet的API支持Java、Scala和Python等语言；
- 数据流DataStream的API支持Java和Scala等语言；
- 表（Table）的API支持类似于SQL的查询；
- 具有机器学习和图处理（Gelly）的各种库；
- 具有自动优化迭代的功能，如有增量迭代；
- 支持高效序列化和反序列化。

Flink与Hadoop兼容性很好，Flink支持Hadoop所有的输入/输出格式和数据类型，这使得开发者无须做任何修改就能够利用Flink运行MapReduce任务。

Flink具有快速的特点，Flink利用基于内存的数据流并将迭代处理算法深度集成到了系统的运行时中，这使得系统能够以极快的速度来处理数据密集型任务和迭代任务。

Flink可靠性和扩展性很高。当服务器的内存被耗尽时，Flink也能够很好地运行，这是因为Flink包含自己的内存管理组件、序列化框架和类型推理引擎。

Flink的易用性也很好。在无须进行任何配置的情况下，Flink内置的优化器就能够以最高效的方式在各种环境中执行程序。Flink 只需要三个命令就可以运行在 Yarn 上。图 2-14 给出了 Flink on Yarn 的运行机制。

Spark 和 Flink 都支持实时计算，且都可基于内存进行计算。Flink 对流式计算和迭代计算的支持力度更强。无论 Spark 还是 Flink，它们的发展重点都是将数据和平台 API 化，除了传统的统计算法，还包括学习算法，同时使其生态系统越来越完善。

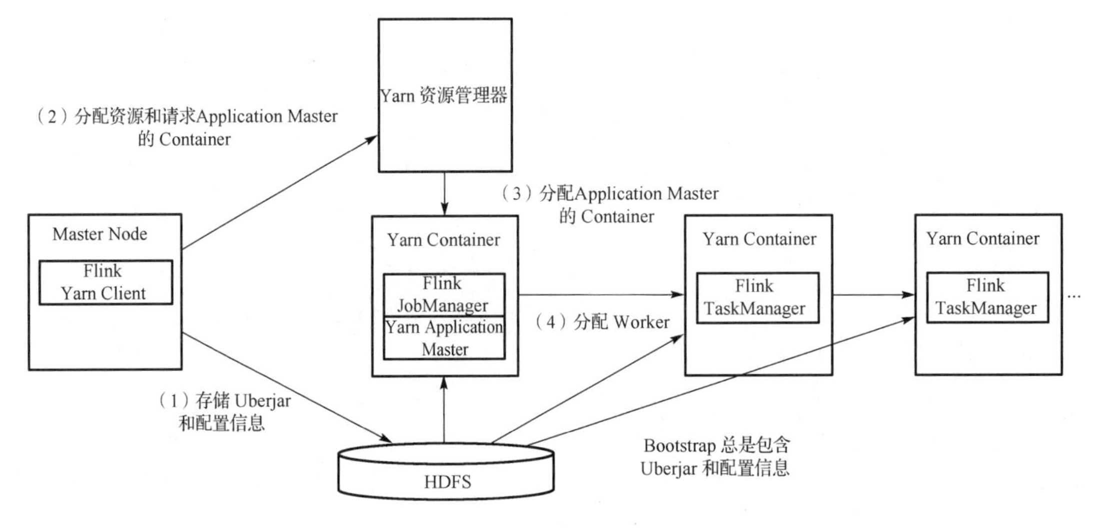

图 2-14 Flink on Yarn 的运行机制

2.4.2 实时流计算平台

随着互联网应用的高速发展，企业积累的数据量越来越多。随着 Hadoop、MapReduce 等相关技术的出现，处理大规模数据变得简单起来，但是这些数据处理技术都不是实时的系统，它们的设计目标也不是实时计算。实时的计算系统和基于批处理模型的系统（如 Hadoop 系统）有着本质的区别。

随着大数据业务的快速增长，针对大规模数据处理的实时计算变成了一种业务上的需求。例如，银行的实时营销和实时风险预警场景需要大数据平台具有历史数据快速统计、窗口时间内的信息流、触发事件及模型匹配、百毫秒级事件响应等性能。缺少实时的 Hadoop 系统已经成为整个大数据生态系统中的一个巨大瓶颈，Storm 正是在这样的需求背景下出现的。

在 Storm 出现之前，对于需要实现计算的任务，开发者需要手动维护一个消息队列和消息处理者所组成的实时处理网络。消息处理者先从消息队列中获取消息后进行处理，然后更新数据库，发送消息给其他队列，所有这些操作都需要开发者自己实现。

目前 Hadoop 平台通用的流处理引擎主要为 Spark Streaming 和 Storm，两者各有千秋。Spark Streaming 由时间窗口内批量事件流触发，Storm 由单个事件触发；在单笔交易延迟方面，Spark Streaming 优于 Storm，但在整体吞吐量方面 Spark Streaming 略有提升。在进行 Hadoop 选型时主要考虑处理引擎是否能够在流上实现统计类挖掘算法。

下面主要介绍实时编程模型 Storm 和 Spark Streaming。

1. Storm

Storm 是 Twitter 的一个类似于 Hadoop 的开源实时数据处理框架（原来是由 BackType 开发的，后 BackType 被 Twitter 收购，将 Storm 作为 Twitter 的实时数据分析系统）。Storm 能处理高频交易数据和大规模数据的实时流计算，可应用于实时搜索、高频交易和社交网络等。金融机构的交易系统是一个非常典型的流计算处理系统，对实时性和一致性有很高的要求。

（1）Storm 的设计思想。在 Storm 中也有对于流（Stream）的抽象。Storm 将流中元素抽象为 Tuple（元组），一个 Tuple 就是一个值列表（Value List），值列表中的每个 Value 都有一个 Name，并且该 Value 可以是基本类型、字符类型、字节数组等，当然也可以是其他可序列化的类型。Storm 流如图 2-15 所示。

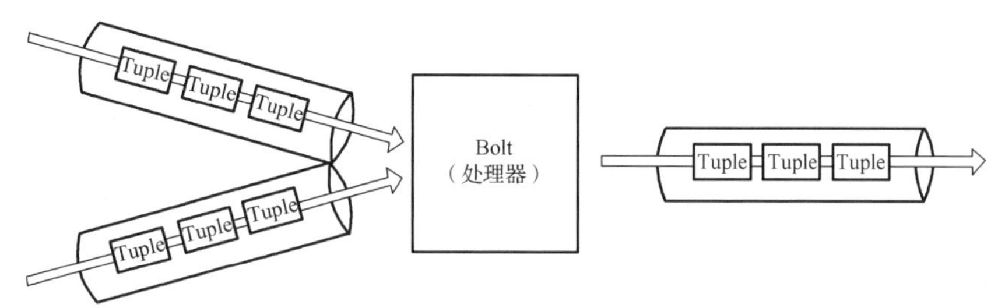

图 2-15 Storm 流

本质上讲，流是一个不间断的、无界的连续 Tuple。在建模事件流时，Storm 把流中的事件抽象为 Tuple，即元组。Storm 认为每个流（Stream）都有一个源，也就是 Tuple 的源头，所以它将这个源头抽象为 Spout，Spout 可能是连接 Twitter 的 API 并不断发出 Tweet（Twitter 发出的帖子），也可能是从某个队列中不断读取队列元素并装配为 Tuple 后再发送出来。

有了源头，即 Spout，也就有了 Stream，那么该如何处理 Stream 内的 Tuple 呢？同样，Twitter 将 Stream 的中间状态转换抽象为 Bolt。Bolt 可以消费任意数量的输入流，只要将流的方向导向该 Bolt，同时也可以发送新的流给其他 Bolt 使用，这样一来，只要打开特定的 Spout（管口）再将 Spout 中流出的 Tuple 导向特定的 Bolt，由 Bolt 对导入的流做处理后再导向其他 Bolt 或者目的地。

形象地说，Spout 就好像是一个个水龙头，并且每个水龙头里流出的水是不同的，我们想用哪种水就拧开哪个水龙头，然后使用管道将水龙头中的水导向到一个处理器（Bolt），经 Bolt 处理后再使用管道导向另一个处理器或者存入容器中。Spout 流的概念如图 2-16 所示。

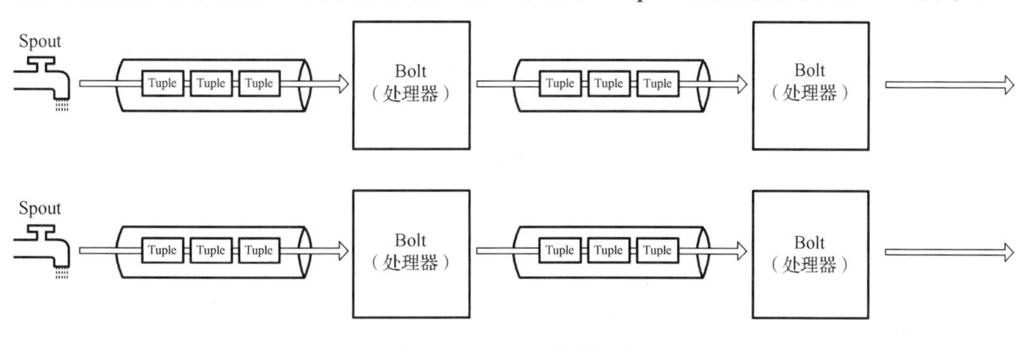

图 2-16 Spout 流的概念

为了增大水处理效率，很自然地就想到了在同一个水源处接上多个水龙头并使用多个处理器，这样就可以提高效率。

Storm 对数据输入的来源和数据输出的去向没有做任何限制，在 Storm 中，可以使用任意来源的数据输入和任意的数据输出，只要编写对应的代码来获取/写入这些数据即可。在典型的场景下，数据输入的来源和数据输出的去向是类似于 Kafka 或者 ActiveMQ 这样的消息队列，也可以是数据库、文件系统或者 Web 服务。

图 2-17 是 Storm 的拓扑。拓扑是 Storm 最高层次的一个抽象概念，它可以被提交到 Storm 集群执行，一个拓扑就是一个流转换图，图中每个节点都是一个 Spout 或者 Bolt，图中的边表示 Bolt 订阅了哪些流，当 Spout 或者 Bolt 发送元组到流时，Spout 就会发送元组到每个订阅了该流的 Bolt（只要预先订阅，Spout 就会将流发到适当的 Bolt 上）。

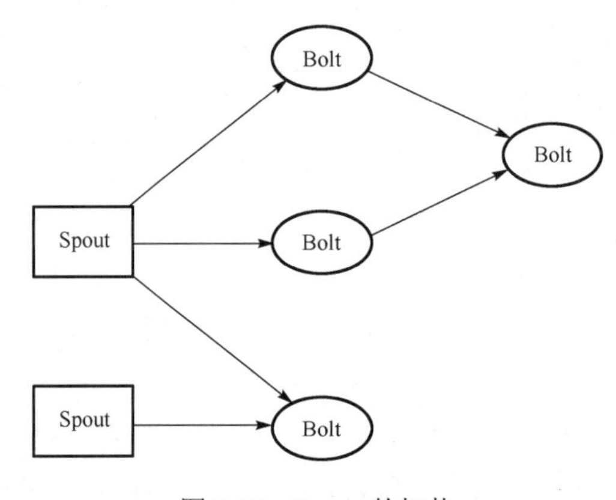

图 2-17　Storm 的拓扑

为了进行实时计算，用户需要设计一个拓扑图，并实现其中 Bolt 的处理细节，Storm 拓扑定义的仅仅是一些 Thrift 结构体，这样一来我们就可以使用其他语言来创建和提交拓扑。

拓扑的每个节点都要说明它所发送的元组字段的 Name，其他节点只需要订阅该 Name 即可。

Storm 对数据的处理效率很高，而且支持水平扩展，具有高容错性。Storm 将流上的查询抽象为一个拓扑结构，该拓扑结构是一个由多个算子组成的有向无环图，主要包括消息发送者和消息处理者两类算子。消息发送者既可以通过编程来自行生成数据，也可以接收外界的数据；数据处理者既可以对接收到的数据进行处理，也可以单纯地作为一个数据的传递者。数据在拓扑结构中被抽象成一个个的数据元组，流则被抽象成一组数据元组序列。

（2）Storm 的特点。Storm 针对大数据应用提供了一些原语供开发者使用，这为开发者的应用设计带来了很大的便利。

可扩展性：Storm 集群中的处理逻辑由任务来实现，计算任务可以在多个线程、进程和服务器之间并行进行，其并行程度由开发者事先设定，支持灵活的水平扩展。

高可靠性：Storm 的高可靠性表现在保证由消息发送者发出的每条消息都能被完全处理，这也是 Storm 区别于其他实时系统的地方。当消息由消息发者发送出去时，系统会启动一个后台进程监控这个消息，并向消息发送者发送反馈。可以把消息经过各个节点的过程抽象成一棵消息树，如果某一个消息未被正常处理或者在规定的时间阈值之内未被处理，则监控进程就会通知消息发送者重新发送该消息，直到这棵消息树中的消息都被完全处理了之后，消息发送者才会认为消息被安全处理。

高容错性：Storm 保证一个处理单元永远运行，除非使用者显式地杀死这个处理单元。当一个处理单元出现运行故障时，Storm 会重新布置这个处理单元，不过，Storm 不负责保存各个处理单元的中间状态信息。如果某个处理单元中存储了中间状态，那么需要由开发者自行设计相关功能模块，以保障它在被重新启动时能够恢复故障前的状态。

支持多种编程语言：Storm 采用一项多语言协议来支持多种编程语言。

（3）Storm 的应用。与 Hadoop 不同，Storm 是没有包括任何存储概念的计算系统，这可以让 Storm 应用在多种不同的场景下。

Storm 的应用范围很广，如实时分析、在线机器学习（Online Machine Learning）、连续计算（Continuous Computation）、分布式远程过程调用（RPC）、ETL 等；Storm 的处理速度也很快，每个节点每秒可以处理超过百万的数据组；Storm 具有高扩展（Scalable）性和高容错（Fault-Tolerant）性，保证数据会被处理，而且很容易搭建和操作。

Twitter 产生趋势信息是 Storm 的一个典型应用。Twitter 可以从海量帖子中抽取趋势信息，并在本地区域和国家层级进行维护。这意味着一旦一个案例开始出现，Twitter 的话题趋势算法就能实时地鉴别出这个话题。这个算法就是通过在 Storm 上连续分析 Twitter 的帖子来实现的。

Storm 被广泛用来进行实时日志处理，如应用于实时统计、实时风控、实时推荐等场景中。淘宝用它对超大量的日志进行统计，从中提取有用的信息。日志以持久的消息队列的形式被读到 Spout，然后在拓扑中计算处理得到结果，最终结果被保存在数据库中供使用。淘宝同时使用 Storm 和消息队列，每天能够处理 200 万到 15 亿条日志，日志量可达到 2 TB，这对实时处理大数据和持续存储都有很高的要求。

2．Spark Streaming

Spark Streaming 是大规模流式计算并行处理框架，它将流式计算分解成一系列短小的批处理作业。Spark Streaming 是在 2013 年被添加到 Spark 中的，它可以实时处理来自 Kafka、Flume 和 Amazon Kinesis 等多种数据。Spark Streaming 提供了一套高效、可容错的准实时大规模流式计算并行处理框架，它能和批处理、即时查询放在同一个软件栈中，这种对不同数据的统一处理能力正是 Spark Streaming 被迅速采用的关键原因之一。Spark Streaming 的用户包括 Uber、Netflix 和 Pinterest 等公司。

（1）Spark Streaming 框架。Spark Streaming 将流式计算分解成一系列短小的批处理作业，这里的批处理引擎是 Spark，也就是把 Spark Streaming 的输入数据按照 Batch Size 分成一段一段的数据，即离散流（Discretized Stream，DStream），每一段 DStream 都转换成 Spark 中的弹性分布式数据集（Resilient Distributed Dataset，RDD），然后将 Spark Streaming 中对 DStream 的 Transformation 操作变为针对 Spark 中对 RDD 的 Transformation 操作，将 RDD 经过操作变成中间结果保存在内存中。整个流式计算可以根据业务的需求对中间的结果进行迭加，或者存储到外部设备中。图 2-18 显示了 Spark Streaming 流程。

（2）Spark Streaming 的应用。

① 网站流量统计。在互联网应用中，网站流量统计是一种常用的应用模式，需要在不同粒度上对不同数据进行统计，既有实时性的需求，又需要涉及聚合、去重、连接等较为复杂的统计需求。若使用 MapReduce 框架，虽然可以很容易地实现较为复杂的统计需求，但实时性却无法得到保证；反之，若采用 Storm 框架，虽然实时性虽然可以得到保证，但需求的实

现复杂度也大大提高了。Spark Streaming 在两者之间找到了一个平衡点，能够以准实时的方式容易地满足较为复杂的统计需求。

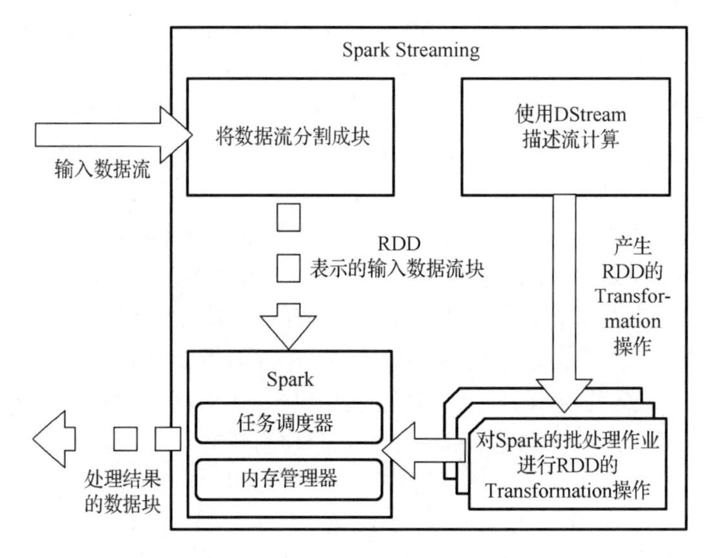

图 2-18　Spark Streaming 流程

② 数据暂存。Kafka 作为分布式消息队列，既有非常优秀的吞吐量，又有较高的可靠性和扩展性。采用 Kafka 作为日志传递中间件来接收日志，既可以抓取客户端发送的流量日志，又可以接收 Spark Streaming 的请求，将流量日志按序发送给 Spark Streaming 集群。

③ 数据处理。将 Spark Streaming 集群与 Kafka 集群对接，Spark Streaming 集群将从 Kafka 集群中获取流量日志并进行处理。Spark Streaming 集群会实时地从 Kafka 集群中获取数据并将其存储在内部的可用内存空间中。当每一个批处理（Batch）窗口到来时，便可对这些数据进行处理。

④ 结果存储。为了便于前端展示和页面请求，处理得到的结果将被写入数据库中。

相比于传统的处理框架，Kafka+Spark Streaming 的框构具有以下几个优点。

- Spark Streaming 框架的高效和低延迟保证了操作的准实时性。
- 利用 Spark Streaming 框架提供的丰富 API 和高灵活性，可以简捷地实现较为复杂的算法。
- 编程模型的高度一致使得上手 Spark Streaming 相当容易，同时也可以保证业务逻辑在实时处理和批处理上的复用。

在基于 Kafka+Spark Streaming 的流量统计应用运行过程中，有时会遇到内存不足、垃圾回收（GC）阻塞等各种问题。下面介绍一下如何对 Spark Streaming 应用程序进行调优来减少甚至避免这些问题的影响。

⑤ 从 Uber 到 Pinterest。虽然不同的目标和业务使用 Spark Streaming 的方式不同，但其主要场景包括流 ETL（在数据进入存储系统之前对其进行清洗和聚合）、触发器（实时检测异常行为并触发相关的处理逻辑）、数据浓缩（将实时数据与静态数据浓缩成更为精练的数据以便进行实时分析）、复杂会话和持续学习（将与实时会话相关的事件，如用户登录 Web 网站或者执行应用程序之后的行为组合起来进行分析）。

例如，Uber 通过 Kafka、Spark Streaming 和 HDFS 构建了持续性的 ETL 管道，该管道首先对每天从移动用户那里收集到的 TB 级事件数据进行转换，将原始的非结构化事件数据转换成结构化数据，然后进行实时遥测分析。Pinterest 的 ETL 数据管道始于 Kafka，通过 Spark Streaming 将数据存入 Spark 中后实时分析全球用户对 Pin 的使用情况，从而优化推荐引擎为用户显示更相关的 Pin。Netflix 也是通过 Kafka 和 Spark Streaming 构建推荐引擎的，对每天从各种数据源接收到的数十亿事件进行分析后进行推荐。

（3）Spark Streaming 与 Storm 的比较。Storm 和 Spark Streaming 在处理领域上有一定的差异，Storm 比较擅长实时性较高的数据处理，而 Spark streaming 则擅长内存处理（注意，严格来说，内存处理跟流式处理并不是完全一样的）。

在数据安全性方面，Storm 的功能虽然没有 Spark Streaming 强大，但从目前来看已经够用了，要知道很多业务数据在这种场合下是允许丢失部分数据的。相对来说，在流式处理上，Storm 有着不可比拟的优势，而在大批量内存处理方面 Spark Streaming 有不小的优势。但由于 Databricks 的强势推广加上 Spark Streaming 本身的快速更新，Spark Streaming 受到极大的关注，非常火爆，而 Storm 的模型决定了它的应用范围相对要比 Spark Streaming 小很多（除了少数大公司，真正的实时流处理的需求并不多，而这些大公司又倾向于自己开发，不使用原生的架构），但 Storm 的好处在于它可以像 MapReduce 一样定义一套实时流处理的标准接口，大多数实时计算系统（包括 Twitter 新推出的 Heron）都遵循 Topology-Spout-Bolt 这一模式，这个体系是很有价值的。

2.5　数据分析平台与工具

2.5.1　面向大数据的数据挖掘与分析工具

从庞杂的数据背后挖掘、分析用户的行为、习惯和喜好，找出更符合用户的产品和服务，并结合用户需求有针对性地进行调整和优化，这就是大数据的价值。但是，工欲善其事，必先利其器。目前已有众多软件分析工具可用于大数据，但是，现实情况的复杂性决定了并不存在解决一切问题的终极工具。在开发过程中，需要根据实际情况灵活选择工具（甚至多种工具组合使用），才能更好地完成大数据挖掘和分析的任务。本节将介绍当前大数据研究和应用所涉及的常用工具，并进一步阐述其应用特点和适用场景。

1．基础分析工具——Excel、SPSS Statistics、SAS

（1）Excel。作为电子表格软件，Excel 适合进行简单的统计（如分组、求和等），由于其方便好用，功能也能满足很多场景需要，所以实际已成为最常用的数据处理软件工具。其缺点在于功能单一，且可处理数据规模小。近几年 Excel 在大数据方面（如地理可视化和网络关系分析）也进行了一些增强，但应用能力仍然有限。

（2）SPSS Statistics。SPSS Statistics 作为商业统计软件，可进行经典的统计分析（如回归、方差、因子、多变量等）处理。SPSS Statistics 是轻量级的，易于使用，但功能相对较少，适合常规统计分析。

（3）SAS。SAS 也是商业统计软件，功能丰富而强大（包括绘图能力），且可以通过编程来扩展其分析能力，适合复杂与高要求的统计性分析。目前，有些企业，特别是银行会选择使用 SAS 进行大数据挖掘和分析。

然而，上述三个工具在面对大数据环境时出现了各种不适，但这并不代表它们没有使用价值。在使用传统研究方法分析大数据时，如果海量原始数据经过预处理（如降维和统计汇总等）得到的中间规模不大，就很适合使用这些工具进行深入研究。

2．基于机器学习的分析工具——SPSS Modeler、MATLAB、Weka

数据挖掘作为大数据应用的重要领域，在传统统计分析基础上，更强调提供机器学习的方法，关注高维空间下复杂数据关联关系和推演能力。具有代表性的分析工具是 SPSS Modeler（注意不是 SPSS Statistics，SPSS Modeler 的前身为 Clementine），SPSS Modeler 的统计功能相对有限，主要是提供面向商业挖掘的机器学习算法（如决策树、神经元网络、分类、聚类和预测等）的实现，同时在数据预处理和结果辅助分析方面的功能也相当强大，适合商业环境下的快速挖掘。不过，其处理能力难以应对亿级以上的数据规模。

另一个商业软件 MATLAB 也能提供大量数据挖掘的算法，但 MATLAB 更关注科学与工程计算领域。而著名的开源数据挖掘软件 Weka，功能较少，且数据预处理和结果分析也比较麻烦，更适合学术界或有数据预处理能力的使用者。

3．基于可视化的大数据分析工具——Tableau、Gephi、NanoCubes

近两年来出现了许多面向大数据、具备可视化能力的分析工具，在商业研究领域，Tableau 就是卓越代表。Tableau 的优势主要在于支持多种大数据源和格式、可视化图表类型，加上拖曳式的使用方式，非常适合研究人员使用，能够涵盖大部分分析研究的场景。Tableau 的应用如图 2-19 所示。但是，由于 Tableau 不能提供经典统计和机器学习算法支持，因此它不能代替统计和数据挖掘软件。另外，就实际处理速度而言，当面对较大的数据（超过 3000 万记录）时，并没有官方介绍得那么迅速。

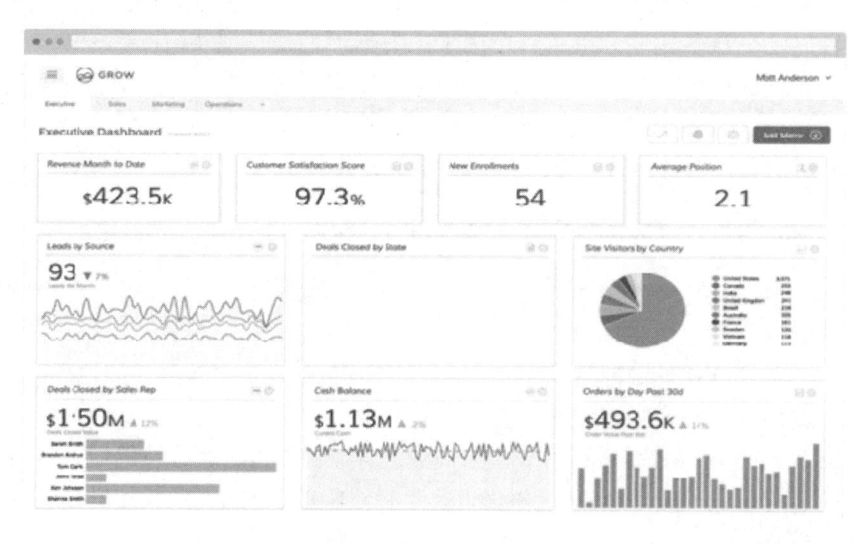

图 2-19　Tableau 的应用

关系分析工具 Gephi 是大数据环境下的一个新的分析热点（如信息传播图、社交关系网等），其计算的是点之间的关联关系。Gephi 是最适合数据研究人员的可视化轻量桌面型工具，Gephi 的应用如图 2-20 所示。Gephi 是免费软件，擅长解决图网络分析的很多需求，其插件众多，功能强且易用。我们经常看到的各种社交关系、传播谱图，都是基于力导向图（Force Directed Graph）功能生成的。但由于该软件由 Java 语言编写，限制了处理性能（处理超过 10 万级的节点/边时常陷入假死机），所以，在分析百万级节点/边（如微博热点传播路径）关系时，需先进行平滑和剪枝处理。而要处理更大规模（如亿级以上节点/边）的关系网络（如社交网络关系）数据，则需要专门的图关系数据库（如 GraphLab、GraphX）来支撑。

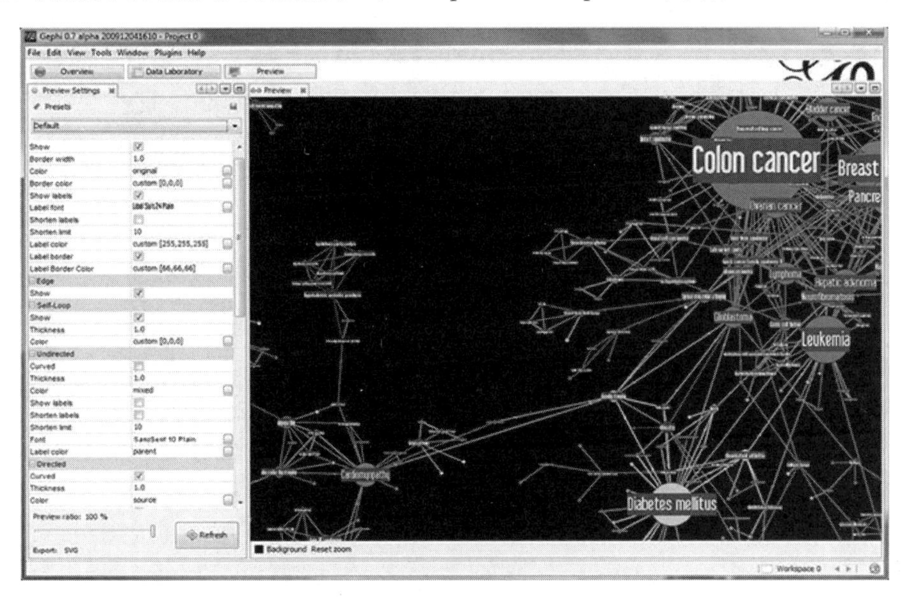

图 2-20　Gephi 的应用

当前，很多软件（包括 Tableau）都提供时空数据的可视化分析功能，但大都只适合较小规模（万级）的可视化展示分析，很少支持不同粒度的快速聚合分析。

如果要分析千万级以上的时空数据，如新浪微博上亿用户发文的时间与地理分布（从省到街道的多级粒度）时，则可以使用 NanoCubes。该开源软件可在普通 PC 上提供对亿级时空数据的快速展示和多级粒度实时分析。图 2-21 所示为 NanoCubes 用于对芝加哥地区犯罪时间地点的分析。

基于自然语言处理（NLP）的文本分析在非结构化内容（如互联网、社交媒体、电商评论）大数据的分析方面有重要用途，其应用处理涉及分词、特征抽取、情感分析、多主题模型等众多内容。由于实现难度与领域差异，当前市面上只有一些开源函数包或者云 API（如 BosonNLP）提供一些基础处理功能，尚未看到适合商业研究分析中文文本的集成化工具软件。在这种情况下，各商业公司（如 HCR）主要是自主研发适合业务所需的分析功能。

4．基于编程的大数据分析的编程语言——R、Java、Python

前面介绍的各种大数据分析工具可应对的数据都在亿级以下，以结构化数据为主。当实际面临亿级以上、半实时性处理、非结构化数据、复杂需求时，通常就需要借助编程，并结合 Hadoop、Spark 等分布式计算框架来完成相关的分析。下面介绍几个当前适合大数据分析的编程语言。

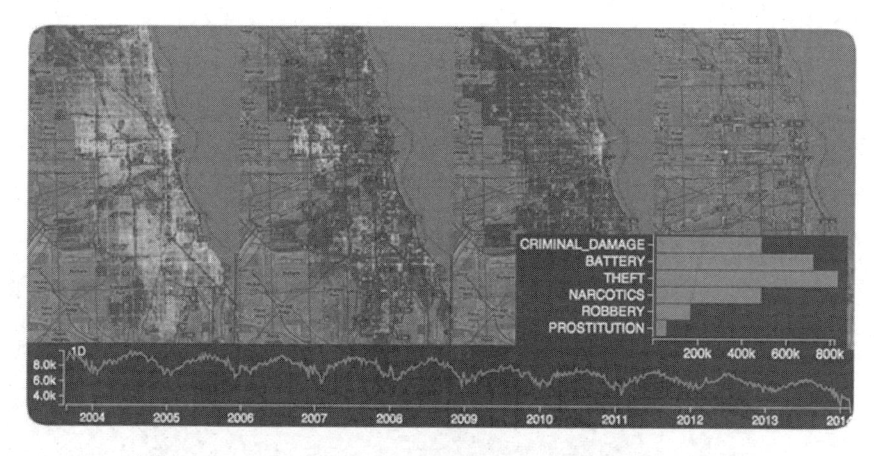

图 2-21　NanoCubes 用于对芝加哥地区犯罪时间地点的分析

（1）R 语言。R 是统计领域广泛使用的一种编程语言，也是一个开放的统计分析和图形显示的程序设计环境。与其说 R 是一种统计软件，还不如说 R 是一种数学计算的环境，因为 R 不仅提供了若干统计程序和工具，使用者只需指定数据库和若干参数便可进行统计分析，还提供了大量的数学计算、统计计算的函数，包括线性和非线性建模，经典的统计测试，时间序列分析、分类、收集，数组运算工具（其向量、矩阵运算方面功能尤其强大）。这些特点使得用户能灵活机动地进行数据分析，甚至创造出符合需要的新的统计计算方法。

R 具有丰富的统计分析功能库和可视化绘图函数可供直接调用，通过 Hadoop+R 更可支持处理百亿级别的数据。相比 SAS，其计算能力更强，可解决更复杂、更大规模数据的问题。R 是一个免费的自由软件，有 UNIX、Linux、MacOS 和 Windows 版本。R 的安装程序只包含 8 个基础模块，其他模块可以通过 CRAN 获得。

可以通过 R 直接访问 Hadoop 数据，可以实现全表、全字段立体式的数据挖掘。企业利用 R 的机器学习算法，可以开发深度学习应用，实现快速风险分析、市场营销、差别化服务和精细化客户管理。

（2）Python 语言。Python 是一种面向对象的解释型计算机程序设计语言，Python 语言在简洁性、易读性和可扩展性等方面的表现均非常好，因此众多开源的科学计算软件包都提供了 Python 语言的调用接口，例如著名的计算机视觉库 OpenCV、三维可视化库 VTK、医学图像处理库 ITK 等；而 Python 语言专用的科学计算扩展库就更多了，例如经典的科学计算扩展库 NumPy、SciPy 和 matplotlib 等，它们分别为 Python 语言提供了快速数组处理、数值运算以及绘图等功能。总体上，Python 语言及其众多的扩展库所构成的开发环境十分适合工程技术、科研人员处理实验数据、制作图表，甚至开发科学计算应用程序。Python 语言代替 R 的势头越来越明显。

（3）Java 语言。Java 是通用性编程语言，拥有大量的开源大数据处理资源（如统计、机器学习、NLP 等），并得到了所有分布式计算框架（Hadoop、Spark）的支持。

（4）Scala 语言。Scala 是一种类似 Java 的编程语言，其设计初衷是实现可伸缩的、集成面向对象编程和函数式编程的各种特性。Scala 语言融合了静态类型系统、面向对象、函数式编程等多种语言特性。Scala 是面向对象的编程语言，所有的变量和方法都封装在对象中；Scala

同时又是函数式编程语言，函数可以独立存在，可以定义一个函数作为另一个函数的返回值，也可以将一个函数作为另一个函数的参数，这给组合函数带来了很大的便利。Scala 语言无缝集成了已有的 Java 类库，用户可以非常自然地使用现有的 Java 类库。

以上介绍的面向大数据研究的不同工具、软件、语言，各有自己的特点和适用场景。它们能够增强数据分析人员在大数据环境下的分析能力，但更重要的是数据分析人员要对业务有深入的理解，从而才能从数据结果中发现有深度的结果。

2.5.2 机器学习

复杂的大数据分析主要依靠机器学习，机器学习包括监督学习、非监督学习、强化学习等，监督学习又包括分类学习、回归学习、排序学习、匹配学习等。

1. 机器学习基础

机器学习（Machine Learning，ML）是一门多领域交叉学科，涉及概率论、统计学、逼近论、凸分析、算法复杂度理论等多门学科，专门研究计算机怎样模拟或实现人类的学习行为，以获取新的知识或技能，重新组织已有的知识使之不断改善自身的结构和性能。机器学习是人工智能的核心，是使计算机具有智能的根本途径，其应用遍及人工智能的各个领域。机器学习主要使用归纳、综合，而不是演绎。

综合考虑各种学习方法出现的历史渊源、知识表示、推理策略、结果评估的相似性、研究人员交流的相对集中性，以及应用领域等因素，可以将机器学习方法分为以下六类。

（1）经验性归纳学习：经验性归纳学习（Empirical Inductive Learning）采用一些数据密集的经验方法（如版本空间法、ID3 法、定律发现方法）对实例进行归纳学习，其实例和学习结果一般都采用属性、谓词、关系等符号表示，它相当于基于学习策略分类中的归纳学习，但扣除了联接学习、遗传算法、增强学习的部分。

（2）分析学习：分析学习（Analytic Learning）方法是从一个或少数几个实例出发，运用领域知识进行分析。其主要特征为：推理策略主要是演绎，而非归纳；使用过去的问题求解经验（实例）指导新的问题求解，或产生能更有效地运用领域知识的搜索控制规则。分析学习的目标是改善系统的性能，而不是新概念的描述，分析学习包括应用解释学习、演绎学习、多级结构组块及宏操作学习等技术。

（3）类比学习：它相当于基于学习策略分类中的分类学习。在这一类型的学习中比较引人注目的研究是通过与过去经历的具体实例进行类比来学习，也称为基于范例的学习（Case Based Learning），或简称范例学习。

（4）遗传算法：遗传算法（Genetic Algorithm）用于模拟生物繁殖的突变、交换和达尔文的自然选择（在每一生态环境中适者生存），它把问题可能的解编码为一个向量，称为个体，向量的每一个元素称为基因，并利用目标函数（相应于自然选择标准）对群体（个体的集合）中的每一个个体进行评价，根据评价值（适应度）对个体进行选择、交换、变异等遗传操作，从而得到新的群体。遗传算法适用于非常复杂和困难的环境，例如，带有大量噪声和无关数据、事物不断更新、问题目标不能明显和精确地定义，以及通过很长的执行过程才能确定当前行为的价值等。同神经网络一样，遗传算法的研究已经发展为人工智能的一个独立分支，其代表人物为霍勒德（Holland）。

（5）联接学习：典型的联接模型实现为人工神经网络，其由称为神经元的一些简单计算单元以及单元间的加权联接组成。近年来，基于卷积神经网络（CNN）、循环神经网络（RNN）的深度学习受到广泛的关注。

（6）增强学习：增强学习（Reinforcement Learning）的特点是通过与环境的试探性（Trial And Error）交互来确定和优化动作的选择，以实现所谓的序列决策任务。在这种任务中，学习机制通过选择并执行动作，导致系统状态发生变化，并有可能得到某种强化信号（立即回报），从而实现与环境的交互。强化信号就是对系统行为的一种标量化的奖惩。系统学习的目标是寻找一个合适的动作选择策略，即在任一给定的状态下选择哪种动作的方法，使产生的动作序列可获得某种最优的结果（如累计立即回报最大）。

在机器学习分类中，经验性归纳学习、遗传算法、联接学习和增强学习均属于归纳学习，其中经验性归纳学习采用符号表示方式，而遗传算法、联接学习和增强学习则采用亚符号表示方式；分析学习属于演绎学习。

实际上，类比策略可看成归纳和演绎策略的综合，因而最基本的学习策略只有归纳和演绎。

从学习内容的角度看，由于采用归纳策略的学习是对输入进行归纳，所学习的知识显然超过原有系统知识库所能蕴含的范围，所学结果改变了系统的知识演绎闭包，因而这种类型的学习又可称为知识级学习；而采用演绎策略的学习，尽管所学的知识能提高系统的效率，但仍能被原有系统的知识库所包含，即所学的知识未能改变系统的演绎闭包，因而这种类型的学习又被称为符号级学习。

分类是最常见的机器学习应用问题，如垃圾邮件过滤、人脸检测、用户画像、文本情感分析、网页归类等，本质上都是分类问题。分类学习也是机器学习领域研究最彻底、使用最广泛的一个分支。最近，Fernández-Delgado 等人在 JMLR（Journal of Machine Learning Research，机器学习顶级期刊）杂志发表了一篇有趣的论文：他们让 179 种不同的分类学习方法（分类学习算法）在 UCI 121 个数据集上进行了“大比武”（UCI 是机器学习公用数据集，每个数据集的规模都不大），结果发现 Random Forest（随机森林）和 SVM（支持向量机）分别名列第一、第二，但两者差异不大；在 84.3%的数据上，Random Forest 压倒了其他 90%的方法；也就是说，在大多数情况下，只用 Random Forest 或 SVM 即可。

关于机器学习算法的选择，人们会问，大数据分析到底需要多少种机器学习的方法呢？围绕着这个问题，我们看一下机器学习领域多年得出的一些经验规律。

大数据分析性能的好坏，也就是说机器学习预测的准确率，与使用的学习算法、问题的性质、数据集的特性，包括数据规模、数据特征等都有关系。

一般而言，Ensemble 方法包括 Random Forest 和 AdaBoost、SVM、Logistic Regression，该方法分类准确率最高。

没有任何一种方法可以包打天下。Random Forest、SVM 等方法在一般情况下性能最好，但不是在任何条件下性能都是最好的。

当数据规模较小时，不同的方法性能往往有较大的差异，但当数据规模增大时，性能都会逐渐提升且差异逐渐减小。也就是说，在大数据条件下，什么方法都能工作得不错。

对于简单问题，Random Forest、SVM 等方法基本可行。但是，对于复杂问题，如语音识别、图像识别，最近流行的深度学习方法往往效果更好，深度学习的本质是复杂模型学习。

在实际应用中，要提高分类的准确率，选择特征比选择算法更重要。好的特征会带来更好的分类结果，而好的特征的提取需要对问题的深入理解。

建立大数据分析平台时，选择实现若干种有代表性的方法即可。当然，不仅要考虑预测的准确率，还有考虑学习效率、开发成本、模型可读性等其他因素。大数据分析平台固然重要，但同时需要有一批能够深入理解应用问题，自如使用分析工具的工程师和分析人员。

总之，只有善工利器，大数据分析才能真正发挥威力。

2. Mahout 算法库

机器学习算法库包括朴素贝叶斯分类器、KNN 分类器、SVM、决策树、Boosting、梯度下降 Boosted 树、随机森林、EM 算法、神经网络。

Mahout 是 Apache Software Foundation（ASF）旗下的一个开源项目，提供一些可扩展的机器学习领域经典算法的实现，旨在帮助开发人员更加方便、快捷地创建智能应用程序，并且在 Mahout 的最近版本中还加入了对 Hadoop 的支持，使这些算法可以更高效地运行在云计算环境中。Mahout 提供机器学习的各种算法，主要包括聚类、分类和协同过滤等算法，表 2-6 是 Mahout 算法库的算法列表。

表 2-6　Mahout 算法库的算法列表

算法类	算法名	中文名
分类算法	Logistic Regression	逻辑回归
	Bayesian	贝叶斯
	Support Vector Machines	支持向量机
	Perceptron and Winnow	感知器算法
	Neural Network	神经网络
	Random Forests	随机森林
	Restricted Boltzmann Machines	有限玻耳兹曼机
聚类算法	Canopy Clustering	Canopy 聚类
	K-Means Clustering	K 均值算法
	Fuzzy K-Means	模糊 K 均值
	Expectation Maximization	EM 聚类（期望最大化聚类）
	Mean Shift Clustering	均值漂移聚类
	Hierarchical Clustering	层次聚类
	Dirichlet Process Clustering	狄利克雷过程聚类
	Latent Dirichlet Allocation	LDA 聚类
	Spectral Clustering Minhash Clustering Top Down Clustering	谱聚类
关联规则挖掘	Parallel FP Growth Algorithm	并行 FP Growth 算法
回归	Locally Weighted Linear Regression	局部加权线性回归

续表

算 法 类	算 法 名	中 文 名
降维/维约简	Stochastic Singular Value Decomposition	奇异值分解
	Principal Components Analysis	主成分分析
	Independent Component Analysis	独立成分分析
	Gaussian Discriminative Analysis	高斯判别分析
进化算法	并行化了 Watchmaker 框架	
推荐/协同过滤	Non-distributed recommenders	Taste（UserCF、ItemCF、SlopeOne）
	Distributed Recommenders	ItemCF
向量相似度计算	RowSimilarityJob	计算列间相似度
	VectorDistanceJob	计算向量间距离
非 Map Reduce 算法	Hidden Markov Models	隐马尔可夫模型
集合方法扩展	Collocations	扩展了 Java 的 Collections 类

Mahout 最大的优点就是基于 Hadoop 实现，它把很多以前运行于单机上的算法，转化为 MapReduce 模式，大大提升了算法可处理的数据量和处理性能。通过和 Hadoop 分布式框架相结合，Mahout 可以有效地使用分布式系统来实现高性能计算。

3. Spark MLlib 库

Spark MLlib（Machine Learnig lib）是基于 Spark 的一个机器学习库，它提供了各种各样的算法，这些算法用来在集群上实现分类、回归、聚类、协同过滤等。其中一些算法也可以应用到流数据上，例如使用普通最小二乘法或者 K 均值算法（还有更多）来计算线性回归。值得注意的是，Mahout 已经脱离 MapReduce，转而加入 Spark MLlib。

Spark 之所以在机器学习方面具有得天独厚的优势，主要有以下两点原因。

（1）机器学习算法一般都有很多个步骤迭代计算的过程，机器学习的计算需要在多次迭代后获得足够小的误差或者足够收敛才会停止。在迭代时如果使用 MapReduce 计算框架，则每次计算都要读写磁盘，以及启动任务等，这会导致非常大的 I/O 和 CPU 消耗。而 Spark 基于内存的计算模型天生就擅长迭代计算，多个步骤计算直接在内存中完成，只有在必要时才会操作磁盘和网络，所以说，Spark 正是机器学习的理想平台。

（2）从通信的角度讲，如果使用 MapReduce 计算框架，由于 JobTracker 和 TaskTracker 之间是通过心跳消息的方式来进行通信和传递数据的，因此执行速度非常慢，而 Spark 具有出色而高效的通信系统，效率很高。

MLlib 是常用的机器学习算法的实现库，同时包括相关的测试和数据生成器。Spark 的设计初衷就是为了支持一些需要迭代的任务，这正好符合很多机器学习算法的特点。

基于 RDD，MLlib 可以与 Spark SQL、GraphX、Spark Streaming 等无缝集成。

2.6 本章小结

本章介绍了大数据系统涉及的关键技术，主要包括数据采集与生成、数据分布式存储、分布式计算框架、数据分析与挖掘平台和工具。

（1）数据来源：例如，银行大数据系统的数据来源包括银行内部业务系统产生的结构化数据和非结构化数据，以及银行外部的海量数据。

（2）数据采集与生成：主要介绍了业务系统的结构化数据到大数据平台（以 Hadoop 为核心）的导入工具（Sqoop）、日志数据的采集与导入工具 Flume、数据分发工具 Kafka。

（3）数据存储基本概念与海量数据分布式存储技术：介绍了列存储方式、KV 存储与 NoSQL 数据库等基本概念；介绍了分布式文件存储 HDFS 和分布式内存文件存储 Tachyon，以及数据库 HBase 和数据仓库 Hive。

（4）分布式计算框架：主要介绍了离线计算框架 MapReduce 和 Yarn，对其中的架构和原理进行了深入介绍，并详细介绍了 Spark 和 Flink。同时，本章还详细介绍了实时流计算平台 Storm 和 Spark Streaming，对其架构、实现机制与适用环境等进行了深入的分析。

（5）数据分析与挖掘平台和工具：详细介绍了数据挖掘与分析的工具，对数据挖掘的常用工具进行了分类。

（6）本章最后简要介绍了机器学习及 Mahout、Spark MLlib 算法库。

本章主要从各组件的构成、原理、实现机制和适用条件等方面进行了阐述和分析，以帮助读者从整体上对大数据架构中的各个组件有基本的了解。后续各章将帮助读者深入了解主要组件的安装、配置和应用等。

第二篇

Hadoop 大数据平台搭建与基本应用

第 3 章 Linux 操作系统与集群搭建

Hadoop 大数据系统主要是在 Linux 平台上运行的，因此本章将介绍 Linux 操作系统的基本知识和操作方法，重点介绍 Linux 集群的安装和搭建、Java 开发包（JDK）的安装，以及集群的基本配置方法，为后续实践搭建平台。

3.1 Linux 操作系统

3.1.1 概述

Linux 出现在 20 世纪 90 年代初，一位名叫 Linus Torvalds 的计算机业余爱好者开发了该系统，当时他是芬兰赫尔辛基大学的学生。他的目的是想设计一个代替 Minix（是由一位名叫 Andrew Tannebaum 的计算机教授编写的一个操作系统）的操作系统，这个操作系统可用于 386、486 或使用奔腾处理器的 PC 上，并且具有 UNIX 操作系统的全部功能，因而开始了 Linux 雏形的设计。

Linux 以其高效性和灵活性著称，能够在 PC 上实现全部的 UNIX 特性，具有多任务、多用户的能力。Linux 可在 GNU 公共许可权限下免费获得，是一个符合 POSIX 标准的操作系统。Linux 操作系统软件包不仅包括完整的 Linux 操作系统，而且包括了编辑器、高级语言编译器等应用软件，它还包括带有多个窗口管理器的 X-Windows 图形用户界面，如同使用 Windows NT 一样，允许使用窗口、图标和菜单对系统进行操作。

Linux 之所以受到广大计算机爱好者的喜爱，主要原因有两个：一个原因是它属于自由软件，用户不用支付任何费用就可以获得其源代码，并且可以根据自己的需要对它进行必要的修改，可无偿使用，以及无约束地继续传播；另一个原因是它具有 UNIX 的全部功能，任何使用 UNIX 操作系统或想要学习 UNIX 操作系统的人都可以从 Linux 中受益。

简单地说，Linux 是一套免费使用和自由传播的类 UNIX 操作系统，是一个基于 POSIX 与 UNIX 的多用户、多任务、支持多线程和多 CPU 的操作系统，能运行主要的 UNIX 工具软件、应用程序和网络协议，支持 32 位和 64 位硬件。Linux 继承了 UNIX 以网络为核心的设计思想，是一个性能稳定的多用户网络操作系统，主要用于 Intel x86 系列 CPU 的计算机上。Linux 操作系统是由全世界成千上万的程序员设计和实现的，其目的是建立不受任何商业化软件的版权制约的、任何用户都能自由使用的 UNIX 兼容产品。

3.1.2 特点

Linux 操作系统在短时间内得到了非常迅猛的发展，这与 Linux 具有的良好特性是分不开的。Linux 包含了 UNIX 的全部功能和特性。归纳起来，Linux 具有以下主要特性。

（1）开放性：开放性是指系统遵循世界标准规范，特别是遵循开放系统互连（OSI）国际标准。凡遵循国际标准所开发的硬件和软件，都能彼此兼容，可方便地实现互连。

（2）多用户：多用户是指系统资源可以被不同用户使用，即每个用户对自己的资源（如文件、设备）有特定的权限，互不影响。Linux 和 UNIX 都具有多用户的特性。

（3）多任务：多任务是现代计算机的一个主要特点，它是指计算机可同时执行多个程序，而且各个程序的运行是互相独立的。Linux 系统调度每一个进程平等地访问 CPU。由于 CPU 的处理速度非常快，其结果是应用程序看起来好像在并行运行。事实上，从 CPU 执行一个应用程序到 Linux 调度 CPU 再次执行这个程序之间只有很短的时间延迟，用户是感觉不出来的。

（4）良好的用户界面：Linux 向用户提供了两种界面——用户界面和系统调用界面。Linux 的传统用户界面是基于文本的命令行界面，即 Shell，它既可以联机使用，又可以在文件上脱机使用。Shell 有很强的程序设计能力，用户可方便地用它来编制程序，为扩充系统功能提供了更高级的手段。可编程 Shell 是指将多条命令组合在一起，形成一个 Shell 程序，这个程序可以单独运行，也可以与其他程序同时运行。

系统调用界面是在用户编程时使用的界面，用户可以在编程时直接使用系统提供的调用命令，系统通过这个界面可为用户编程提供服务。

Linux 还为用户提供了图形用户界面，它利用鼠标、菜单、窗口、滚动条等，为用户呈现了一个直观、易操作、交互性强的友好图形化界面。

（5）设备独立性：设备独立性是指操作系统把所有外部设备统一当成文件来看待，安装了它们的驱动程序后，任何用户都可以像使用文件一样使用这些设备，而不必知道它们的具体存在形式。

具有设备独立性的操作系统可通过把每一个外围设备看成一个独立文件来简化增加新设备的工作。当需要增加新设备时，系统管理员就在内核中增加必要的连接。这种连接（也称为设备驱动程序）保证每次调用设备提供服务时，内核以相同的方式来处理它们。当新的或更好的外设被开发并交付给用户时，将这些设备连接到内核后，就能不受限制地立即访问它们。设备独立性的关键在于内核的适应能力，其他操作系统只允许连接一定数量或一定种类的外部设备，而设备独立性的操作系统能够连接任意种类及任意数量的设备，因为每一个设备都是通过其与内核的专用连接独立进行访问的。

Linux 是具有设备独立性的操作系统，它的内核具有高度适应能力，随着更多的程序员加入 Linux 编程的队伍，会有更多硬件设备加入各种 Linux 内核和发行版本中。另外，由于用户可以免费得到 Linux 的内核源代码，因此，用户可以修改内核源代码，以便适应新增加的外部设备。

（6）丰富的网络功能：丰富的网络功能是 Linux 的一大特点，Linux 在通信和网络功能方面优于其他操作系统。其他操作系统不具有如此紧密地和内核结合在一起的连接网络的能力，也没有内置这些连网特性。Linux 为用户提供了完善的、强大的网络功能。

支持 Internet 是其网络功能之一，Linux 免费提供了大量支持 Internet 的软件，Internet 是在 UNIX 领域中建立并繁荣起来的，在这方面使用 Linux 是相当方便的，用户能用 Linux 与世界上的其他人通过 Internet 网络进行通信。文件传输是其网络功能之二，用户能通过一些 Linux 命令完成内部信息或文件的传输。远程访问是其网络功能之三，Linux 不仅允许进行文件和程序的传输，还为系统管理员和技术人员提供了访问其他系统的窗口，通过远程访问功能，技术人员能够有效地为多个系统服务，即使那些系统位于很远的地方。

（7）可靠的系统安全：Linux 采取了许多安全技术措施，包括对读写进行权限控制、带保护的子系统、审计跟踪、核心授权等，这为网络多用户环境中的用户提供了必要的安全保障。

（8）良好的可移植性：可移植性是指将操作系统从一个平台转移到另一个平台时仍然能按其自身方式运行的能力。Linux 是一种可移植的操作系统，能够在从微型计算机到大型计算机的任何环境中和任何平台上运行。可移植性为运行 Linux 的不同计算机平台与其他任何机器进行准确而有效的通信提供了手段，不需要额外增加特殊的和昂贵的通信接口。

3.1.3 Linux 操作系统的组成

操作系统是一台计算机必不可少的系统软件，是整个计算机系统的灵魂。一个操作系统是一个复杂的计算机程序集，它提供操作过程的协议或行为准则。没有操作系统，计算机就无法工作，就不能解释和执行用户输入的命令或运行简单的程序。

Linux 操作系统包括四个组成部分：内核、Shell、文件系统和实用工具。

1. 内核

Linux 是一个整体化内核（Monolithic Kernel）操作系统。内核指的是提供硬件抽象层、磁盘及文件系统控制、多任务等功能的系统软件，在 Linux 中被称为内核，也可以称为核心。

一个内核不是一套完整的操作系统。Linux 内核的主要模块（或组件）分为以下几个部分：存储管理、CPU 和进程管理、文件系统、设备管理和驱动、网络通信，以及系统的初始化（引导）、系统调用等。一套基于 Linux 内核的完整操作系统称为 Linux 操作系统，或者 GNU/Linux。Linux 内核中的设备驱动程序可以方便地以模块化（Modularize）的形式设置，并在系统运行期间可直接装载或卸载。

2. Shell

Shell 是 Linux 操作系统的用户界面，提供了用户与内核进行交互操作的一种接口，它接收用户输入的命令并把命令送入内核去执行。实际上 Shell 是一个命令解释器，它解释由用户输入的命令并且把命令送到内核。不仅如此，Shell 也有自己的编程语言，可用于命令的编辑，允许用户编写由 Shell 命令组成的程序。Shell 的编程语言具有普通编程语言的很多特点，比如它也有循环结构和分支控制结构等，用这种编程语言编写的 Shell 程序与其他应用程序具有同样的效果。

Linux 操作系统提供了像 Windows 那样可视的命令输入界面，称为 X-Windows 的图形用户界面（GUI），它提供了很多窗口管理器，其操作就像 Windows 一样，有窗口、图标和菜单，所有的操作都是通过鼠标控制的。现在比较流行的窗口管理器是 KDE 和 GNOME。

Linux 操作系统的每个用户都可以拥有自己的用户界面或 Shell，用以满足专门的 Shell 需要。

与 Linux 操作系统有不同版本一样，Shell 也有多种不同的版本。目前主要有下列版本的 Shell：Bourne Shell，是贝尔实验室开发的；BASH，是 GNU 的 Bourne Again Shell，是 GNU 操作系统上默认的 Shell；Korn Shell，是 Bourne Shell 的发展，在大部分内容上与 Bourne Shell 兼容；C Shell，是 Sun 公司 Shell 的 BSD 版本。

3．文件系统

文件系统是操作系统的重要组成部分，主要负责管理磁盘文件的输入输出。

文件是通过目录进行组织的，目录是文件存放在磁盘等存储设备上的组织方式，提供了管理文件的一个方便而有效的途径。用户可以设置目录和文件的权限，以便允许或拒绝其他用户对其进行访问；设置文件的共享程度，能够从一个目录切换到另一个目录。

Linux 操作系统的目录采用多级树形结构，如图 3-1 所示。用户可以浏览整个系统，进入任何一个已授权进入的目录，访问那里的文件。

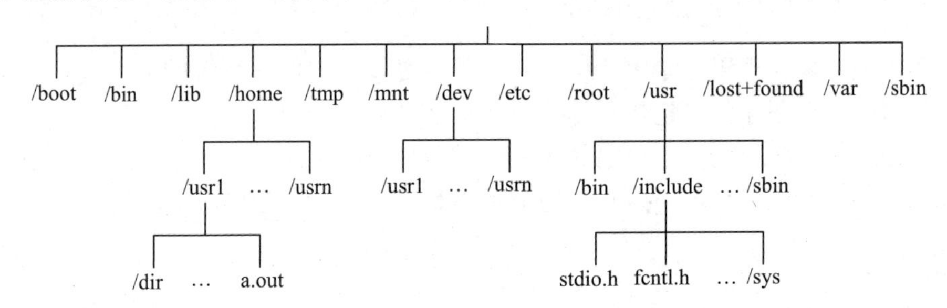

图 3-1　多级树形结构

表 3-1 给出了 Linux 操作系统目录的内容与用途。

表 3-1　Linux 操作系统目录的内容与用途

目　录	存放的文件与内容
/bin	Linux 操作系统有很多放置执行文件的目录，但/bin 比较特殊。/bin 放置的是在单用户模式下也能够被操作的指令。/bin 下的指令可以被 root 和普通用户所使用，如 cat、chmod、chown、date、mv、mkdir、cp、bash 等常用的命令
/boot	主要存放开机时使用到文件，包括 Linux 操作系统的内核文件、开机选择文件、开机所需的设定文件等
/dev	在 Linux 操作系统中，任何装置与周边设备都以文件形式存放于这个目录当中，存取这个目录下的某个文件相当于存取某个设备。 比较重要的文件有/dev/null、/dev/zero、/dev/tty、/dev/lp*、/dev/hd*、/dev/sd*等
/etc	Linux 操作系统主要的配置文件几乎都放置在这个目录内，如人员账号密码文件、各种服务的起始文件等。一般来说，这个目录下的各文件属性是可以让普通用户读取的，但只有 root 用户有权修改。 比较重要的文件或子目录有/etc/inittab、/etc/init.d/、/etc/modprobe.conf、/etc/X11/、/etc/fstab、/etc/sysconfig/等。例如，所有服务的预设启动脚本程序都放在子目录/etc/init.d/中；又如，要启动或者关闭 iptables，可以执行/etc/init.d/iptables start 或者/etc/init.d/iptables stop
/home	这是 Linux 操作系统预设的用户主目录（Home Directory）。在新增一个普通用户时，预设的用户主目录都会建立在这里。主目录有两种符号：~代表当前使用者的主目录；~guest 代表用户名为 guest 的主目录

续表

目　　录	存放的文件与内容
/usr	/usr是Linux操作系统中最重要的目录之一，涵盖了二进制文件、各种文档、各种头文件、库文件，以及诸多程序，如ftp、telnet等。/usr目录较大，要用到的应用程序和文件几乎都在这个目录中，其中包含： /usr/x11R6：存放X-Windows的目录。 /usr/bin：众多的应用程序。 /usr/sbin：超级用户的一些管理程序。 /usr/doc：Linux文档。 /usr/include：Linux下开发和编译应用程序所需要的头文件。 /usr/lib：常用的动态链接库和软件包的配置文件。 /usr/man：帮助文档。 /usr/src：源代码，Linux内核的源代码就放在/usr/src/linux里。 /usr/local/bin：本地增加的命令。 /usr/local/lib：本地增加的库文件
/tmp	这是允许普通用户或者正在执行的程序暂时放置文件的地方，任何用户都能够访问该目录，所以需要定期清理。重要文件不要放置在该目录下
/lib	Linux操作系统的函数库非常多，而/lib放置的则是在开机时会用到的函数库，以及在/bin或/sbin下面的指令调用的函数库
/media	该目录下放置的就是可移除的设备，包括软盘、光盘、DVD等装置都挂载于此。常见的文件有/media/floppy、/media/cdrom等
/mnt	如果想要临时挂载某些额外的设备，一般建议放置到这个目录中。以前这个目录的用途与/media相同，但有了/media之后，这个目录就用来临时挂载设备了
/opt	存放第三方软件的目录
/root	系统管理员（root用户）的主目录。之所以放在这里，是因为如果进入单用户模式而仅挂载根目录时，该用户就能够拥有root用户的主目录，所以root用户的主目录与根目录放置在同一个分区中
/sbin	Linux操作系统中有很多指令是用来设置系统环境的，这些指令只有root用户才能够使用，其他用户只能查询。放在/sbin下面的命令是启动过程中所需要的开机、修复、还原系统所需要的指令
/srv	/srv是一些网路服务启动之后所需要使用的文件存放的目录。常见的服务有WWW、FTP等，如WWW服务器需要的网页文件就可以放置在/srv/www/中
/lost+found	使用标准的ext2和ext3文件系统格式才会产生该目录，用于在文件系统发生错误时，将一些遗留的文件片段存放到该目录下
/var	该目录主要用于存放经常变动的文件，包括缓存文件（Cache）、日志文件（Log File）及某些软件运行产生的文件等

4．常用工具

Linux操作系统的常用工具可分为三类：编辑器（用于编辑文件）、过滤器（用于接收并过滤数据）、交互程序（允许用户发送信息或接收来自其他用户的信息）。

（1）Linux操作系统的编辑器主要有gedit、ex、vi和emacs。gedit和ex是行编辑器，vi和emacs是全屏幕编辑器。

（2）Linux 操作系统的过滤器（Filter）可读取从用户文件或其他地方的输入，并检查和处理数据，然后输出结果。从这个意义上说，过滤器过滤了经过它们的数据。Linux 操作系统有不同类型的过滤器，一些过滤器用行编辑命令输出一个被编辑的文件，另外一些过滤器是按某个模式寻找文件并以这种模式输出部分数据的。还有一些执行字处理操作，可检测一个文件中的格式，输出一个格式化的文件。过滤器的输入可以是一个文件，也可以是用户从键盘键入的数据，还可以是另一个过滤器的输出。过滤器可以相互连接，因此，一个过滤器的输出可能是另一个过滤器的输入。在有些情况下，用户可以编写自己的过滤器程序。

（3）交互程序是用户与机器的信息接口。Linux 操作系统是一个多用户系统，它必须和所有用户保持联系。信息可以由系统上的不同用户发送或接收，信息的发送有两种方式：一种方式是与其他用户一对一地连接并进行通信；另一种方式是一个用户与多个用户同时连接并进行通信，即所谓的广播式通信。

3.2 Linux 集群的搭建

本节介绍在 Windows 平台上，通过 VMware Workstation 虚拟机来搭建 Linux 集群。需要指出的是，在同一台计算机上搭建虚拟 Linux 集群有很多优点，首先，其使用方法与真实集群基本一致；其次，操作人员不必到实际的计算节点处检查结果，可以节省大量的时间。在实际中，将工作站和服务器安装在虚拟机环境，可使系统管理简化、缩减实际的机房面积，并减少对硬件的需求。

3.2.1 安装 VMware Workstation

VMware（中文名为威睿）是一家总部设在美国加利福尼亚州帕洛阿尔托市（Palo Alto）的软件公司，是全球桌面到数据中心虚拟化解决方案的领导厂商。全球不同规模的客户可通过 VMware 来降低建设和运营成本、确保业务持续性、加强安全性。VMware 是云计算时代增长最快的软件上市公司之一。

VMware 也是该公司开发的一套 PC 虚拟化软件的总称。VMware Workstation 是 VMware 系列软件产品之一，用于在 Intel x86 兼容计算机上创建虚拟机工作站，它允许用户同时创建和运行多个虚拟机。每个虚拟机都可以运行自己的客户机操作系统，如 Windows、Linux 等。简而言之，VMware Workstation 允许一台 PC 在一个操作系统中同时安装并运行多个操作系统，并可帮助用户在多个宿主计算机之间管理或移植 VMware Workstation。

下面开始安装。

读者可以从网络下载免费的 VMware Workstation，也可以在本书第 3 章软件资源文件夹中找到“software\vmware”目录，进入该目录后根据读者计算机的 Windows 版本选择进入 Win7、Win8 或 Win10 子目录，这里以 Win10 为例进行安装，如图 3-2 所示。

单击安装程序 VMware-workstation-full-12.0.0-2985596.exe 开始安装。

安装程序首先会检测系统并解压文件，完成后出现欢迎使用界面，如图 3-3（a）所示。接着直接单击“下一步”按钮，显示“VMWARE 最终用户许可协议”界面，如图 3-3（b）所示，勾选“我接受许可协议中的条款”后单击“下一步”按钮，会出现如图 3-4 所示的自定义安装界面。

图 3-2　“software\vmware”目录下的安装程序 VMware-workstation-full-12.0.0-2985596.exe

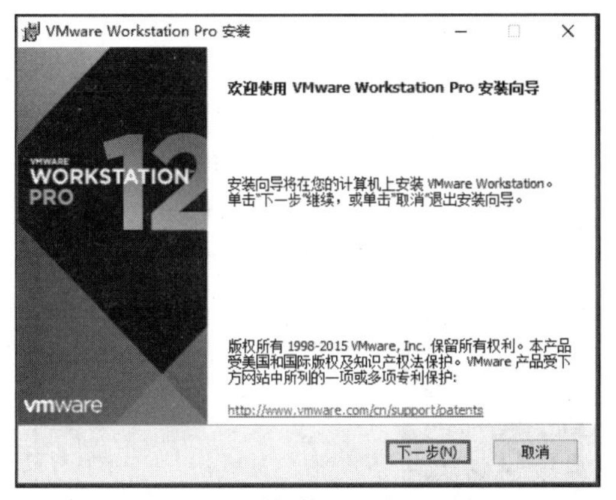

（a）欢迎使用界面

（b）VMWARE 最终用户许可协议

图 3-3　VMware Workstation Pro 12 安装向导

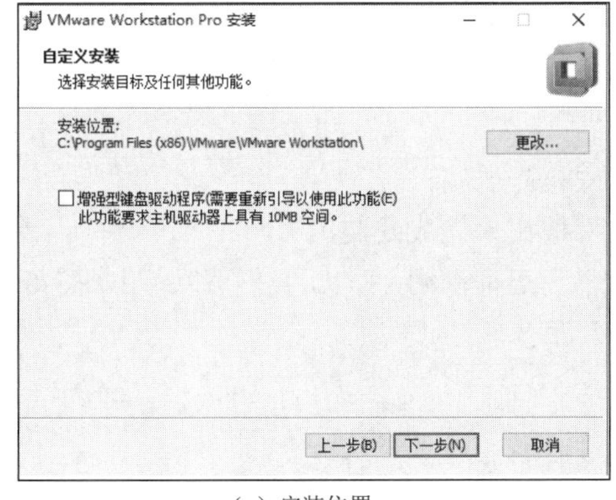

（a）安装位置

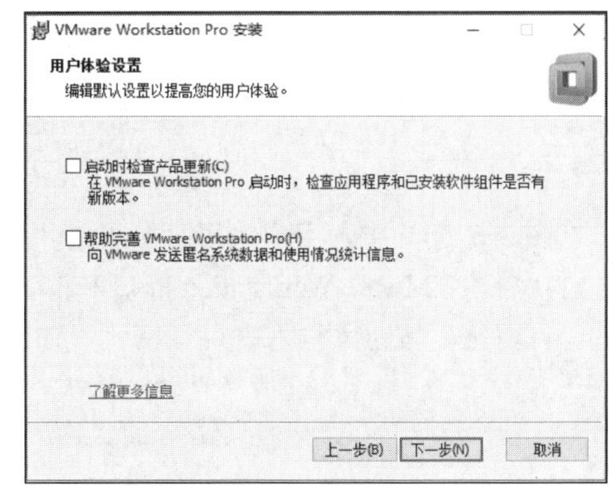

（b）用户体验设置

图 3-4　自定义安装界面

与在 Win7 中安装 VMware10 相比，在 Win10 中安装 VMware workstation Pro 12 时只提供“自定义安装”，不再提供“典型安装”或“自定义安装”选择界面。

在图 3-4（a）中，用户可以修改安装位置，建议直接选择默认的安装位置。而图 3-4（b）中的用户体验设置可以自行选择，通常不建议选择。

单击“下一步”按钮，进入如图 3-5 所示的界面。

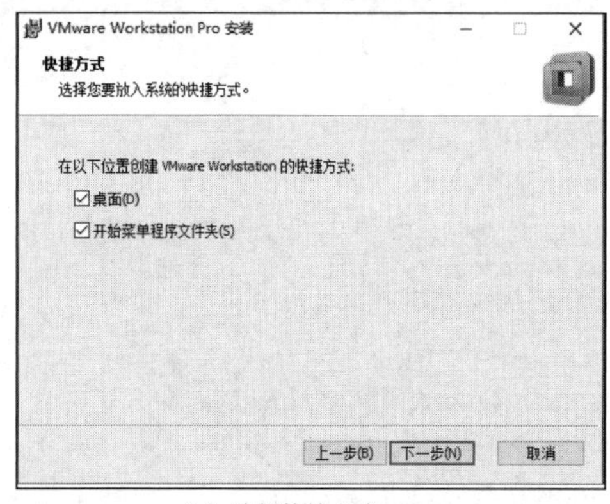

（a）选择快捷方式

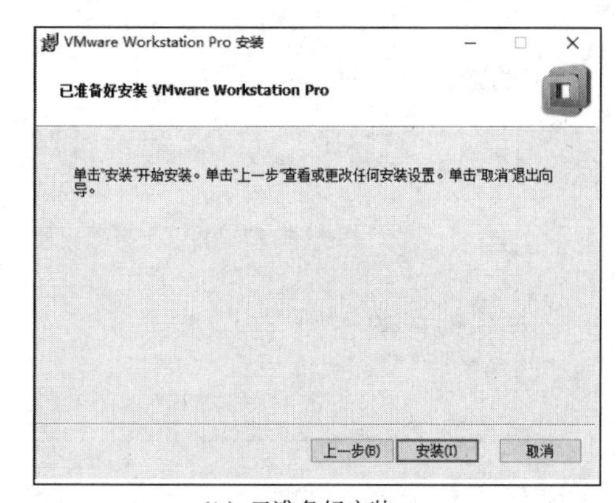

（b）已准备好安装

图 3-5　VMware Workstation Pro 12 安装界面

在图 3-5（a）中，用户可以根据自己的使用习惯选择在“桌面”和/或“开始菜单程序文件夹”安装 VMware Workstation Pro 12 的快捷方式，一般选择“开始菜单程序文件夹”。

单击图 3-5（b）中的“安装”按钮后，开始正式安装，如图 3-6（a）所示。安装过程一般需要几分钟，安装成功后的界面如图 3-6（b）所示。

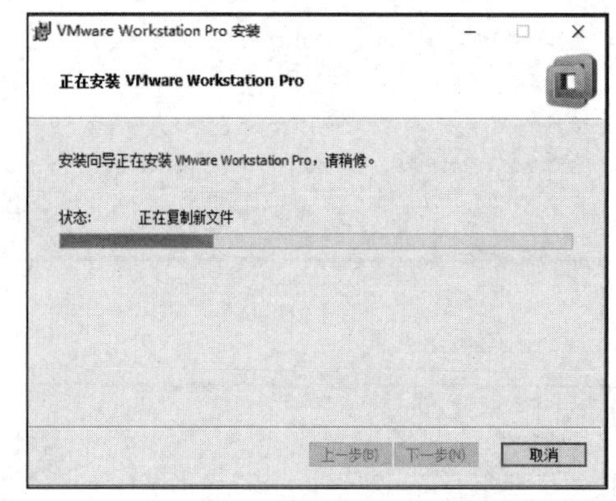

（a）正在安装

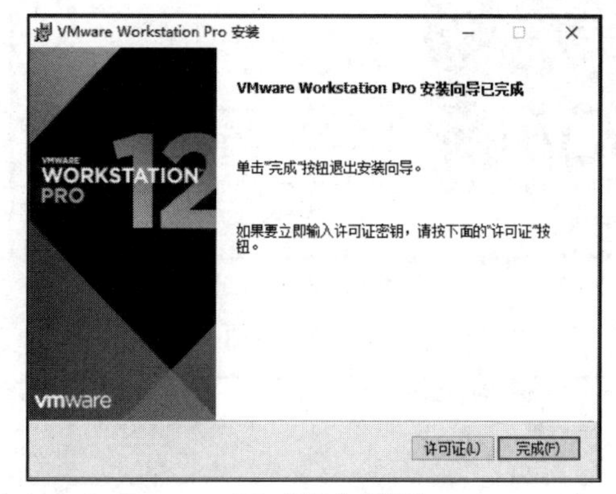

（b）安装成功提示

图 3-6　正在安装和安装成功提示

在图 3-6（b）中，用户可以直接单击“完成”按钮来完成安装。

首次启动 VMware Workstation Pro 12 时需要输入许可证密钥，所以，我们可以单击图 3-6（b）中的“许可证”按钮来输入许可证密钥，如图 3-7 所示。

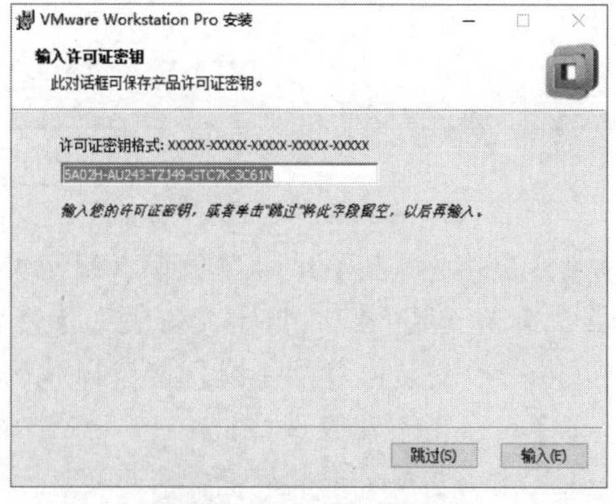

图 3-7　输入许可证密钥

在图 3-7 中，用户可以输入给定的 VMware Workstation Pro 12 专业版永久许可证密钥（本书在第 3 章软件资源文件夹中提供了一个名为 key.txt 的文件，里面有永久许可证密钥）。

如果在图 3-7 中没有输入许可证密钥，则首次使用 VMware Workstation Pro 12 时仍然要求输入许可证密钥，如图 3-8 所示。

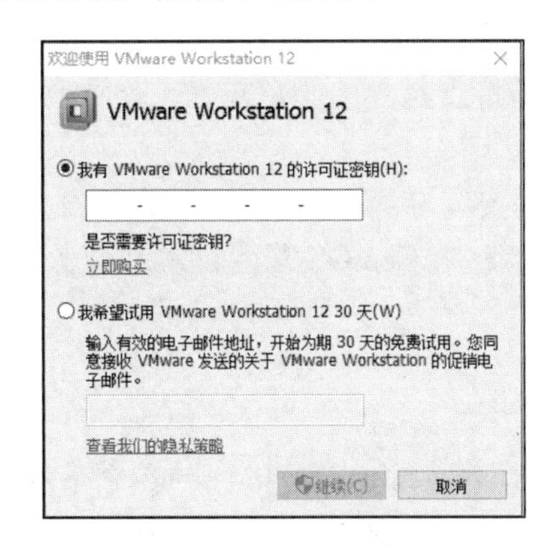

图 3-8　首次启动 VMware Workstation Pro 12 时输入许可证密钥

完成许可证密钥的输入后就可以进入 VMware Workstation Pro 12 的运行主界面了，如图 3-9 所示。

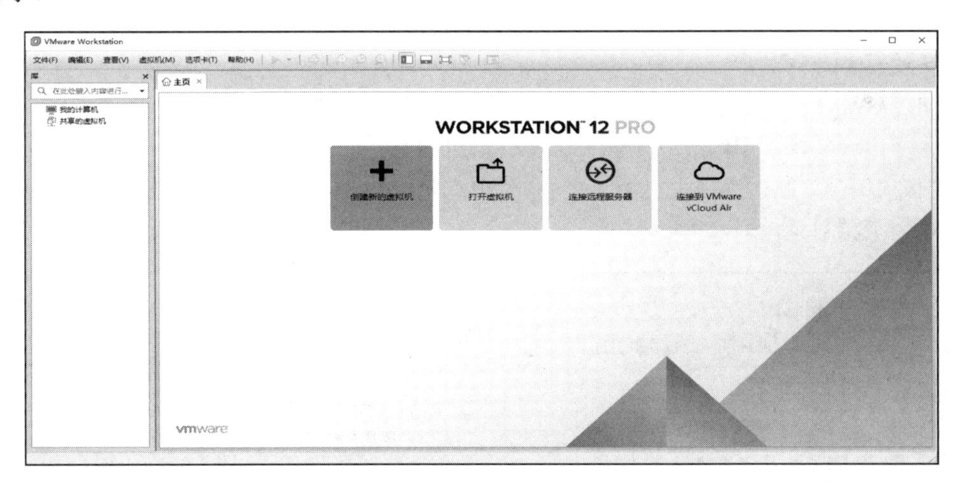

图 3-9　VMware Workstation Pro 12 的运行主界面

3.2.2　在 VMware Workstation Pro 12 上安装 Linux（CentOS 7）

成功安装了 VMware Workstation Pro 12 以后，就可以在该虚拟机上安装 Linux 操作系统了。

Linux 是开源操作系统，因此版本繁多。严格来讲，Linux 这个词本身只表示 Linux 内核，各种发行版是为许多不同的目标而制作的，包括对不同计算机结构的支持、具体区域或语言的本地化、实时应用、嵌入式系统等。现在已有 300 多个发行版，使用最普遍的发行版有十来个。Linux 的发行版本可以大体分为两类，一类是商业公司维护的发行版本，另一类是社区组织维护的发行版本，前者以著名的 Redhat（RHEL）系列为代表，后者以 Debian 系列为代表。

Redhat 系列包括 RHEL（Redhat Enterprise Linux，也就是 Redhat Advance Server，收费）、

FedoraCore（由原来的 Redhat 桌面版本发展而来，免费）、CentOS（RHEL 社区的克隆版本，免费）。Redhat 系列是国内使用人数最多的 Linux 发行版，甚至有人将 Redhat 等同于 Linux，该系列发行版的资料非常多，在稳定性方面，RHEL 和 CentOS 最为出色，适合服务器使用。

Debian 系列包括 Debian 和 Ubuntu 等。Debian 是社区类 Linux 的典范，是迄今为止最遵循 GNU 规范的 Linux 系统。严格来说，Ubuntu 不能称为一个独立的发行版本，Ubuntu 是基于 Debian 的 unstable 版本加强而来的。Ubuntu 的特点是界面非常友好，容易上手，对硬件的支持全面，是最适合作为桌面系统的 Linux 发行版本。

本书选择 CentOS 7 进行安装。我们介绍三种安装方法，第一种是通过下载的 ISO 文件来安装 CentOS 7，第二种是从已经安装好的计算机上移植 CentOS 7（建议本书读者采用的方法），第三种是从本机上克隆 CentOS 7。

1．通过下载的 ISO 文件安装 CentOS 7

读者可通过访问 CentOS 官方网站 https://www.centos.org/download/来下载最新版本的 CentOS。在下载时，读者可以看到两个选项，分别是 DVD ISO 和 Minimal ISO。DVD ISO 是标准版的 DVD 系统文件，Minimal ISO 则是精简版系统文件。

读者也可以从本书第 3 章的软件资源文件夹中得到已经下载好的系统文件 CentOS-7-x86_64-DVD-1804.iso。

获取 CentOS-7-x86_64-DVD-1804.iso 文件后，可参照以下步骤在 VMware Workstation 虚拟机上安装 CentOS 7。

启动 VMware Workstation Pro 12 后进入其主界面，如图 3-9 所示，单击“创建新的虚拟机”图标，出现如图 3-10（a）所示的新建虚拟机向导。

在图 3-10（a）中，选择“典型（推荐）”单选项，单击“下一步”按钮，进入图 3-10（b）所示的安装来源对话框。

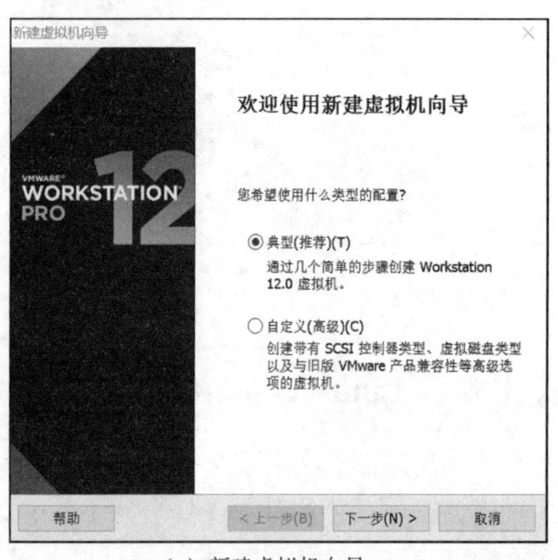

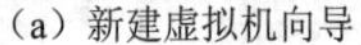

（a）新建虚拟机向导

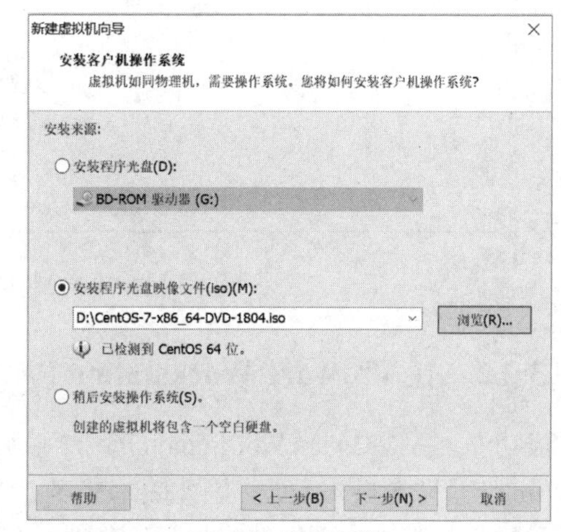

（b）安装来源对话框

图 3-10 新建虚拟机向导和安装来源对话框

在图 3-10（b）中，请选择第二个选项，即“安装程序光盘映像文件（Iso）”，并单击右边的“浏览”按钮选择 CentOS-7-x86_64-DVD-1804.iso 文件，也可直接在文本框中输入文件路径和名称。单击“下一步”按钮，出现如图 3-11 所示的虚拟机命名与安装位置选择对话框。

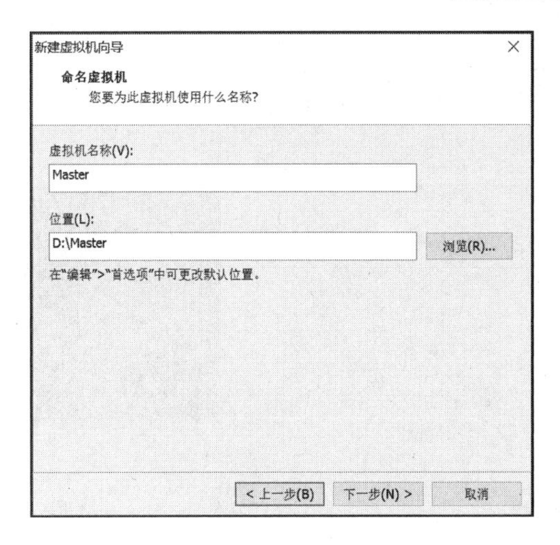

图 3-11　虚拟机命名与安装位置选择对话框

在图 3-11 中，我们修改了默认的虚拟机名称，将虚拟机命名为 Master，安装位置也修改为“D:\Master”。实际上，用户可以根据自己的需要进行任意修改。单击“下一步”按钮，进入如图 3-12 所示的对话框。

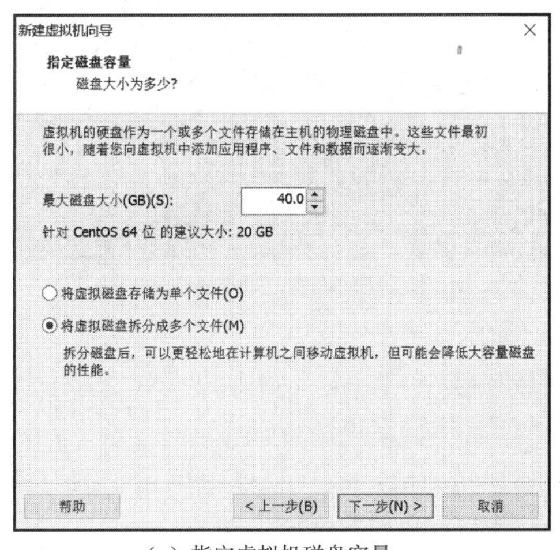
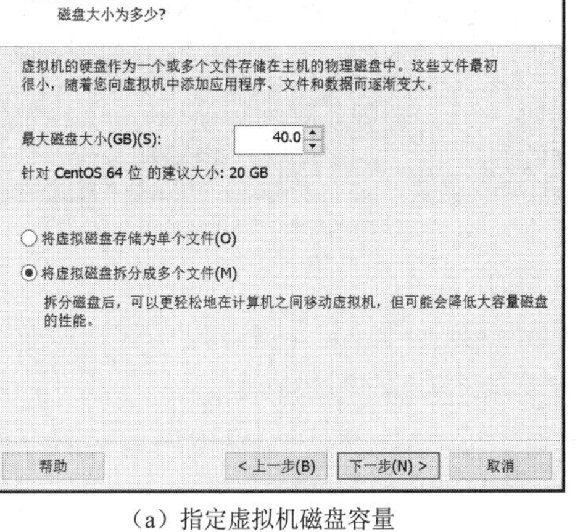

（a）指定虚拟机磁盘容量

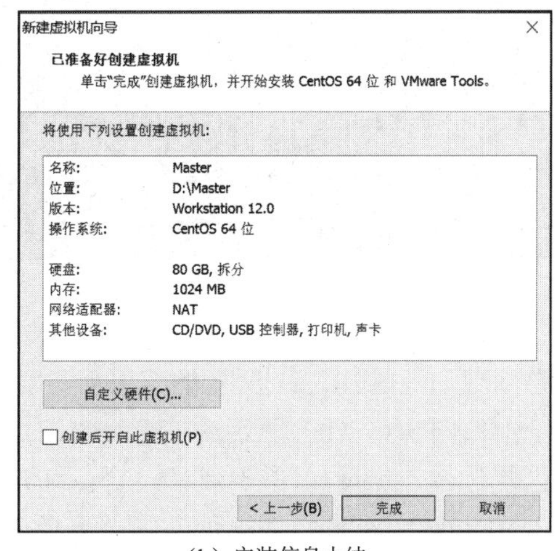

（b）安装信息小结

图 3-12　指定虚拟机磁盘容量和安装信息小结

在图 3-12（a）中，建议读者不要直接采用默认的磁盘容量值（20 GB），需要调大该值。如果计算机的硬件配置较高，可以设置得更大，这里设置为 40 GB。单击“下一步”按钮，将会显示用户设置的所有信息，如图 3-12（b）所示，单击“完成”按钮，可进入如图 3-13 所示的界面。

在图 3-13 中，用户可以单击“编辑虚拟机设置”来修改设备参数，例如，将内存调大到 4 GB；处理器和每个处理器的核心数量也可以根据自己计算机的配置进行调整，如处理器设置为 1，每个处理器的核心数量设置为 4。实际上，大数据存储与计算平台往往需要较大内存的支持，内存太小会导致系统和应用运行缓慢，甚至无法运行。设置完毕后单击“开启此虚拟机”，开始安装 CentOS 7，出现如图 3-14 所示的提示界面。

图 3-13　虚拟机设置完成，准备安装 CentOS 7

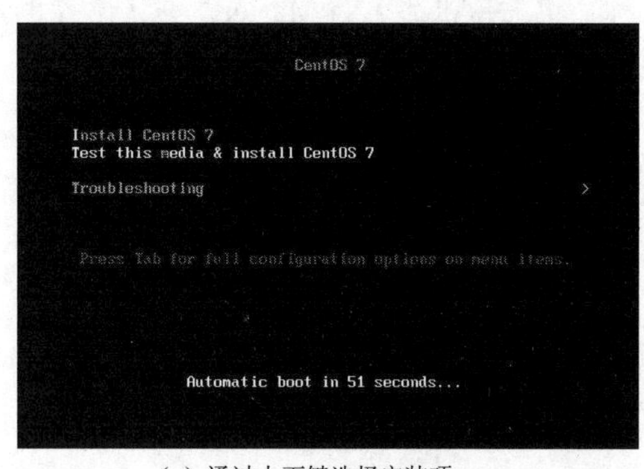

（a）通过上下键选择安装项

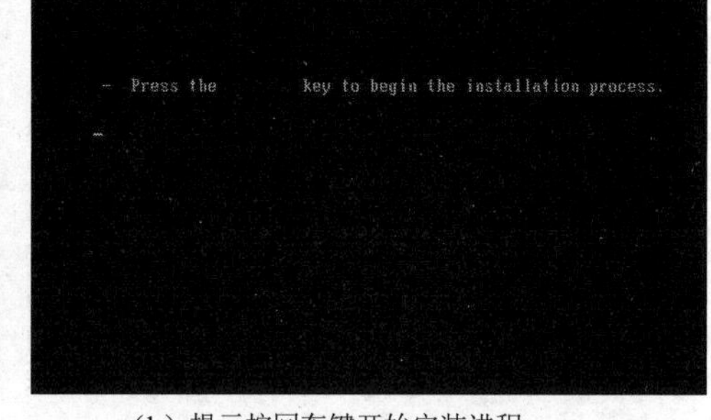

（b）提示按回车键开始安装进程

图 3-14　安装开始出现的提示界面

在出现如图 3-14（a）所示的菜单后，用户可直接按下回车键开始安装 CentOS 7。接着系统会给出如图 3-14（b）所示的信息，用户可按回车键开始安装进程。

稍候片刻，出现如图 3-15（a）所示的语言选择对话框，用户可以根据自己的习惯选择“English(United States)”或其他，本书选择了“English(United States)”。

（a）系统语言选择设置

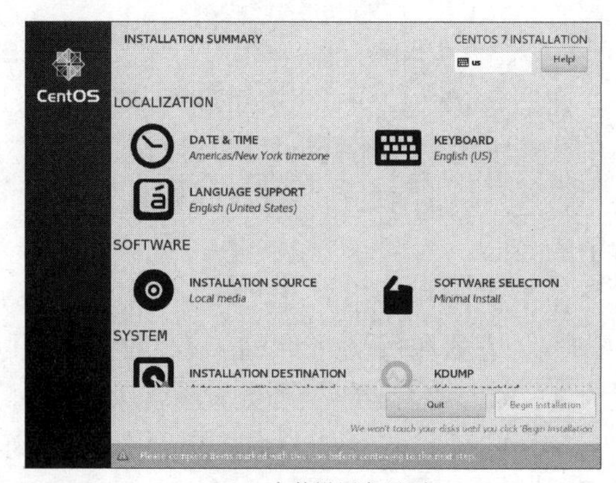

（b）安装设置主界面

图 3-15　系统语言选择设置与安装设置主界面

选择好系统语言后，请单击图 3-15（a）右下角的“Continue”按钮，系统给出“INSTALLATION SUMMARY”界面，如图 3-15（b）所示，这里实际上是一个安装设置主界面，用户可根据需要进行必要的安装设置。例如，单击“LOCALIZATION”中的“DATE &TIME”可以设置虚拟机的系统时间，显然，我们需要设置为中国时间。当然，系统时间的设置也可以在安装结束后再进行。

但是安装目标是需要设置的。单击图 3-15（b）中的“INSTALLATION DESTINATION”，然后按照图 3-16（a）所示的样子进行设置；可以看出，我们打算将系统安装在本地硬盘上。完成设置后，请单击图 3-16（a）中左上角的“Done”按钮，回到图 3-15（b）所示的安装设置主界面。

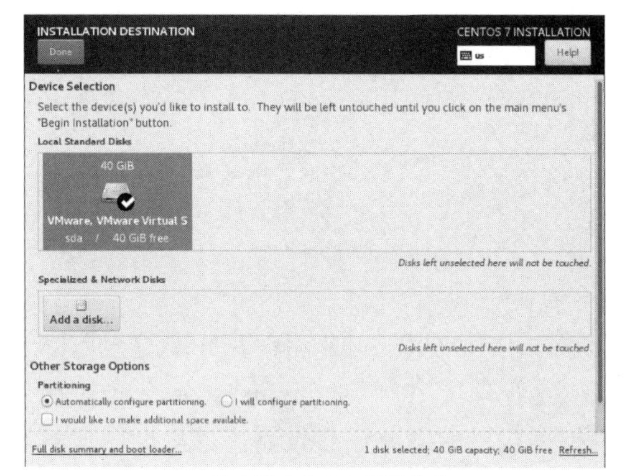

（a）将系统安装在本地硬盘上

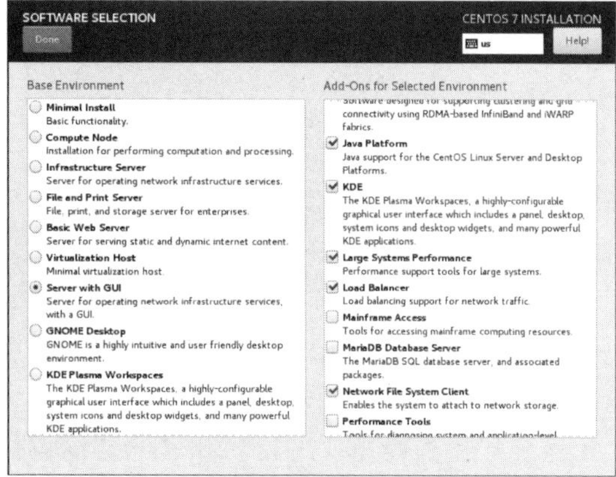

（b）选择“Server with GUI”

图 3-16　安装设置

单击图 3-15（b）中“SOFTWARE SELECTION”进行软件选择设置，在如图 3-16（b）所示的对话框中选择“Server with GUI”，并在右边的“Add-Ons for Selected Environment”中增加必要的选项，如 Java Platform、KDE 等。选择完毕后单击左上角的“Done”按钮，回到图 3-15（b）所示的设置主界面。

完成上述设置后，单击图 3-15（b）右下角的“Begin Installation”按钮可正式开始包安装进程，其进程提示如图 3-17 所示。

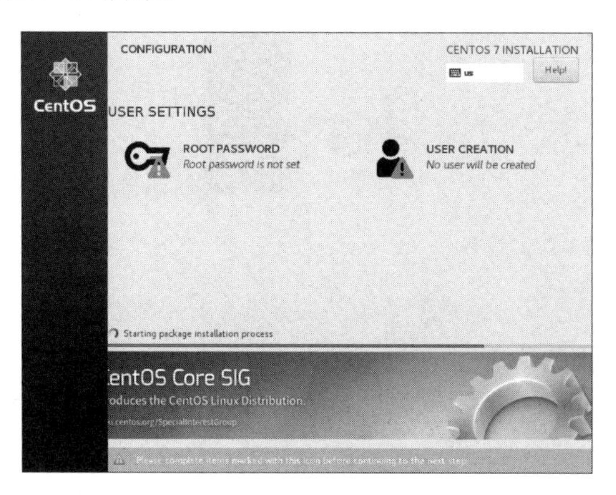

图 3-17　包安装进程提示

在图 3-17 下面会有（黄色）文字提示用户进行必要的设置。我们可以立即进行根用户密码设置和用户创建。单击图 3-17 中的“ROOT PASSWORD”，然后在如图 3-18（a）所示的对话框中设置用户根密码（Root Password），注意根用户密码需要达到一定的强度。设置完毕单击“Done”按钮可回到上一级界面（见图 3-17）。

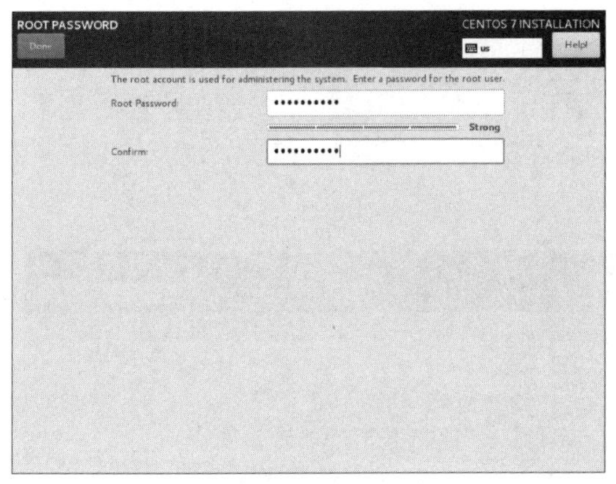

（a）设置根用户密码

（b）创建新用户

图 3-18　用户设置

在图 3-17 中，单击“CREATE USER”可创建新用户，如图 3-18（b）所示。这里实际上是在创建一个根用户之外的新用户，该用户也可以是管理员用户（Administrator）。由于这是一个新用户，因此需要用户名和密码。读者可以根据自己的需要进行设置，这里把用户名设置为“csu”，密码设置为“csucsu”。用户创建完成后，单击左上角的“Done”按钮可返回上一级界面，如图 3-19（a）所示，此时，包安装过程已经完成了。

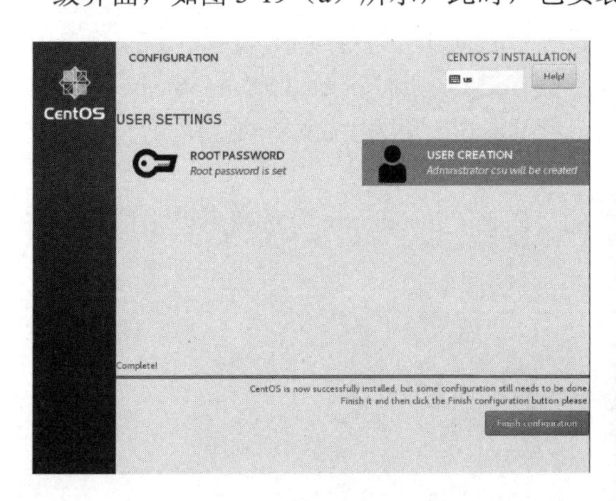

（a）包安装过程已经完成

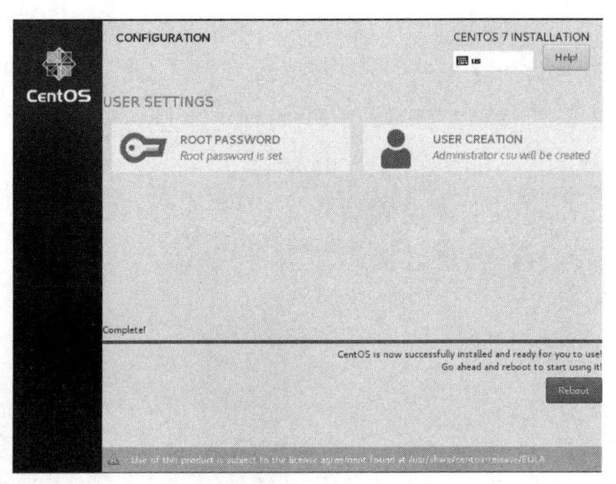

（b）完成安装后准备点击 Reboot 重启系统

图 3-19　完成安装并准备重启系统

单击图 3-19（a）右下角的“Finish configuration”按钮可进入最后的配置过程，稍候片刻即可完成，出现如图 3-19（b）所示的界面，这时可以立即单击“Reboot”按钮重启系统，从而完成 CentOS 7 的安装。

在系统重启过程中，还有一个接受许可协议的操作，选择接受之后即进入登录界面，如图 3-20 所示，这时可输入 csu 用户设置的密码。

图 3-20　系统登录界面

密码输入正确后 CentOS 7 可成功启动，即可进入系统的桌面，如图 3-21 所示。

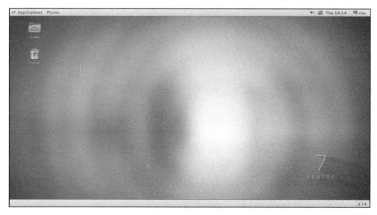

图 3-21　CentOS 7 成功启动后系统的桌面

2. 从已经安装好的计算机移植 CentOS 7

用户也可以从按照上述步骤安装好 CentOS 7 的计算机上，通过简单复制的方式将 CentOS 7 移植到自己的计算机上，建议读者采用这种安装方式。

进入安装 CentOS 7 的计算机上，找到安装盘和安装目录。例如，本书在介绍第一种安装方法时，CentOS 7 安装在 D 盘，目录是 Master，如图 3-22 所示。

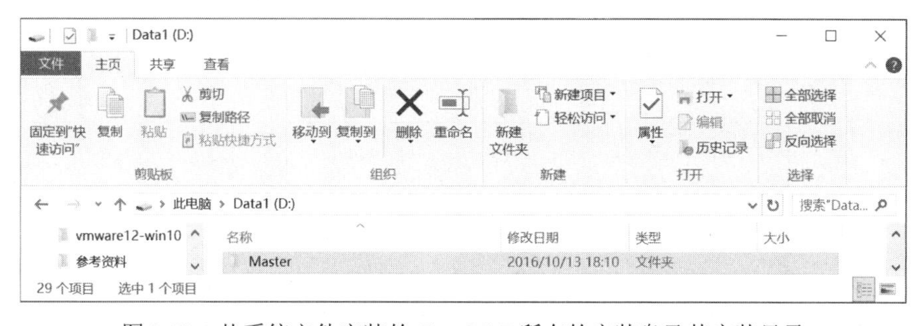

图 3-22　从系统文件安装的 CentOS 7 所在的安装盘及其安装目录

读者可以将 Master 文件夹复制到自己的计算机硬盘上。

为了方便读者学习，本书作者已经将计算机上安装好的 Master 文件夹上传到了电子工业出版社的网站上，读者可登录华信教育资源网（www.hxedu.com.cn）免费注册后下载；也可以直接通过电子邮件联系作者索取。

获得作者的 Master 文件夹以后，需要根据读者自己计算机的情况，将 Master 文件夹放置在合适的驱动器上，并将该文件夹改名为 Slave0（当然，如果读者的计算机之前没有安装 Master，也可以不改名）。

特别注意，为了从已经安装好的计算机上移植 CentOS 7，应当先关闭该虚拟机上运行的 CentOS 7。

完成上述准备后，启动计算机上的 VMware Workstation Pro 12，然后在主页中选择“打开虚拟机”，如图 3-23 所示。

图 3-23　在 VMware Workstation Pro 12 的主页中选择“打开虚拟机”

单击图 3-23 中的“打开虚拟机”后，在弹出的对话框中，进入 Slave0 目录（如果没有修改文件夹名，就应当是您复制过来的目录名），然后选择里面的 Master.vmx 文件（注意，这个文件名没有改；实际上，该文件是虚拟机的配置文件），如图 3-24 所示。

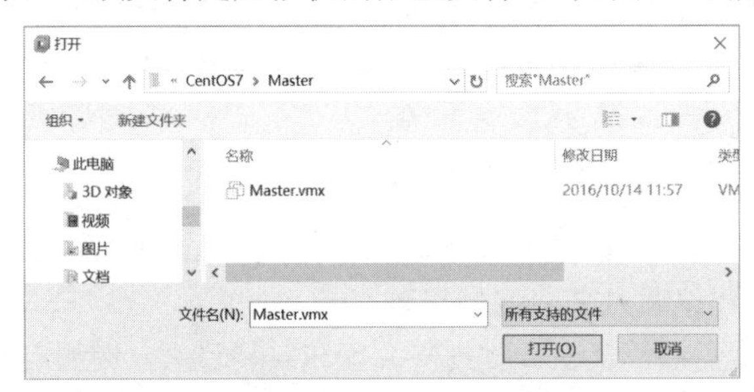

图 3-24　在 VMware Workstation Pro 12 中打开虚拟机的配置文件

单击打开虚拟机配置文件后，可进入如图 3-25 所示的界面，表明系统已经准备好开始安装新的虚拟机了。

图 3-25　在 VMware Workstation Pro 12 中准备安装新的虚拟机 CentOS 7

读者注意到，在图 3-25 中，本书是在已经安装了一台虚拟机（CentOS 7）的 VMware Workstation Pro 12 上再安装一台虚拟机（CentOS 7），因此需要修改第二台虚拟机的名称。在“我的计算机”下选择第二个 Master，单击鼠标右键，在弹出的菜单中选择“重命名”，如图 3-26 所示，在随后出现的编辑框中将“Master”改为“Slave0”即可。如果读者安装的是第一台虚拟机，则可以不改名。

接着单击“开启此虚拟机”进行安装，这时会弹出一个对话框，如图 3-27 所示，因为是移植或复制的虚拟机，所以需要在 VMware Workstation Pro 12 中确认。

图 3-26　将移植的虚拟机名称改为 Slave0

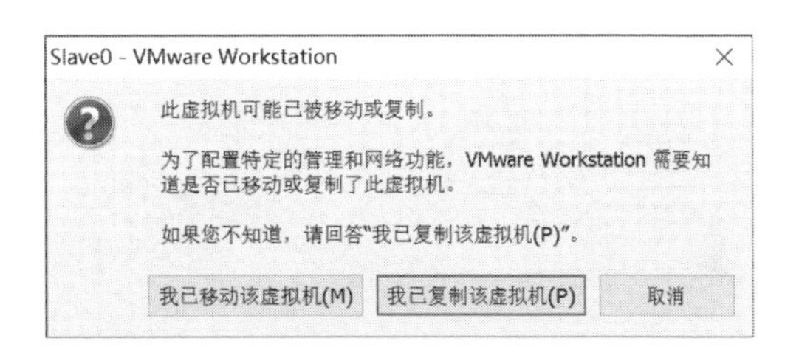

图 3-27　确认是“移动”还是“复制”虚拟机

如果是从其他计算机移植过来的虚拟机，则选择“我已移动该虚拟机”；如果是在本机上复制的虚拟机，则选择“我已复制该虚拟机”。显然，本书在这里应当选择后者。

确认之后，系统开始安装。

同样，安装过程无须用户干预，且安装时间相对较短，安装成功后等待用户输入登录密码，如图 3-28 所示。

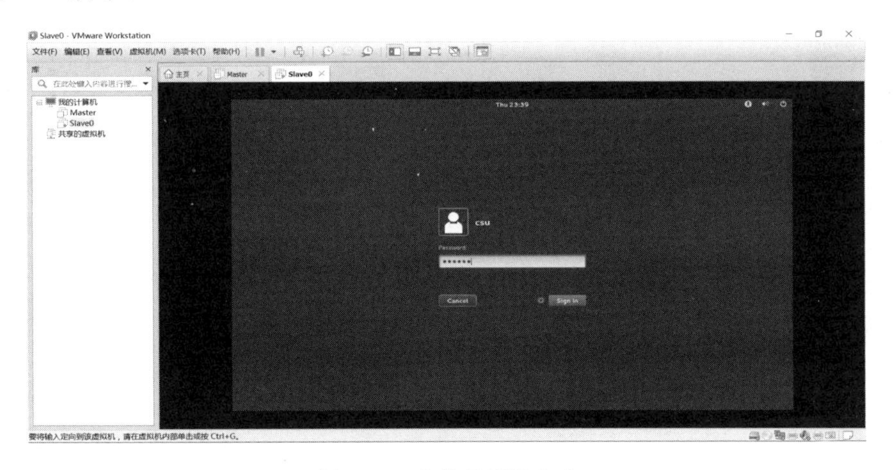

图 3-28　移植虚拟机成功

由于 CentOS 7 是移植过来的系统，所以输入的用户密码与原来用户密码是一样的，我们这里是 csucsu。

至此，我们就在一台计算机上安装了两台虚拟计算机，其操作系统均为 CentOS 7。这实际上是一个最小的集群。

值得注意的是，如果采取第二种方法安装的是自己计算机上的第一台虚拟机，则可以继续按照上述的移植方法再安装一台虚拟机。实际上，这种移植安装可以多次进行。不过我们建议读者在安装了第一台虚拟机后，采用下面即将介绍的克隆方法扩展安装。

3．从本机克隆 CentOS 7

接下来，我们再介绍一种从本机克隆 CentOS 7 的方法。在 VMware Workstation Pro 12 主界面中，先关闭 Master（注意，克隆前一定要先关闭被克隆虚拟机），然后在“我的计算机”下选择 “Master”，单击鼠标右键，在弹出的菜单中选择“管理→克隆”，如图 3-29 所示。

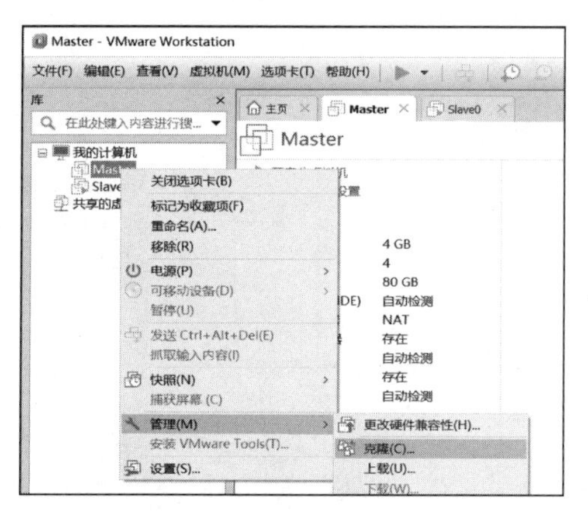

图 3-29　从本机直接克隆 CentOS 7

这时会弹出克隆虚拟机向导，如图 3-30（a）所示，单击“下一步”按钮后选择克隆源，如图 3-30（b）所示。

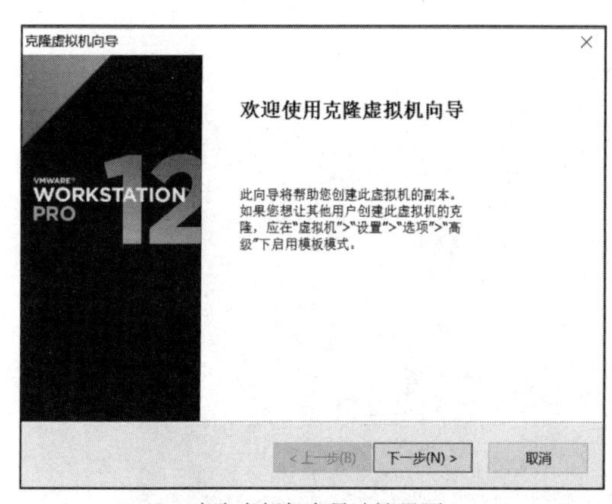

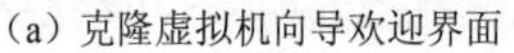
（a）克隆虚拟机向导欢迎界面

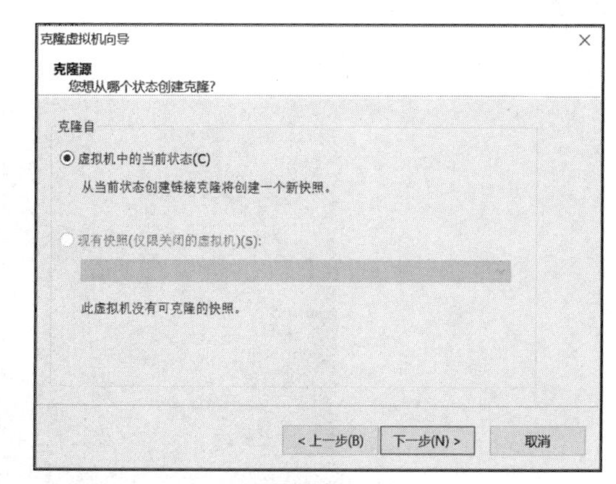

（b）选择克隆源

图 3-30　克隆虚拟机向导

单击图 3-30（b）中的“下一步”按钮，进入克隆类型选择对话框，一般选择“创建完整克隆”，如图 3-31（a）所示。

单击图 3-31（a）中的“下一步”按钮，进入新虚拟机名称对话框，建议将默认的名称和安装位置修改为合适的内容，我们这里给新虚拟机取名为 Slave1，安装位置改为 D:\Slave1，如图 3-31（b）所示，单击“完成”按钮。

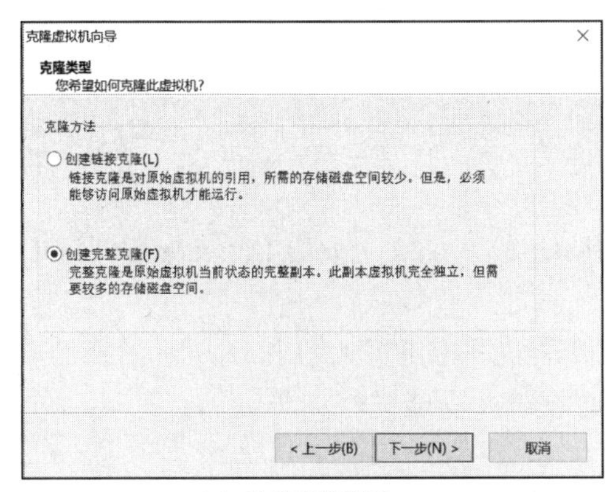

（a）选择克隆类型

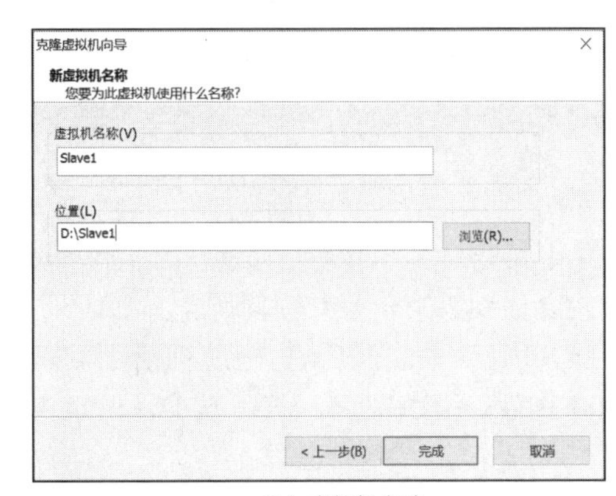

（b）虚拟机名称

图 3-31　选择克隆类型、命名新虚拟机并修改安装位置

单击图 3-31（b）中的“完成”按钮后，系统将开始自动安装，这时只要耐心等待安装完成即可。

安装过程如图 3-32 所示。

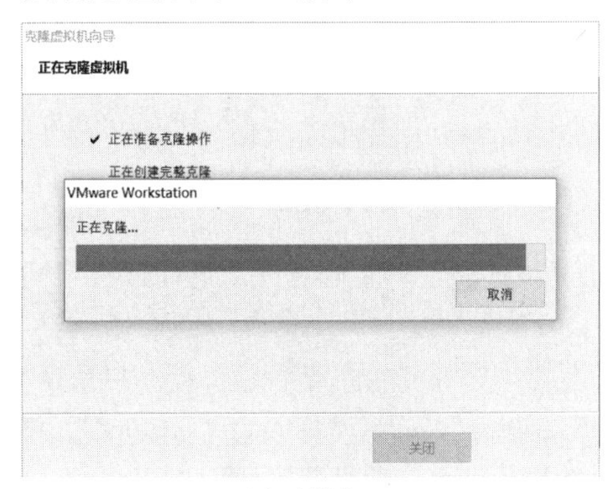

（a）克隆中

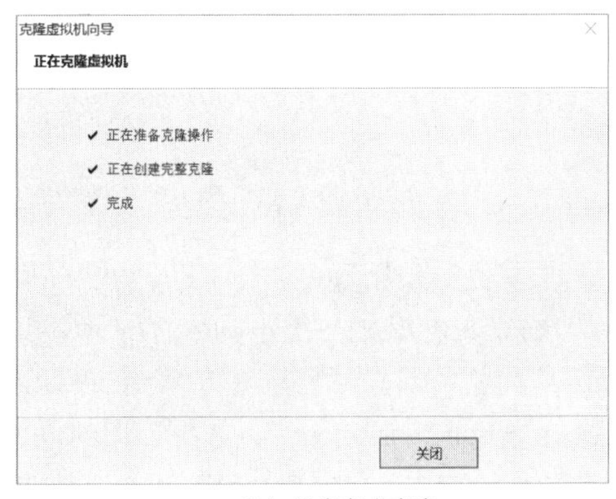

（b）逐步完成克隆

图 3-32　安装过程

安装完成后单击图 3-32（b）中的“关闭”按钮，进入如图 3-33 所示的界面。读者可以发现“我的计算机”列表栏中增加了新安装的“Slave1”。

图 3-33　完成克隆

显然，如果计算机的配置较高，还可以继续克隆更多的虚拟机（建议都从 Master 克隆）。但作为学习环境，有 3 台虚拟机就可以满足需求了。

4．安装中的问题及其解决方法

由于用户计算机设置的差异，在 VMware Workstation Pro 12 上安装 Linux 集群（CentOS 7）时可能会遇到以下一些共性问题。

（1）BIOS 中的 VT-x 功能没有打开。如果在安装过程中出现如图 3-34 所示的警告信息，说明在 BIOS 中没有打开 VT-x 功能，所以不能使用 VT-x 功能进行加速。

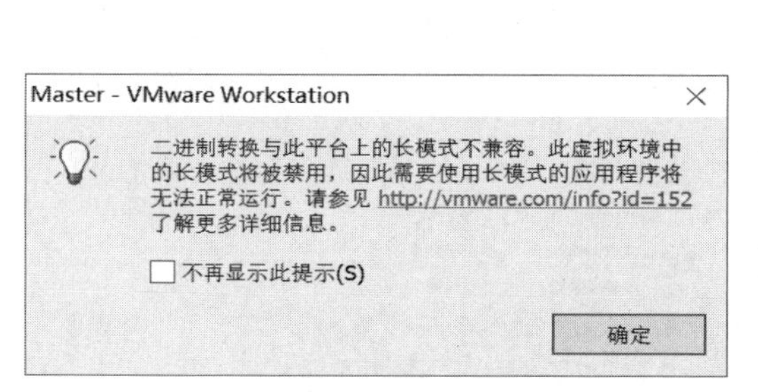

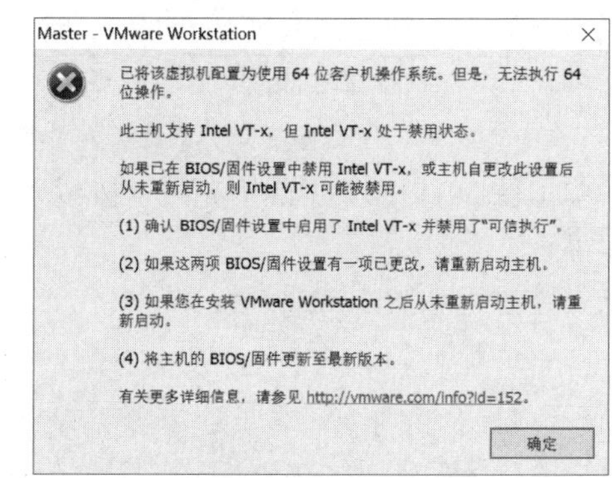

图 3-34　因 BIOS 中没有打开 VT-x 功能引起的警告信息

这时，需要打开 BIOS 中 VT-x 功能。操作如下：首先在开机自检中，按 F12（不同品牌的计算机进入 BIOS 的热键不同，有的计算机是 F1、F2 或 F8）进入 BIOS，找到“Setup”中的“Security”，然后通过上/下键选择“Virtualization”（不同计算机可能位置不同），展开后出现“Intel (R) Virtualization Technology”，如果该项的设置是“Disabled”，请将其修改为“Enabled”。修改完毕后按照提示（通常是按 F10 键）保存并退出，重新启动计算机即可开启 VT-x 功能。

（2）Windows 的 Hyper-V 被打开了。Hyper-V 是微软的虚拟机，部署在 Win8 的 64 位 Pro 以上版本，以及 Windows 2008 以上服务器版本中。Hyper-V 是微软第一个采用类似 VMware 和 Citrix 开源 Xen 的、基于 Hypervisor 技术的虚拟机。

如果计算机打开了 BIOS 中 VT-x 功能仍然不能安装虚拟机，则有可能是由于 Windows 操作系统的 Hyper-V 功能已经打开了，这时启动虚拟机会弹出如图 3-35 所示的提示框，指出 VMware Workstation Pro 12 与 Hyper-V 不兼容，需要从系统中移除 Hyper-V 角色，再运行 VMware Workstation Pro 12。

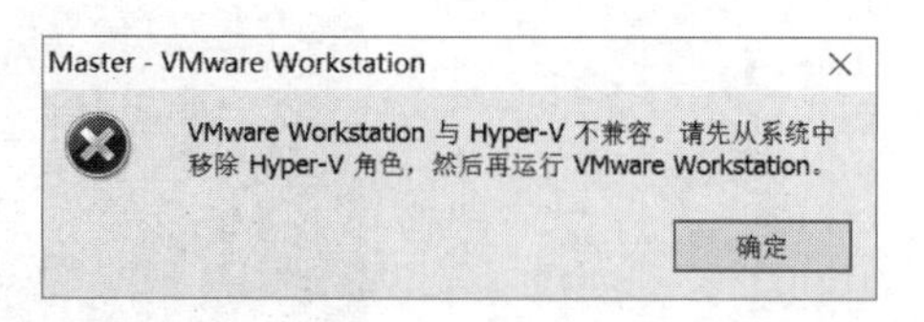

图 3-35　VMware Workstation 与 Hyper-V 不兼容提示

这里以 Win10 为例，为了关闭 Hyper-V，首先右键单击 Windows 左下角徽标，选择“程序和功能”，在打开的程序和功能对话框中，单击“启用或关闭 Windows 功能”，弹出如图 3-36 所示的界面，找到“Hyper-V”选择项后将其设置为关闭，即把“ √ ”去掉，然后单击“确定”按钮即可。

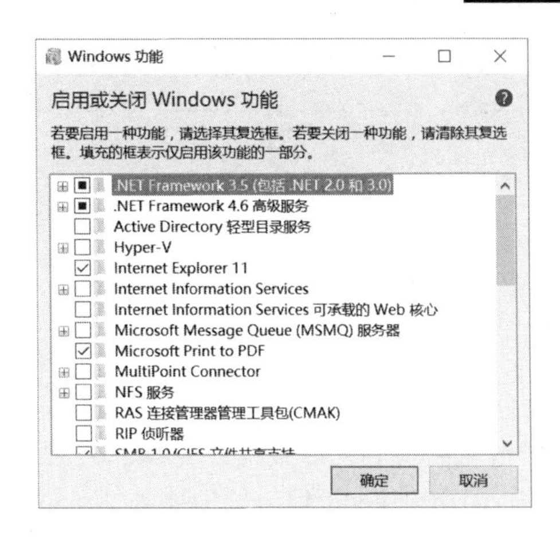

图 3-36　关闭 Hyper-V 的界面

3.3 集群的配置

在 3.2 节中我们初步安装了一个 Linux 集群。为什么说是初步安装呢？因为要想将上述集群投入实际运行，还需要完成一系列配置。本节就来完成这些配置，从而搭建一个可用的 Linux 集群。

3.3.1 设置主机名

安装 CentOS 7 后系统会自动将主机名确定为 localhost，用户一般都希望将这个 localhost 修改成个性化的主机名，如 Master、Slave0 或 HadoopMaster 等。下面我们就来修改前面安装的虚拟机的主机名，包括 Master 和 Slave，也就是说，修改主机名的操作要在集群中所有虚拟机上进行。

启动所有虚拟机。

我们在 Master 主机上进行操作。在其桌面开一个终端，方法是单击左上角的“Applications→Utilities→Terminal”，或者在桌面任意位置单击鼠标右键，在弹出的菜单中选择“Open in Terminal”，打开的终端如图 3-37 所示。

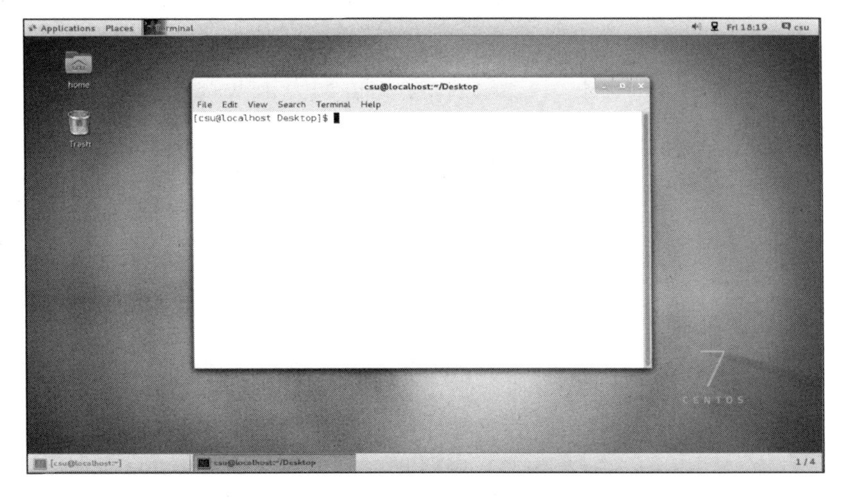

图 3-37　在桌面打开一个终端

要特别注意的是，设置主机名需要 Root 用户权限，请输入“su root”命令，如图 3-38 所示。

图 3-38　切换成 Root 用户的命令

回车后输入密码（这里是 csucsu），切换到 Root 用户。注意，这时候的提示符是“#”，这是 Linux 表示 Root 用户的命令行提示符，而普通用户的提示符是“$”。

接下来使用 gedit 编辑器编辑主机名。如果不使用或者由于某种故障不能使用 gedit 编辑器，也可以使用 vi 编辑器（后面用到 gedit 编辑器的地方都可以用 vi 编辑器代替）。Vi 在编辑器有很多命令，编辑中主要使用以下几个：

（1）在启动 vi 编辑器后，按 I 键可以进入 INSERT 状态，用户可插入文本。

（2）按 Esc 键退出编辑状态。

（3）要放弃编辑退出 vi，在按了 Esc 键后，接着同时按住 Shift 和:键（即先按住 Shift 键，再按下:键），然后按 Q 键并按下 Enter 键，即可退出 vi 编辑器。

（4）要退出 vi 并保存文件，在按了 Esc 键后，接着同时按住 Shift 和:键，然后依次按 W 键和 Q 键，最后按下 Enter 键，即可保存文件并退出 vi 编辑器。

下面使用 gedit 编辑器编辑 network 文件。输入“gedit /etc/sysconfig/network”命令，如图 3-39 所示。

图 3-39　编辑 network 文件的命令

按下 Enter 键后，在打开的 gedit 编辑器中输入如下代码：

```
NETWORKING=yes
HOSTNAME=master
```

在上述代码中，master 是用户自己取的主机名，可以根据需要任意命名。编辑完毕后保存并退出 gedit 编辑器，回到终端。

输入“hostname master”命令，确认修改生效，如图 3-40 所示。

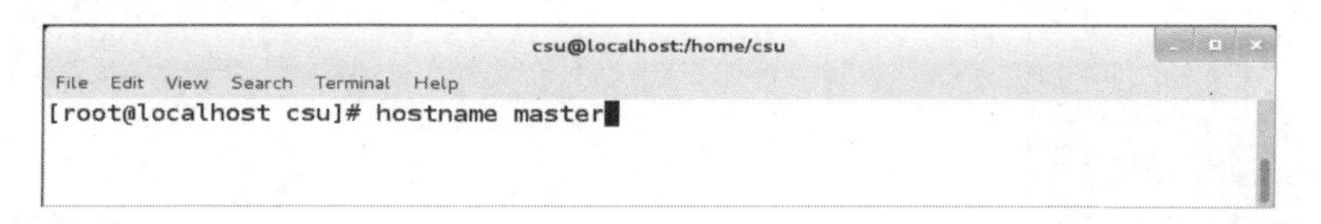

图 3-40　输入“hostname master”命令确认修改生效

按下 Enter 键后可关闭当前终端，重新打开一个终端（要立即查看修改结果，必须重新打开一个终端），并输入“hostname”命令，以检测主机名是否修改成功，如图 3-41 所示。

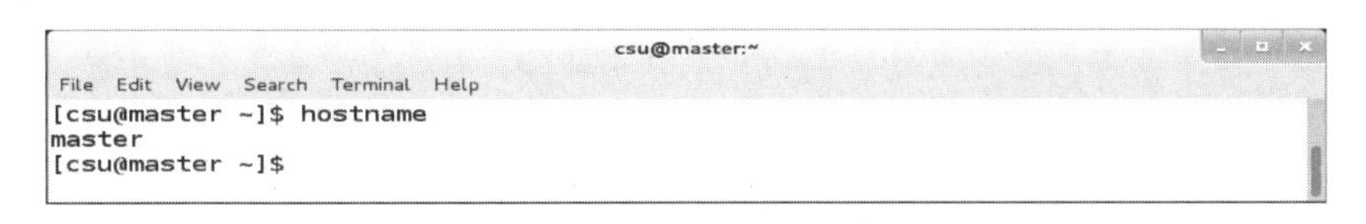

图 3-41 输入“hostname”命令检测修改是否成功

这时可以看到，不仅命令的返回值正是用户所取的主机名，而且提示符内的主机名称也由“localhost”改成“master”了。

但是，如果只修改 network 文件，则在下次重启虚拟机时，会发现修改后的名字又变成“localhost”。原来上面只修改了瞬态（Transient）主机名，并没有修改静态（Static）主机名。

因此，仍然要使用 Root 用户进行修改，但这一次输入“gedit /etc/hostname”命令，如图 3-42 所示。

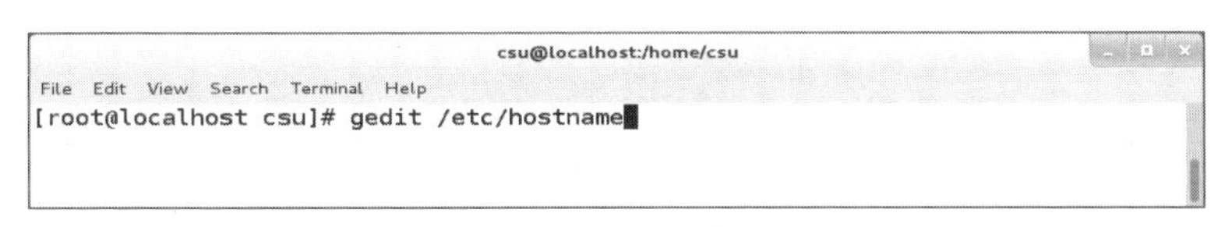

图 3-42 输入“gedit /etc/hostname”命令修改 hostname 文件

在 gedit 编辑器中输入：

```
master
```

master 是输入的新主机名。其实，原来文件里有一个 localhost.localdomain 的主机名，应当将其删除掉，保存后退出。这样，重启虚拟机后，主机名就永久修改了。

请读者重复上述操作方法，将其他虚拟机的主机名也从默认的“localhost”修改为对应的“Slave0”和“Slave1”（如果安装了）。

3.3.2 网络设置

通常，在虚拟机上安装 CentOS 7 后，系统会自动完成网络设置。用户可以在虚拟机桌面上，将鼠标移动到右上角的网络图标处，如图 3-43 所示，单击鼠标可查看网络连接状态，如果“Wired”的标识是“ON”，表明网络已经打开。

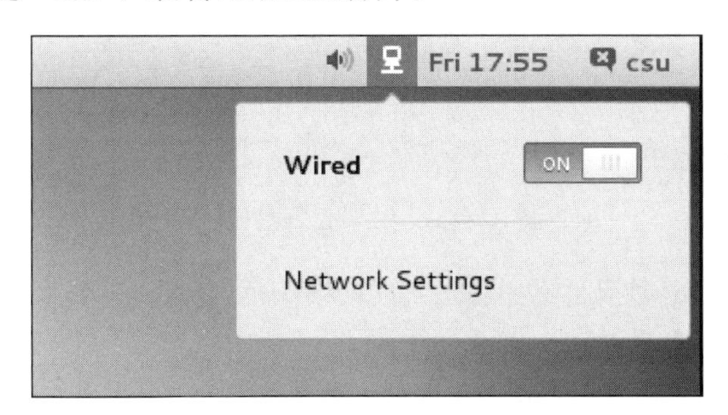

图 3-43 虚拟机桌面右上角的网络图标

在终端中输入“ifconfig”命令，如图 3-44 所示，以查看 Master 的 IP 地址。

```
csu@localhost:~/Desktop
File  Edit  View  Search  Terminal  Help
[csu@localhost Desktop]$ ifconfig
```

图 3-44　输入“ifconfig”命令查看 Master 的 IP 地址

按下 Enter 键后，将会在终端中显示 Master 的 IP 地址配置信息，如图 3-45 所示。

```
csu@localhost:~/Desktop
File  Edit  View  Search  Terminal  Help
[csu@localhost Desktop]$ ifconfig
eno16777736: flags=4163<UP,BROADCAST,RUNNING,MULTICAST>  mtu 1500
        inet 192.168.163.138  netmask 255.255.255.0  broadcast 192.168.163.255
        inet6 fe80::20c:29ff:fe90:70cf  prefixlen 64  scopeid 0x20<link>
        ether 00:0c:29:90:70:cf  txqueuelen 1000  (Ethernet)
        RX packets 7686  bytes 6421353 (6.1 MiB)
        RX errors 0  dropped 0  overruns 0  frame 0
        TX packets 6502  bytes 904864 (883.6 KiB)
        TX errors 0  dropped 0 overruns 0  carrier 0  collisions 0

lo: flags=73<UP,LOOPBACK,RUNNING>  mtu 65536
        inet 127.0.0.1  netmask 255.0.0.0
        inet6 ::1  prefixlen 128  scopeid 0x10<host>
        loop  txqueuelen 0  (Local Loopback)
        RX packets 12  bytes 1216 (1.1 KiB)
        RX errors 0  dropped 0  overruns 0  frame 0
        TX packets 12  bytes 1216 (1.1 KiB)
        TX errors 0  dropped 0 overruns 0  carrier 0  collisions 0

[csu@localhost Desktop]$
```

图 3-45　Master 的 IP 地址配置信息

可以看到，在安装过程中，系统将 Master 的 IP 地址自动配置为 192.168.163.138（会因用户计算机的配置不同而可能不一样），此外还配置了广播地址、子网掩码等。如果情况是这样，说明网络配置已经就绪，可以开始使用网络功能了，如启动浏览器访问内部或外部网站。

如果输入“ifconfig”命令后看到的信息如图 3-46 所示，表明网络连接没有打开或配置没有完成，则需要打开网络连接或进行网络配置。

```
csu@localhost:~
File  Edit  View  Search  Terminal  Help
[csu@localhost ~]$ ifconfig
eno16777736: flags=4163<UP,BROADCAST,RUNNING,MULTICAST>  mtu 1500
        ether 00:0c:29:90:70:cf  txqueuelen 1000  (Ethernet)
        RX packets 3  bytes 378 (378.0 B)
        RX errors 0  dropped 0  overruns 0  frame 0
        TX packets 0  bytes 0 (0.0 B)
        TX errors 0  dropped 0 overruns 0  carrier 0  collisions 0

lo: flags=73<UP,LOOPBACK,RUNNING>  mtu 65536
        inet 127.0.0.1  netmask 255.0.0.0
        inet6 ::1  prefixlen 128  scopeid 0x10<host>
        loop  txqueuelen 0  (Local Loopback)
        RX packets 2  bytes 140 (140.0 B)
        RX errors 0  dropped 0  overruns 0  frame 0
        TX packets 2  bytes 140 (140.0 B)
        TX errors 0  dropped 0 overruns 0  carrier 0  collisions 0

[csu@localhost ~]$
```

图 3-46　网络没有打开或配置没有完成

要打开网络，请单击虚拟机桌面右上角的网络图标（见图 3-43），用鼠标将灰色的 OFF 状态改为彩色的 ON 状态即可。

注意，上述设置也必须在 Slave0 和 Slave1 进行，并确保集群的每一台虚拟机都在同一个网段内，例如 Slave0 的 IP 地址可以是 192.168.163.135，Slave1 的 IP 地址可以是 192.168.163.137。

这样，我们就可以在终端中输入“ping”命令来测试集群是否能够连通。图 3-47 是在

Master 上输入“ping”命令测试 Slave0 的结果，如果看到有返回值，说明两台虚拟机是连通的。注意，要终止“ping”命令，请同时按下 Ctrl 键和 C 键（即 Ctrl+C 组合键）。

```
csu@localhost:~/Desktop
File  Edit  View  Search  Terminal  Help
[csu@localhost Desktop]$ ping 192.168.163.135
PING 192.168.163.135 (192.168.163.135) 56(84) bytes of data.
64 bytes from 192.168.163.135: icmp_seq=1 ttl=64 time=0.404 ms
64 bytes from 192.168.163.135: icmp_seq=2 ttl=64 time=0.636 ms
64 bytes from 192.168.163.135: icmp_seq=3 ttl=64 time=0.375 ms
64 bytes from 192.168.163.135: icmp_seq=4 ttl=64 time=2.11 ms
64 bytes from 192.168.163.135: icmp_seq=5 ttl=64 time=0.619 ms
64 bytes from 192.168.163.135: icmp_seq=6 ttl=64 time=0.622 ms
64 bytes from 192.168.163.135: icmp_seq=7 ttl=64 time=0.230 ms
```

图 3-47　在 Master 上输入“ping”命令来测试 Slave0

如果看到的是如图 3-48 所示的情况，说明网络连接失败，需要打开网络或重新配置。

```
csu@localhost:~/Desktop
File  Edit  View  Search  Terminal  Help
[csu@localhost Desktop]$ ping 192.168.163.135
PING 192.168.163.135 (192.168.163.135) 56(84) bytes of data.
From 192.168.163.130 icmp_seq=1 Destination Host Unreachable
From 192.168.163.130 icmp_seq=2 Destination Host Unreachable
From 192.168.163.130 icmp_seq=3 Destination Host Unreachable
From 192.168.163.130 icmp_seq=4 Destination Host Unreachable
```

图 3-48　Master 不能 ping 通 Slave0

上面我们只是简单地采用了系统安装时配置的网络 IP 地址。实际上，上述地址一般都是 DHCP 类型的。但是，大数据平台通常是一个稳定的系统，因此，需要将动态类型的主机 IP 地址修改为静态类型的，具体操作如下。

单击虚拟机桌面右上角的网络图标，再单击“Network Settings”，弹出如图 3-49 所示的界面。

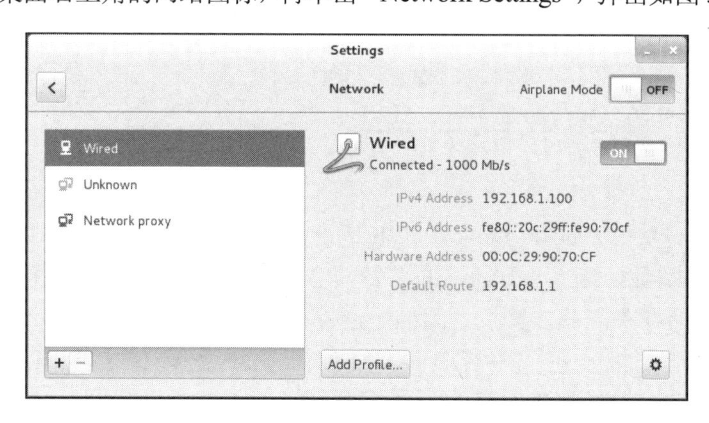

图 3-49　Network Settings 界面

选择“Wired”，并将状态“ON”改为“OFF”。

注意，修改网络地址需要事先断开网络连接，然后单击图 3-49 右下角的设置图标（齿轮状），弹出如图 3-50 所示的界面。

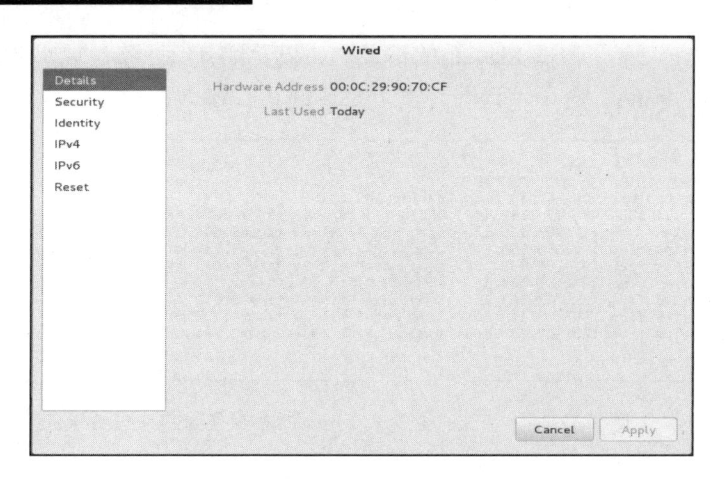

图 3-50　网络设置选择项（一）

选择“IPv4”，在弹出的对话框中“Address”右边的下拉式列表里，选择“Manual”，然后在编辑框中输入静态地址信息，如图 3-51 所示。这里设置的地址是 192.168.1.100，子网掩码是 255.255.255.0，网关地址是 192.168.1.1，读者可以根据自己需要设置。设置完成后单击“Apply”按钮退出即可。

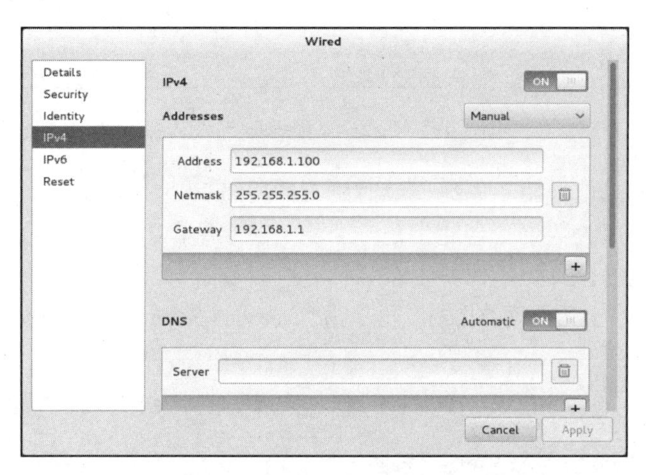

图 3-51　网络设置选择项（二）

按照上述方法，将 Slave0 和 Slave1 的 IP 地址也改过来。例如，Slave0 是 192.168.1.101，Slave1 是 192.168.1.102，网关地址都一样。这样，我们就完成了整个集群的网络配置。读者可以输入“ping”命令来测试计算机之间的连通性。

然而，为了用计算机名进行网络访问，我们还需要修改 hosts 文件中的主机名与 IP 地址对照列表。注意，仍然需要在 Root 用户下进行操作。输入“gedit /etc/hosts”，如图 3-52 所示。

图 3-52　修改 hosts 文件

输入如下代码（注意，保留文件中已有代码，在后面添加新代码）：

```
192.168.1.100 master
192.168.1.101 slave0
192.168.1.102 slave1
```

上述代码是一个主机地址与主机名的对照列表，用于主机名称与 IP 地址之间的解析。读者可以根据自己的具体设置情况编写。保存退出后，我们就可以使用主机名代替其 IP 地址了，例如，在任意主机终端中，输入“ping master”命令即可测试连通性，如图 3-53 所示。

```
csu@slave0:~
File Edit View Search Terminal Help
[csu@slave0 ~]$ ping master
PING master (192.168.1.100) 56(84) bytes of data.
64 bytes from master (192.168.1.100): icmp_seq=1 ttl=64 time=1.09 ms
64 bytes from master (192.168.1.100): icmp_seq=2 ttl=64 time=0.681 ms
64 bytes from master (192.168.1.100): icmp_seq=3 ttl=64 time=0.633 ms
64 bytes from master (192.168.1.100): icmp_seq=4 ttl=64 time=3.95 ms
64 bytes from master (192.168.1.100): icmp_seq=5 ttl=64 time=0.633 ms
64 bytes from master (192.168.1.100): icmp_seq=6 ttl=64 time=0.618 ms
64 bytes from master (192.168.1.100): icmp_seq=7 ttl=64 time=3.94 ms
```

图 3-53　利用主机名测试网络连通性

注意，上述修改需要在集群的所有主机上进行。

3.3.3　关闭防火墙

防火墙是一种位于计算机和它所连接的网络之间的安全功能软件，一般分为网络层防火墙（Network Level Firewall）和应用层防火墙（Application Level Firewall）两种。

网络层防火墙本质上就是 IP 包过滤软件，它依据一定的安全规则对 IP 包进行检测，允许授权数据包通过，拒绝非授权数据包通过。网络层防火墙还可以关闭不使用的端口，或者禁止特定端口的流量，以阻止来自特殊站点的访问。网络层防火墙处于操作系统的网络层，是内核的一部分，具有较高的效率和准确性。

应用层防火墙工作在 TCP/IP 协议堆栈的应用层上。Web 访问、电子邮件和 FTP 文件传输所产生的数据流都属于应用层。应用层防火墙基于应用层协议对数据进行扫描和安全处理，通常会直接丢弃不安全的数据包。

Linux 防火墙主要工作在网络层，针对 TCP/IP 数据包实施过滤和限制，属于典型的包过滤防火墙。大数据应用系统通常部署在 Linux 集群上，一般属于内部网络平台，且计算机之间关系十分密切，通信频繁，因此不需要启用防火墙。

下面我们来关闭集群的防火墙（请读者注意，CentOS 7 关闭防火墙的操作命令已经不同于早期版本），以下的操作在 Root 用户下进行，而且需要在所有计算机上实施。

1. 检查系统防火墙状态

要查看系统防火墙的当前运行状态，可使用如下命令：

```
systemctl status firewalld.service
```

图 3-54 给出了命令的输入和执行输出。

```
[root@master csu]# systemctl status firewalld.service
firewalld.service - firewalld - dynamic firewall daemon
   Loaded: loaded (/usr/lib/systemd/system/firewalld.service; enabled)
   Active: active (running) since Sat 2018-07-14 11:26:28 ULAT; 3h 35min
 ago
 Main PID: 816 (firewalld)
   CGroup: /system.slice/firewalld.service
           └─816 /usr/bin/python -Es /usr/sbin/firewalld --nofork --n...

Jul 14 11:26:28 master systemd[1]: Started firewalld - dynamic firew....
Hint: Some lines were ellipsized, use -l to show in full.
[root@master csu]#
```

图 3-54　查看系统的防火墙状态

在图 3-54 中，我们可以看到计算机上的防火墙服务处于活动状态（即 start firewalld），可见初次安装 Linux 后系统会默认启用防火墙。下面我们将防火墙关闭掉。

2. 关闭防火墙

关闭防火墙的命令是：

```
systemctl stop firewalld.service
```

该命令输入和执行后，终端不会有输出。要检查执行是否成功，可以再次使用状态检查命令，如图 3-55 所示。

```
[root@master csu]#  systemctl stop firewalld.service
[root@master csu]#  systemctl status firewalld.service
firewalld.service - firewalld - dynamic firewall daemon
   Loaded: loaded (/usr/lib/systemd/system/firewalld.service; disabled)
   Active: inactive (dead)

Mar 10 09:54:11 master systemd[1]: Starting firewalld - dynamic firewall da.....
Mar 10 09:54:11 master systemd[1]: Started firewalld - dynamic firewall daemon.
Mar 10 09:56:38 master systemd[1]: Stopping firewalld - dynamic firewall da.....
Mar 10 09:56:40 master systemd[1]: Stopped firewalld - dynamic firewall daemon.
Hint: Some lines were ellipsized, use -l to show in full.
[root@master csu]#
```

图 3-55　防火墙被关闭后的状态信息

一般在关闭防火墙之后，还可以执行下面的命令：

```
systemctl disable firewalld.service
```

该命令可在下次启动计算机时取消防火墙服务。

请读者注意，上述各项操作需要在所有虚拟机上进行，这样就可关闭集群的防火墙，从而为后面安装 Hadoop 并运行 MapReduce 程序创造条件。

3.3.4　安装 JDK

由于 Hadoop 平台是基于 Java 环境的，因此我们必须安装 JDK，本书选用 Java SE Development Kit，即标准版 JDK。

在安装 JDK 前我们首先讨论一下选用什么 JDK 版本适配的问题。本书第 1 版选用了 JDK7，具体的压缩包是 jdk-7u71-linux-x64.gz，能够与 Hadoop 2.6.0 很好地适配。但是，我们在写作本书第 2 版时，曾试图采用 JDK10（压缩包是 jdk-10.0.1_linux-x64_bin.tar.gz），并试图与 Hadoop 3.1.0 配合，但在实践中出现缺 jar 包的问题，导致 Hadoop 3.1.0 不能正常运行，如 ResourceManager 组件不能启动。

因此，我们改用 JDK8（压缩包是 jdk-8u171-linux-x64.tar.gz），它与 Hadoop 3.1.0 能够较好地适配，没有缺 jar 包的问题了。由此可见，在升级 Hadoop 时，并不能简单地升级 JDK，而是需要找到合适的搭配关系。实际上，JDK 升级是一个独立的工作，它并不会特别考虑 Hadoop 的需要，出现不适配问题也是很自然的。从这个示例也可以看到软件工程需要面对的挑战。

读者可以从“https://www.oracle.com/technetwork/java/javase/downloads”下载需要的 JDK，也可以在本书提供的实验资源包中找到“\第 03 章实验资源\JDK”下的 jdk-8u171-linux-x64.tar.gz 压缩包。请将其复制到虚拟机的 Home 目录下（建议首先创建一个新文件夹，命名为 Resources，以后我们需要用到的资源都可以先保存在这里），如图 3-56 所示。

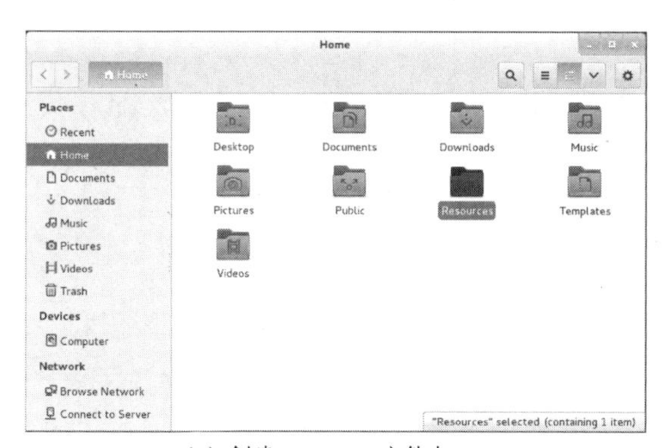

（a）创建 Resources 文件夹

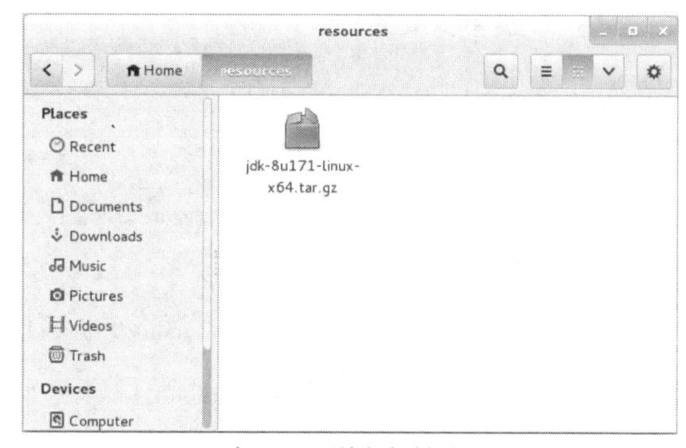

（b）把 JDK 压缩包复制到 Resources

图 3-56　在 home 目录下创建 Resources 文件夹并将 JDK 压缩包复制进去

1. 在 Root 用户下安装 JDK

打开终端，切换成 Root 用户（注意，安装 JDK 必须使用 Root 用户权限）。在 usr 目录下创建 java 子目录，即输入“mkdir /usr/java”命令，如图 3-57 所示。

图 3-57　在 usr 目录下创建 java 子目录

然后执行“mv /home/csu/resources/jdk-8u171-linux-x64.tar.gz/usr/java”命令，将 JDK 压缩包移动到新建的“/usr/java”目录下，如图 3-58 所示。

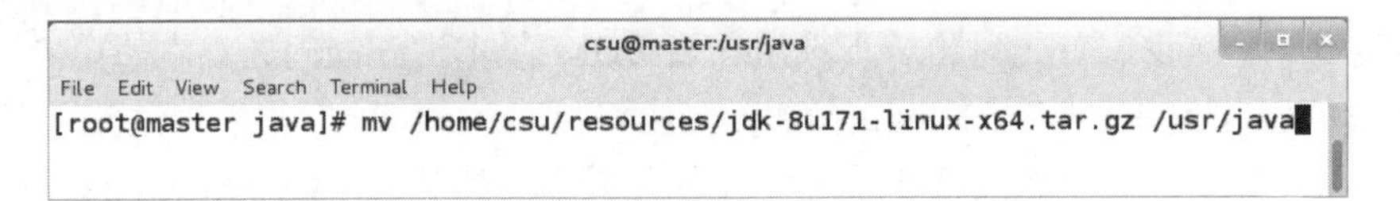

图 3-58　将 JDK 压缩包移动到“/usr/java”目录下

接着执行“cd/usr/java”命令进入 java 目录下。解压缩 JDK 文件，即执行“tar-zxvf jdk-8u171-linux-x64.tar.gz”命令，如图 3-59 所示。

图 3-59　解压缩 JDK 文件

按下 Enter 键后系统开始执行解压缩命令，读者可以看到屏幕上不断滚动显示的信息。执行成功后，我们还需要配置 Java 环境变量。

2. 配置环境变量

退出 Root 用户回到 csu 用户，然后执行“gedit /home/csu/.bash_profile”命令，如图 3-60 所示。

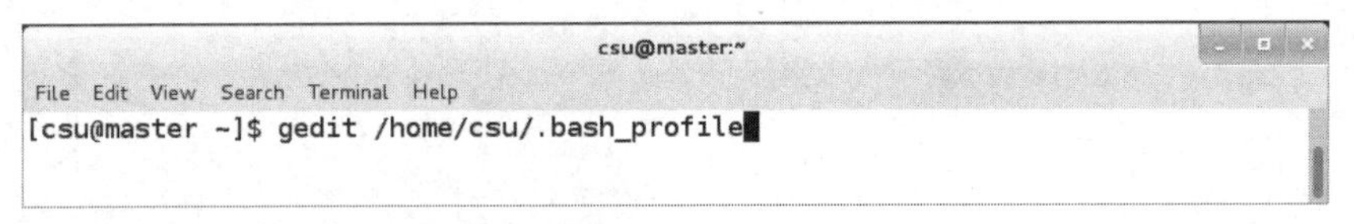

图 3-60　编辑 Java 环境变量

在打开的文件中，在已有代码的尾部添加如下代码（已有代码可以不动）：

```
# User specific environment and startup programs
PATH=$PATH:$HOME/.local/bin:$HOME/bin
export PATH
# 以下是新添加入代码：
export JAVA_HOME=/usr/java/jdk1.8.0_171/
export PATH=$JAVA_HOME/bin:$PATH
```

在上述代码中，“/usr/java/jdk1.8.0_171/”就是刚才解压缩 JDK 文件时自动创建的 java 安装文件夹，读者可以到该文件夹中核实一下名称，要注意数字、点以及下画线不要输入错误；此外，Linux 对大小写是敏感的，这一点与 Windows 不同。

接着，执行“source /home/csu/.bash_profile”命令，使修改生效，如图 3-61 所示。

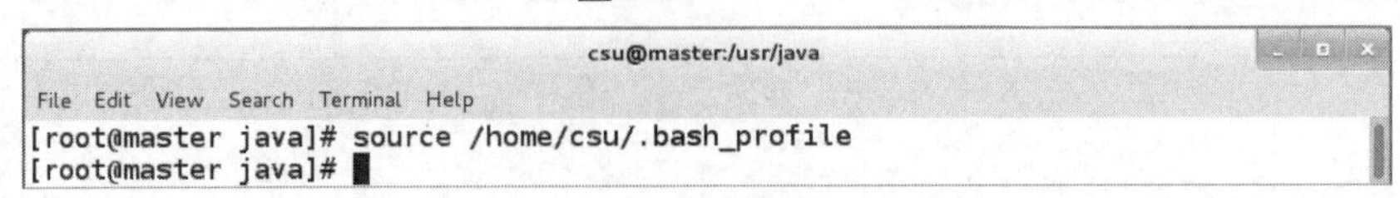

图 3-61　执行命令使修改生效

如果没有编辑错误，系统执行上述命令成功后没有任何返回信息，最后执行“java -version”命令来测试配置是否成功，如图 3-62 所示。

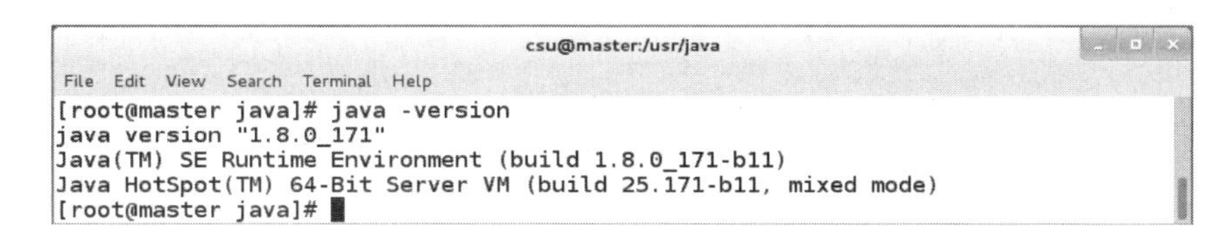

```
[root@master java]# java -version
java version "1.8.0_171"
Java(TM) SE Runtime Environment (build 1.8.0_171-b11)
Java HotSpot(TM) 64-Bit Server VM (build 25.171-b11, mixed mode)
[root@master java]#
```

图 3-62 测试配置是否成功

如果出现图 3-62 所显示的版本信息、运行时环境，说明 JDK 配置成功。

注意，上述安装和配置还需要在集群的其他计算机上进行。这里读者会提出一个问题，如果集群有成千上万台计算机，难道也要这样一台一台地去安装和配置吗？当然不需要这样重复安装。只要先安装好一台计算机，其他的计算机可以复制。

3.3.5 免密钥登录配置

大数据集群中的计算机之间需要频繁通信，但是 Linux 系统在相互通信中需要进行用户身份认证，也就是输入登录密码。在集群规模不大的情况下，在每次登录时输入密码认证，所需要的操作时间尚且不多。但是，如果集群有几十台、上百台甚至上千台计算机，频繁的认证操作会大大降低工作效率，这也是不切实际的，因此，实际中的集群都需要进行免密钥登录配置。

免密钥登录是指两台计算机之间使用 SSH 连接时不需要用户名和密码。SSH（Secure Shell Protocol，安全外壳协议）是一种在不安全网络上提供安全远程登录及其他安全网络服务的协议。在默认状态下，SSH 连接是需要密码认证的，但是可以通过修改系统认证，使系统通信免除密码输入和 SSH 认证。

下面的配置分为在 Master 节点的操作和在所有 Slave 节点上的操作，同时要注意，这里使用的是普通账户（本书是 csu），所以如果目前处于 Root 用户，则需要切换回普通用户状态（输入 exit 命令可退出 Root 用户）。

1. Master 节点的配置

（1）在终端生成密钥，命令是“ssh-keygen -tr sa”，如图 3-63 所示。

```
[csu@master ~]$ ssh-keygen -t rsa
```

图 3-63 在终端生成密钥的命令

按下 Enter 键后系统会出现一系列提示，这时候只要按 Enter 键即可。

“ssh-keygen”是用来生成 private 和 public 密钥对的命令，将 public 密钥复制到远程计算机后，就可以使 SSH 到另外一台计算机的登录（不用密码登录）。“ssh-keygen”通过参数-t 指定加密算法，这里的参数 rsa 表示采用 RSA 加密算法。RSA 加密算法是一种典型的非对称加密算法，它基于大数的因式分解这种数学难题，是应用最广泛的非对称加密算法之一。

生成的密钥在.ssh 目录下，切换到该目录后可以通过“ls -l”命令查看，如图 3-64 所示。

```
csu@master:~/.ssh
File Edit View Search Terminal Help
-rw-------. 1 csu csu 1675 Oct 19 02:22 id_rsa
-rw-r--r--. 1 csu csu  392 Oct 19 02:22 id_rsa.pub
-rw-r--r--. 1 csu csu  359 Oct 19 02:30 known_hosts
[csu@master .ssh]$
```

图 3-64　查看生成的密钥文件

（2）需要将公钥文件改名后复制到“/.ssh/”目录下，如图 3-65 所示。

```
csu@master:~/.ssh
File Edit View Search Terminal Help
[csu@master .ssh]$ cat ~/.ssh/id_rsa.pub >> ~/.ssh/authorized_keys
```

图 3-65　复制公钥文件

复制的目的是为了便于修改该文件的权限，请使用“chmod 600 ~/.ssh/authorized_keys”命令进行修改，如图 3-66 所示。

```
csu@master:~/.ssh
File Edit View Search Terminal Help
[csu@master .ssh]$ chmod 600 ~/.ssh/authorized_keys
```

图 3-66　修改公钥文件的权限

修改权限后的文件列表如图 3-67 所示。

```
csu@master:~/.ssh
File Edit View Search Terminal Help
[csu@master .ssh]$ ls -l
total 16
-rw-------. 1 csu csu  392 Oct 19 02:26 authorized_keys
-rw-------. 1 csu csu 1675 Oct 19 02:22 id_rsa
-rw-r--r--. 1 csu csu  392 Oct 19 02:22 id_rsa.pub
-rw-r--r--. 1 csu csu  359 Oct 19 02:30 known_hosts
[csu@master .ssh]$
```

图 3-67　修改权限后的文件列表

（3）将 authorized_keys 复制到所有的 Slave，这里需要分别复制到 Slave0 和 Slave1，命令是“scp ~/.ssh/authorized_keys csu@slave0:~/”和命令“scp ~/.ssh/authorized_keys csu@slave1:~/”，如图 3-68 所示。

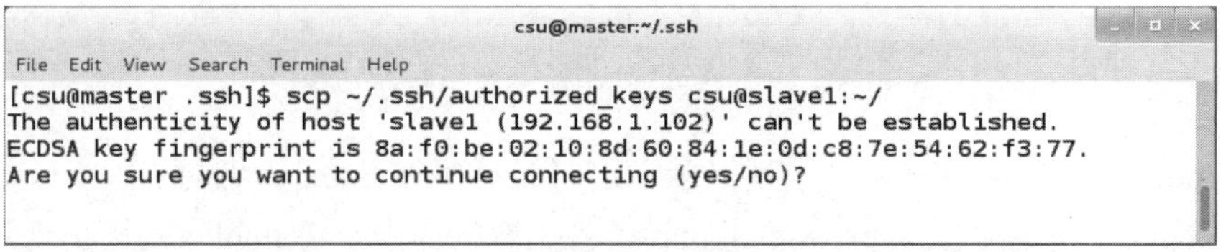

```
csu@master:~/.ssh
File Edit View Search Terminal Help
[csu@master .ssh]$ scp ~/.ssh/authorized_keys csu@slave1:~/
The authenticity of host 'slave1 (192.168.1.102)' can't be established.
ECDSA key fingerprint is 8a:f0:be:02:10:8d:60:84:1e:0d:c8:7e:54:62:f3:77.
Are you sure you want to continue connecting (yes/no)?
```

图 3-68　将 authorized_keys 文件复制到 Slave1

如果出现如图 3-68 所示的提示，输入“yes”后回车，然后输入密码（这里是 csucsu）。至此，就完成了在 Master 上的配置。

2. Slave 的配置

完成 Master 的配置后，需要转到 Slave 上进行配置。

（1）使用“ssh-keygen”命令生成密钥，如图 3-69 所示，一路按 Enter 键即可。

图 3-69 在 Slave0 节点生成密钥

（2）将 authorized_keys（注意，这个文件是从 Master 复制过来的）文件移动到“/.ssh/”目录下，采用的命令是“mv authorized_keys ~/.ssh”如图 3-70 所示。

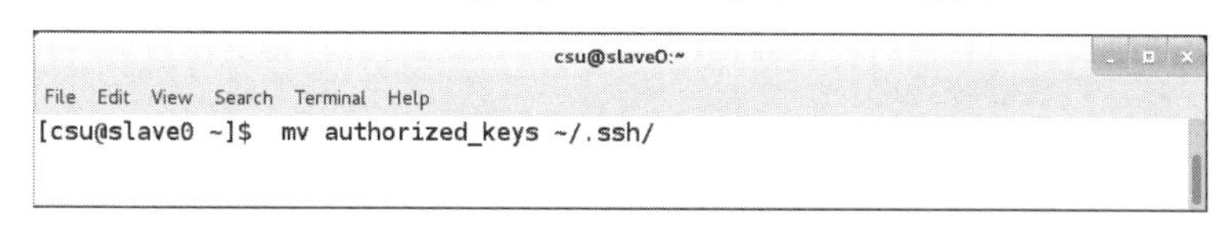

图 3-70 移动 authorized_keys 文件到“/.ssh/”目录下

（3）修改 authorized_keys 文件的权限。先使用“cd”命令切换到“/.ssh/”目录，再输入命令“chmod 600 authorized_keys”修改 authorized_keys 文件的权限，如图 3-71 所示。

图 3-71 修改 authorized_keys 文件的权限

上述配置也需要在 Slave1（如果安装了）上做一遍。

至此，免登录密钥的配置就完成了。

下面来验证一下配置是否有效。在 Master 上执行“ssh slave0”命令来登录 Slave0，如果登录成功，并且无须输入登录密码，证明配置完成，如图 3-72 所示。

图 3-72 验证免密钥登录的配置

从图 3-72 可以看出，Master 可通过“ssh”命令登录到 Slave0，因此可以在 Master 上的终端操作 Slave0，这样就不用到 Slave0 进行操作，可节省工作时间。

要退出远程计算机回到本地计算机，只要输入“exit”命令即可。

3.4 Linux 基本命令

我们在前文中已经使用了一些常见的 Linux 命令，如 ls、cd、mkdir、cat、mv、su、ifconfig、

ping、tar、source 等。Linux 命令分为两大类，一类是内部命令，是指由 Linux Shell 实现的命令；另一类是外部命令，指通过外部程序提供的命令，如 java、javac 等。

要熟练使用 Linux 操作系统，掌握各种命令的用法是基本要求。本节列出一些常见的 Linux 命令，供读者练习。

1. cd 命令

这是一个非常基本，也是大家经常需要使用的命令，用于更改文件目录，它的参数是要切换到的目录的路径，可以是绝对路径，也可以是相对路径，例如：

```
cd /root/Docements          #切换到目录/root/Docements
cd ./path                   #切换到当前目录下的 path 目录中，“.”表示当前目录
cd ../path                  #切换到上一层目录中的 path 目录中，“..”表示上一层目录
```

2. ls 命令

即 list 之意，也是一个非常有用的查看文件与目录的命令，它的参数非常多，例如：

- -l：列出长数据串，该数据串包含文件的属性与权限数据等。
- -a：列出全部的文件，包括隐藏文件（开头为.的文件）。
- -d：仅列出目录本身，而不列出目录下的文件数据。
- -h：将文件的容量大小以较易读的方式（GB、KB 等）列出来。
- -R：连同子目录的内容一起列出（递归列出），相当于该目录下的所有文件都会显示出来。

这些参数可以组合使用，例如：

```
ls -l          #以长数据串的形式列出当前目录下的文件和目录
ls -lR         #以长数据串的形式列出当前目录下的所有文件
```

3. grep 命令

该命令常用于分析一行的信息，如果该行中包含所需的信息，就将该行显示出来。该命令通常是与管道命令一起使用的，用于对一些命令的输出进行筛选、加工等。

grep 命令的常用参数如下。

- -a：以文本文件的方式查找二进制文件中的数据。
- -c：计算找到的查找字符串的次数。
- -i：忽略大小写的区别，即把大小写视为相同。
- -v：反向选择，即显示出没有查找字符串内容的行。

例如：

```
#取出文件/etc/man.config 中包含“MANPATH”的行，并为找到的关键字加上颜色
grep --color=auto 'MANPATH' /etc/man.config
ls -l | grep -i file        #把"ls -l"命令的结果的输出中包含字母"file"（不区分大小写）的内容输出
```

4．find 命令

find 是一个基于查找的、功能非常强大的命令，相对而言，它的使用也相对复杂，参数比较多。它的基本语法如下：

```
find [PATH] [option] [action]
```

（1）与时间有关的参数。

- -mtime n：n 为数字，意思为在 n 天之前的那天内被更改过的文件。
- -mtime +n：列出在 n 天之前（不含 n 天本身）被更改过的文件。
- -mtime –n：列出在 n 天之内（含 n 天本身）被更改过的文件。
- -newer file：列出比 file 还要新的文件。

例如：

```
find /root -mtime 0            #在当前目录下查找今天之内有更改过的文件
```

（2）与用户或用户组名有关的参数。

- -user name：列出文件所有者为 name 的文件。
- -group name：列出文件所属用户组为 name 的文件。
- -uid n：列出文件所有者的用户 ID 为 n 的文件。
- -gid n：列出文件所属用户组的 ID 为 n 的文件。

例如：

```
find /home/csu -user ljianhui   #在目录/home/csu 中找出所有者为 csu 的文件
```

（3）与文件权限及名称有关的参数。

- -name filename：找出文件名为 filename 的文件。
- -size [+–]SIZE：找出比 SIZE 还要大（+）或小（–）的文件。
- -tpye TYPE：查找文件类型为 TYPE 的文件，TYPE 的值主要有一般文件（f）、设备文件（b 和 c）、目录（d）、连接文件（l）、socket（s）、FIFO 管道文件（p）。
- -perm mode：查找文件权限刚好等于 mode 的文件，mode 用数字表示，如 0755。
- -perm -mode：查找文件权限必须全部包括 mode 权限的文件，mode 用数字表示。
- -perm +mode：查找文件权限包含任一 mode 的权限的文件，mode 用数字表示。

例如：

```
find / -name passwd            #查找文件名为 passwd 的文件
find . -perm 0755              #查找当前目录中文件权限的 0755 的文件
find . -size +12k              #查找当前目录中大于 12 KB 的文件
```

5．cp 命令

该命令用于复制文件，它还可以把多个文件一次性地复制到一个目录下，常用的参数如下：

- -a：将文件的属性一起复制，常用于备份。
- -p：连同文件的属性一起复制，而不是使用默认的属性，与-a 相似。

- -i：若目标文件已经存在时，在覆盖时会先询问操作是否进行。
- -r：递归持续复制，用于目录的复制。
- -u：目标文件与源文件有差异时才会复制。

例如：

```
cp -a file1 file2           #连同文件的所有特性把文件 file1 复制成文件 file2
cp file1 file2 file3 dir    #把文件 file1、file2、file3 复制到目录 dir 中
```

6．mv 命令

该命令用于移动文件、目录或更名，常用的参数如下：

- -f：force，强制的意思，如果目标文件已经存在，不会询问而直接覆盖。
- -i：若目标文件已经存在，就会询问是否覆盖。
- -u：若目标文件已经存在，且比目标文件新时，才会更新。

该命令可以把一个文件或多个文件一次移动到一个文件夹中，但是最后一个目标文件一定要是目录。例如：

```
mv file1 file2 file3 dir    #把文件 file1、file2、file3 移动到目录 dir 中
mv file1 file2              #把文件 file1 重命名为 file2
```

7．rm 命令

该命令用于删除文件或目录，常用的参数如下：

- -f：force，强制的意思，忽略不存在的文件，不会出现警告消息。
- -i：互动模式，在删除前会询问用户是否操作。
- -r：递归删除，最常用于目录删除，它是一个非常危险的参数。

例如：

```
rm -i file      #删除文件 file，在删除之前会询问是否进行该操作
rm -fr dir      #强制删除目录 dir 中的所有文件
```

8．ps 命令

该命令用于显示并输出某个时间点的进程运行情况，常用的参数如下：

- -A：显示所有的进程。
- -a：显示所有进程，但会话引领进程（Session Leaders）和不与 tty 相关的进程除外。
- -u：有效用户的相关进程。
- -x：一般与 a 参数一起使用，可列出较完整的信息。
- -l：较长，较详细地将进程的 ID（PID）的信息列出。

其实我们只要记住 ps 经常使用的命令参数搭配即可，它们并不多，例如：

```
ps aux      #查看系统所有的进程数据
ps ax       #查看不与 terminal 有关的所有进程
ps -lA      #查看系统所有的进程数据
ps axjf     #查看系统所有进程，连同一部分进程的树状态
```

9. kill 命令

该命令用于向某个进程或者某个 PID 发送一个信号，它通常与 ps、jobs 命令一起使用，它的基本语法如下：

```
kill -signal PID
```

signal 的常见代号如下：

- 1：SIGHUP，启动被终止的进程。
- 2：SIGINT，相当于输入 Ctrl+C 组合键，中断一个进程。
- 9：SIGKILL，强制中断一个进程的进行。
- 15：SIGTERM，以正常的结束进程方式来终止进程。
- 17：SIGSTOP，相当于输入 Ctrl+Z 组合键，暂停一个进程。

最前面的数字为信号的代号，使用时可以用代号代替相应的 signal。例如：

```
kill -9 2345              #强制中断 2345 号进程
kill -SIGTERM %1          #以正常结束进程方式来终止第一个后台工作进程
                          #可用 jobs 命令查看后台中的第一个工作进程
kill -SIGHUP PID          #重新改动进程 ID 为 PID 的进程，PID 可用 ps 命令通过管道
                          命令加上 grep 命令进行筛选来获得
```

10. file 命令

该命令用于判断 file 命令后文件的基本数据，因为在 Linux 下文件的类型并不是以后缀名来区分的，所以这个命令很有用，其用法也非常简单，基本语法如下：

```
file filename
```

例如：

```
file ./test
```

11. tar 命令

该命令用于对文件进行打包，默认情况并不会压缩，如果指定了相应的参数，它还会调用相应的压缩程序（如 gzip 和 bzip 2 等）进行压缩和解压，常用的参数如下：

- -c：新建打包文件。
- -t：查看打包文件包含哪些文件。
- -x：解打包或解压缩的功能，可以和-C（大写）一起指定解压的目录，注意-c、-t、 -x 不能同时出现在同一条命令中。
- -j：通过 bzip 2 压缩程序进行压缩/解压缩。
- -z：通过 gzip 压缩程序进行压缩/解压缩。
- -v：在压缩/解压缩过程中，将正在处理的文件名显示出来。
- -f filename：filename 为要处理的文件。
- -C dir：指定压缩/解压缩的目录 dir。

例如：

- 压缩：tar -jcv -f filename.tar.bz2，filename 为要被处理的文件或目录名称。
- 查询：tar -jtv -f filename.tar.bz2。
- 解压：tar -jxv -f filename.tar.bz2 –C，filename 为欲解压缩的目录。

文件名并不一定要以后缀 tar.bz2 结尾，这里主要是为了说明使用的压缩程序为 bzip2。

12．cat 命令

该命令用于查看文本文件的内容，cat 后接要查看的文本文件的名称，通常可用管道命令和 more、less 一起使用，从而可以一页页地查看文本文件的内容。例如：

```
cat text | less    #查看文本文件的内容
```

这条命令也可以使用 less text 来代替。

13．chgrp 命令

该命令用于更改文件所属用户组，它的使用非常简单，基本用法如下：

```
chgrp [-R] dirname/filename
```

-R：表示递归地对所有文件和子目录进行更改。例如：

```
chgrp users -R ./dir        #递归地把 dir 目录下中的所有文件，以及子目录下所有文件中的用户组修改为 users
```

14．chmod 命令

该命令用于更改文件的权限，基本用法如下：

```
chmod [-R] xyz  文件或目录
```

-R：递归地更改，子目录下的所有文件都会被更改。

同时，chmod 还可以使用 u（user）、g（group）、o（other）、a（all）、+（加入）、-（删除）、=（设置）和 rwx 搭配来对文件的权限进行更改。例如：

```
chmod 0755 file                #把 file 的文件权限改变为-rxwr-xr-x
chmod g+w file                 #向 file 的文件权限中加入用户组可写权限
```

15．vim 命令

该命令主要用于文本编辑（使用 vim 文本编辑器），使用一个或多个文件名作为参数，如果文件存在就打开，如果文件不存在就以该文件名创建一个文件。vim 文本编辑器非常好用，它里面有很多非常有用的命令，读者可以查阅 vim 文本编辑器常用操作的详细说明。

16．gcc 命令

对于一个用 Linux 开发 C 语言程序的用户来说，这个命令就非常重要了。gcc 命令可以把

C 语言的源程序文件编译成可执行程序。由于 g++命令的很多参数跟 gcc 命令非常相似，所以这里只介绍 gcc 命令的参数。常用的参数如下：

- -o：用于生成一个指定文件名的可执行文件。
- -c：用于把源文件生成目标文件（.o），并阻止编译器创建一个完整的程序。
- -I：增加编译时搜索头文件的路径。
- -L：增加编译时搜索静态链接库的路径。
- -S：通过源文件生成汇编代码文件。
- -lm：表示标准库目录中名为 libm.a 的函数库。
- -lpthread：连接 NPTL（Native POSIZ Thread Library）实现的线程库。
- -std=：用于指定使用的 C 语言的版本。

例如：

```
gcc -o test test.c -lm -std=c99      #把源文件 test.c 按照 C99 标准编译成可执行程序 test
gcc -S test.c                        #把源文件 test.c 转换为相应的汇编程序源文件 test.s
```

17. time 命令

该命令用于计算一个命令（即程序）的执行时间，它的使用非常简单，就像平时输入命令一样，不过要在命令的前面加入一个 time 即可。例如：

```
time ./process
time ps aux
```

在程序或命令运行结束后，time 命令会输出了三个时间，它们分别是：

- user：用户 CPU 时间，命令执行完成所花费的用户 CPU 时间，即命令在用户态中执行时间总和。
- system：系统 CPU 时间，命令执行完成所花费的系统 CPU 时间，即命令在核心态中执行时间总和。
- real：实际时间，从命令行开始执行到运行终止的时间。

注意，用户 CPU 时间和系统 CPU 时间之和为 CPU 时间，即命令占用 CPU 执行的时间总和。实际时间要大于 CPU 时间，因为 Linux 是多任务操作系统，往往在执行一条命令时，系统还要处理其他任务。另一个需要注意的问题是，即使每次执行相同命令，但所花费的时间也是不一样的，其花费时间是与系统运行相关的。

18. cal 命令

该命令用于显示日历，例如：

```
cal 2016          #显示 2016 年全年的日历
cal 10 2016       #显示 2016 年 10 月的日历
```

19. shutdown 命令

关机命令，例如：

```
shutdown -r +2          #2 min 后关机并重新启动
shutdown -h 12:30       #在 12:30 关机
shutdown -h now         #立即关机
```

实际上，Linux 有三个常用的关机命令，即 shutdown、halt 和 poweroff。

shutdown 命令是以一种安全的方式来关闭系统的，所有登录用户都可以看到关机信息的提示，并且 login 进程将被阻塞，所有进程都将接收到 SIGTERM 信号，邮件和新闻程序进程则可以消除所有缓冲池内的数据。Shutdown 命令是通过 init 进程改变运行级别来实现的，运行级别 0 用来关闭系统；运行级别 6 用来重启系统；运行级别 1 用来使系统进入系统管理任务状态，如果没有给出-h 或-r 标志时，这是 shutdown 命令的默认工作状态。

halt 命令是最简单的关机命令，其实 halt 命令就是调用“shutdown –h”命令。在执行 halt 命令时会结束应用进程，进行 sync 系统调用，在文件系统写操作完成后就会停止内核。

poweroff 命令在关闭计算机操作系统之后，还会发送 ACPI（Advance Configuration and Power Interface）指令给电源，以便切断电源的供应。路由器等嵌入系统是不支持 ACPI 的。

3.5 本章小结

本章介绍了 Linux 操作系统的基本知识，包括 Linux 的特点和组成、文件目录结构，重点介绍了在 Windows 操作系统上安装 VMware Workstation Pro 12，以及在 VMware Workstation Pro 12 上安装 Linux 集群的方法。本章还详细描述了集群的配置方法，包括虚拟机主机名的修改、网络地址修改、网络连通性测试、Java 开发与运行环境 JDK 的安装，以及集群的免密钥登录配置等方法。最后，我们建议读者多练习一些常用的 Linux 命令。

本章的学习和操作将为后续的 Hadoop 安装、配置与应用打下基础。

第 4 章

HDFS 安装与基本应用

HDFS 是 Hadoop 分布式文件系统（Hadoop Distributed File System）的简称，它的设计目标是把超大数据集存储到网络中的多台普通计算机上，并提供高可靠性和高吞吐率的服务。分布式文件系统要比普通磁盘文件系统复杂，因为它要引入网络编程。分布式文件系统要容忍节点失效，这也是一个很大的挑战。

本章主要介绍 HDFS 的架构、运行原理、安装配置和基本应用方法。

4.1 HDFS 概述

4.1.1 特点

HDFS 的设计前提和目标如下：

（1）专为存储超大文件而设计：HDFS 应该能够支持 GB 级别大小的文件；它应该能够提供很大的数据带宽并且能够在集群中拓展到成百上千个节点；它的一个实例应该能够支持千万数量级别的文件。

（2）适用于流式的数据访问：HDFS 适合批处理的情况而不是交互式处理；它的重点是保证高吞吐量而不是低延迟的用户响应。

（3）容错性：完善的冗余备份机制。

（4）支持简单的一致性模型：HDFS 需要支持一次写入多次读取的模型，而且在写入过程中文件不会经常变化。

（5）移动计算优于移动数据：HDFS 可以将计算移动到离它最近数据位置的接口。

（6）兼容各种硬件和软件平台。

HDFS 不适合的场景如下：

（1）大量小文件：文件的元数据都存储在 NameNode 中，大量小文件意味着元数据的增加，会占用大量内存。

（2）低延迟数据访问：HDFS 是专门针对高数据吞吐量而设计的。

（3）多用户写入：因为会导致一致性维护的困难。

4.1.2 主要组件与架构

HDFS 主要由 3 个组件构成，分别是 NameNode、SecondaryNameNode 和 DataNode，HDFS

是以 Master-Slave（主从）模式运行的，其中 NameNode、SecondaryNameNode 运行在 Master 上节点，DataNode 运行 Slave 节点上。

NameNode 和 DataNode 架构如图 4-1 所示。

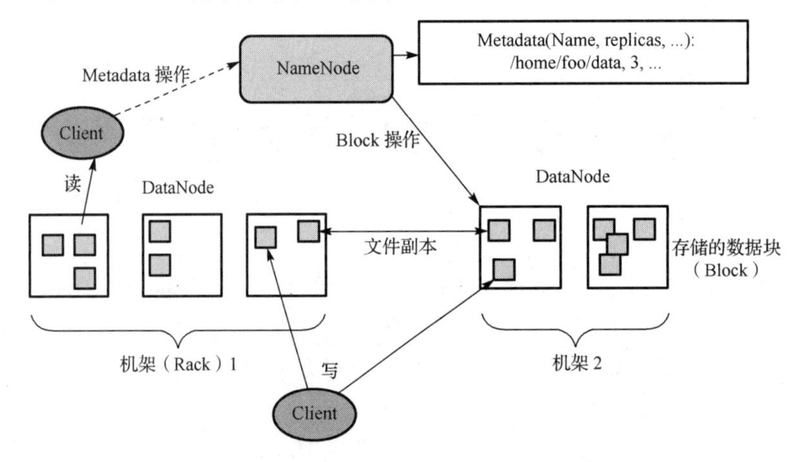

图 4-1　NameNode 和 DataNode 架构

4.2　HDFS 架构分析

4.2.1　数据块

磁盘数据块是磁盘读写的基本单位，与普通文件系统类似，HDFS 也是把文件分块来存储的。HDFS 默认数据块大小为 64 MB，而磁盘数据块一般为 512 B。HDFS 的数据块为何如此之大呢？增大数据块可以减少寻址时间与数据传输时间的比例，若寻址时间为 10 ms，磁盘的数据传输速率为 100 MB/s，那么寻址时间与传输时间比约为 1%。当然，磁盘数据块太大也不好，因为一个 MapReduce 通常以一个数据块作为输入，数据块过大会导致整体任务数量过小，降低作业处理速度。

数据块存储在 DataNode 中，为了能够容错，数据块是以多个副本的形式分布在集群中的，副本数量默认为 3，后面会专门介绍数据块的备份机制。

HDFS 按数据块存储还有如下好处。

（1）文件可以任意大，无须担心单个节点磁盘容量小于文件的情况。

（2）简化了文件子系统的设计，子系统只存储数据块，而文件的元数据则交由其他系统（如 NameNode）管理。

（3）有利于备份和提高系统可用性，这得益于以数据块为单位进行备份的机制，HDFS 默认的副本数量为 3。

（4）有利于负载均衡。

4.2.2　NameNode

1. NameNode 中的元数据

当一个客户端请求一个文件或者存储一个文件时，它首先需要知道要到哪个 DataNode

上去存取，获得这些信息后，客户端再直接和这个 DataNode 进行交互，而这些信息的维护者就是 NameNode。

NameNode 管理着文件系统的命名空间，它维护文件系统树，以及树中的所有文件和目录，也负责维护所有这些文件或目录的打开、关闭、移动、重命名等操作。对于实际文件的保存与操作，都是由 DataNode 负责的。当一个客户端请求文件时，它仅仅是从 NameNode 中获取文件的元数据，而具体的文件数据传输不需要经过 NameNode，是由客户端直接与相应的 DataNode 进行交互的。

NameNode 保存的元数据种类有：

- 文件名目录名及它们之间的层级关系；
- 文件目录的所有者及其权限；
- 每个文件的数据块名称及文件有哪些数据块组成。

需要注意的是，NameNode 的元数据并不包含每个数据块的位置信息，这些信息会在 NameNode 启动时从各个 DataNode 获取并保存在内存中，因为这些信息会在系统启动时由数据节点重建。把数据块的位置信息放在内存中，在读取数据时会减少查询时间，增加读取效率。NameNode 也会实时通过心跳消息和 DataNode 进行交互，实时检查文件系统的运行是否正常。不过 NameNode 的元数据会保存各个数据块的名称及文件由哪些数据块组成。

一般来说，一条元数据记录会占用 200 B 内存空间。假设数据块大小为 64 MB，副本数量是 3，那么一个 1 GB 大小的文件将占用 16×3=48 个数据块。如果现在有 1000 个 1 MB 大小的文件，则会占用 1000×3=3000 个数据块（多个文件不能放到一个数据块中）。我们可以发现，文件越小，存储同等大小文件所需要的元数据就越多，所以，Hadoop 更喜欢大文件。

2. 元数据的持久化

在 NameNode 中存放元数据的文件是 fsimage。在系统运行期间，所有对元数据的操作都将保存在内存中并被持久化到另一个文件 edits 中，并且 edits 文件和 fsimage 文件会被 SecondaryNameNode 周期性地合并（合并过程会在 SecondaryNameNode 中详细介绍）。

运行 NameNode 会占用大量内存和 I/O 资源，一般 NameNode 不会存储用户数据或执行 MapReduce 任务。

为了简化系统的设计，Hadoop 只有一个 NameNode，这也就导致了 Hadoop 集群的单点故障问题。因此，对 NameNode 节点的容错尤其重要，Hadoop 提供了以下两种机制来解决。

（1）将 Hadoop 的元数据写入本地文件系统的同时再实时同步到一个远程挂载的网络文件系统（NFS）。

（2）运行一个 SecondaryNameNode，它的作用是与 NameNode 进行交互，定期通过编辑日志文件合并命名空间镜像。当 NameNode 发生故障时，可通过 SecondaryNameNode 合并的命名空间镜像副本来恢复。需要注意的是，SecondaryNameNode 保存的状态总是滞后于 NameNode，所以这种方式难免会丢失部分数据。

4.2.3 DataNode

DataNode 是 HDFS 中的 Worker 节点，它负责存储数据块，也负责为客户端提供数据块的读写服务，同时还会根据 NameNode 的指示来进行创建、删除和复制等操作。此外，它还会通过心跳消息定期向 NameNode 发送所存储数据块的列表信息。当对 HDFS 文件系统进行读写时，NameNode 告知客户端每个数据块保存在哪个 DataNode 上，客户端直接与 DataNode 进行通信，DataNode 还会与其他 DataNode 通信，用于复制这些数据块以实现冗余。

4.2.4 SecondaryNameNode

需要注意，SecondaryNameNode 并不是 NameNode 的备份。我们从前面的介绍已经知道，所有 HDFS 的元数据都保存在 NameNode 的内存中。在启动 NameNode 时，它首先会将 fsimage 加载到内存中，在系统运行期间，所有对 NameNode 的操作也都保存在内存中，同时为了防止数据丢失，这些操作又会不断被持久化到本地 edits 文件中。

edits 文件的目的是为了提高系统的操作效率，NameNode 在更新内存中的元数据之前都会先将操作写入 edits 文件。在 NameNode 重启的过程中，edits 会和 fsimage 合并到一起，但是合并的过程会影响到 Hadoop 的重启速度，SecondaryNameNode 就是为了解决这个问题而诞生的。

SecondaryNameNode 的角色就是定期合并 edits 和 fsimage 文件，我们来看一下合并的步骤。

（1）合并之前告知 NameNode 把所有的操作写到新的 edites 文件并将其命名为 edits.new。

（2）SecondaryNameNode 从 NameNode 请求 fsimage 和 edits 文件。

（3）SecondaryNameNode 把 fsimage 和 edits 文件合并成新的 fsimage 文件。

（4）NameNode 从 SecondaryNameNode 获取合并好的新的 fsimage 并将旧的替换掉，并用创建的 edits.new 文件替换掉原来的 edits 文件。

（5）更新 fstime 文件中的检查点。

最后总结一下整个过程中涉及 NameNode 的相关文件。

- fsimage：保存的是上个检查点的 HDFS 的元数据。
- edits：保存的是从上个检查点开始发生的 HDFS 元数据状态改变信息。
- fstime：保存了最后一个检查点的时间戳。

4.2.5 数据备份

HDFS 是通过备份数据块的形式来实现容错的，除了文件的最后一个数据块，其他所有数据块的大小都是一样的。数据块的大小和备份因子都是可以配置的。NameNode 负责各个数据块的备份，DataNode 会通过心跳消息定期向 NameNode 发送自己节点上的 Block 报告，这个报告中包含了 DataNode 节点上的所有数据块的列表。

文件副本的分布位置直接影响着 HDFS 的可靠性和性能。一个大型的 HDFS 一般都会跨很多机架，不同机架之间的数据传输需要经过网关，并且同一个机架中机器之间的带宽要大于不同机架机器之间的带宽。如果把所有的副本都放在不同的机架中，这样既可以防止机架失败导致数据块不可用，又可以在读数据时利用到多个机架的带宽，并且可以很容易地实现负载均衡。但是，如果是写数据，各个数据块需要同步到不同的机架，会影响到写数据的效率。

而在 Hadoop 中，在副本数量为 3 的情况下，会把第一个副本放到机架的一个节点上，第二个副本放到同一个机架的另一个节点上，把最后一个节点放到不同的机架上（Hadoop 默认是这么存放的）。这种策略可减少跨机架副本的个数，提高写的性能，也允许一个机架失败，是一个很好的权衡。

关于副本的选择，在读的过程中，HDFS 会为请求者选择最近的一个副本。

当启动 Hadoop 的 NameNode 节点时，会进入安全模式。在此模式下，DataNode 会向 NameNode 上传它们数据块的列表，让 NameNode 得到数据块的位置信息，并对每个文件对应的数据块副本进行统计。当最小副本条件满足时，即一定比例的数据块都达到最小副本数，系统就会退出安全模式，而这需要一定的延迟时间。当最小副本条件未达到要求时，就会对副本数不足的数据块安排 DataNode 进行复制，直至达到最小副本数。而在安全模式下，系统会处于只读状态，NameNode 不会处理任何数据块的复制和删除命令。

4.2.6　通信协议

HDFS 的通信协议都是基于 TCP/IP 的，一个客户端通过指定的 TCP 端口与 NameNode 机器建立连接，并通过 Client 协议与 NameNode 交互。而 DataNode 则通过 DataNode 协议与 NameNode 进行沟通。HDFS 的 RCP（远程过程调用）对 Client 协议和 DataNode 协议做了封装。按照 HDFS 的设计，NameNode 不会主动发起任何请求，只会被动地接收来自客户端或 DataNode 的请求。

4.2.7　可靠性保证

HDFS 可以允许 DataNode 失败。DataNode 会定期（默认为 3 s）向 NameNode 发送心跳消息，若 NameNode 在指定时间间隔内没有收到心跳消息，它就认为此节点已经失败。此时，NameNode 会把失败节点的数据块（从另外的副本节点获取）备份到另外一个健康的节点，这就保证了集群始终维持指定的副本数。

HDFS 可以检测到数据块损坏。在读取数据块时，HDFS 会对数据块、保存的校验和文件进行匹配检测，如果发现不匹配，NameNode 则会重新备份损坏的数据块。

4.3　文件操作过程分析

4.3.1　读文件

HDFS 有一个 FileSystem 实例，客户端通过调用 FileSystem 实例的 open()方法可以打开系统中要读取的文件。HDFS 通过 RPC 调用 NameNode 获取数据块的位置信息，对于文件的每一个数据块，NameNode 会返回含有该数据块副本的 DataNode 的节点地址。另外，客户端还会根据网络拓扑来确定它与每一个 DataNode 的位置信息，从离它最近的那个 DataNode 获取数据块的副本，最理想的情况是数据块就存储在客户端所在的节点上。

HDFS 会返回一个 FSDataInputStream 对象给客户端（Client），由 FSDataInputStream 类封装的 DFSDataInputStream 对象负责管理与 DataNode、NameNode 的 I/O，具体过程是：

① 客户端发起读请求。

② 客户端与 NameNode 得到文件的数据块及位置信息列表。

③ 客户端直接和 DataNode 交互读取数据。

④ 读取完成关闭连接。

图 4-2 给出了上述读文件的过程示意。

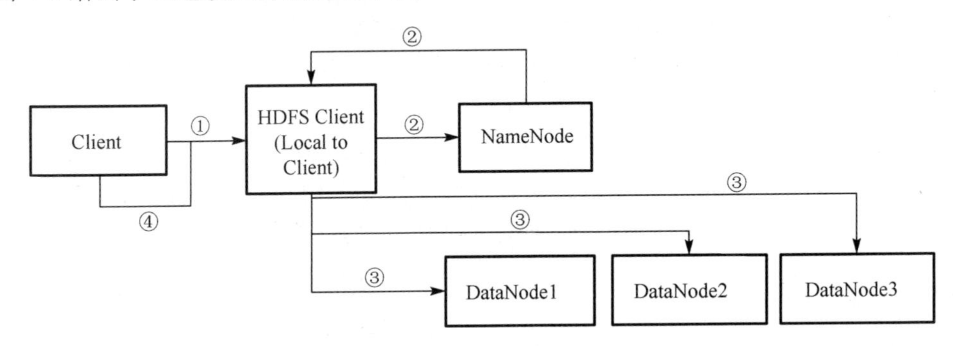

图 4-2　HDFS 读文件过程

当与 FSDataInputStream 对象通信的 DataNode 发生故障时，该对象会选取另一个较近的 DataNode，并为故障的 DataNode 做标记以免重复向其读取数据。FSDataInputStream 对象还会对读取的数据块进行校验和确认，在发现数据块损坏时也会重新读取并通知 NameNode。

这样设计的巧妙之处有：

（1）让客户端直接联系 DataNode 检索数据，可以使 HDFS 扩展到大量的并发客户端，因为数据流是分散在集群的每个节点上的。在运行 MapReduce 任务时，每个客户端就是一个 DataNode。

（2）NameNode 仅需要相应数据块的位置信息请求（位置信息在内存中，速度极快），否则随着客户端的增加，NameNode 会很快成为瓶颈。

这里有必要理解 Hadoop 的网络拓扑。在海量数据处理的过程中，主要限制因素是节点之间的带宽。衡量两个节点之间的带宽往往很难实现。Hadoop 采取了一个简单的方法，它把网络拓扑看成一棵树，两个节点的距离等于它们到最近共同祖先距离的总和，而树的层次可以这么划分：

- 同一节点中的进程；
- 同一机架上的不同节点；
- 同一数据中心不同机架；
- 不同数据中心的节点。

例如，若数据中心 d1 的机架 r1 中节点 n1 表示为 d1/r1/n1，则：

```
distance(d1/r1/n1,d1/r1/n1)=0;
distance(d1/r1/n1,d1/r1/n2)=2;
distance(d1/r1/n1,d1/r2/n3)=4;
distance(d1/r1/n1,d2/r3/n4)=6;
```

4.3.2　写文件

HDFS 有一个 DistributeFiledSystem 实例，客户端通过调用该实例的 create()方法可以创建文件。DistributeFiledSystem 实例会发送给 NameNode 一个 RPC 调用，在文件系统的命名空间创建一个新文件，在创建文件前 NameNode 会做一些检查，看看文件是否存在、客户端是否有创建权限等。若通过检查，NameNode 则会为创建文件写一条记录到本地磁盘的 EditLog；

若不通过则会向客户端抛出 IOException。创建成功之后 DistributeFiledSystem 实例会返回一个 DFSDataOutputStream 对象，客户端由此开始写入数据。

同读文件过程一样，由 FSDataOutputStream 类封装的 DFSDataOutputStream 对象负责管理与 DataNode、NameNode 的 I/O，具体过程是：

① 客户端在向 NameNode 请求之前先将文件数据写入本地文件系统的一个临时文件。

② 待临时文件达到数据块大小时开始向 NameNode 请求 DataNode 信息。

③ NameNode 在文件系统中创建文件并返回给客户端一个数据块及其对应 DataNode 的地址列表（列表中包含副本存放的地址）。

④ 客户端通过得到的信息把创建临时数据块 Flush 到表中的第一个 DataNode。

⑤ 当文件关闭时，NameNode 会提交这次文件创建，此时文件在文件系统中可见。

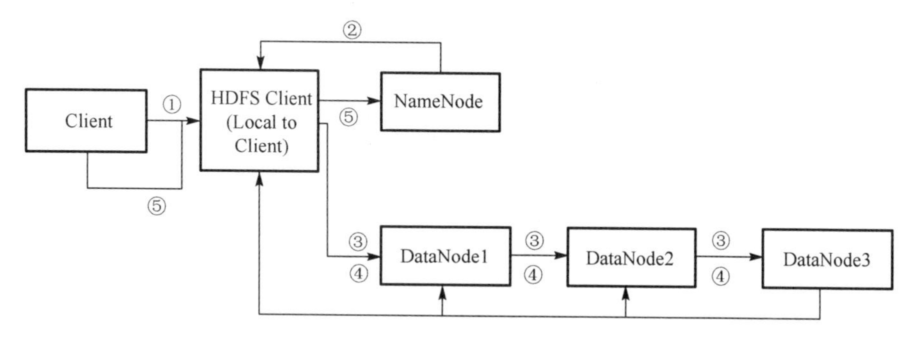

图 4-3　HDFS 写文件过程

上面步骤④中描述的 Flush 过程的实际处理过程比较复杂，现在单独描述一下。

（1）DataNode1 是以数据包（数据包一般为 4 KB）的形式从客户端接收数据的，DataNode1 在把数据包写入到本地磁盘的同时会向 DataNode2（作为副本节点）传送数据。

（2）DataNode2 把接收到的数据包写入本地磁盘时会向 DataNode3 发送数据包。

（3）DataNode3 开始向本地磁盘写入数据包，此时，数据包以流水线的形式被写入和备份到所有的 DataNode。

(4)传送管道中的每个 DataNode 在收到数据后都会向前面那个 DataNode 发送一个 ACK，DataNode1 会向客户端发回一个 ACK。

（5）当客户端收到数据块的确认 ACK 之后，数据块被认为已经持久化到所有的节点，然后客户端会向 NameNode 发送一个 ACK。

（6）如果管道中的任何一个 DataNode 失败，管道会被关闭，数据将会继续写到剩余的 DataNode 中。同时 NameNode 会被告知待备份状态，NameNode 会继续备份数据到新的可用节点。

（7）数据块通过计算校验和来检测数据的完整性，校验和以隐藏文件的形式被单独存放在 HDFS 中，供读取时进行完整性校验。

4.3.3　删除文件

HDFS 中删除文件过程一般需要如下几步。

（1）在开始删除文件时，NameNode 只是重命名被删除的文件到“/trash”目录下，因为重命名操作只是元数据的变动，所以整个过程非常快。在“/trash”目录下，文件会被保留一定的时间（可配置，默认是 6 小时），在这期间，文件可以很容易被恢复，恢复时只需要将文件从“/trash”移出即可。

（2）当指定的时间到达时，NameNode 将会把文件从命名空间中删除。

（3）标记删除的数据块释放空间，HDFS 文件系统显示空间增加。

4.4 Hadoop 的安装与配置

现在开始安装 Hadoop。

注意，每一个节点的安装和配置是相同的。实际工作中，通常在 Master 上完成安装和配置后，然后将安装目录复制到其他节点即可。这里的所有操作都使用普通用户权限（如 csu）。

4.4.1 解压 Hadoop 安装包

http://www.apache.org/dyn/closer.cgi/hadoop/common/hadoop-3.1.0/hadoop-3.1.0.tar.gz 是下载 Hadoop 3.1 压缩包的官方地址。读者也可以在本书第 4 章软件资源文件夹中找到 Hadoop-3.1.0.tar.gz 文件，请将其复制到 Master 的“/home/csu”下的 resources 子目录内（可以直接拖曳），如图 4-4 所示。注意，这里使用普通用户权限（本书是 csu）。

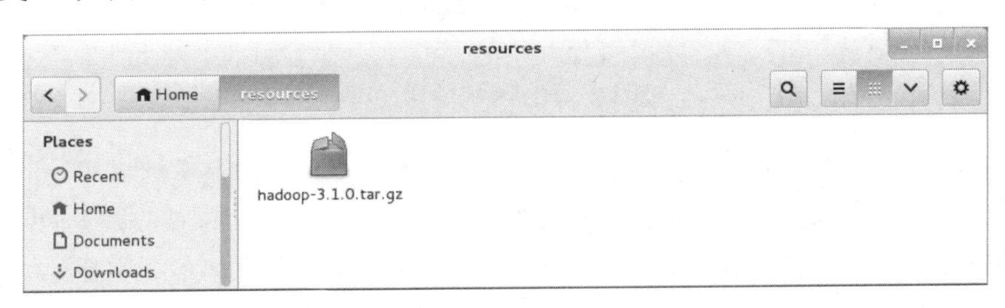

图 4-4 “/home/csu/resources”下的 Hadoop 3.1 压缩包

首先将 Hadoop-3.1.0.tar.gz 文件复制到安装目录的上一级目录，我们这里指定为“/home/csu”，执行“cp /home/csu/resources/hadoop-3.1.0.tar.gz ~/”命令，如图 4-5 所示。

图 4-5 将 Hadoop 3.1 压缩包复制到“/home/csu”下

进入 csu 目录（只要输入 cd 并按下 Enter 键即可），执行解压缩命令“tar -zxvf ~/hadoop-3.1.0.tar.gz”后，即可实现安装，如图 4-6 所示。

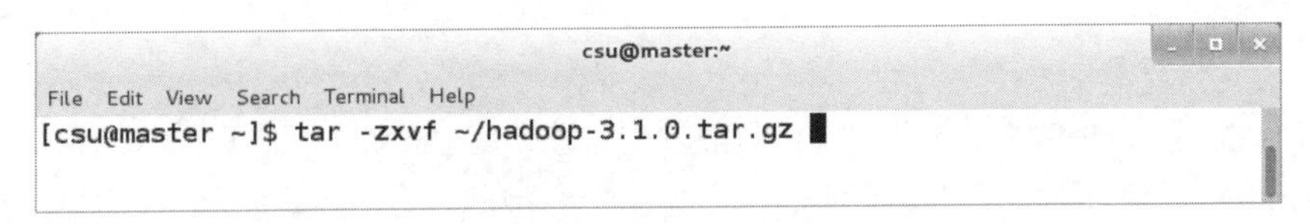

图 4-6 执行解压命令

按Enter键后系统开始解压缩hadoop-3.1.0.tar.gz文件，屏幕上会不断显示解压过程的信息，执行成功后，系统将在 csu 目录下自动创建 hadoop-3.1.0 子目录，即 Hadoop 的安装目录。我们进入 Hadoop 的安装目录查看一下安装文件，如果显示如图 4-7 所示的文件列表，说明解压缩成功。

```
csu@master:~/hadoop-3.1.0
File  Edit  View  Search  Terminal  Help
[csu@master ~]$ cd hadoop-3.1.0/
[csu@master hadoop-3.1.0]$ ls -l
total 184
drwxr-xr-x. 2 csu csu   4096 Mar 30 08:22 bin
drwxr-xr-x. 3 csu csu     19 Mar 30 08:01 etc
drwxr-xr-x. 2 csu csu    101 Mar 30 08:22 include
drwxr-xr-x. 3 csu csu     19 Mar 30 08:22 lib
drwxr-xr-x. 4 csu csu   4096 Mar 30 08:22 libexec
-rw-rw-r--. 1 csu csu 147145 Mar 22 01:57 LICENSE.txt
-rw-rw-r--. 1 csu csu  21867 Mar 22 01:57 NOTICE.txt
-rw-rw-r--. 1 csu csu   1366 Mar 22 01:57 README.txt
drwxr-xr-x. 3 csu csu   4096 Mar 30 08:01 sbin
drwxr-xr-x. 4 csu csu     29 Mar 30 08:36 share
[csu@master hadoop-3.1.0]$
```

图 4-7　进入 hadoop-3.1.0 子目录查看安装文件

要使用 Hadoop，还需要完成一系列配置。

4.4.2　配置 Hadoop 环境变量

Hadoop 环境变量文件是 hadoop-env.sh，它位于“~/hadoop-3.1.0/etc/hadoop”子目录下，我们只需要配置该文件的 JDK 路径即可。用 gedit 编辑器修改 hadoop-env.sh 文件，如图 4-8 所示。

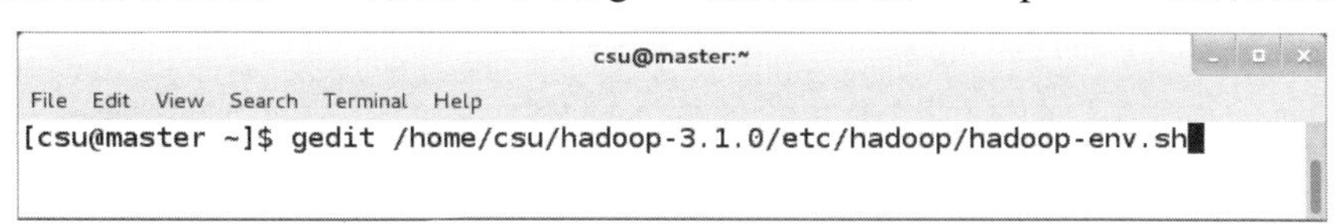

图 4-8　使用 gedit 编辑器修改 hadoop-env.sh 文件

在文件的前面找到“# export JAVA_HOME=”代码，将其修改为实际的 JDK 安装路径，即输入“export JAVA_HOME=/usr/java/jdk1.8.0_171/”，如图 4-9 所示。

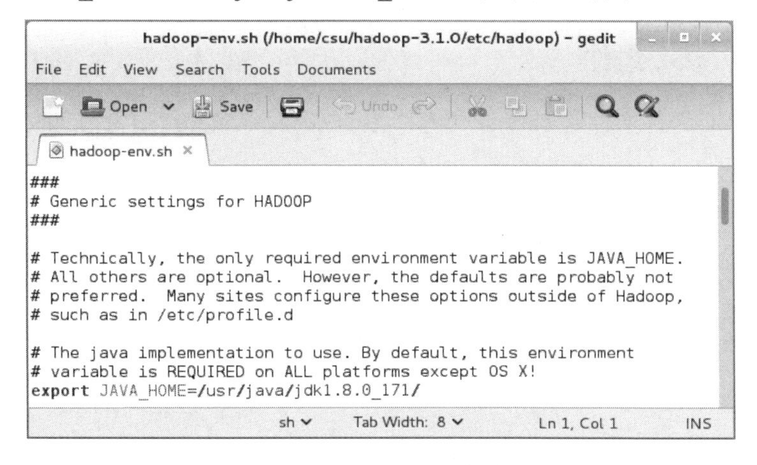

图 4-9　配置 Hadoop 环境变量

配置完毕后，保存退出即可。

4.4.3 配置 Yarn 环境变量

Yarn 环境变量文件是 yarn-env.sh，也位于“~/hadoop-3.1.0/etc/hadoop”子目录下。对于早期版本的 Hadoop，如 Hadoop 2.6.0，我们需要配置该文件的 JDK 路径；可使用 gedit 编辑器修改 yarn-env.sh 文件，命令如图 4-10 所示。

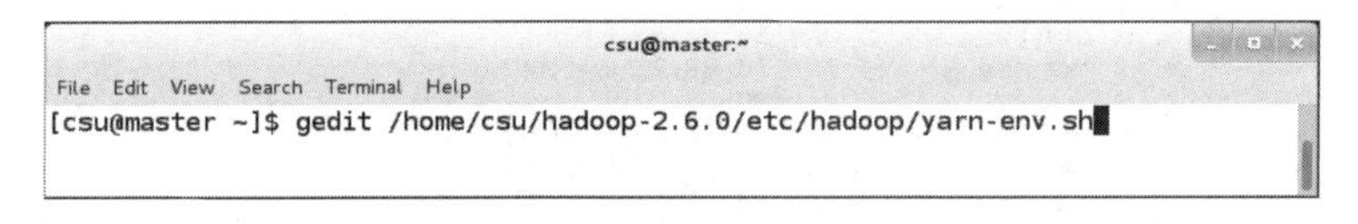

图 4-10　使用 gedit 编辑器修改 yarn-env.sh 文件

按下 Enter 键后，在文件的前面部分找到“# export JAVA_HOME=/”，将其修改为“export JAVA_HOME=/usr/java/jdk1.7.0_71/”，如图 4-11 所示。

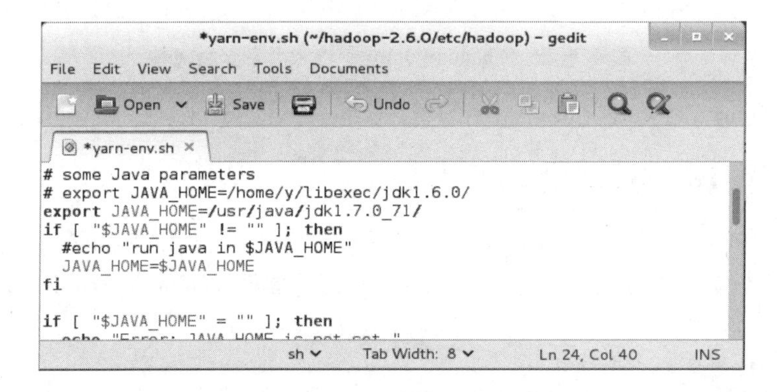

图 4-11　配置 Yarn 环境变量

配置完毕后，保存退出即可。

Hadoop 3.1 版本不需要在 yarn-env.sh 中配置 Java 路径了，因为 Hodoop 3.1 统一使用 hadoop-env.sh 中的 Java 路径。yarn-env.sh 的其他配置可以暂时采用默认值（即目前可不编辑该文件）。

4.4.4 配置核心组件

Hadoop 的核心组件文件是 core-site.xml，也位于“~/hadoop-3.1.0/etc/hadoop”子目录下。使用 gedit 编辑器修改 core-site.xml 文件，如图 4-12 所示。

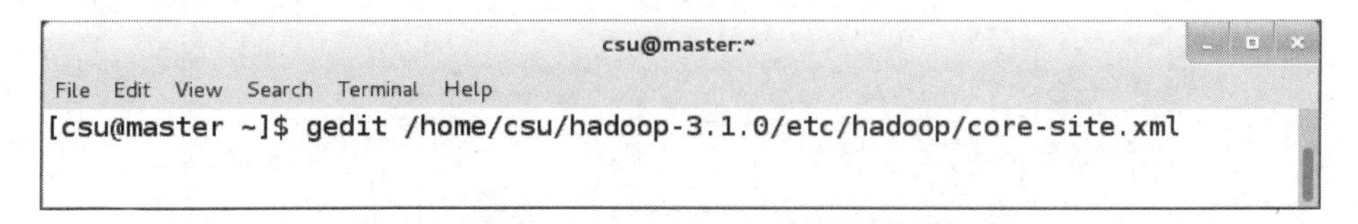

图 4-12　使用 gedit 编辑器修改 core-site.xml 文件

需要将下面的配置代码放在文件的<configuration>和</configuration >之间。

```
<property>
    <name>fs.defaultFS</name>
    <value>hdfs://master:9000</value>
</property>
<property>
    <name>hadoop.tmp.dir</name>
    <value>/home/csu/hadoopdata</value>
</property>
```

配置核心组件的代码如图 4-13 所示。

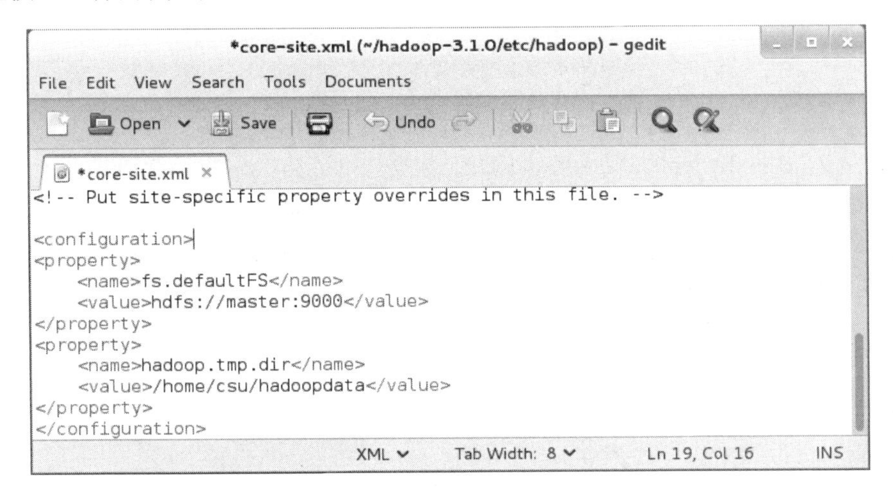

图 4-13　配置核心组件的代码

配置完毕后，保存退出即可。

4.4.5　配置文件系统

Hadoop 文件系统的配置文件是 hdfs-site.xml，也位于“~/hadoop-3.1.0/etc/hadoop”子目录下。使用 gedit 编辑器修改该文件，如图 4-14 所示。

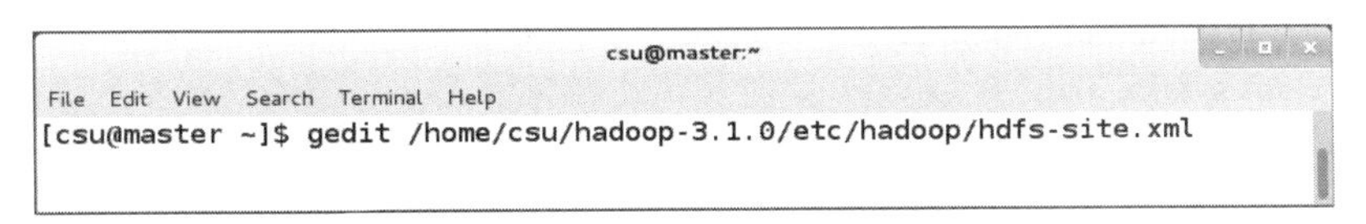

图 4-14　使用 gedit 编辑器修改 hdfs-site.xml 文件

需要将下面的代码填充到文件的<configuration>和</configuration>之间。

```
<property>
    <name>dfs.replication</name>
    <value>1</value>
</property>
```

配置文件系统的代码如图 4-15 所示。

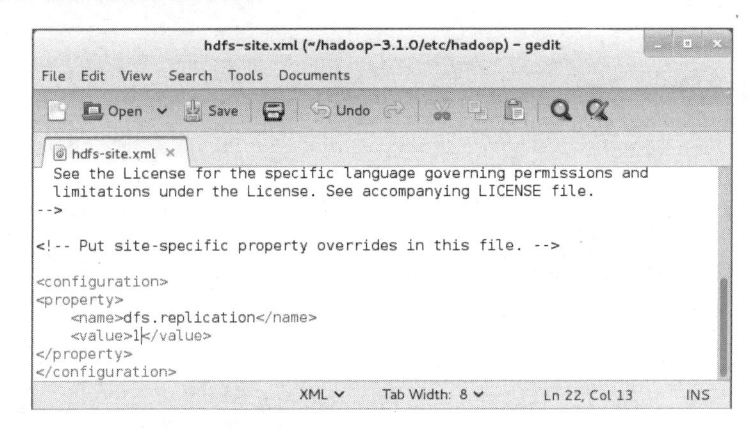

图 4-15　配置文件系统的代码

配置完毕后，保存退出即可。

实际上，这里的 dfs.replication 就是 HDFS 数据块的副本数。我们知道，系统的默认值为 3，这意味着如果用户没有设置 dfs.replication 时，副本数是 3。但是如果修改为 1，那么修改以后的副本数就是 1 了。注意，把 dfs.replication 配置成超过 3 的数是没有意义的，因为 HDFS 的最大副本数是 3。

4.4.6　配置 yarn site.xml 文件

Yarn 的站点配置文件是 yarn-site.xml，也位于“~/hadoop-3.1.0/etc/hadoop”子目录下。使用 gedit 编辑器修改该文件，如图 4-16 所示。

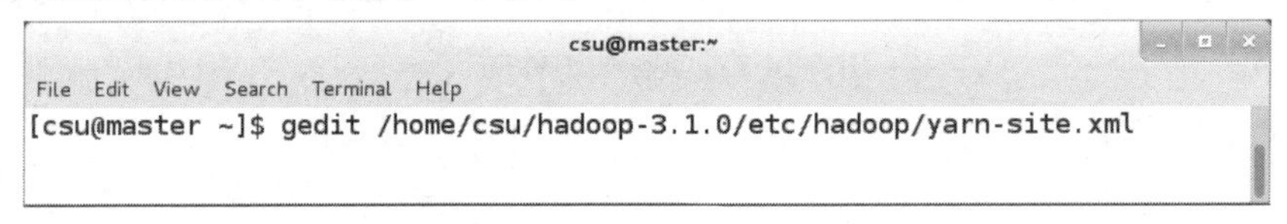

图 4-16　使用 gedit 编辑器修改 yarn-site.xml 文件

需要将下面的代码填充到文件的<configuration>和</configuration>之间。

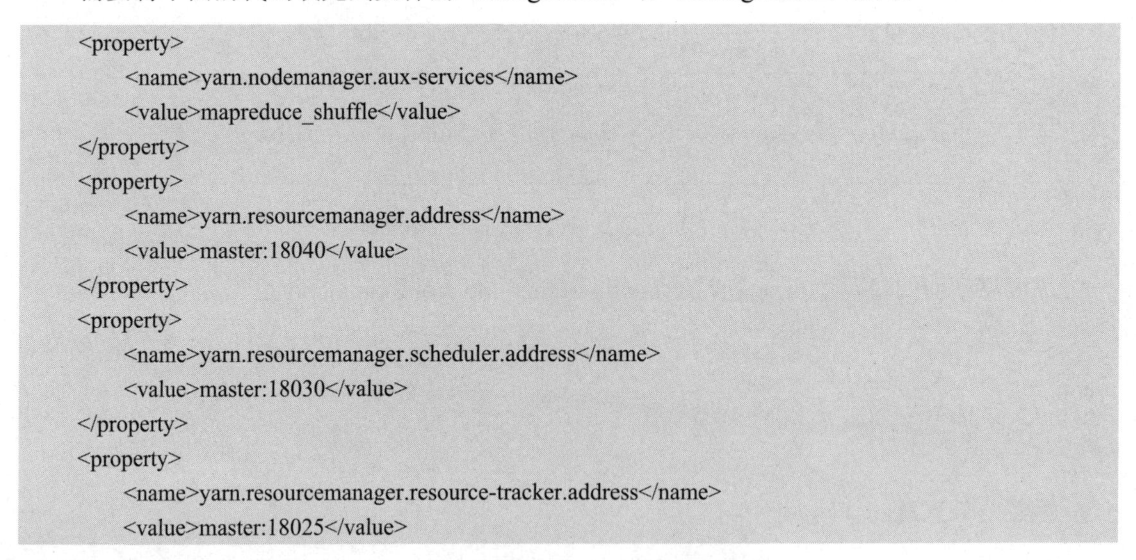

```
<property>
    <name>yarn.nodemanager.aux-services</name>
    <value>mapreduce_shuffle</value>
</property>
<property>
    <name>yarn.resourcemanager.address</name>
    <value>master:18040</value>
</property>
<property>
    <name>yarn.resourcemanager.scheduler.address</name>
    <value>master:18030</value>
</property>
<property>
    <name>yarn.resourcemanager.resource-tracker.address</name>
    <value>master:18025</value>
```

```
</property>
<property>
    <name>yarn.resourcemanager.admin.address</name>
    <value>master:18141</value>
</property>
<property>
    <name>yarn.resourcemanager.webapp.address</name>
    <value>master:18088</value>
</property>
```

配置 yarn-site.xml 文件的代码如图 4-17 所示。

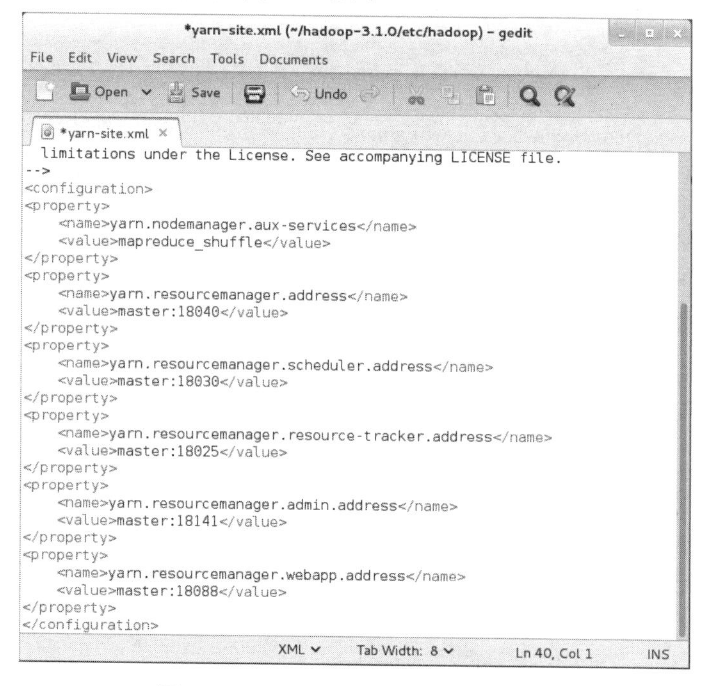

图 4-17　配置 yarn-site.xml 文件的代码

配置完毕后，保存退出即可。

4.4.7　配置 MapReduce 计算框架文件

对于早期的 Hadoop，如 Hadoop 2.6.0，在“~/hadoop-2.6.0/etc/hadoop”子目录下有一个 mapred-site.xml.template 文件，我们需要将其复制并改名，位置不变，使用的命令是“cp ~/hadoop-2.6.0/etc/hadoop/mapred-site.xml.template ~/ ~/hadoop-2.6.0/etc/hadoop/mapred-site.xml”，如图 4-18 所示。

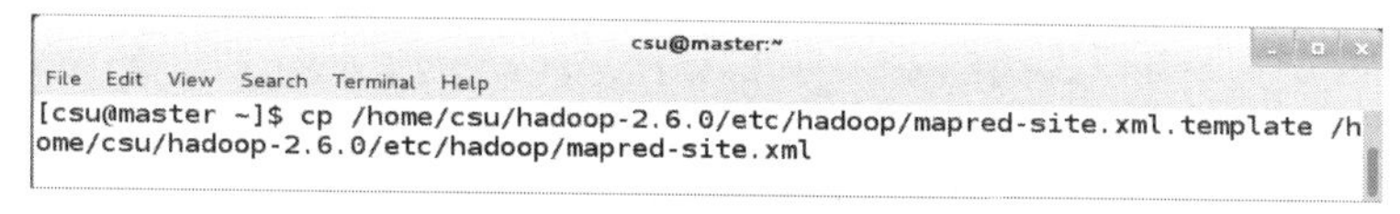

图 4-18　复制并改名 mapred-site.xml.template 文件

然后使用 gedit 编辑器修改 mapred-site.xml 文件。

但是，Hadoop 3.1 则无须上述改名操作，可直接使用 getit 编辑器修改 mapred-site.xml 文件，如图 4-19 所示。

图 4-19　使用 gedit 编辑器修改 mapred-site.xml 文件

需要将下面的代码填充到文件的<configuration>和</configuration>之间。

```
<property>
        <name>mapreduce.framework.name</name>
        <value>yarn</value>
    </property>
    <property>
        <name>yarn.app.mapreduce.am.env</name>
        <value>HADOOP_MAPRED_HOME=/home/csu/hadoop-3.1.0</value>
    </property>
    <property>
        <name>mapreduce.map.env</name>
        <value>HADOOP_MAPRED_HOME=/home/csu/hadoop-3.1.0</value>
    </property>
    <property>
        <name>mapreduce.reduce.env</name>
        <value>HADOOP_MAPRED_HOME=/home/csu/hadoop-3.1.0</value>
    </property>
```

配置 mapred-site.xml 文件的代码如图 4-20 所示。

与 Hadoop 2.6.0 比较，Hadoop 3.1 中 mapred-site.xml 文件的内容增加了不少。Hadoop 2.6.0 只需要上述代码中的第一个<property>和</property>之间的代码即可，但是，Hadoop 3.1 则需要明确指出各个计算组件的环境变量。

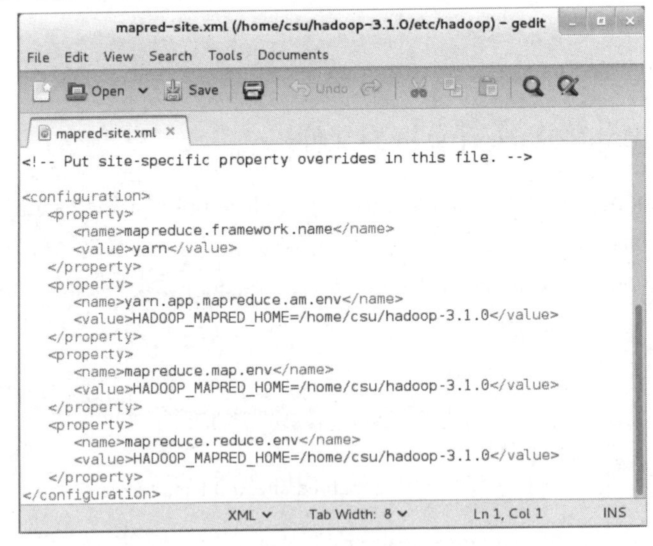

图 4-20　配置 mapred-site.xml 文件的代码

配置完毕后，保存退出即可。

4.4.8　配置 Master 中的 workers 文件

早期的 Hadoop，如 Hadoop 2.6.0，需要编辑 slaves 文件，该文件给出了 Hadoop 集群的 Slave 的列表。Slaves 文件十分重要，因为在启动 Hadoop 时，系统是根据 slaves 文件中 Slave 列表启动集群的，不在列表中的 Slave 便不会被视为计算节点。Hadoop 3.1 没有 slaves 文件，而改用 workers 文件，但作用是一样的。

采用 gedit 编辑器修改 workers 文件，如图 4-21 所示。

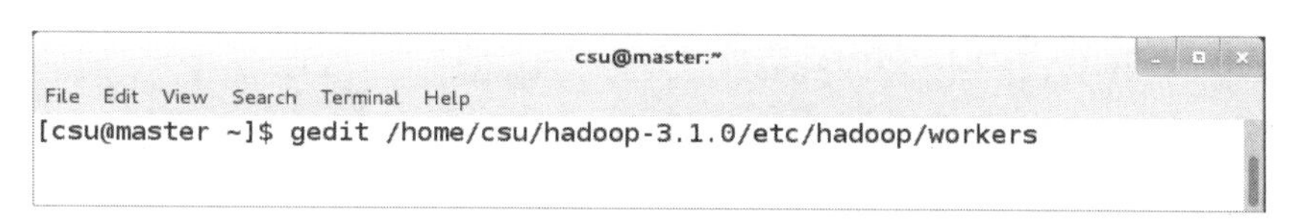

图 4-21　采用 gedit 编辑器修改 workers 文件

读者应当根据自己所搭建集群的实际情况来修改 workers 文件。例如，这里由于已经安装了 slave0 和 slave1，并且计划将它们全部投入 Hadoop 集群运行，所以应当输入如下代码：

```
slave0
slave1
```

应当删除文件中原有的 localhost，应将其删除。配置 workers 文件的代码如图 4-22 所示。

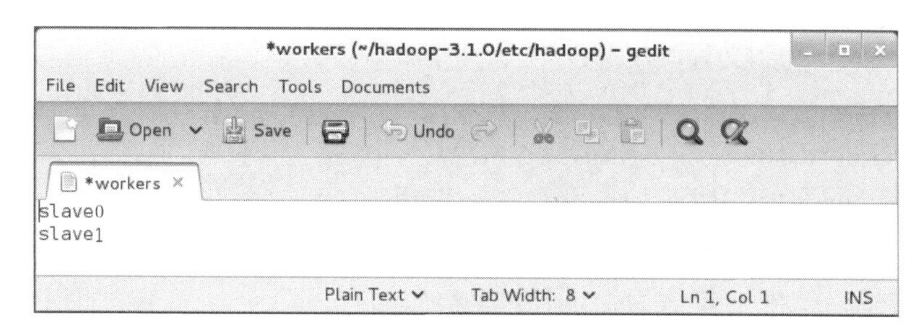

图 4-22　配置 workers 文件的代码

配置完毕后，保存退出即可。

4.4.9　将 Master 上的 Hadoop 复制到 Slave

通过复制 Master 上的 Hadoop，能够大大提高系统部署效率。由于这里有 slave0 和 slave1，所以要复制两次。其中一条复制命令是“scp -r /home/csu/hadoop-3.1.0 csu@slave0:~/”，如图 4-23 所示。

图 4-23　将 Master 上的 Hadoop 复制到 slave0

注意，由于我们前面已经配置了免密钥登录，因此这里不用输入密钥进行认证，按下 Enter 键后可立即开始复制（复制需要一些时间，请耐心等待）。

至此，我们就完成了 Hadoop 的安装与配置。

4.5 Hadoop 集群的启动

现在可以启动 Hadoop 集群了，但是在首次启动 Hadoop 时还需要做一些准备工作。

4.5.1 配置操作系统的环境变量

由于我们是在 Linux 集群上安装 Hadoop 集群的，所以需要配置 Linux 操作系统的环境变量。注意，这里的配置需要在集群的所有计算机上进行，并且使用普通用户权限（本书是 csu）。下面演示在 Master 上的配置。

首先回到普通用户目录（这里是“/home/csu”），只要输入“cd”命令并按下 Enter 键即可，然后用 gedit 编辑器修改.bash_profile 文件，如图 4-24 所示。

图 4-24 使用 gedit 编辑器修改.bash_profile 文件

将下面的代码追加到文件的尾部：

```
#HADOOP
export HADOOP_HOME=/home/csu/hadoop-3.1.0
export PATH=$HADOOP_HOME/bin:$HADOOP_HOME/sbin:$PATH
```

配置操作系统环境变量的代码如图 4-25 所示，实际上我们在第 3 章安装 JDK 时曾经配置过该文件，这里需要类似地配置 Hadoop 安装路径。

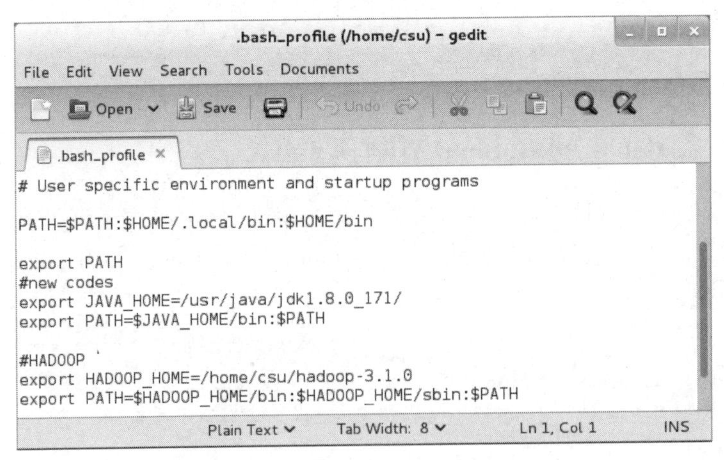

图 4-25 配置操作系统环境变量的代码

保存退出后，执行“source ~/.bash_profile”命令使上述配置生效，如图 4-26 所示。

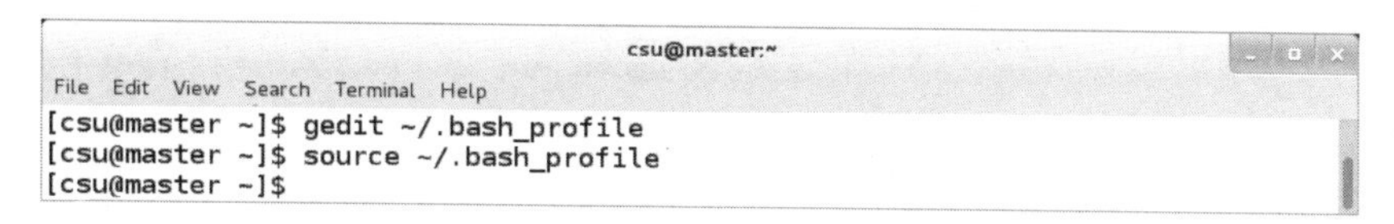

图 4-26　使.bash_profile 文件配置生效

请读者注意，还要在其他节点进行上述配置。

4.5.2　创建 Hadoop 数据目录

本节的操作也必须在所有的节点上进行。我们计划在普通用户（这里是 csu）主目录下创建数据目录，命令是“mkdir/ home/csu/hadoopdata”，如图 4-27 所示。

图 4-27　创建数据目录 hadoopdata

请读者注意，这里的数据目录名 hadoopdata 与前面 Hadoop 核心组件文件 core-site.xml 中的配置：

```
<name>hadoop.tmp.dir</name>
<value>/home/csu/hadoopdata</value>
```

是一致的。

4.5.3　格式化文件系统

该操作只需要在 Master 上进行，命令是“hdfs namenode -format”，如图 4-28 所示。

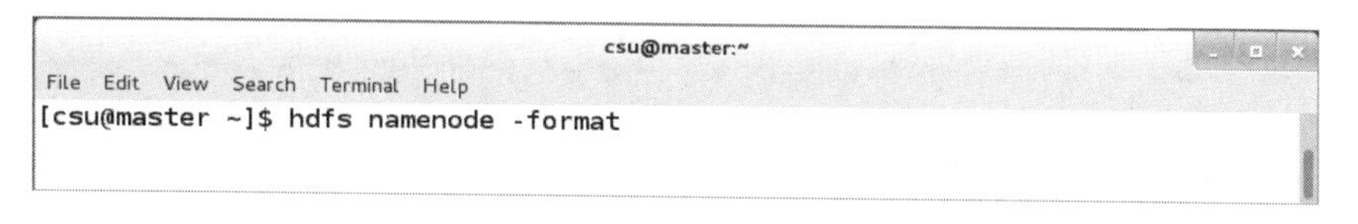

图 4-28　格式化文件系统的命令

注意，如果系统提示没有这个命令，读者可以尝试进入 hadoop-3.1.0 下的 bin 子目录，里面的 hdfs 文件就是该命令程序，这时可直接执行上述命令。之所以会出现这种情况，可能是由于用户没有使用“source”命令使操作系统环境配置文件生效。

按下 Enter 键后，如果出现如图 4-29 所示的滚动显示信息，则表明格式化文件系统成功；如果抛出了 Exception/Error 信息，则表示格式化文件系统出现了问题。

如果在格式化文件系统时遇到问题，可以先删除 dfs.name.dir 参数指定的目录，确保该目录不存在，再进行格式化。Hadoop 这样做的目的是防止错误地将已存在的集群格式化了。

```
csu@master:~
File  Edit  View  Search  Terminal  Help
16/10/21 05:56:23 INFO util.GSet: Computing capacity for map NameNodeRetryCache
16/10/21 05:56:23 INFO util.GSet: VM type       = 64-bit
16/10/21 05:56:23 INFO util.GSet: 0.029999999329447746% max memory 889 MB = 273.
1 KB
16/10/21 05:56:23 INFO util.GSet: capacity      = 2^15 = 32768 entries
16/10/21 05:56:23 INFO namenode.NNConf: ACLs enabled? false
16/10/21 05:56:23 INFO namenode.NNConf: XAttrs enabled? true
16/10/21 05:56:23 INFO namenode.NNConf: Maximum size of an xattr: 16384
16/10/21 05:56:23 INFO namenode.FSImage: Allocated new BlockPoolId: BP-133139616
3-192.168.1.100-1477054583079
16/10/21 05:56:23 INFO common.Storage: Storage directory /home/csu/hadoopdata/df
s/name has been successfully formatted.
16/10/21 05:56:23 INFO namenode.NNStorageRetentionManager: Going to retain 1 ima
ges with txid >= 0
16/10/21 05:56:23 INFO util.ExitUtil: Exiting with status 0
16/10/21 05:56:23 INFO namenode.NameNode: SHUTDOWN_MSG:
/************************************************************
SHUTDOWN_MSG: Shutting down NameNode at master/192.168.1.100
************************************************************/
[csu@master ~]$
```

图 4-29　格式化文件系统的信息

通常，格式化操作本身不会遇到什么问题。但是，也有不少用户可能会由于种种原因而多次进行格式化，结果导致 Hadoop 集群不能工作。例如，执行 MapReduce 程序时会遇到类似“There are 0 datanode(s) running and no node(s) are excluded in this operation.”这样的异常信息。

实际上，这样的状况在早期的 Hadoop 版本中是存在的，主要原因是多次格式化后，导致 NameNode 中“hadoopdata/dfs/name/current/”下 VERSION 文件的内容与 DataNode 中的同名文件内容不一致（具体是 ClusterID 不一致），解决办法就是通过人工编辑使两个文件的内容一致即可，或者强制删除这些文件后再重新格式化（当然要先关闭 Hadoop）。但是，2.6.0 版本以后的 Hadoop 已经不需要这样做了，用户可以多次格式化文件系统，并不会导致 VERSION 文件内容的不一致，因为在新的 Hadoop 平台中，DataNode 上已经没有 VERSION 文件了。但是，重新格式化是需要慎重对待的，因为格式化毕竟会将数据删除，所以，有一些维护人员建议只进行一次格式化操作。

4.5.4　启动和关闭 Hadoop

完成上述准备后就可启动 Hadoop 了。早期版本的 Hadoop 可以使用“start-all.sh”命令启动 Hadoop 集群。首先进入 Hadoop 安装主目录，然后执行“sbin/start-all.sh”命令，如图 4-30 所示。

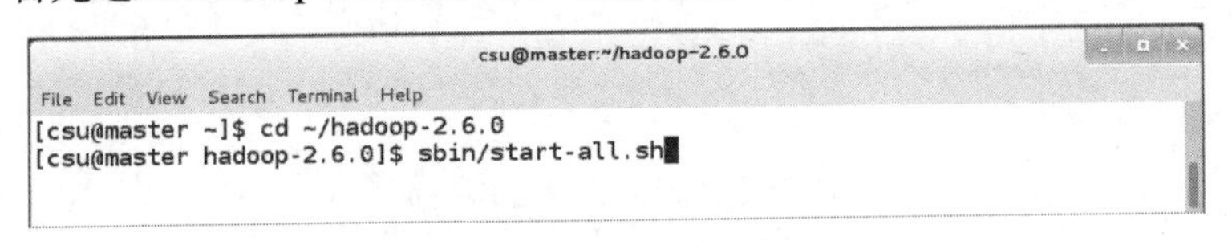

图 4-30　启动 Hadoop 集群的命令

执行命令后，系统会提示“Are you sure want to continue connecting(yes/no)”，请输入 yes，如图 4-31 所示，之后系统即可启动。

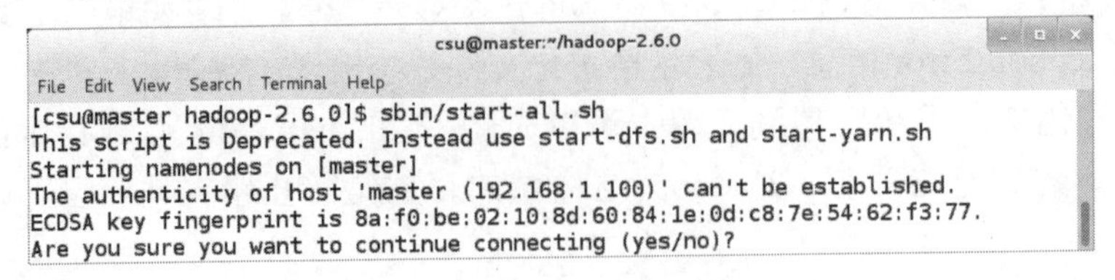

csu@master:~/hadoop-2.6.0
File Edit View Search Terminal Help
[csu@master hadoop-2.6.0]$ sbin/start-all.sh
This script is Deprecated. Instead use start-dfs.sh and start-yarn.sh
Starting namenodes on [master]
The authenticity of host 'master (192.168.1.100)' can't be established.
ECDSA key fingerprint is 8a:f0:be:02:10:8d:60:84:1e:0d:c8:7e:54:62:f3:77.
Are you sure you want to continue connecting (yes/no)?

图 4-31　启动中的人机交互

要关闭 Hadoop 集群，可以使用“sbin/stop-all.sh”命令。

但是，有必要指出，在下次启动 Hadoop 时，无须 NameNode 的初始化，只需要使用“start-dfs.sh”命令即可，然后接着使用“start-yarn.sh”命令来启动 Yarn。实际上，早期版本的 Hadoop 系统（如 2.6.0）已经建议放弃使用“start-all.sh”和“stop-all.sh”之类的命令，而改用“start-dfs.sh”和“start-yarn.sh”命令。

请读者务必注意，现在 3.1 版本的 Hadoop 则必须使用“start-dfs.sh”命令和“start-yarn.sh”命令来分别启动 HDFS 和 Yarn。关闭 Hadoop 则首先使用“stop-yarn.sh”命令，然后使用“stop-dfs.sh”命令。

4.5.5　验证 Hadoop 是否成功启动

用户可以在终端执行“jps”命令验证 Hadoop 是否成功启动。在 Master 上，执行“jps”命令后如果显示的结果是 4 个进程的名称：ResourceManager、NameNode、Jps 和 SecondaryNameNode，如图 4-32 所示，则表明 Master 成功启动。

图 4-32　使用“jps”命令验证 Master 是否成功启动

在 Slave 上执行“jps”命令后会显示三个进程，分别是 NodeManager、DataNode 和 Jps，如图 4-33 所示，表明 Slave（如 slave1）成功启动。

图 4-33　使用“jps”命令验证 Slave 是否成功启动

注意事项

有时候，用户会碰到不能执行“jps”命令的情况，系统给出的提示是“command not found”。首先，我们要理解，“jps”实际上是一个位于 JDK 的 bin 目录下的 Java 命令，其作用是显示当前系统的 Java 进程情况及其 ID。“jps”相当于 Linux 的进程工具“ps”，但和“pgrep java”或“ps -ef grep java”命令不一样，“jps”命令并不使用应用程序名来查找 JVM 实例。此外，“jps”只能查询当前用户的 Java 进程，而不是当前系统中的所有进程。

至于用户为什么不能使用“jps”命令，原因有三个。一是该命令被意外删除了或者没有安装 JDK，所以首先应检查自己计算机是否已经安装了 JDK。二是 Java 环境变量没有设置好或者设置不正确，这种情况下，可以先执行带有完整路径的命令“/usr/java/jdk1.8.0_171/bin/jps”（这里以本书安装路径为例）；然后检查“.bash_profile”

文件中的环境变量设置是否正确；可按照前文给出的范例进行设置。三是忘记执行“source /home/csu/.bash_profile”命令了，所以要执行一次这条命令，而且要在 csu 用户下执行。上述三条措施可解决不能执行“jps”命令的问题。

在 Hadoop 集群的运维中，系统管理人员还常常使用 Web 界面监测 Hadoop 的运行状况。例如，在 Master 上启动 Firefox 浏览器，在浏览器地址栏输入“http://master:9870/”，可以看到如图 4-34 所示的结果。这是 Hadoop 系统自带的 Web 监测软件，能够提供丰富的系统状态信息。

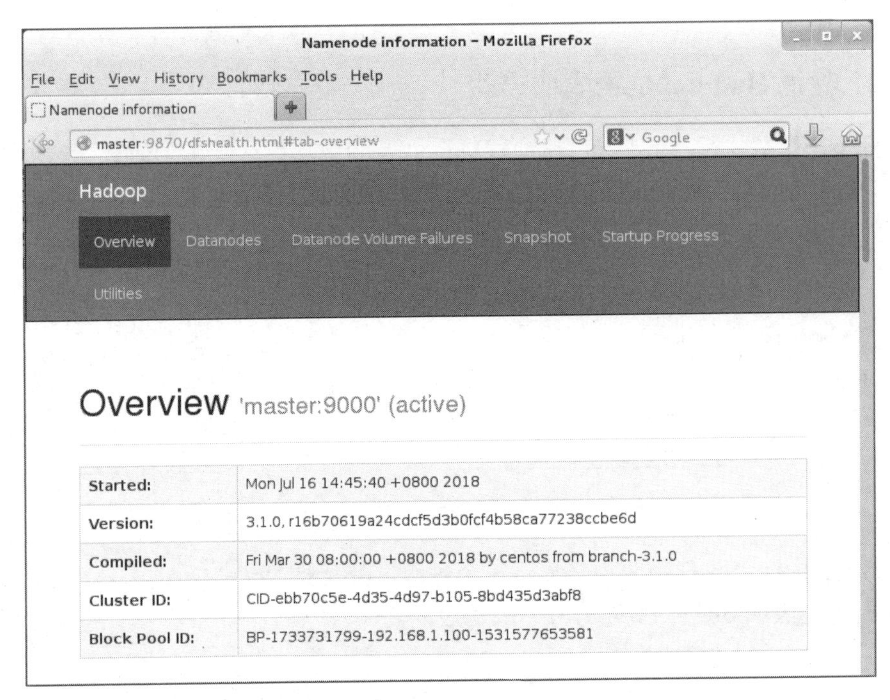

图 4-34　利用 Web 界面监测 Hadoop 的运行状态

值得指出的是，早先版本的 Hadoop（3.0 版本以前），其 Web 监测的 URL 是“http://master:50070/”，Hadoop 3.1 的端口号更改为 9870 了。这种变化也给一些初学者带来了困惑，很多人继续使用“http://master:50070/”，结果打不开网页，还以为是在安装时出了问题。

另外，除了 Hadoop 自带的监测软件，在实际生产中，人们更多地使用专业的监测软件。例如，Ganglia 是 UC Berkeley 发起的一个开源监测项目，能够监测数以千计的节点，每台计算机都运行一个收集和发送度量数据（如处理器速度、内存使用量等）的名为 gmond 的守护进程；gmond 的系统开销非常少，因此具有良好的可扩展性。又如，Hue 是一个开源的 Apache Hadoop UI 系统，由 Cloudera Desktop 演化而来，目前已经由 Cloudera 公司贡献给 Apache 基金会的 Hadoop 社区，是基于 Python Web 框架 Django 实现的。Hue 通过 Web 控制台与 Hadoop 集群进行交互，并提供数据处理与分析功能，如操作 HDFS 上的数据、运行 MapReduce 程序、执行 Hive 的 SQL 语句、浏览 HBase 数据库等。

同样，在 Firefox 浏览器的地址栏中输入“http://master:18088”，可以监测 Yarn 的运行情况，如图 4-35 所示，这实际上是 Hadoop 平台上对应用状态进行监测的基本组件。

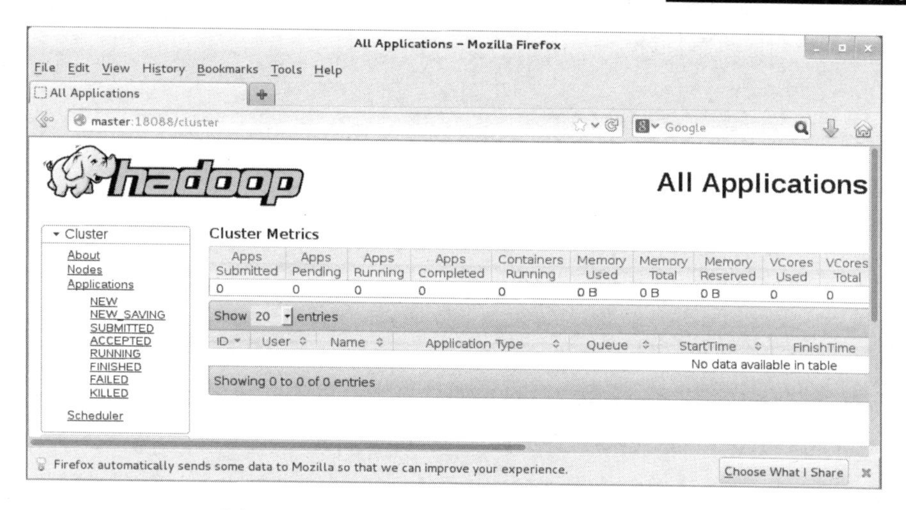

图 4-35　利用 Web 界面监测 Yarn 的运行状态

要关闭 Hadoop 集群，可以使用“stop-yarn.sh”命令和“stop-dfs.sh”命令，例如，可执行“stop-yarn.sh”命令来关闭 Hadoop 集群，如图 4-36 所示。

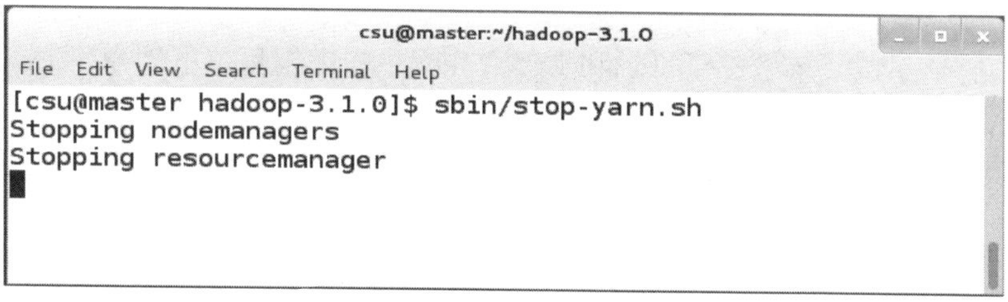

```
csu@master:~/hadoop-3.1.0
File  Edit  View  Search  Terminal  Help
[csu@master hadoop-3.1.0]$ sbin/stop-yarn.sh
Stopping nodemanagers
Stopping resourcemanager
```

图 4-36　执行“stop-yarn.sh”命令来关闭 Hadoop 集群

注意，不要再使用“stop-all.sh”这样的命令了。

4.6　Hadoop 集群的基本应用

4.6.1　HDFS 基本命令

HDFS 有很多用户接口，其中命令行是最基本的，也是所有开发者必须熟悉的。所有命令行均由“bin/hadoop”脚本来执行，不指定参数运行“bin/hadoop”脚本将显示所有命令的描述。要完整了解 Hadoop 命令，可输入“hadoop fs-help”来查看所有命令的帮助文件。不过，只有通过练习才能真正熟悉并掌握这些命令的使用方法。

1. 创建目录

创建目录时可使用“-mkdir”命令。在 Hadoop 上创建目录与在 Linux 上创建目录类似，根目录用“/”表示。例如：

```
hadoop fs -mkdir /test
```

在 Hadoop 上创建目录如图 4-37 所示。

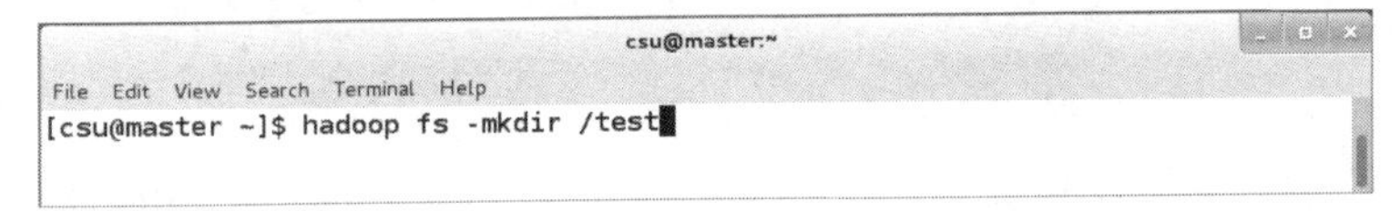

图 4-37 在 Hadoop 上创建目录

该命令可在根目录下创建名为 test 的目录。又如：

```
hadoop fs -mkdir /test/input
```

上述命令可在 test 目录下创建名为 input 的目录。如果没有事先创建 test 目录，则不能直接使用“hadoop fs -mkdir /test/input”命令来创建 input 目录。

2. 查看文件列表

与 Linux 的 ls 命令类似，Hadoop 也有一条查看文件列表的命令，其完整用法是“hadoop fs -ls <args>”，其中<args>表示可选参数。例如：

```
hadoop fs -ls /
```

上述命令将显示根目录下的子目录和文件。如果事先在根目录下创建了 test 和 data 两个目录，执行这条命令，会看到如图 4-38 所示的显示信息。

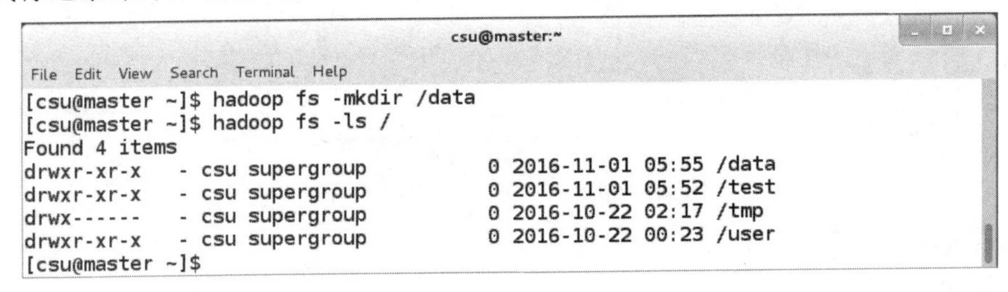

图 4-38 显示根目录下的文件和子目录

可以看到，除了用户自己创建的两个目录，系统在安装时也已经创建了 tmp 和 user 两个目录，其中 user 目录与用户自己创建的目录具有相同的权限。又如：

```
hadoop fs -ls /test
```

这条命令的作用是查看 test 目录下的子目录和文件，如上面创建的 input。

3. 文件上传

将文件从本地复制到 HDFS 的操作称为文件上传。有两种命令可以实现文件上传，一种是“hadoop fs -put”，另一种是“hadoop fs -copyFromLocal”。例如：

```
hadoop fs -put /home/csu/csu.dat /test/input/csu.dat
```

按下 Enter 键后，可将本地 Linux 用户 csu 的文件“/home/csu/csu.dat”（当然，该文件必须存在）上传到 HDFS 的“/test/input”下，文件名保持为 csu.dat（也可以在复制的同时重新命名目标文件，如改为 csu1.dat）。

```
hadoop fs -copyFromLocal -f /home/csu/csu.txt /test/input/csu.txt
```

上述的命令可以将本地 csu.txt 文件复制到 HDFS 的“/test/input/”下，文件名保持不变。在上述命令中也可以使用相对路径。

4. 文件下载

将文件从 HDFS 复制到本地的操作称为文件下载。有两种命令可以实现文件下载，一种是“hadoop fs -get”，另一种是“hadoop fs -copyToLocal”。例如：

```
Hadoop fs -get /test/input/csu.dat /home/csu/csu1.dat
```

上述的命令可将 HDFS 的“/test/input”下的 csu.dat（当然，该文件必须存在）下载到本地的“/home/csu”，同时将文件名修改为 csu1.dat。

```
hadoop fs -copyToLocal -f /test/input/csu.txt /home/csu/csu1.txt
```

上述的命令可以将 HDFS 的“/test/input”下的 csu.txt 文件下载到本地的“/home/csu”，同时将文件名修改为 csu1.txt。

5. 查看 HDFS 中文件的内容

可以用“hadoop fs -text”“hadoop fs -cat”“hadoop fs -tail”等不同的参数来查看 HDFS 中文件的内容。当然，只有文本文件的内容才可以正常显示，其他文件显示的是乱码。例如：

```
hadoop fs -cat /test/input/csu.txt
```

上述命令可将 HDFS 中“/test/input”下的 csu.txt（当然，该文件必须存在）显示在终端上，如图 4-39 所示。

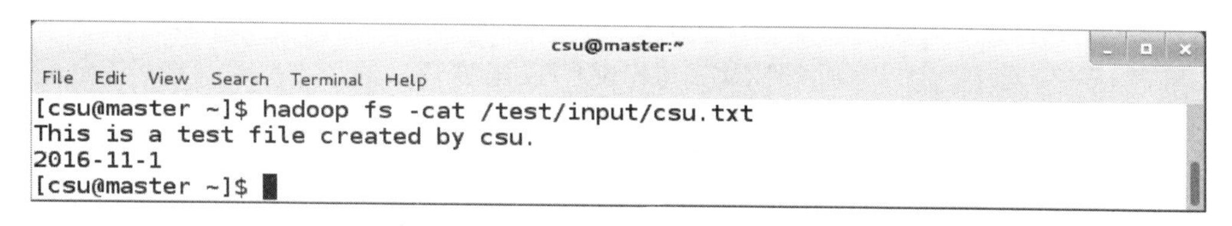

图 4-39　查看 HDFS 中文件的内容

将命令行“hadoop fs -cat /test/input/csu.txt”中的“cat”用“text”或“tail”代替，看到的结果相同。

6. 删除 HDFS 中的文件

可以用“hadoop fs -rm”命令删除 HDFS 中的文件。例如：

```
hadoop fs -rm /test/input/csu.txt
```

上述命令可将 HDFS 中“/test/input”下的 csu.txt（当然，该文件必须存在）删除掉，如图 4-40 所示。

```
csu@master:~
File Edit View Search Terminal Help
[csu@master ~]$ hadoop fs -rm /test/input/csu.txt
16/11/01 20:14:28 INFO fs.TrashPolicyDefault: Namenode trash configuration: Dele
tion interval = 0 minutes, Emptier interval = 0 minutes.
Deleted /test/input/csu.txt
[csu@master ~]$
```

图 4-40 删除 HDFS 中的文件

> **注意事项**
>
> 低版本的 HDFS 存在“hadoop fs”和“hadoop dfs”两种形式的命令行，但新版本建议只使用前者。

4.6.2 在 Hadoop 集群中运行程序

下面我们在 Hadoop 集群上运行一个 MapReduce 程序，以帮助读者对分布式计算有个基本印象。

在安装 Hadoop 时，系统给用户提供了一些 MapReduce 示例程序，其中有一个典型的用于计算圆周率的 Java 程序包，现在运行该程序。

该 jar 包文件的位置和文件名是“~/hadoop-3.1.0/share/Hadoop/mapreduce/hadoop-mapreduce-examples-3.1.0.jar”，我们在终端输入“hadoop jar ~/hadoop-3.1.0/share/hadoop/mapreduce/hadoop-mapreduce-examples-3.1.0.jar pi 10 10”，如图 4-41 所示。按下 Enter 键后即可开始运行。其中 pi 是类名，后面跟了两个 10，它们是运行参数，第一个 10 表示 Map 次数，第二个 10 表示随机生成点的次数（与计算原理有关）。

图 4-41 运行 pi 程序的命令

如果在程序运行过程中出现如图 4-42 所示的输出信息，则表明程序在正常运行，系统处于良好状态。

```
csu@master:~
File Edit View Search Terminal Help
Wrote input for Map #7
Wrote input for Map #8
Wrote input for Map #9
Starting Job
16/11/01 02:27:41 INFO client.RMProxy: Connecting to ResourceManager at master/1
92.168.1.100:18040
16/11/01 02:27:41 INFO input.FileInputFormat: Total input paths to process : 10
16/11/01 02:27:41 INFO mapreduce.JobSubmitter: number of splits:10
16/11/01 02:27:42 INFO mapreduce.JobSubmitter: Submitting tokens for job: job_14
77992125139_0002
16/11/01 02:27:42 INFO impl.YarnClientImpl: Submitted application application_14
77992125139_0002
16/11/01 02:27:42 INFO mapreduce.Job: The url to track the job: http://master:18
088/proxy/application_1477992125139_0002/
16/11/01 02:27:42 INFO mapreduce.Job: Running job: job_1477992125139_0002
16/11/01 02:27:46 INFO mapreduce.Job: Job job_1477992125139_0002 running in uber
 mode : false
16/11/01 02:27:46 INFO mapreduce.Job:  map 0% reduce 0%
16/11/01 02:27:52 INFO mapreduce.Job:  map 10% reduce 0%
16/11/01 02:27:53 INFO mapreduce.Job:  map 20% reduce 0%
16/11/01 02:27:55 INFO mapreduce.Job:  map 40% reduce 0%
16/11/01 02:27:59 INFO mapreduce.Job:  map 100% reduce 0%
16/11/01 02:28:00 INFO mapreduce.Job:  map 100% reduce 100%
```

图 4-42 pi 程序正常运行中显示的信息

如果整个程序运行成功，会打印如图 4-43 所示的结果。我们看到，计算出来的 pi 值近似等于 3.2。关于该程序的计算原理，读者可以参考本书 8.3.1 节。

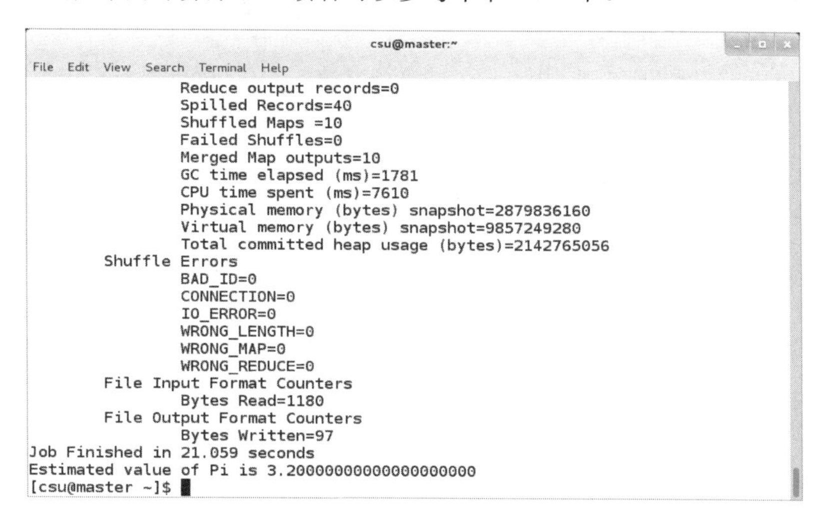

图 4-43 pi 程序的运行结果

值得指出的是，运行 Hadoop 的 MapReduce 程序是验证 Hadoop 系统是否正常启动的最后一个环节。实际上，即使通过“jps”命令和 Web 界面监测验证了系统已经成功启动，并且能够查看到状态信息，也不一定意味着系统可以正常工作。例如，如果防火墙没有关闭，MapReduce 程序运行就不会成功。

注意事项

经常有用户不能正常运行上述 MapReduce 程序，所遇到的错误提示也各不相同，主要有以下这些情况:

第一，Linux 防火墙没有关闭，用户看到系统抛出“no route to host”或“There are 0 datanode(s) running and no node(s) are excluded in this operation.”异常信息。特别是在后一种异常情况下，我们虽然使用“jps”命令可以查看到 Master 和 Slave 上的 NameNode、DataNode 等进程都存在，但是如果使用“http://master:9870/”查看 Hadoop 状态，就会发现没有活动的 DataNode，这就是无法正常运行 MapReduce 程序的原因。要消除上述异常，就必须关闭 Linux 防火墙，而且所有节点的防火墙都要关闭，然后重新启动 Hadoop 即可。关于关闭防火墙的具体办法，请参见第 3 章中有关内容。

第二，系统不稳定。当系统由于某种原因处于一种不稳定状态时，也可以导致程序运行失败，一般可以简单地重新运行一下命令即可。

第三，系统处于安全模式，这时系统会给出提示“system is in safe mode”。这时，我们只要执行如下命令:

```
hadoop dfsadmin -safemode leave
```

即可关闭安全模式。离开安全模式后，就可以正常运行程序了。

第四，mapred-site.xml 配置不合适。在 Hadoop 中运行应用程序时，出现了“running beyond virtual memory”错误，提示信息是“Container [pid=6629,containerID=container_

1532136350867_0001_01_000026] is running 541133312B beyond the 'VIRTUAL' memory limit. Current usage: 291.8 MB of 1 GB physical memory used; 2.6 GB of 2.1 GB virtual memory used. Killing container”。显然，这表明 Slave 上运行的 Container 试图使用过多的内存，而被 NodeManager 杀（kill）掉了。解决办法是调整 mapred-site.xml 配置，例如，可以将下面这些配置代码加入 mapred-site.xml 文件中：

```
<property>
    <name>mapreduce.map.memory.mb</name>
    <value>2048</value>
</property>
<property>
    <name>mapreduce.map.java.opts</name>
    <value>-Xmx1024M</value>
</property>
<property>
    <name>mapreduce.reduce.memory.mb</name>
    <value>4096</value>
</property>
<property>
    <name>mapreduce.reduce.java.opts</name>
    <value>-Xmx2560M</value>
</property>
```

上述代码中的 value 需要根据自己计算机内存大小及应用情况决定。

上述几种异常有时候可以重叠在一起出现，这时候就需要逐个解决问题。

Hadoop 是一种开源系统，且处于不断进化中，出现各类问题是很正常的。从某种意义上讲，开发和应用 Hadoop 大数据应用系统，就是一个不断面对各种问题、需要持续努力和耐心去应对的过程。

4.7 本章小结

本章主要介绍了 HDFS 的架构、工作原理，以及 Hadoop 的安装、配置、启动、运行。读者要特别注意，安装 Hadoop 以后，我们采用了三种方式来验证系统是否安装成功：第一种方式是通过“jps”命令，分别在 Master 和 Slave 上查看 NameNode 和 DataNode 进程是否启动；第二种方式是通过浏览器访问系统提供的 Web 界面监测信息；第三种方式是运行一个 MapReduce 程序，如典型的计算圆周率程序 pi。

必须指出，只有这三个验证都通过，才表明系统安装成功，如果不能成功运行程序，说明系统还存在问题，如防火墙没有关闭等。

第 5 章

MapReduce 与 Yarn

MapReduce 是 Hadoop 系统中最重要的计算引擎，它不仅直接支持交互式应用、基于程序的应用，而且还是 Hive 等组件的基础。MapReduce v2（也就是 Yarn）则进一步提升了该计算引擎的性能和通用性。本章主要介绍 MapReduce 程序设计方法。

5.1 MapReduce 程序的概念

5.1.1 基本编程模型

MapReduce 程序采取了分而治之的基本思想，将一个大的任务分解成若干小的任务，提交给 Hadoop 集群的多台计算机处理，这样就大大提高了完成任务的效率。在 Hadoop 平台上，MapReduce 负责处理并行编程中分布式存储、工作调度、负载均衡、容错及网络通信等复杂工作，把处理过程高度抽象为两个函数：Map 和 Reduce。Map 负责把大的任务分解成多个小的任务，Reduce 负责把分解后多个小的任务处理的结果汇总起来。

在 Hadoop 中，用于执行 MapReduce 程序的机器有两个：JobTracker 和 TaskTracker。JobTracker 用于调度任务，TaskTracker 用于跟踪任务的执行情况。一个 Hadoop 集群只有一个 JobTracker。

需要注意的是，用 MapReduce 程序来处理的数据集必须具备这样的特点：数据集可以分解成许多小的数据集，而且每一个小数据集都可以完全独立地并行处理。

最简单的 MapReduce 程序至少包含 3 个部分：一个 Map 函数、一个 Reduce 函数和一个 main 函数。在运行一个 MapReduce 程序时，整个处理过程被分为两个阶段：Map 阶段和 Reduce 阶段，每个阶段都用键值对（Key-Value）作为输入（Input）和输出（Output）。main 函数则将任务控制和文件输入/输出结合起来，是 MapReduce 程序的入口。

用户自定义的 Map 函数接收一个输入的 Key-Value，然后产生一个中间 Key-Value 的集合，接着 MapReduce 把这个中间结果中的所有具有相同 Key 值的 Value 值集合在一起，最后传送给 Reduce 函数。

用户自定义的 Reduce 函数在接收一个中间 Key 值和相关的一个 Value 值的集合之后，会合并这些 Value 值，从而形成一个较小的 Value 值的集合。一般情况下，每次调用 Reduce 函数只输出 0 或 1 个 Value 值。通常经过一个迭代器把中间 Value 值提供给 Reduce 函数，这样就可以处理无法全部放入内存中的大量 Value 值的集合了。

在 MapReduce 程序中，数据可以来自多个数据源，如本地文件、HDFS、数据库等。最常用的是 HDFS，可以利用 HDFS 的高吞吐量来读取大规模的数据以进行计算；同时，在计算完成后，也可以将数据存储到 HDFS。MapReduce 程序可方便地读取 HDFS 中的数据或者将数据存储到 HDFS 中。当运行 MapReduce 时，会基于用户编写的业务逻辑进行读取或存储数据。

5.1.2 计算过程分析

下面我们以 WordCount 程序为例，分析一下 MapReduce 程序的执行过程。在开始分析之前，我们来看看任务是什么。设输入若干文本文件，任务是统计所有文件中每一个单词出现的次数（频次）。以图 5-1 所示的两个输入文件为例，直观地看，Bye 出现 2 次，Hello 出现 2 次，World 出现 4 次。WordCount 程序就是要实现这样的统计。

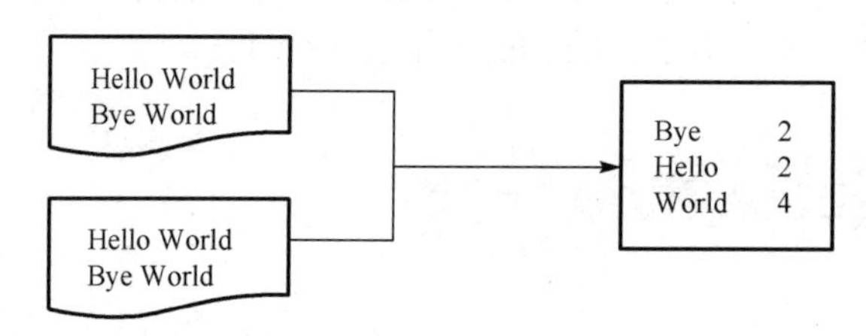

图 5-1 WordCount 程序的任务

结合上面的示例，下面来分析 MapReduce 程序的执行过程，可分为下面几个步骤。

1. 拆分输入数据

拆分输入数据（Split）属于 Map 阶段，系统会逐行读取文件的数据，得到一系列的 Key-Value，如图 5-2 所示。

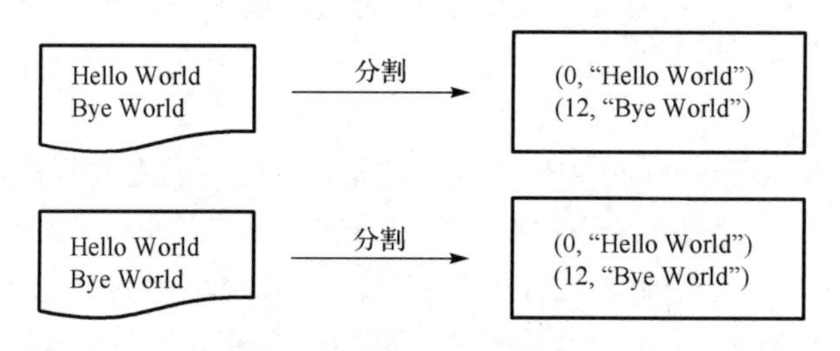

图 5-2 拆分输入数据

注意，如果只有一个文件，且很小，这时系统就只分配一个 Split；如果有多个文件，或者文件很大，系统就会根据需要分配多个 Split。这一步由 MapReduce 程序自动完成。图 5-2 中的数值是一个偏移量（即 Key 值），它是包括回车符在内的字符数。

2. 执行 Map 函数

分割输入数据之后，系统会将分割好的 Key-Value 交给用户定义的 Map 函数进行处理，生成新的 Key-Value，如图 5-3 所示。

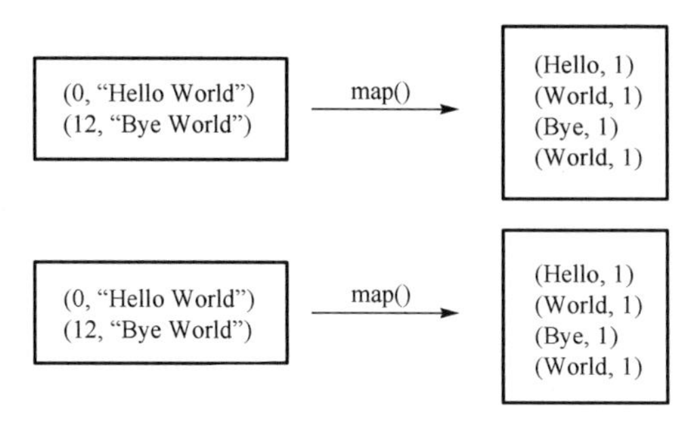

图 5-3 执行用户定义的 Map 函数

3. Map 端的排序与合并

系统在得到 Map 函数输出的 Key-Value 后，Map 端会将它们按照 Key 值进行排序，并执行 Combine（合并）过程，将 Key 值相同的 Value 值累加，得到 Map 端的最终输出结果，如图 5-4 所示。

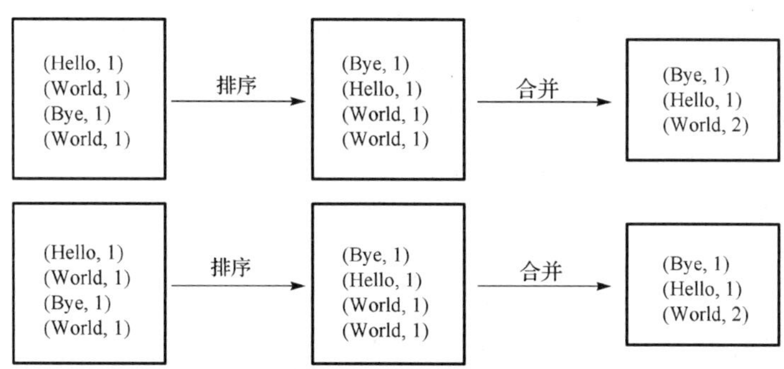

图 5-4 Map 端的排序与合并

4. Reduce 端的排序与处理

Reduce 端先对从 Map 端接收到的数据进行排序，再交由用户自定义的 Reduce 函数进行处理，得到新的 Key-Value，并作为 WordCount 的结果输出，如图 5-5 所示。

图 5-5 的中间部分出现的 list（数据列表）是与 MapReduce 内部合并机制（Combine）有关的一个函数，其中 list(1,1)表示尚未合并的两个等于 1 的 Value 值，而 list(2)则表示已经合并为 2 的一个 Value 值。例如，(World,list(1,1))表示两个“World”的等于 1 的 Value 值，但还没有合并；而(World,list(2))也表示两个“World”的等于 1 的 Value 值，但已经合并。为什么会出现有的 Value 值已经合并，而有的还没有合并呢？这与 MapReduce 的内部资源调度管理机制有关，但最后的 Reduce 函数都会进行合并。

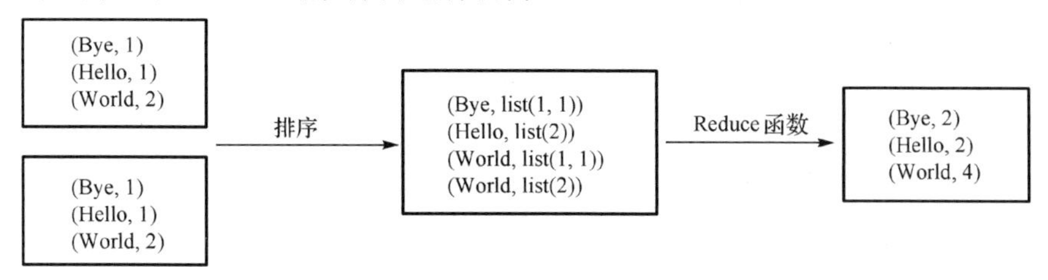

图 5-5 Reduce 端的排序与合并

实际上，上面的分析是一种直观的理解。如果结合源代码分析，就可以看到处理流程的更多细节。

（1）Map 端的任务可以分解为以下 5 个步骤。

① Read：Map 端通过用户编写的 RecordReader 函数从拆分的输入数据中解析出一个个的 Key-Value。

② Map：该步骤主要将解析出的 Key-Value 交给用户编写的 Map 函数处理，并产生一系列新的 Key-Value。

③ Collect：在用户编写的 Map 函数中完成数据处理后，一般会调用 OutputCollector.collect 函数收集结果，在该函数内部会将生成 Key-Value 分片（通过 Partitioner），并写入一个环形内存缓冲区中。

④ Spill：即所谓的溢写，指当环形缓冲区填满后，MapReduce 会将数据写到本地磁盘上，生成一个临时文件。在将数据写入本地磁盘之前，先要对数据进行一次本地排序，并在必要时对数据进行合并、压缩等操作。

⑤ Combine：当所有的数据处理都完成后，Map 端对所有临时文件进行一次合并，以确保最终只会生成一个数据文件。

（2）Reduce 端的任务也可分解为以下 5 个步骤。

① Shuffle：也称为 Copy，Reduce 端从各个 Map 端上远程复制一片数据，并针对某一片数据进行判断，如果其大小超过一定阈值，则写到磁盘上，否则直接放到内存中。

② Merge：在远程复制的同时，Reduce 端会启动两个后台线程对内存和磁盘上的文件进行合并，以防止内存使用过多或者磁盘上的文件过多。

③ Sort：用户编写的 Reduce 函数输入数据是按 Key 值进行聚集的一组数据。为了将 Key 值相同的数据聚集在一起，Hadoop 采用了基于排序的策略。由于各个 Map 端已经对自己的处理结果进行了局部排序，因此，Reduce 端只需对所有数据进行一次归并排序即可。

④ Reduce：Reduce 端将每组数据依次交给用户编写的 Reduce 函数处理。

⑤ Write：Reduce 函数将计算结果存储到 HDFS。

5.2 深入理解 Yarn

5.2.1 Yarn 的基本架构

Yarn 的基本思想是将 JobTracker 的资源管理和作业调度/监控两大主要职能拆分为两个独立的进程：一个全局的 Resource Manager，以及与每个应用对应的 Application Master（AM）。Resource Manager 和每个节点上的 Node Manager（NM）组成了全新的通用操作系统，以分布式的方式管理应用程序。图 5-6 给出了 Yarn 的系统架构示意。

Resource Manager 拥有为系统中所有的应用分配资源的决定权。与之相关的是应用的 Application Master，负责与 Resource Manager 协商资源，并与 Node Manager 协同工作来执行和监控任务。

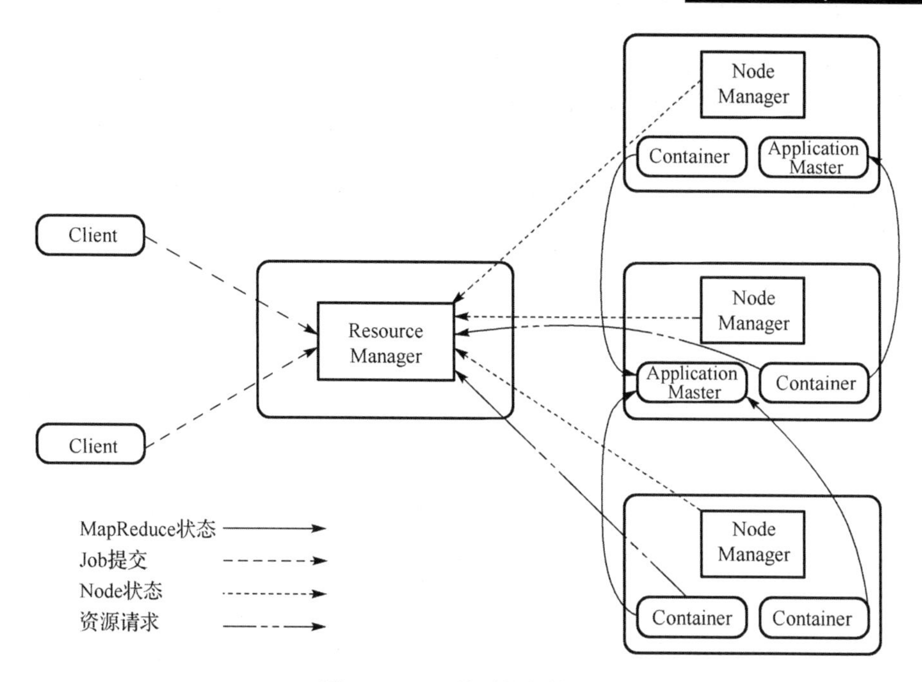

图5-6　Yarn的系统架构示意

Resource Manager有一个可插拔的调度器组件Scheduler，它负责为运行中的各种应用分配资源，分配时会受到容量、队列及其他因素的制约。Scheduler是一个纯粹的调度器，不负责应用的监控和状态跟踪，也不保证在应用失败或者硬件失败的情况下对任务的重启。Scheduler基于应用的资源需求来执行其调度功能，使用了称为资源容器（Container）的抽象概念，其中包括了多种资源维度，如内存、CPU、磁盘及网络。

Node Manager是与每台机器对应的从属进程（Slave），负责启动应用的Container，监控资源使用情况（如CPU、内存、磁盘和网络），并且报告给Resource Manager。

每个应用的Application Master负责与Scheduler协商合适的Container，跟踪应用的状态，以及监控它们的进度。从系统的角度讲，Application Master也是以一个普通Container的身份运行的。

在新的Yarn系统下，MapReduce的一个关键思想是，确保与现有MapReduce应用和用户兼容，也就是重用现有的MapReduce框架。

下面我们分别介绍Yarn的各个组件。

1. Resource Manager

Yarn的Resource Manager是一个纯粹的调度器，它负责整个系统的资源管理和分配，它本身主要由两个组件构成：调度器（Scheduler）和应用管理器（Application Manager，AM）。

调度器根据容量、队列等限制条件（如每个队列分配一定的资源，最多执行一定数量的作业等），将系统中的资源分配给各个正在运行的应用。需要注意的是，该调度器是一个纯粹的调度器，它不再从事任何与具体应用相关的工作，例如不负责监控或者跟踪应用的执行状态等，也不负责重新启动因应用执行失败或者硬件故障而产生的失败任务，这些均交由 Application Master 完成。调度器仅根据各个应用的资源需求进行资源分配，而资源分配单位用一个抽象概念——资源容器 Container 表示，Container 是一个动态资源分配单位，它将内存、CPU、磁盘、网络等资源封装在一起，从而限定每个任务使用的资源量。此外，该调度器是一个可插拔的组件，用户可根据自己的需要设计新的调度器，Yarn 提供了多种直接可用的调度器，如公平调度器（Fair Scheduler）和容量调度器（Capacity Scheduler）。

应用管理器负责管理整个系统中所有应用，包括应用提交、与调度器协商资源以启动 Application Master、监控 Application Master 的运行状态并在失败时重新启动它等。

2. Application Master

Yarn 的另一个重要新概念就是 Application Master。Application Master 实际上是特定框架库的一个实例，负责与 Resource Manager 协商资源，并和 Node Manager 协同工作来执行和监控 Container，以及资源的消耗。它负责与 Resource Manager 协商并获取合适的资源 Container，并跟踪和监控它们的状态。

Application Master 和应用是相互对应的，它主要有以下职责：

- 与 Resource Manager 协商资源；
- 与 Node Manager 合作，在合适的 Container 中运行对应的组件任务，并监控这些任务的执行；
- 如果 Container 出现故障，Application Master 会重新向 Resource Manager 申请其他资源；
- 计算应用所需的资源，并转化成 Resource Manager 可识别的协议信息包；
- 在 Application Master 出现故障后，应用管理器会负责重启它，但由 Application Master 自己从之前保存的应用执行状态中恢复应用。

在实践中，每一个应用都有自己的 Application Master 实例，但为一组应用提供一个 Application Master 也是完全可行的，如 Pig 或者 Hive 的 Application Master。另外，这个概念已经延伸到了管理长时间运行的服务，它们可以管理自己的应用。例如，通过一个特殊的 HBaseApp Master 在 Yarn 中启动 HBase。

3. Node Manager

Node Manager 是每个节点的框架代理，它负责启动应用的 Container，监控 Container 的资源使用情况，并把这些用信息汇报给调度器。应用对应的 Application Master 负责通过协商从调度器处获取 Container，并跟踪这些 Container 的资源状态和应用执行的情况。集群每个节点上都有一个 Node Manager，它主要负责：

- 为应用启用调度器，以便给应用分配 Container；
- 确保已启用的 Container 不会使用超过分配的资源量；
- 为任务构建 Container 环境，包括二进制可执行文件.jars 等；
- 为所在的节点提供一个管理本地存储资源的简单服务。

应用可以继续使用本地存储资源，即使它没有从 Resource Manager 处申请。例如，

MapReduce 可以利用这个服务存储 Map 任务的中间输出结果，并将其 Shuffle 给 Reduce 任务。

Yarn 的应用资源模型是一个通用的设计。一个应用（通过 Application Master）可以请求非常具体的资源，包括：

- 资源名称（包括主机名称、机架名称，以及可能的复杂的网络拓扑）；
- 内存量；
- CPU（内核数、类型）；
- 其他资源，如磁盘、Network、I/O、GPU 等。

4．Resource Request 和 Container

Yarn 被设计成可以允许应用（通过 Application Master）以共享、安全、多用户的方式使用集群的资源，它也会感知集群的网络拓扑，以便可以有效地调度，以及优化数据访问（即尽可能地为应用减少数据移动）。

为了实现这些目标，位于 Resource Manager 内的中心调度器保存了应用的资源请求的信息，以帮助 Yarn 为集群中的所有应用做出更优的调度决策。由此引出了 Resource Request 和 Container 概念。

本质上讲，一个应用可以通过 Application Master 请求特定的资源需求来满足它的资源需要。调度器会分配一个 Container 来响应资源需求，用于满足由 Application Master 在 Resource Request 中提出的需求。

Resource Request 具有以下形式：

```
<资源名称，优先级，资源需求，Container 数>
```

其中：

- 资源名称是指资源期望所在的主机名、机架名，用“*”表示没有特殊要求。未来可能支持更加复杂的拓扑，例如一个主机上的多个虚拟机、更复杂的网络拓扑等。
- 优先级是指应用 Resource Request 的优先顺序（而不是多个应用之间优先顺序），优先级会调整应用内部各个 Resource Request 的次序。
- 资源需求是指需要的资源量，如内存大小和 CPU 时间（目前 Yarn 仅支持内存和 CPU 两种资源）。
- Container 数表示需要的 Container 数量，它限制了使用该 Resource Request 指定的 Container 总数。

本质上讲，Container 是一种资源分配形式，是 Resource Manager 为 Resource Request 成功分配资源的结果。Container 为应用在特定主机上使用资源（如内存、CPU 等）的权利。

Application Master 必须取走 Container，并交给 Node Manager，Node Manager 会利用相应的资源来启动 Container 的任务进程。出于安全考虑，Container 的分配要以一种安全的方式进行验证，来保证 Application Master 不能伪造集群中的应用。

关于 Container，存在一个规范。如前所述，Container 只有使用 Node Manager 指定资源的权利，Application Master 必须向 Node Manager 提供更多信息来启动 Container。与现有的 MapReduce 不同，Yarn 允许应用启动任何程序，而不仅限于 Java 应用程序。

5.2.2 Yarn 的工作流程

经典的 MapReduce（MapReduce v1）的顶层包含 4 个独立的实体，分别是客户端（Client）、JobTracker、TaskTracker，以及分布式文件系统（HDFS）。Yarn 将 JobTracker 的职能划分为多个独立的实体，从而改善经典的 MapReduce 面临的扩展瓶颈问题。JobTracker 负责资源管理和作业调度/监控，如维护计数器总数。

Yarn 将这两种角色划分为两个独立的进程：管理集群上资源使用的 Resource Manager 和管理集群上运行任务生命周期的 Application Manager。基本思路是：Application Manager 与 Resource Manager 协商集群的计算资源——Container（每个 Container 都有特定的内存上限），在这些 Container 上运行特定应用的进程。Container 由集群节点上运行的 Node Manager 监控，以确保应用使用的资源不会超过分配给它的资源。

与 JobTraker 不同，应用的每个实例（这里指一个 MapReduce 作业）都有一个特定的 Application Master，它运行在应用的存续期间。这种方式实际上和 Google 的 MapReduce 论文里介绍的方法很相似，该论文描述了 Master 进程如何协调在一组 Worker 上运行的 Map 任务和 Reduce 任务。

因此，Yarn 比 MapReduce v1（MRv1）更具一般性，实际上 MRv1 只是 Yarn 应用的一种形式。Yarn 设计的精妙之处在于，不同的 Yarn 应用可以在同一个集群上共存，这大大提高了可管理性和集群的利用率。

此外，用户甚至有可能在同一个 Yarn 集群上运行多个不同版本的 MapReduce，这使得 MapReduce 升级过程更容易管理。注意，MapReduce 的某些部分（如作业历史服务器和 Shuffle 处理器），以及 Yarn 本身仍然需要在整个集群上升级。

Yarn 比经典的 MapReduce 包括更多的实体。总体上讲，Yarn 的工作流程包括以下 5 个步骤：

（1）客户端提交 MapReduce 任务。

（2）Yarn 的 Resource Manager 负责协调集群上计算资源的分配。

（3）Yarn 的 Node Manager 负责启动和监控集群中 Container。

（4）Application Master 负责协调运行 MapReduce 任务，它和 MapReduce 任务在 Container 中运行，这些 Container 由 Resource Manager 分配，对 Node Manager 进行管理。

（5）分布式文件系统（HDFS）用来与其他实体间共享作业文件。

5.3 在 Linux 平台安装 Eclipse

为了在 Hadoop 平台上开发应用程序，我们需要安装有效的集成开发环境（IDE）。本节介绍 Eclipse 的安装与应用，第 8 章还将介绍 IDEA。

5.3.1 Eclipse 简介

Eclipse 是著名的、跨平台的、自由集成开发环境（IDE），最初主要用于 Java 程序的开发。通过安装不同的插件，Eclipse 可以支持不同的计算机语言，如 C++和 Python 等。Eclipse 本身只是一个框架平台，但是由于众多插件的支持，使得 Eclipse 拥有其他功能相对固定的 IDE 软件很难具有的灵活性，许多软件开发商以 Eclipse 为框架开发自己的 IDE。

Eclipse 最初由 OTI 和 IBM 两家公司的 IDE 产品开发组于 1999 年 4 月创建。IBM 提供了最初的 Eclipse 基础代码，包括 Platform、JDT 和 PDE。Eclipse 项目由 IBM 发起，围绕着 Eclipse 项目已经发展成为了一个庞大的 Eclipse 联盟，有 150 多家软件公司参与到 Eclipse 项目中，其中包括 Borland、Rational Software、RedHat 及 Sybase 等。Eclipse 是一个开放源码项目，它其实是 Visual Age for Java 的替代品，其界面和 Visual Age for Java 差不多，但由于其开放源码，任何人都可以免费得到，并可以在此基础上开发各自的插件，因此越来越受人们的关注。包括 Oracle 在内的许多大公司也纷纷加入了该项目，Eclipse 的目标是成为可采用任何语言进行开发的 IDE 集成者，使用者只需下载支持不同语言的插件即可。

Eclipse 最初是由 IBM 公司开发的、替代 Visual Age for Java 的下一代 IDE 开发环境，2001 年 11 月贡献给开源社区，现在由非营利软件供应商联盟 Eclipse 基金会（Eclipse Foundation）管理。2003 年，Eclipse 3.0 选择 OSGi 服务平台规范作为运行时架构；2007 年 6 月，稳定版 3.3 发布；2008 年 6 月发布代号为 Ganymede 的 3.4 版；2009 年 6 月发布代号为 Galileo 的 3.5 版；2010 年 6 月发布代号为 Helios 的 3.6 版；2011 年 6 月发布代号为 Indigo 的 3.7 版；2012 年 6 月发布代号为 Juno 的 4.2 版；2013 年 6 月发布代号为 Kepler 的 4.3 版；2014 年 6 月发布代号为 Luna 的 4.4 版；2015 年 6 月项目发布代号为 Mars 的 4.5 版；2016 年 6 月发布代号为 Neon 4.6 版。

Eclipse 是一个开放源代码的、基于 Java 的可扩展开发平台。就其本身而言，它只是一个框架和一组服务，可通过插件构建开发环境。幸运的是，Eclipse 附带了一个标准的插件集，包括 Java 开发工具（Java Development Kit，JDK）。虽然大多数用户很乐于将 Eclipse 当成 Java 集成开发环境（IDE）来使用，但 Eclipse 的目标却不仅限于此。Eclipse 还包括插件开发环境（Plug-in Development Environment，PDE），这个组件主要针对希望扩展 Eclipse 的软件开发人员，因为它允许开发人员构建与 Eclipse 环境无缝集成的工具。对于为 Eclipse 提供插件，以及为用户提供一致和统一的集成开发环境而言，所有工具的开发人员都具有同等的发挥场所。

尽管 Eclipse 是使用 Java 语言开发的，但它的用途并不限于 Java 语言，例如支持诸如 C/C++、Cobol、PHP、Android 等编程语言的插件已经可用，或预计将会推出。Eclipse 框架还可作为与软件开发无关的其他应用程序类型的基础，如内容管理系统。

5.3.2 安装并启动 Eclipse

读者可以从“https://www.eclipse.org/downloads/”下载最新版本的 Eclipse，也可以在本章软件资源文件夹中找到 eclipse-java-photon-R-linux-gtk-x86_64.tar.gz 文件，请将该文件复制到 Master 的“/home/csu/”目录下。

进入“/home/csu/”目录，执行如下命令即可解压缩并安装 Eclipse。

```
tar -zxvf eclipse-java-photon-R-linux-gtk-x86_64.tar.gz
```

执行完毕，系统会创建“/home/csu/eclipse”，这就是 Eclipse 的安装目录。

完成上述操作即可启动 Eclipse 进行开发了。要启动 Eclipse，首先要进入 Eclipse 安装目录，然后在 Linux 命令行中输入命令：

```
./eclipse
```

按下 Enter 键后，系统会弹出图 5-7 所示的工作目录配置界面，可以直接选择默认的 Workspace 目录，也可以单击“Browse”按钮选择不同的工作目录。

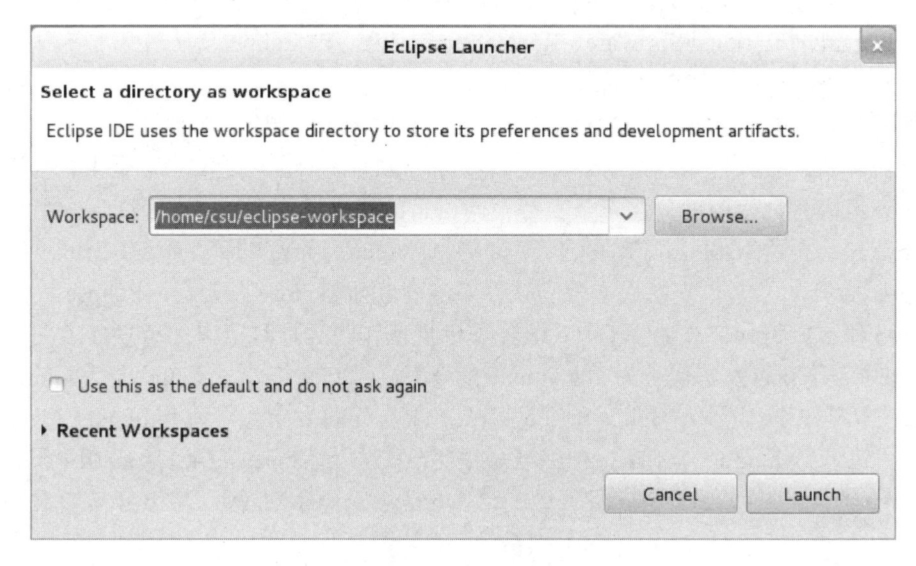

图 5-7　工作目录配置界面

单击图 5-7 中的“Launch”按钮即可进入 Eclipse 的欢迎界面，如图 5-8 所示。

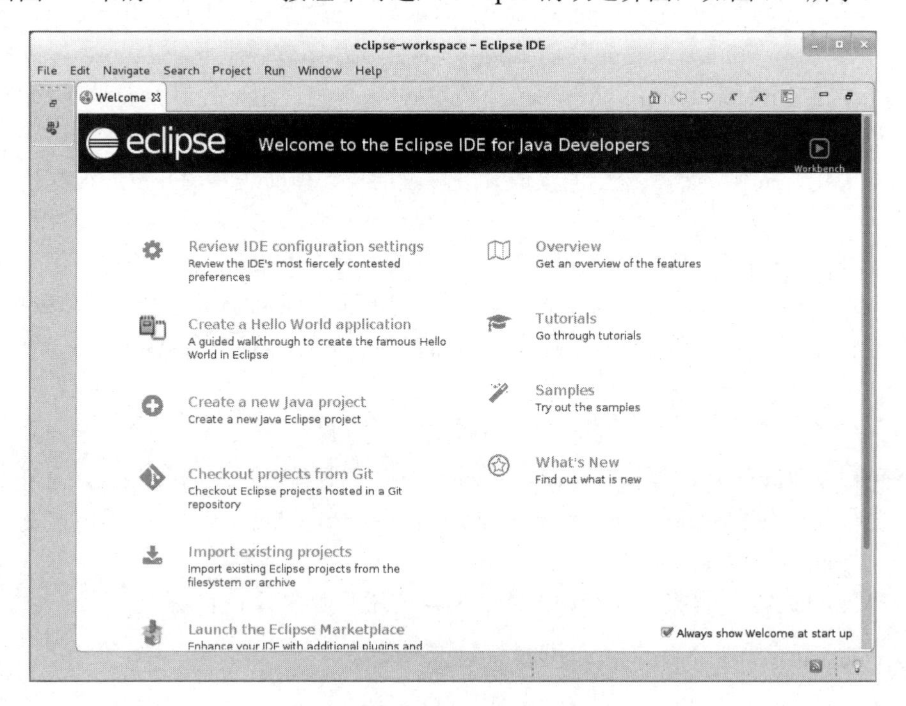

图 5-8　首次启动 Eclipse 的欢迎界面

在图 5-8 中，可以单击“Overview”图标了解 Eclipse 的总体介绍，也可以单击“Tutorials”图标了解基本应用方法。单击图 5-8 右上角的“Workbench”图标可进入 Eclipse 开发主界面，如图 5-9 所示。

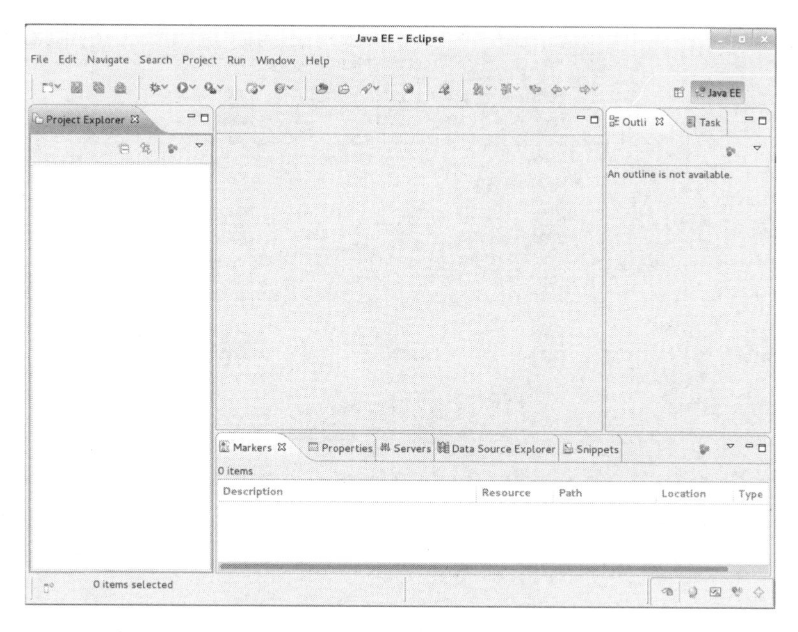

图 5-9　Eclipse 开发主界面

5.4　开发 MapReduce 程序的基本方法

开发 Hadoop 平台上的 MapReduce 程序有多种方法。从开发工具来看，可以选择 Eclipse、IntelliJ IEAD（本书后面也有介绍）等；从开发语言来看，可以选择 Java、Scala、R 和 Python 等。每一种开发工具和开发语言都有其优势和特点，需要根据项目的特性来决定。

在众多的开发工具和开发语言中，Eclipse 和 Java 是当前的主流。本节将介绍如何在 Hadoop 平台上利用 Eclipse 工具和 Java 语言开发 MapReduce 程序。

5.4.1　为 Eclipse 安装 Hadoop 插件

要在 Eclipse 上开发 MapReduce 程序，需要为 Eclipse 安装 Hadoop 插件。读者可以从网络下载 hadoop-eclipse-plugin-2.6.0.jar 文件，也可以在本书第 5 章软件资源文件夹中找到该文件。注意，虽然这里的 hadoop-eclipse-plugin-2.6.0.jar 文件名中含有“2.6.0”，其实与 Hadoop 2.6.0 没有关系，这是 Eclipse 插件的版本编号。

1．将 hadoop-eclipse-plugin-2.6.0.jar 文件复制到“/home/csu/eclipse/plugins/”下

将 hadoop-eclipse-plugin-2.6.0.jar 复制到 Master 的“/home/csu/eclipse/plugins/”目录下，如图 5-10 所示。注意，一定要放在 Eclipse 安装目录下的 plugins 子目录中。

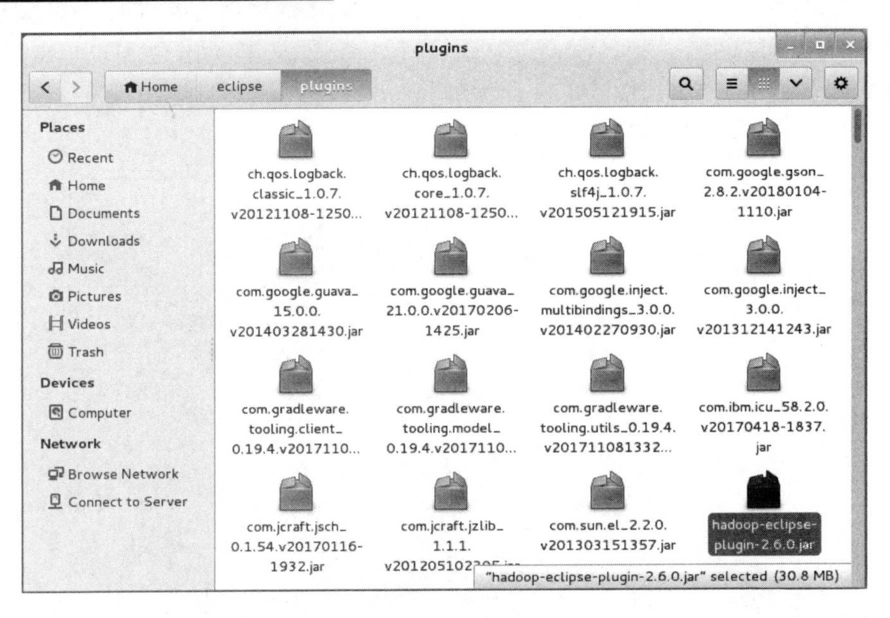

图 5-10　将 hadoop-eclipse-plugin-2.6.0.jar 放在 Eclipse 安装目录下的 plugins 子目录中

2. 在 Eclipse 中设置 Hadoop 的安装目录

重新启动 Eclipse（这样就能自动感知新增的 Hadoop 插件）后进入开发主界面。在主菜单中选择“Window→Preferences”，在弹出的 Preferences 对话框中选中左边的“Hadoop Map/Reduce”，然后在右边的“Hadoop installation directory”编辑框中输入 Hadoop 的安装目录，如“/home/csu/hadoop-3.1.0”，如图 5-11 所示。

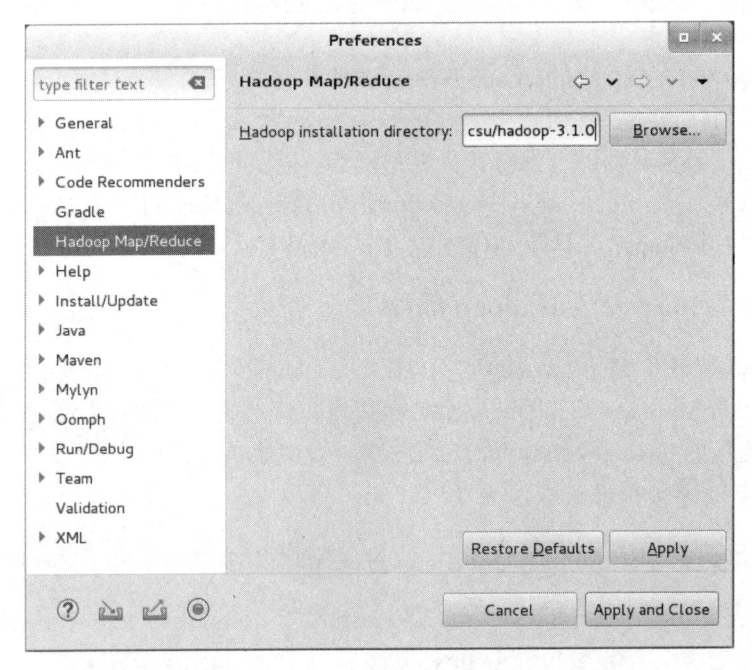

图 5-11　在 Preferences 对话框中设置 Hadoop 的安装目录

也可以单击图 5-11 中的“Browse”按钮选择 Hadoop 的安装目录。

3. 创建并配置 Map/Reduce Locations

在主菜单中选择“Window→Show View→Other”，在弹出的 Show View 对话框中找到“MapReduce Tools”，展开后选择“Map/Reduce Locations”，如图 5-12 所示。

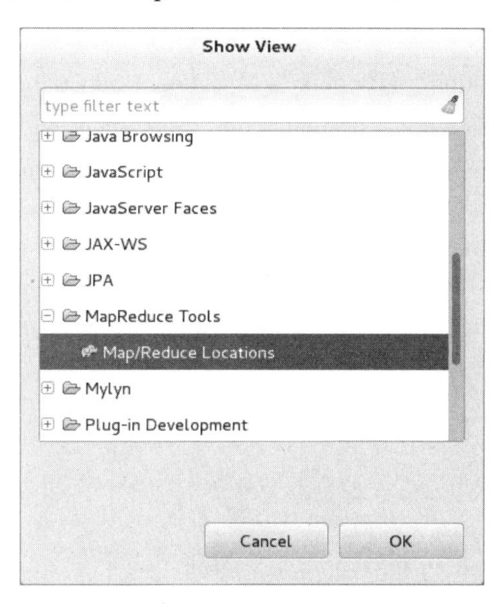

图 5-12　在 Show View 对话框中选择“Map/Reduce Locations”

单击“OK”按钮回到开发主界面。上述操作的目的是为了打开 Map/Reduce Locations 子窗口，如图 5-13 所示，该子窗口在中间部分的下方。

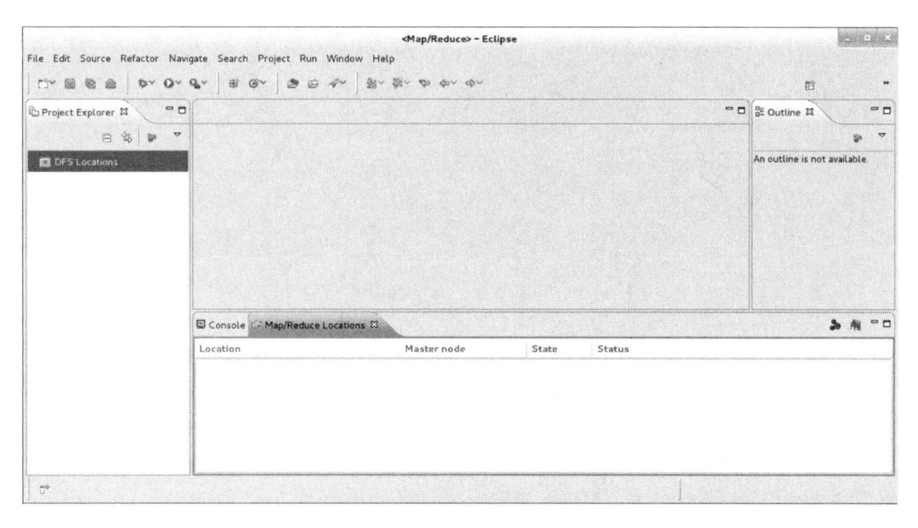

图 5-13　在 Eclipse 打开的 Map/Reduce Locations 子窗口

将鼠标移动到 Map/Reduce Locations 子窗口内，单击鼠标右键后在弹出菜单中选择“New Hadoop location”，如图 5-14 所示，这里准备创建并配置一个新的 Hadoop Location。

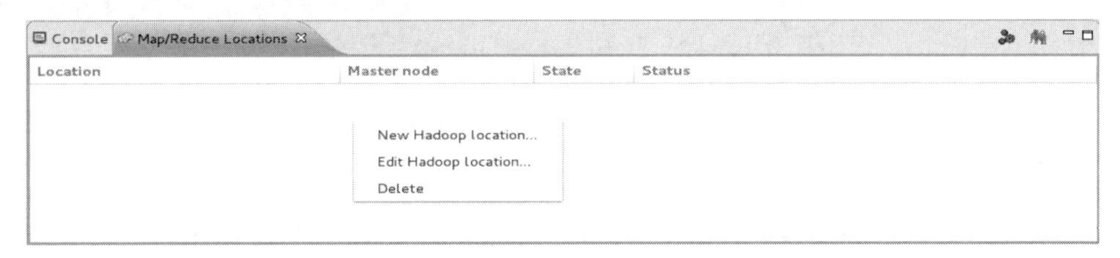

图 5-14　在 Map/Reduce Locations 子窗口中选择“New Hadoop location”

选择“New Hadoop location”后，系统将弹出 New Hadoop location 对话框，如图 5-15 所示。在 General 选项卡中，需要设置 Location name、Map/Reduce（V2）Master 和 DFS Master。Location name 可以根据自己的需要任意选取，如 CSU_Hadoop。Map/Reduce（V2）Master 的 Host 和 Port 实际上是指 Yarn 的主机和端口，我们需要回顾第 4 章安装 Hadoop 时所设置的 yarn-site.xml 文件，里面就有这些信息。为稳妥起见，我们也可以采用 IP 地址代替主机名，如“192.168.163.138”，端口号可以取默认的“50020”。DFS Master 的 Host 和 Port 则需要从 Hadoop 的核心组件配置文件 core-site.xml 中提取。其中，主机名会被自动设置，而端口号则设为“9000”。

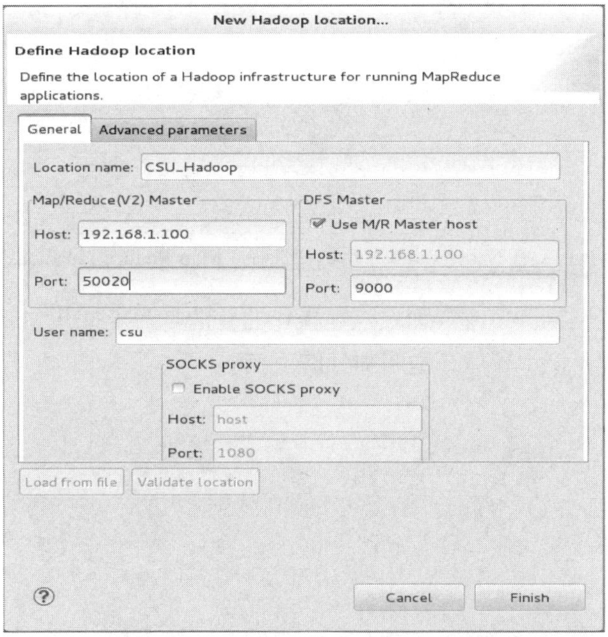

图 5-15　New Hadoop location 对话框

单击图 5-15 的“Finish”按钮可返回开发主界面，如果上述配置正确，将会在左边的“Project Explorer”窗口中的“DFS Locations”下看到新增的 DFS Location，即 CSU_Hadoop，并可以展开看到 Hadoop 中的文件目录，如图 5-16 所示。

有些用户在进行上述配置后，Eclipse 不能连接 Hadoop，并给出错误提示（出现在左边新增 DFS Location 的展开项中，如 CSU_Hadoop），这时单可单击 CSU_Hadoop 项，在弹出的菜单中选择“Edit Hadoop Location”，然后仔细检查配置是否正确，必要时可重新进行设置。此外，还要特别注意，检查计算机的 Hadoop 是否启动了，必须确保已经启动了 Hadoop，上述配置才能最后完成。如果在上述安装中，如果未启动 Hadoop，则可以马上转到 Linux 桌面后新打开一个终端，然后按照前面介绍的方法启动 Hadoop，再回到 Eclipse 界面继续操作，实现与 Hadoop 的连接。

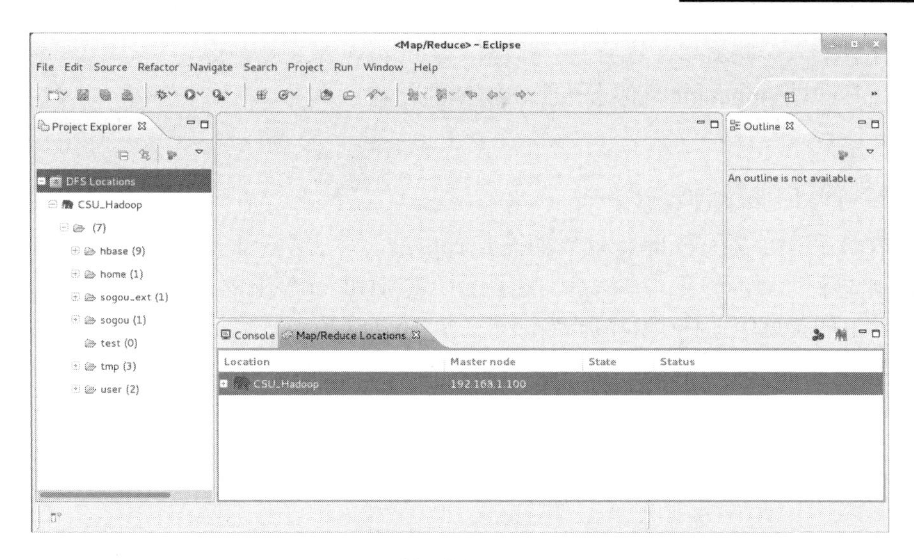

图 5-16　成功新建的 Hadoop Location

完成 Eclipse 的 Hadoop 插件安装后，就可以开始进行项目开发了。

5.4.2　WordCount：第一个 MapReduce 程序

本节以 Hadoop 中典型的 MapReduce 程序 WordCount 为例，展示完整的程序设计过程。WordCount 程序用于统计文本文件中各个单词出现的次数，能充分体现 MapReduce 程序的特点，即分解与合并。

1. 准备数据文件

既然要统计文本文件中单词出现的次数，那自然要事先准备好待处理的数据文件。为此，我们在 Master 上新打开一个终端，然后执行“gedit input.txt”命令，该命令可在当前目录下创建一个名为 input.txt 的文本文件，如图 5-17 所示。

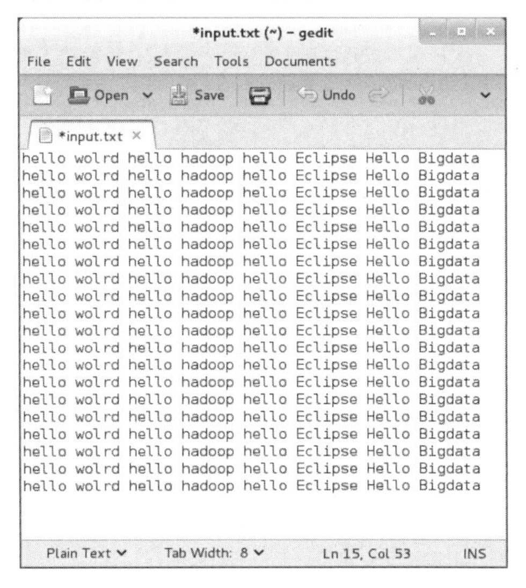

图 5-17　创建文本文件 input.txt

我们任意输入一些文本，然后保存并退出 gedit 编辑器。接着将文本文件 input.txt 上传到 HDFS。我们可以把 input.txt 文件上传到 HDFS 的任意目录中，例如“/test”（我们在第 4 章中已经创建了该目录），命令是：

```
hadoop fs -put /home/csu/input.txt /test/
```

上传成功后，可以在 Eclipse 的“DFS Locations”下的“CSU_Hadoop”中看到上传的文件，但必须先手动刷新一下。方法是，选择“CSU_Hadoop”下的“test”文件夹，单击鼠标右键，在弹出的菜单中选择“Refresh”即可，如图 5-18 所示。

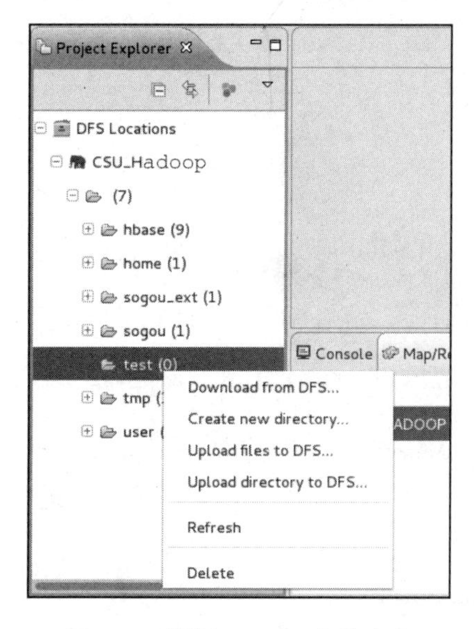

图 5-18　刷新 Hadoop 文件内容

这时系统将显示新上传的文件 input.txt，双击该文件，其内容就会在 Eclipse 中显示出来，如图 5-19 所示。

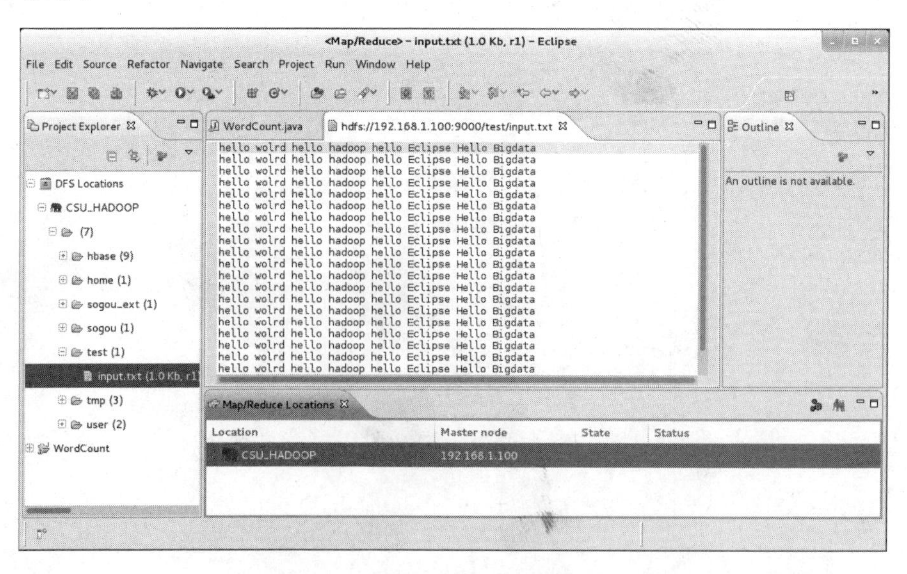

图 5-19　在 Eclipse 中打开 input.txt 文件

实际上，我们可以在 Eclipse 中进行文件目录创建、文件上传、文件下载、文件或文件夹删除等操作，但是不能编辑文件内容（请读者想一想为什么）。

2. 新建项目

显然，创建新项目是主要工作。在 Eclipse 主菜单中选择“File→New→Other”，可弹出 Select a wizard 对话框，在对话框中选择“Map/Reduce Project”，如图 5-20 所示。

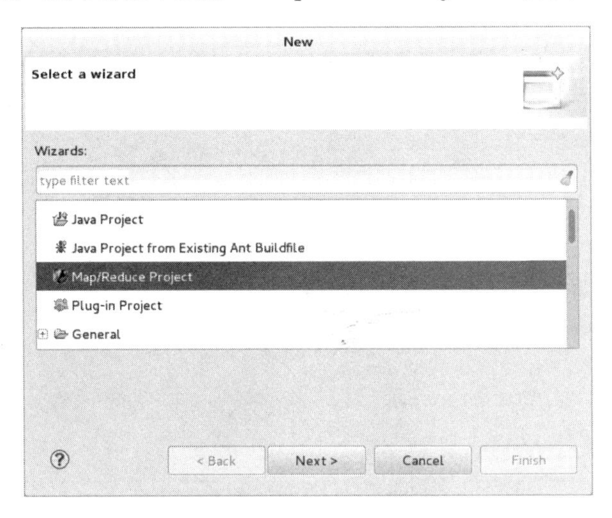

图 5-20　创建一个新的 Map/Reduce Project

单击图 5-20 中的“Next”按钮，在随后出现的对话框中，我们需要给项目命名，例如这里的 WordCount，如图 5-21 所示。

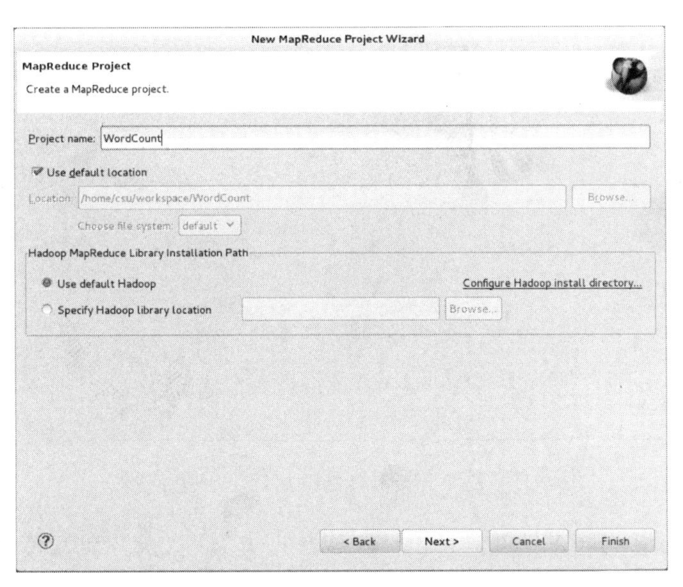

图 5-21　为新建的项目命名

单击图 5-21 中的“Next”按钮，系统会弹出 Java Settings 对话框，如图 5-22 所示。

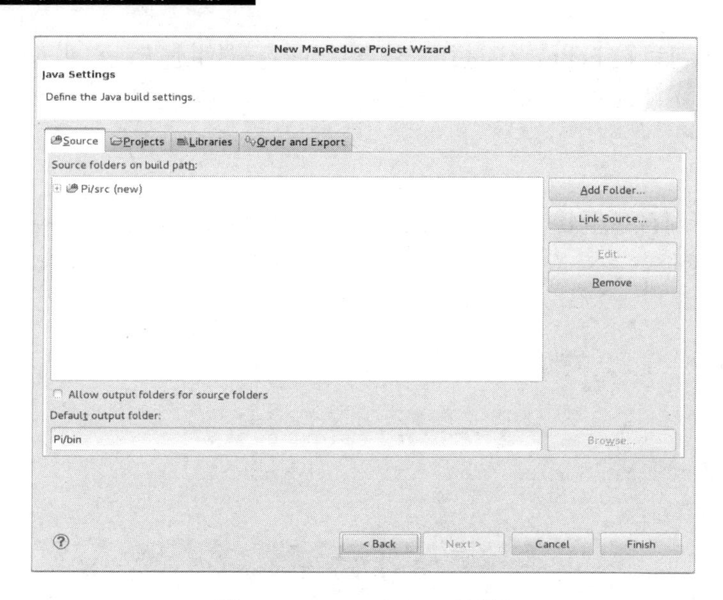

图 5-22　Java Settings 对话框

在图 5-22 中选择“Libraries”选项卡，可以看到，系统显示出了已经安装的 JRE（Java 运行时环境），如图 5-23 所示。

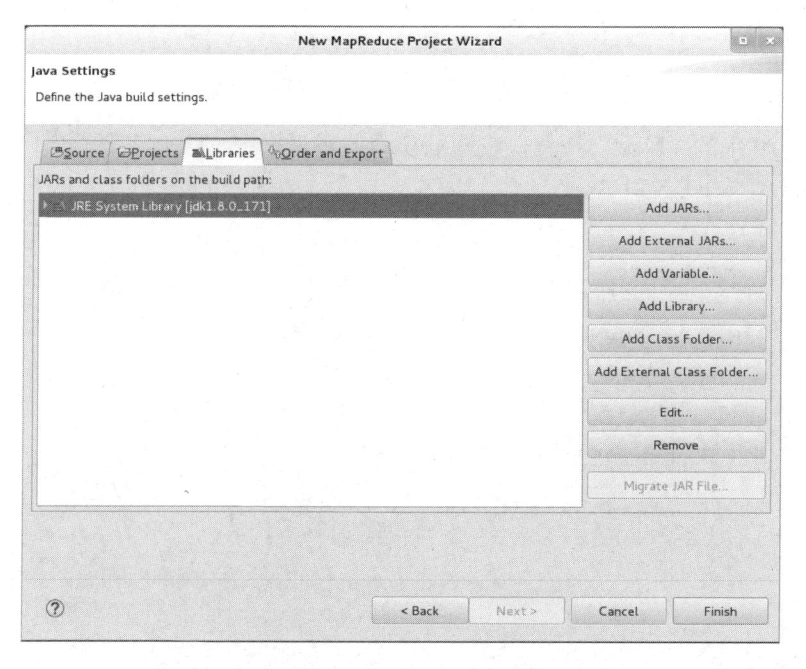

图 5-23　系统已安装的 Java 运行时环境（JRE）

这说明 Eclipse 平台自动感知到了已经安装好的 JRE，因此，我们只要单击“Finish”按钮返回开发主界面即可。

当然，如果没有显示 JRE，就需要在图 5-23 中单击右边的“Add Library”按钮来手动添加 JRE。完成上述配置后，可以看到在“Project Explorer”中新增了一个名为 WordCount 的项目，如图 5-24 所示。

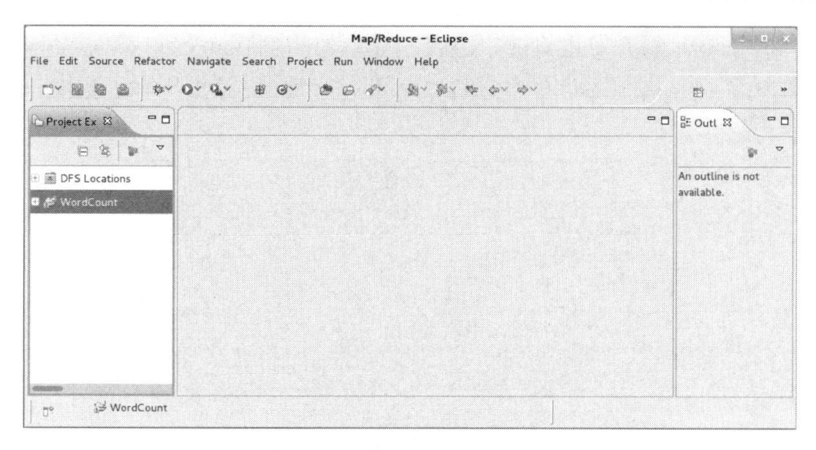

图 5-24　在 Eclipse 中新创建的 WordCount 项目

3. 编写源码

现在可以开始编写源程序了。首先选中 WordCount 项目下的“src”，单击鼠标右键，在弹出的菜单中选择“New→Package”，如图 5-25 所示，这表明我们计划创建一个新的 Java 包。

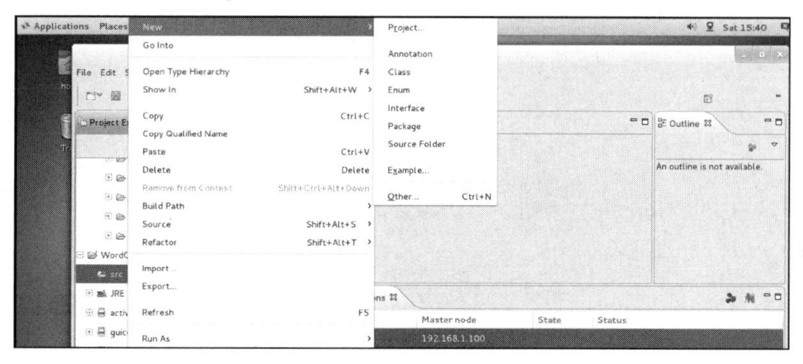

图 5-25　创建新的 Java 包

这时系统会弹出 New Java Package 对话框，如图 5-26 所示，要求输入源程序文件夹（Source folder）和包的名称（Name），这里只需要输入包的名称，如 com.csu，单击“Finish”按钮即可。

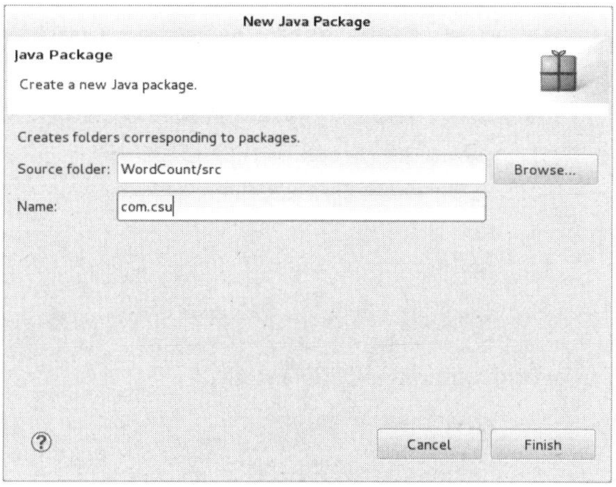

New Java Package

Java Package

Create a new Java package.

Creates folders corresponding to packages.

Source folder: WordCount/src　Browse...

Name: com.csu

Cancel　Finish

图 5-26　为 Java 包命名

这时会回到 Eclipse 的开发主界面，选择刚才创建的包 com.csu，单击鼠标右键，在弹出的菜单中选择“New→Class”，接着在弹出的 New Java Class 对话框中输入类名，如 WordCount，如图 5-27 所示。

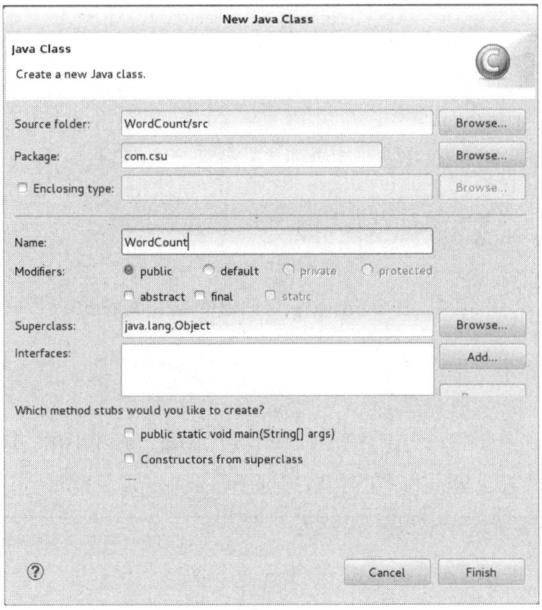

图 5-27　为 Java 的类命名

单击图 5-27 中的“Finish”按钮之后，我们再次回到 Eclipse 的开发主界面，这时系统就打开了类编辑窗口，如图 5-28 所示。

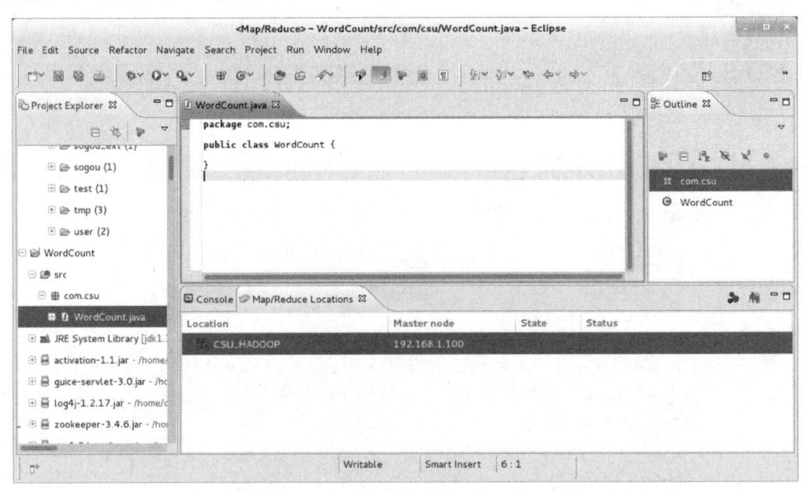

图 5-28　系统打开的类编辑窗口

将下面的代码复制到 WordCount.java 的文件编辑区。

```
package com.csu;
import java.io.IOException;
import java.util.StringTokenizer;
```

```
import org.apache.hadoop.conf.Configuration;
import org.apache.hadoop.fs.Path;
import org.apache.hadoop.io.IntWritable;
import org.apache.hadoop.io.Text;
import org.apache.hadoop.mapreduce.Job;
import org.apache.hadoop.mapreduce.Mapper;
import org.apache.hadoop.mapreduce.Reducer;
import org.apache.hadoop.mapreduce.lib.input.FileInputFormat;
import org.apache.hadoop.mapreduce.lib.output.FileOutputFormat;
import org.apache.hadoop.util.GenericOptionsParser;
public class WordCount {
    public static class TokenizerMapper;
    extends Mapper<Object, Text, Text, IntWritable>{
        private final static IntWritable one = new IntWritable(1);
        private Text word = new Text();
        public void map(Object key, Text value, Context context
                        ) throws IOException, InterruptedException
        {
            StringTokenizer itr = new StringTokenizer(value.toString());
            while (itr.hasMoreTokens()) {

                word.set(itr.nextToken());
                context.write(word, one);
            }
        }
    }

    public static class IntSumReducer;
    extends Reducer<Text,IntWritable,Text,IntWritable>
    {
        private IntWritable result = new IntWritable();
        public void reduce(Text key, Iterable<IntWritable> values,
            Context context) throws IOException, InterruptedException
        {
            int sum = 0;
            for (IntWritable val : values)
            {
                sum += val.get();
            }
            result.set(sum);
            context.write(key, result);
        }
    }
    public static void main(String[] args) throws Exception {
        Configuration conf = new Configuration();
        String[] otherArgs = new GenericOptionsParser(conf, args).
                                                getRemainingArgs();
```

```
        if (otherArgs.length < 2) {
            System.err.println("Usage: wordcount <in> [<in>...] <out>");
            System.exit(2);
        }
        Job job = new Job(conf, "word count");
        job.setJarByClass(WordCount.class);
        job.setMapperClass(TokenizerMapper.class);
        job.setCombinerClass(IntSumReducer.class);
        job.setReducerClass(IntSumReducer.class);
        job.setOutputKeyClass(Text.class);
        job.setOutputValueClass(IntWritable.class);
        for (int i = 0; i < otherArgs.length - 1; ++i) {
            FileInputFormat.addInputPath(job, new Path(otherArgs[i]));
        }
        FileOutputFormat.setOutputPath(job,
        new Path(otherArgs[otherArgs.length - 1]));
        System.exit(job.waitForCompletion(true) ? 0 : 1);
    }
}
```

实际上，上述代码是由 Hadoop 系统提供的示例程序，但是修改了一下包的名称，由原来的“org.apache.hadoop.examples”改成了“com.csu”。

这里顺便提示一下如何从 Hadoop 安装目录中获得上述源代码文件。

其实，在 Hadoop 的安装目录“hadoop-3.1.0/share/hadoop/MapReduce/sources/”下有一个 hadoop-MapReduce-examples-3.1.0-sources.jar 文件，选择该文件后单击鼠标右键，在弹出的菜单中选择“Open With Archive Manager”，如图 5-29 所示，在打开该文件后双击 org，一直双击直到 WordCount.java 文件（注意不是 class 文件），最后双击即可用 gedit 打开该文件了。

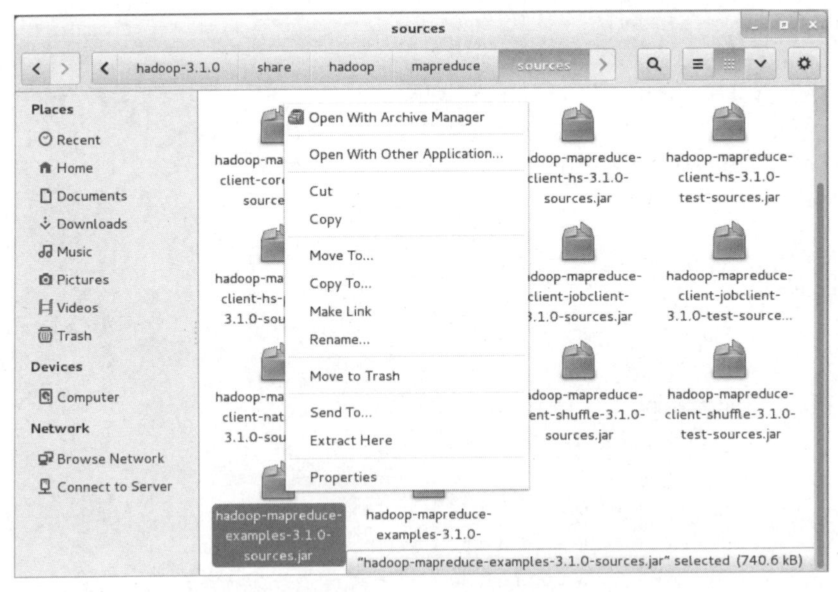

图 5-29 用系统自带的 Archive Manager 打开文件

关于 WordCount 程序，我们首先从总体上认识一下。

（1）main 函数调用 Job 类进行 MapReduce 任务的初始化：

```
Job job = new Job(conf, "word count");
```

早期的 MapReduce 会使用 JobConf 类来对 MapReduce 任务进行初始化，然后调用 setJobName()方法命名这个任务。对任务进行合理的命名有助于更快地找到任务，以便在 JobTracker 和 TaskTracker 的页面中对其进行监控。

```
JobConf conf = new JobConf(WordCount. class); conf.setJobName("word count");
```

（2）设置任务的输出结果<Key,Value>的中 Key 和 Value 数据类型。因为结果是<单词,个数>，所以 Key 设置为 Text 类型，相当于 Java 中 string 类型；Value 设置为 IntWritable，相当于 Java 中的 int 类型。

```
conf.setOutputKeyClass(Text.class);
conf.setOutputValueClass(IntWritable.class);
```

（3）设置任务处理的 Map（拆分）、Combine（中间结果合并）及 Reduce（合并）的相关处理类。这里用 Reduce 类来对 Map 产生的中间结果进行合并，避免给网络数据传输产生压力。

```
conf.setMapperClass(Map.class);
conf.setCombinerClass(Reduce.class);
conf.setReducerClass(Reduce.class);
```

（4）调用 addInputPath()和 setOutputPath()设置输入输出路径。

```
FileInputFormat.addInputPath(job, new Path(otherArgs[i]));
FileOutputFormat.setOutputPath(job, new Path(otherArgs[otherArgs.length - 1]));
```

以上就是 main 函数。

从整个应用程序看，除了主函数，还有两个子类，分别是 TokenizerMapper 和 IntSumReducer，这两个子类分别用来定义 Map 函数和 Reduce 函数。我们知道，MapReduce 正是通过为程序员提供这两个高度抽象的函数，从而大大简化了分布式并行计算的设计过程的。我们来看一下这两个函数的使用。

Map 函数分析如下：

```
public static class Map extends MapReduceBase implements
        Mapper<LongWritable, Text, Text, IntWritable> {
    private final static IntWritable one = new IntWritable(1);

    private Text word = new Text();
    public void map(LongWritable key, Text value,
            OutputCollector<Text, IntWritable> output, Reporter reporter)
            throws IOException {
        String line = value.toString();
        StringTokenizer tokenizer = new StringTokenizer(line);
        while (tokenizer.hasMoreTokens()) {
            word.set(tokenizer.nextToken());
            output.collect(word, 1);
```

```
            }
        }
    }
```

Map 类继承自 MapReduceBase，并且它实现了 Mapper 接口，此接口是一个规范类型，它有 4 种形式的参数，分别用来指定 Map 的输入 Key 值类型、输入 Value 值类型、输出 Key 值类型和输出 Value 值类型。在本例中，因为使用的是 TextInputFormat，它的输出 Key 值是 LongWritable 类型，输出 Value 值是 Text 类型，所以 Map 的输入类型为<LongWritable,Text>。在本例中，我们需要输出<word,1>这样的形式，因此输出的 Key 值类型是 Text，输出的 Value 值类型是 IntWritable。

实现此接口的类还需要实现 Map 函数，Map 函数会对输入进行操作，在本例中，Map 函数对输入的行以空格为单位进行切分，然后使用 output. collect 收集输出的<word,1>。

Reduce 函数分析如下：

```
public static class Reduce extends MapReduceBase implements
        Reducer<Text, IntWritable, Text, IntWritable> {
    public void reduce(Text key, Iterator<IntWritable> values,
            OutputCollector<Text, IntWritable> output, Reporter reporter)
            throws IOException
    {
        int sum = 0;
        while (values.hasNext())
        {
            sum += values.next().get();
        }
        output.collect(key, new IntWritable(sum));
    }
}
```

Reduce 类也继承自 MapReduceBase，需要实现 Reducer 接口。Reduce 函数以 Map 函数的输出作为输入，因此 Reduce 函数的输入类型是<Text，IntWritable>。而 Reduce 函数的输出是单词和它的数目，因此它的输出类型是<Text，IntWritable>。Reduce 类也要实现 Reduce 函数，在此方法中，Reduce 函数将输入的 Key 值作为输出的 Key 值，然后将获得多个 Value 值加起来，作为输出的值。

以上实际上是在讨论 Map 函数和 Reduce 函数的应用。如果要深入理解 Map 和 Reduce 函数的实现，则需要进一步阅读实现 Map 和 Reduce 函数的 Java 源代码（有关如何阅读 Hadoop 源代码的问题，读者可以参见 Hadoop 技术内幕一类的书籍或文献）。

下面我们来展示 Map 函数和 Reduce 函数中的关键概念。

（1）InputFormat 和 InputSplit。InputSplit 是 Hadoop 定义的用来传送给每个单独的 Map 的数据，InputSplit 存储的并非数据本身，而是一个分片长度和一个记录数据位置的数组。可以通过 InputFormat()来设置生成 InputSplit。

当数据传送给 Map 函数时，Map 函数会将输入分片传送到 InputFormat，InputFormat 则调用 getRecordReader()生成 RecordReader，RecordReader 再通过 creatKey()、creatValue()创建可供 Map 处理的<Key,Value>。简而言之，InputFormat()用来生成可供 Map 函数处理的<Key,Value>。

其中 TextInputFormat 是 Hadoop 默认的输入方法，在 TextInputFormat 中，每个文件（或

其一部分）都会单独地作为 Map 函数的输入，而这个继承自 FileInputFormat。之后，每行数据都会生成一条记录，每条记录则表示成<Key,Value>形式：Key 值是每个数据的记录在数据分片中字节偏移量，数据类型是 LongWritable；Value 值是每行的内容，数据类型是 Text。

（2）OutputFormat。每一种输入格式都有一种输出格式与其相对应。默认的输出格式是 TextOutputFormat，这种输出方式与输入类似，会将每条记录以一行的形式存入文本文件。不过，它的 Key 值和 Value 值可以是任意形式的，因为程序内部会调用 toString()将 Key 值和 Value 值转换为 String 类型后再输出。

4．运行程序

在运行程序之前，需要先设置 Run Configurations。将鼠标移动到 WordCount.java 代码编辑区，单击鼠标右键，在弹出菜单中选择“Run As →Run Configurations”，如图 5-30 所示。系统将弹出 Run Configurations 对话框中，用户首先选择左边的“Java Application”，然后右击“WordCountC”，在弹出的菜单中选择“New”，表示新建一个配置，如图 5-31 所示。

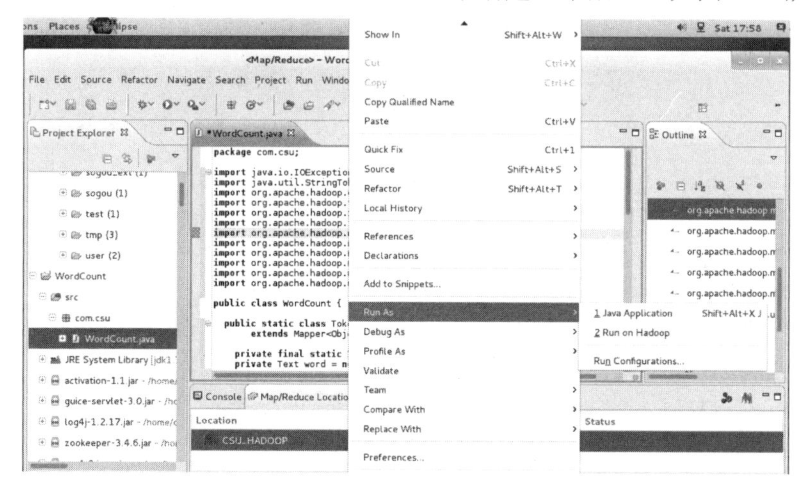

图 5-30　准备配置 Run Configurations

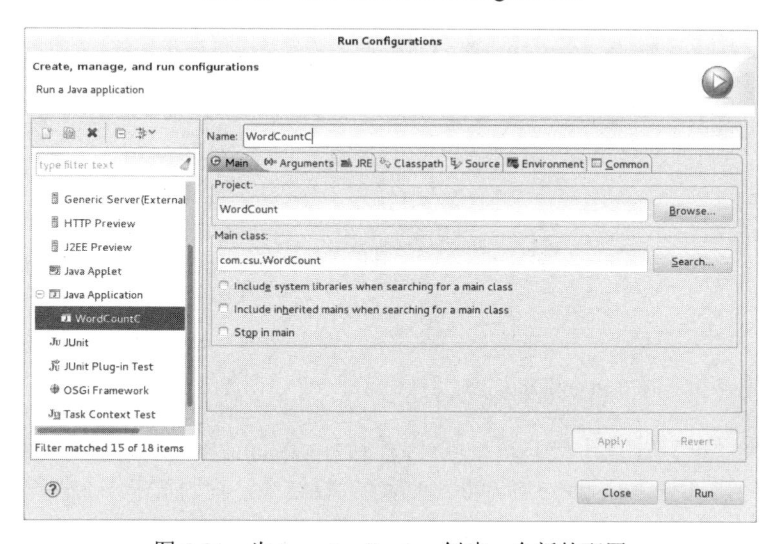

图 5-31　为 Java Application 创建一个新的配置

图 5-31 中，WordCountC 是用户给出的配置名称，可以任意命名，但不能和已经存在的配置同名。项目（Project）、主类名（Main class）必须与用户在创建项目时的设置一致，例如这里分别是 WordCount 和 com.csu.WordCount。接着选择“Arguments”选项卡，以便配置运行参数，如图 5-32 所示。

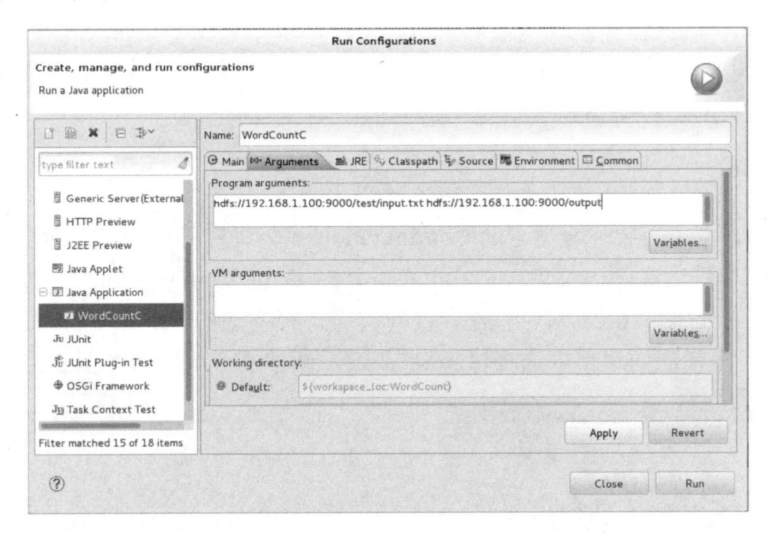

图 5-32 配置运行参数

其中，“hdfs://192.168.1.100:9000/test/input.txt”是输入文件，也就是待处理的文件；在空格后紧跟着的是输出目录，即“hdfs://192.168.1.100:9000/output”。

完成上述配置后，单击“Apply”按钮，然后单击“Close”按钮。

回到开发主界面后，将鼠标移动到代码编辑区，单击右键，在弹出的菜单中选择“Run As”，进一步选择“Run on Hadoop”，系统弹出如图 5-33 所示的“Run on Hadoop”对话框，选择已经创建的一个 Hadoop Location，单击“Finish”按钮即可。

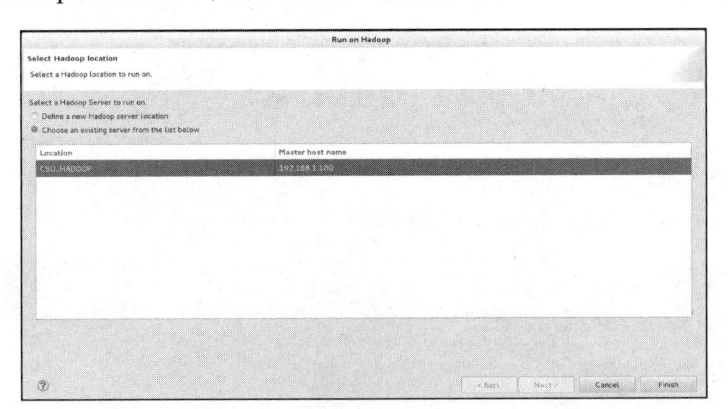

图 5-33 在 Run on Hadoop 对话框中选择一个已创建的 Hadoop Location

图 5-34 是执行完毕后的开发主界面。我们看到 Hadoop 的 test 目录下新增了 ouput 子目录，该子目录下有两个文件，其中 part-r-000000 包含了计算结果，我们双击该文件即可查看其内容。

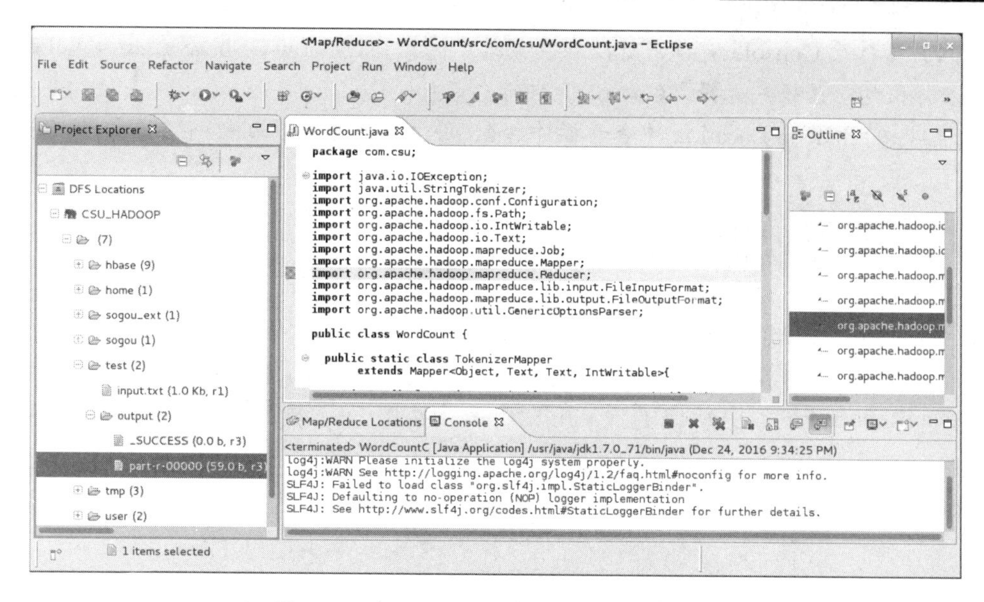

图 5-34　在 test 目录下生成的 output 子目录

图 5-35 显示了 part-r-000000 文件的内容。我们看到，处理结果与我们的预期完全一致。至此，我们就在 Eclipse 中完成了一个 Java 语言的 MapReduce 程序设计。

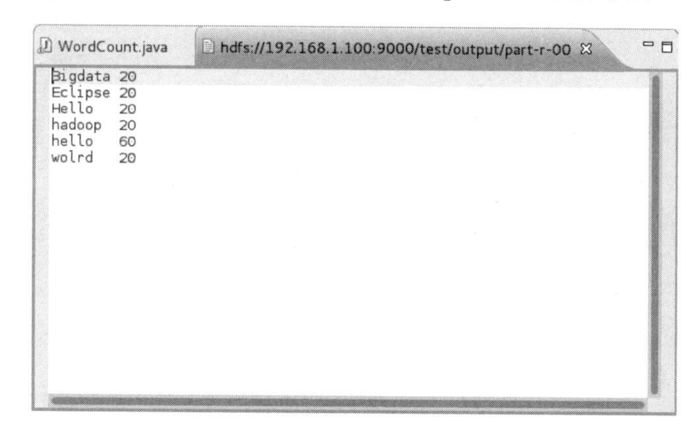

图 5-35　part-r-000000 文件的内容

注意事项

（1）如果读者安装了其他版本的 Eclipse，如 JEE 版本，在导入上述程序后可能会出现大量错误（红叉），一般都是因为 jar 包出现了问题。所以，我们建议读者采用本书推荐的 Eclipse，也就是 eclipse-java-photon-R-linux-gtk-x86_64.tar.gz，实践证明不会有问题。

（2）在运行 MapReduce 程序时，Eclipse 会要求选择一个已经存在的配置，可以在弹出的对话框中单击选择一个自己做好的配置。如果在 Eclipse 中存在多个配置，要选择适合当前程序需要的配置（如包含了特定程序运行参数的配置）。

（3）再次运行程序时，Console 窗口可能会提示输出目录 output 已经存在，抛出异常信息，这时可先删除该目录后再运行程序。注意，是删除整个 output 目录；如果仅仅删除里面的文件，仍然会出现目录已经存在的提示。

（4）要打开 Console 窗口，可以在主菜单中选择“Window→Show View→ Other”，然后在弹出的对话框中选择“Console”即可。

（5）要在 Hadoop Location 中查看操作结果，每次都需要手动刷新一下状态（Refresh）。

5.5 本章小结

本章首先介绍了 MapReduce 的基本原理，在此基础上，描述了 MapReduce v2，也就是 Yarn 的架构和执行流程，这些内容是我们掌握 Hadoop 平台的重要基础。本章重点介绍了如何设计 MapReduce 程序，并给出了一个在 Eclipse 中实现 Java 语言 MapReduce 程序的完整过程。

第 6 章

Hive 和 HBase 的安装与应用

本章主要介绍 Hive 和 HBase 的安装与应用，同时也介绍 MySQL 和 ZooKeeper 的安装与应用。需要说明的是，虽然 MySQL 是一个关系型数据库管理系统（RDBMS），但基于 Hadoop 的大数据应用也常常需要 MySQL 的支持，例如，Hive 就是依托 MySQL 来存储元数据的。正是由于这个原因，本章将介绍 MySQL 的安装与应用，而且本书后面的章节还会用到 MySQL。ZooKeeper 是一个通用协调器，HBase 可以使用自带的 ZooKeeper，也可以使用独立安装的 ZooKeeper，因此在本章还会介绍独立安装的 ZooKeeper。

6.1 在 CentOS 7 下安装 MySQL

就数据库而言，CentOS 6 或早期版本中提供的是 MySQL 的服务器/客户端安装包，但 CentOS 7 则使用 MariaDB 替代了默认的 MySQL。MariaDB 是 MySQL 的一个分支，主要由开源社区维护，采用 GPL 授权许可。MariaDB 完全兼容 MySQL，包括 API 和命令行。本书暂不考虑从 MySQL 迁移到 MariaDB 的问题，我们这里继续提供在 CentOS 7 下安装 MySQL 的指导，这是因为 MySQL 目前仍然是主流的开源数据库，同时熟悉 MySQL 也有利于读者全面了解相关技术。

6.1.1 下载或复制 MySQL 安装包

读者可以从“http://www.MySQL.com/downloads/”下载到最新版 MySQL 的安装包，本书采用 8.0.11 版。注意，读者以学习为目的，应当下载 MySQL Community Edition (GPL)，也可以在本书第 6 章软件资源文件夹中找到下列 MySQL 安装包：

- mysql-community-client-8.0.11-1.el7.x86_64.rpm;
- mysql-community-common-8.0.11-1.el7.x86_64.rpm;
- mysql-community-libs-8.0.11-1.el7.x86_64.rpm;
- mysql-community-server-8.0.11-1.el7.x86_64.rpm。

将这些文件复制到 Master 的“/home/csu”目录下（读者的目录可以不一样）。注意，安装和启动 MySQL 都需要使用 Root 用户，所以请首先输入“su root”命令并通过密码（本书设置的密码是 csucsu）认证切换到 Root 用户，然后进入“/home/csu”目录。

6.1.2 执行安装命令

由于 CentOS 7 已经存在 MariaDB 安装包，因此在安装 MySQL 前需要先将其删除。输入命令“rpm -qa | grep mariadb”可以检查现有的 MariaDB 安装包，如图 6-1 所示。

```
csu@slave1:~/Desktop
File Edit View Search Terminal Help
[root@master ~]# rpm -qa | grep mariadb
mariadb-libs-5.5.35-3.el7.x86_64
[root@master ~]#
```

图 6-1　检查 CentOS7 已经存在的 MariaDB 包装包

我们看到，系统中的 MariaDB 安装包是 mariadb-libs-5.5.35-3.el7.x86_64，因此，需要将其删除掉，使用的命令是：

```
rpm -e --nodeps mariadb-libs-5.5.35-3.el7.x86_64
```

其中，参数 nodeps 表示强制卸载，即不考虑依赖项，如图 6-2 所示。

```
csu@slave1:~/Desktop
File Edit View Search Terminal Help
[root@master ~] rpm -e --nodeps mariadb-libs-5.5.35-3.el7.x86_64
```

图 6-2　强制删除 MariaDB 安装包

删除完成后，就可以开始安装 MySQL 了。在命令行分别执行以下 4 条命令，依次安装 MySQL 组件。

```
rpm -ivh mysql-community-common-8.0.11-1.el7.x86_64.rpm
rpm -ivh mysql-community-libs-8.0.11-1.el7.x86_64.rpm
rpm -ivh mysql-community-client-8.0.11-1.el7.x86_64.rpm
rpm -ivh mysql-community-server-8.0.11-1.el7.x86_64.rpmop
```

每执行一条命令，如果顺利，都将看到如图 6-3 所示的信息。实际上，在 rpm 命令中，参数 i 表示安装，v 表示更多细节信息，h 表示显示进度信息。另外，如果在执行上述命令时提示没有该文件或目录，可以使用绝对路径，如图 6-3 所示。

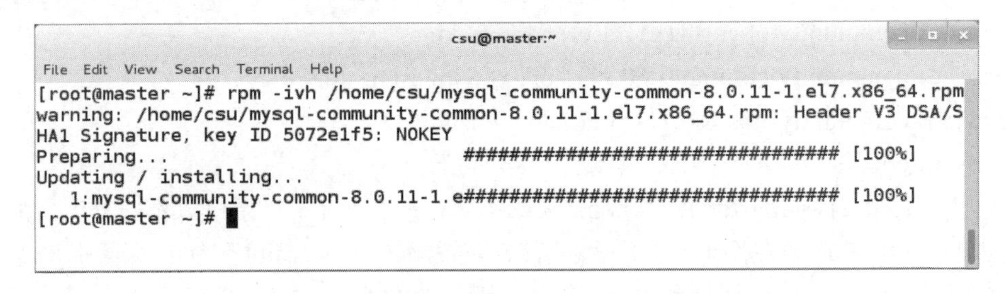
csu@master:~
File Edit View Search Terminal Help
[root@master ~]# rpm -ivh /home/csu/mysql-community-common-8.0.11-1.el7.x86_64.rpm
warning: /home/csu/mysql-community-common-8.0.11-1.el7.x86_64.rpm: Header V3 DSA/SHA1 Signature, key ID 5072e1f5: NOKEY
Preparing... ################################# [100%]
Updating / installing...
1:mysql-community-common-8.0.11-1.e################################# [100%]
[root@master ~]#

图 6-3　安装 MySQL

6.1.3 启动 MySQL

安装完成后就可以启动 MySQL 了，命令是“systemctl start mysqld.service”，如图 6-4 所示。

图 6-4 启动 MySQL

按下 Enter 键后，系统没有任何提示信息，并且也不回到 Linux 命令提示符，好像系统“卡住”了。实际上，启动后的 MySQL 是作为一种服务在后台运行的。用户需要另开一个终端来执行其他命令，例如可用“systemctl status mysqld.service”查看 MySQL 的状态，如图 6-5 所示，可以看到系统处于正常运行状态。

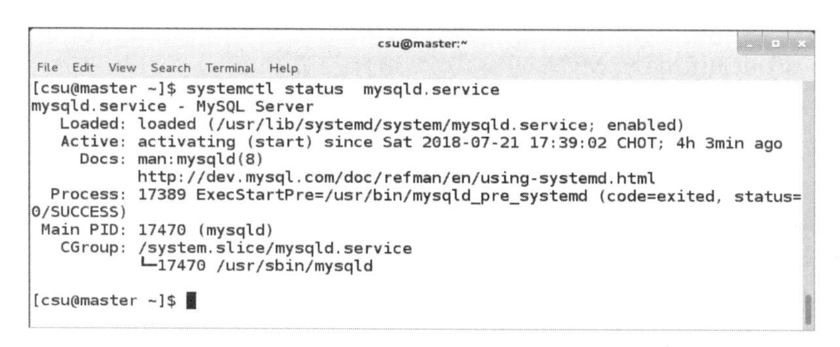

图 6-5 查看 MySQL 状态

6.1.4 登录 MySQL

启动 MySQL 以后，用户可以从终端登录系统。但是，在首次登录时需要获取自动生成的临时密码，命令是：

```
sudo grep ‘temporary password’ /var/log/MySQLd.log
```

按下 Enter 键后，即可显示自动生成的临时密码，本书是“nZ_+-U>5umo.”，注意后面的句点也属于密码的一部分，如图 6-6 所示，读者的可能不一样。

图 6-6 查看 MySQL Root 用户的临时密码

得到登录密码之后，就可使用该密码登录 MySQL 的客户端了。登录命令是“mysql –uroot-p”，按下 Enter 键后输入密码，即可完成登录，如图 6-7 所示。

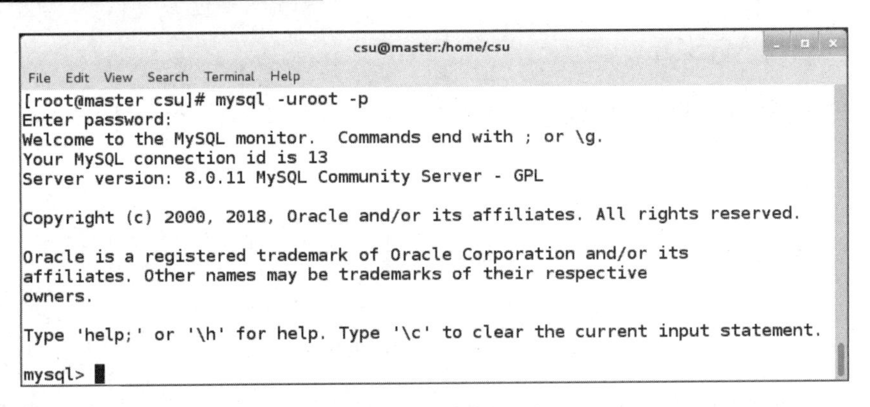

图 6-7 登录 MySQL

在首次登录 MySQL 后，需要修改临时密码才能开始创建数据库之类的工作，否则将被拒绝。修改密码的命令是“ALTER USER ‘root’@’localhost’ IDENTIFIED BY ‘MyNewPassW’”，如图 6-8 所示。注意，MySQL 命令本身是不区分大小写的，所以也可以使用“later user ‘root’@’localhost’ identified by ‘MyNewPassW’”这样的命令。

图 6-8 修改 MySQL Root 用户的临时密码

在修改临时密码时，有一个密码强度的问题，这一点也需要特别注意。像上面给出的“MyNewPassW”可能并不能满足密码强度的要求。这时系统会给出提示“Your password does not satisfy the current policy requirements”，因此需要采用密码强度更高的密码，一般要求含有大小写字母、符号（如%）和数字等，如“csu_djhuang168%CSU”。建议读者设置好符合强度要求的密码之后，将该密码记录下来，以免遗忘造成麻烦。当然，为了学习方便，也可以修改 MySQL 的密码强度，通过将其设置为 Low，从而允许使用简单密码。我们这里不做这项操作，读者可以参考 MySQL 官方文档。

6.1.5 使用 MySQL

（1）创建新用户。通过下面的命令可以创建一个名称是 hadoopcsu 的 MySQL 新用户，如图 6-9 所示。

```
mysql>create user 'hadoopcsu'@'%' IDENTIFIED BY 'Hive_%CSUdjhuang168168';
```

在上面的命令中，hadoopcsu 是新用户的名称，“Hive_%CSUdjhuang168168”是我们为其设置的密码，这里使用了一个符合当前强度要求的密码。如果命令中设置的密码不符合强度要求，系统会拒绝创建，并给出提示信息，可以重新尝试创建。

对于新创建的用户，还需要配置其权限，命令如下：

```
mysql>grant all privileges on *.* TO 'hadoopcsu'@'%' with grant option;
```

上述命令表示赋予用户全部权限，接着还需要通过下面的命令提交，并立即生效：

```
mysql> commit;
mysql> flush privileges;
```

上述练习不仅可以熟悉 MySQL 命令，也为后面安装 Hive 进行了必要的准备。

现在退出 MySQL，然后以上面创建的新用户登录 MySQL，命令是“mysql -u hadoopcsu-p”，按下 Enter 键后输入 hadoopcsu 的密码，如 Hive_%CSUdjhuang168168。请读者接着完成如下操作。

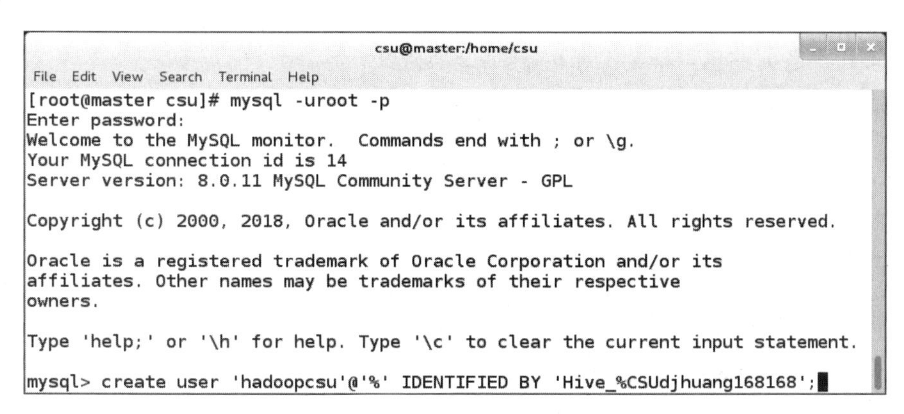

图 6-9　创建新用户

（2）创建数据库。

```
mysql>create database hive_168;
```

这里创建的 hive_168 数据库会在安装 Hive 时用到，所以我们再来创建一个练习用的数据库。

```
mysql>create database test_db;
```

（3）查看数据库。

```
mysql >show databases;
```

（4）使用数据库。

```
mysql >use test_db;
```

这条命令实际上是使得数据库 test_db 成为当前打开的数据库，因此接下来的操作都是对这个数据库进行的。要想操作其他数据库，就必须用 use 命令使其他数据库成为当前数据库。打开其他数据库，也就意味着当前数据库被关闭了。

（5）创建表。

```
mysql> create table myclass(
        >id int(4) not null primary key auto_increment,
        >name char(20) not null,
        >sex int(4) not null default '0',
        >degree double(16,2));
```

这条命令的输入状态如图 6-10 所示。

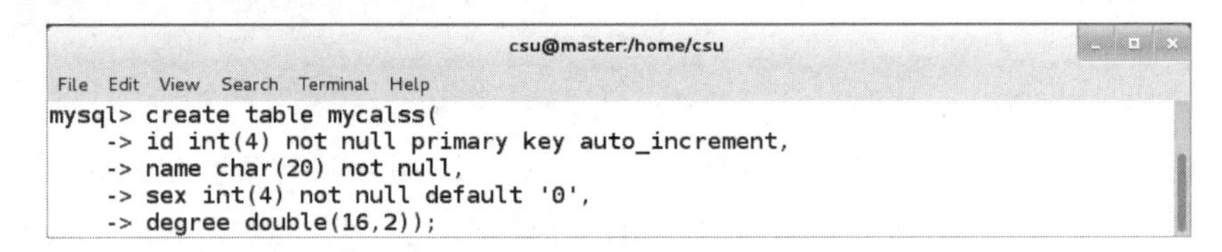

图 6-10　在当前数据库中创建表 myclass

由于上述命令较长，我们将其分成了 5 段，每一段后面都是回车符，只有在最后输入“;”时，系统才会将之前的输入作为一条完整命令来执行。

（6）插入数据。

```
mysql >insert into myclass values (0001,"Huang Dong Jun",0,100.00);
```

（7）查询数据。

```
mysql >select * from myclass;
```

（8）删除表。

```
mysql>drop table myclass;
```

（9）删除数据库。

```
mysql>drop database test_db;
```

（10）退出 MySQL。

```
mysql>quit;
```

上述退出 MySQL 的命令实际上是退出当前的登录用户，而 MySQL 作为系统服务仍然在后台运行。要终止 MySQL 服务，应当在 Linux 的命令行下输入“systemctl stop mysqld.service”命令。

6.1.6　问题与解决办法

在 MySQL 5.7 及其以前的版本下，有很多用户在安装 MySQL 后不能启动系统服务，或者首次启动成功后下次再启动时会失败，可能看到如图 6-11 所示的提示信息。

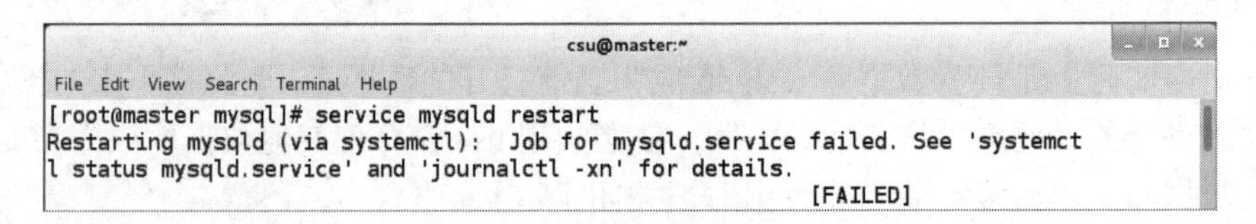

图 6-11　启动 MySQL 失败

为了解决这个问题，可使用命令“cat /var/log/mysqld.log” 查看一下日志文件，如图 6-12 所示。

```
2016-11-03T13:28:18.280648Z 0 [ERROR] /usr/sbin/mysqld: Can't create/write to file '/var/
run/mysqld/mysqld.pid' (Errcode: 2 - No such file or directory)
2016-11-03T13:28:18.280692Z 0 [ERROR] Can't start server: can't create PID file: No such
file or directory
2016-11-03T13:28:18.310662Z mysqld_safe mysqld from pid file /var/run/mysqld/mysqld.pid e
nded
[root@master ~]#
```

图 6-12　使用命令“cat /var/log/mysqld.log”显示的部分信息

在显示信息中，我们发现是无法创建 PID 文件（can't create PID file: No such file or directory），提示没有该文件或目录。用“ls”命令查看一下，果然在目录“/var/run”下没有“mysqld”目录。因此，我们可以创建该目录，命令是“mkdir -p /var/run/mysqld”，如图 6-13 所示。

图 6-13　创建 mysqld 目录

再次执行命令“service mysqld start”，仍然不能启动 MySQL，是什么原因呢？原来刚才创建的“mysqld”目录的属主（Owner）和属组（Group）仍然是 Root，而 MySQL 不能在该权限的目录中创建文件。因此，需要修改“/var/run/mysqld/”的属主和属组，命令是“chown mysql.mysql /var/run/mysqld/”，修改以后就可以正常启动 MySQL 了，如图 6-14 所示。

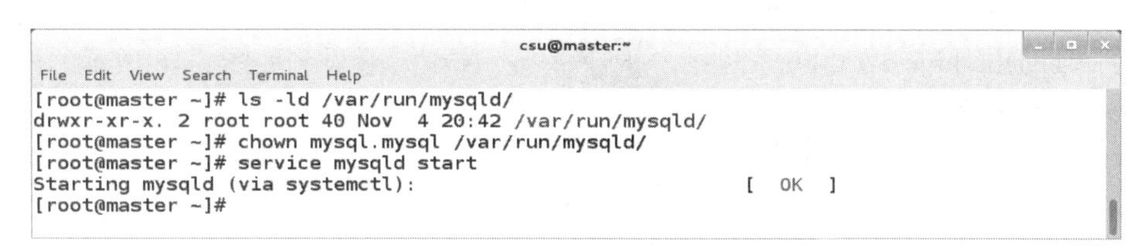

图 6-14　修改 mysqld 目录的属主和属组

令人遗憾的是，上面创建的“mysqld”目录在关机以后会消失，下次启动 MySQL 需要再次创建。有研究人员认为这是 MySQL 的一个不合理之处。不过我们可以把上述两条命令写进 Linux 系统的启动脚本中，问题也容易解决。

必须指出，我们现在使用的是 MySQL 8.0.11，上述问题已经不存在了。这说明我们上面指出的所谓“遗憾”还确实得到了重视，并得到了改进。

6.2　Hive 安装与应用

Hive 需要安装在成功部署的 Hadoop 平台上，并且要求 Hadoop 已经正常启动。所以，读者需要首先验证自己计算机上的 Hadoop 是否处于正常运行状态，方法是执行一个 Hadoop 命令，如“hdfs dfs -ls /”，看是否能正常显示 HDFS 上的目录列表；同时，通过浏览器查看系统状态，地址是“http://maser:9870”和“http://master:18088”（注意，Hadoop 3.0 以前的老版本的查询地址是“http://master:50070”），查看结果应当与安装时的情况一致。如果满足上述两个条件，就说明 Hadoop 已经正常启动。

准备就绪后，就可以开始安装 Hive 了。我们打算将 Hive 安装在 Master 上，因此以下的操作均是在 Master 上进行的。同时，所有操作都使用 csu 用户，所以需要确保已经切换到 csu 用户。

6.2.1 下载并解压 Hive 安装包

读者可以从“http://apache.fayea.com/hive/”下载各种版本的 Hive 安装包，也可以直接在本书第 6 章软件资源中找到 Hive 安装包文件 apache-hive-3.1.0-bin.tar.gz，这是 2018 年 7 月发布的版本。

请将该文件复制到 Master 的“/home/csu/resources”目录下（为了管理方便，我们建议读者把所有软件资源都放在一个目录下）。

首先将 apache-hive-3.1.0-bin.tar.gz 从“resources”目录下再复制至“/home/csu/”，接着进入“/home/csu/”子目录，并执行解压 Hive 安装包的命令，如图 6-15 所示。

```
[csu@master ~]$ tar -zxvf apache-hive-3.1.0-bin.tar.gz
```

图 6-15　解压缩 Hive 安装包

按下 Enter 键后会看到解压缩过程滚动显示的信息。执行完毕后可以查看一下安装情况。请切换到“apache-hive-3.1.0-bin”目录，执行命令“ls -l”，会看到如图 6-16 所示的内容，这些就是 Hive 系统文件和目录，说明解压缩成功。

```
[csu@master ~]$ cd apache-hive-3.1.0-bin/
[csu@master apache-hive-3.1.0-bin]$ ls -l
total 252
drwxrwxr-x.  3 csu csu   4096 Oct 31 17:00 bin
drwxrwxr-x.  2 csu csu   4096 Oct 31 17:00 binary-package-licenses
drwxrwxr-x.  2 csu csu   4096 Feb 18 10:10 conf
-rw-rw-r--.  1 csu csu  22293 Feb 17 16:27 derby.log
drwxrwxr-x.  4 csu csu     32 Oct 31 17:00 examples
drwxrwxr-x.  7 csu csu     63 Oct 31 17:00 hcatalog
drwxrwxr-x.  2 csu csu     43 Oct 31 17:00 jdbc
drwxrwxr-x.  4 csu csu  12288 Feb 18 18:03 lib
-rw-r--r--.  1 csu csu  20798 May 23  2018 LICENSE
drwxrwxr-x.  5 csu csu   4096 Feb 17 16:27 metastore_db
-rw-r--r--.  1 csu csu    230 May 23  2018 NOTICE
-rw-r--r--.  1 csu csu 167884 Jul 19  2018 RELEASE_NOTES.txt
drwxrwxr-x.  4 csu csu     33 Oct 31 17:00 scripts
drwxrwxr-x.  3 csu csu     41 Nov  1 17:42 ${system:java.io.tmpdir}
drwxrwxr-x. 13 csu csu   4096 Feb 23 15:51 tmp
[csu@master apache-hive-3.1.0-bin]$
```

图 6-16　Hive 系统文件和目录

6.2.2 配置 Hive

完成上述解压缩之后，需要进行相关文件的创建和配置。

1. 创建 hive-site.xml 文件

实际上，在 Hive 安装目录下的配置目录“conf”中，系统给出了一些配置文件模板，如 hive-default.xml.template 等，但是 Hive 需要的配置文件是 hive-site.xml，而它并不存在，所以需要用户自己创建（可以先将 hive-default.xml.template 改名为 hive-site.xml，然后对其进行编辑，也可以完全重新创建，前者涉及比较复杂的配置修改，为简便起见，我们采用后者）。

进入配置目录“conf”，执行“gedit hive-site.xml”命令，如图 6-17 所示，开始编辑 hive-site.xml 文件。

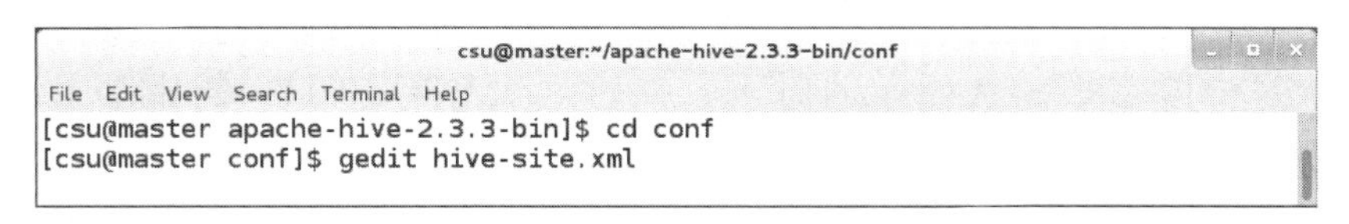

图 6-17　开始编辑 hive-site.xml 文件

将下列代码添加到 hive-site.xml 文件中。

```
<?xml version="1.0"?>
<?xml-stylesheet type="text/xsl" href="configuration.xsl"?>
<configuration>
        <property>
            <name>hive.metastore.local</name>
            <value>true</value>
        </property>
        <property>
            <name>javax.jdo.option.ConnectionURL</name>
            <value>jdbc:mysql://master:3306/hive_168?useSSL=false&amp;allowPublicKeyRetrieval=
            true&amp;serverTimezone=GMT%2B8</value>
        </property>
        <property>
            <name>javax.jdo.option.ConnectionDriverName</name>
            <value>com.mysql.cj.jdbc.Driver</value>
        </property>
        <property>
            <name>javax.jdo.option.ConnectionUserName</name>
            <value>hadoopcsu</value>
        </property>
        <property>
            <name>javax.jdo.option.ConnectionPassword</name>
            <value>Hive_%CSUdjhuang168168</value>
        </property>
</configuration>
```

编辑完成，保存退出即可。通过“ls -l”命令可以看到“conf”目录增加了 hive-site.xml 文件。

在上述代码中，“hive_168”正是我们前面在 MySQL 中创建的数据库，“hadoopcsu”是我们前面创建的 MySQL 新用户，而“Hive_%CSUdjhuang168168”则是在 MySQL 中创建 hadoopcsu 用户时所设置的密码。特别值得指出的是，我们在 URL 中采用的“useSSL=false&allowPublicKeyRetrieval=true&serverTimezone=GMT%2B8”包含了多个参数，需要仔细分析。首先，多参数的分割，必须使用“&”分隔符，这是 xml 文件的要求，有些人简单采用“&”符号，结果遇到报错，给出的提示是没有找到命令，这时往往不知什么原因，甚为郁闷；第二，由于数据库是 MySQL 8.0.11，因此要求显式地设置 SSL（安全套接层），我们这里设置为“false”，即不使用 SSL；第三，“allowPublicKeyRetrieval”设置为“true”，以保证公钥解析；第四，MySQL 8.0.11 要求明确设置时区，这里设置为东八区，其中“%2B”是“+”的转义字符，所以是 GMT+8（东八区，也就是中国首都北京所在的时区）。此外，MySQL 8.0.11 的驱动器也由过去的“com.mysql.jdbc.Driver”换成了“com.mysql.cj.jdbc.Driver”。

2．复制 java connector 到依赖库

请读者将第 6 章软件资源中的 mysql-connector-java-8.0.11.jar 文件复制到自己计算机 Master 中的“/home/csu/resources”目录下，然后进入该目录，将其中的 mysql-connector-java-8.0.11.jar 文件复制到 Hive 的安装目录的依赖库目录“lib”下，即执行“cp mysql-connector-java-8.0.11.jar ~/apache-hive-3.1.0-bin/lib/”命令，如图 6-18 所示。

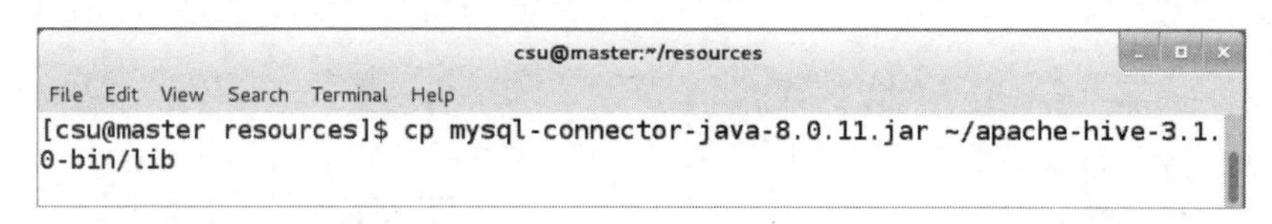

图 6-18 将 mysql-connector-java-8.0.11.jar 复制到 Hive 的安装目录依赖库存目录下

我们顺便说一下如何才能得到上述文件。其实，在安装 MySQL 8.0.11 时，mysql-connector-java-8.0.11.jar 这个文件就由系统放在“tmp”目录下了，用户可以在 Root 用户权限下通过“find”命令（在 Linux 终端输入“find / -name mysql-connector-java-8.0.11.jar”即可）找到该文件，如图 6-19 所示（图中有两个地方找到了该文件，但是后者是需要我们复制的）。当然用户也可以从 MySQL 官网下载这个文件，但不一定能找到。

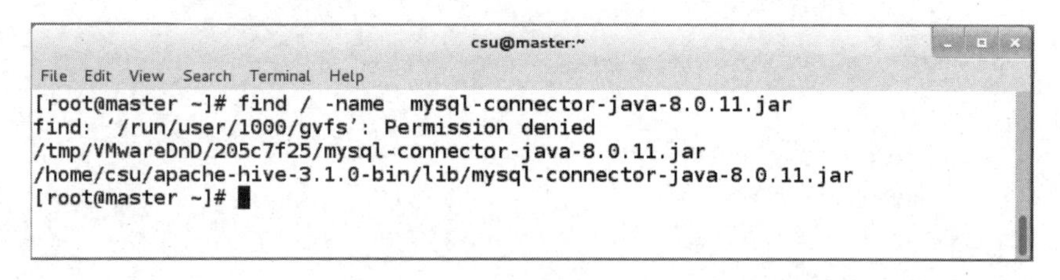

图 6-19 查找 mysql-connector-java-8.0.11.jar 文件的位置

3．配置.bash_profile 文件

我们知道，.bash_profile 文件是一个用户（如 csu）使用 Linux 的系统配置文件，所以自然也需要为 Hive 进行必要的配置，可执行“gedit /home/csu/.bash_profile”命令进行配置，如图 6-20 所示。

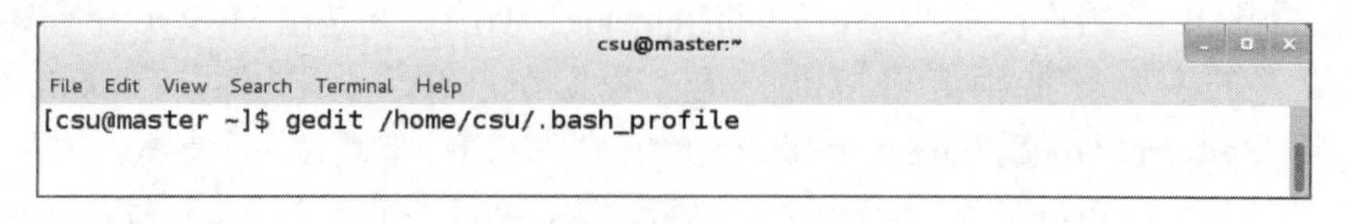

图 6-20 配置.bash_profile 文件

在.bash_profile 文件中，将下列环境变量设置代码放在该文件的尾部，如图 6-21 所示。

```
export HIVE_HOME=/home/csu/apache-hive-3.1.0-bin
export PATH=$PATH:$HIVE_HOME/bin
```

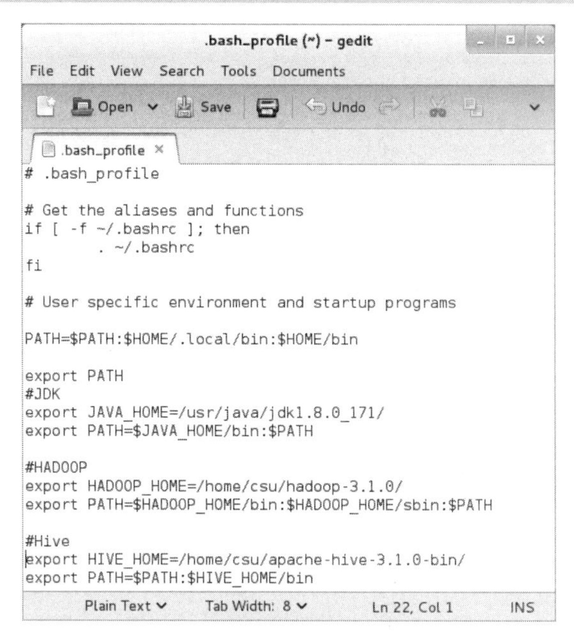

图 6-21　编辑.bash_profile 文件

编辑完毕后，保存文件并退出 gedit 编辑器即可。注意要用“source”命令使上述配置文件生效。

至此，我们就完成了在 Master 上安装和配置 Hive。

6.2.3　启动并验证 Hive

要启动 Hive，必须保证 Hadoop 和 MySQL 已经启动，可以用“service mysqld status”命令查看 MySQL 的状态，如图 6-22 所示，如果提示信息中含有“activating(start)”，表明 MySQL 处于启动状态。

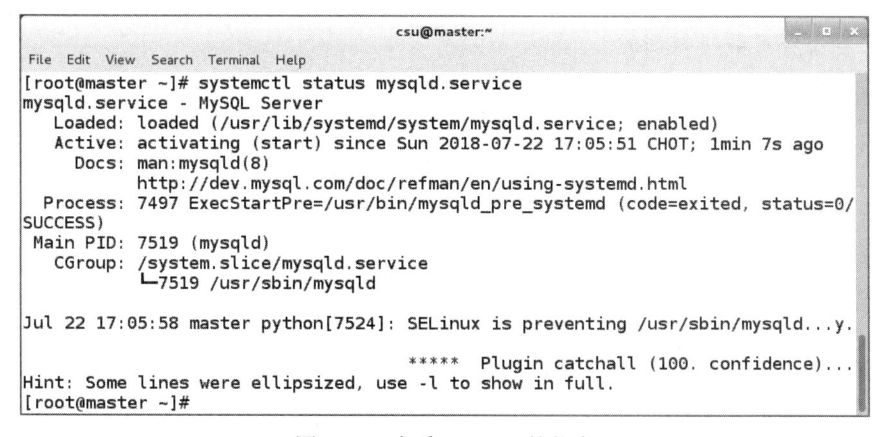

图 6-22　查看 MySQL 的状态

在 Hadoop 和 MySQL 已经启动的条件下，进入 Hive 安装目录，执行“bin/hive”命令，如果出现 Hive 命令提示符“hive>”（Hive 交互式命令行，即 Hive Shell 命令的提示符），则表明 Hive 安装和部署成功，如图 6-23 所示。

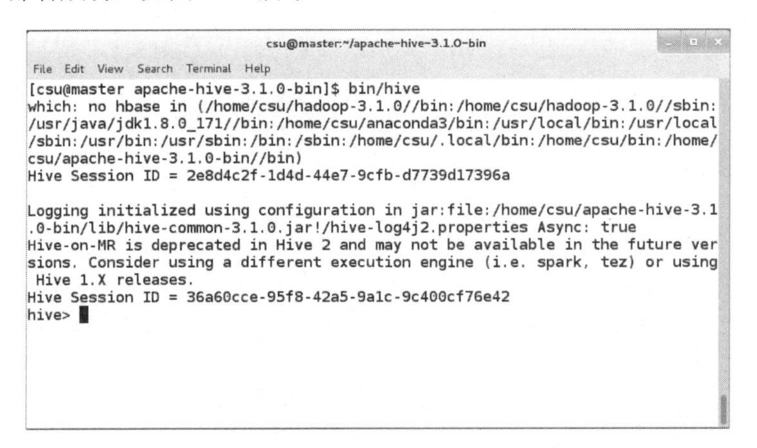

图 6-23　进入 Hive 交互式命令行

注意事项

在使用 Hive 时，有些用户可能会遇到不能启动 Hive 或者启动了 Hive 但不能执行命令的问题。例如，输入“bin/hive”命令并按下 Enter 键后，出现如下的报错信息：

```
Exception in thread "main" java.lang.RuntimeException: Hive metastore database is not initialized. Please use schematool (e.g. ./ schematool -initSchema -dbType ...) to create the schema. If needed, don't forget to include the option to auto-create the underlying database in your JDBC connection string (e.g. ?createDatabaseIfNotExist=true for mysql)
```

或者启动后能够进入 Hive 交互式命令行，但是执行“show databases;”这样的命令时，给出如下异常信息：

```
FAILED: HiveException java.lang.RuntimeException: Unable to instantiate org.apache. hadoop.hive.ql.metadata.SessionHiveMetaStoreClient
```

从给出的信息来看，这些都是因为元数据库没有初始化而造成的。在 Linux 终端执行如下的命令即可解决该问题：

```
schematool -dbType mysql -initSchema
```

6.2.4　Hive 的基本应用

本书的第 10 章将集中展示利用 Hive 进行交互式大数据的处理，这里先介绍 Hive 的基本应用。

Hive 的应用有两种模式，即命令行模式和交互模式。命令行模式使用如同“Hadoop fs -ls /”的方式，是在 Linux 提示符下进行的操作；交互模式则需要进入 Hive Shell，注意，Hive Shell 里的每条命令后都要用分号结束。

1. 命令行模式

这里给出两个实例，详细用法可参考 Hive 的官方文档。

（1）创建表，命令如图 6-24 所示。

```
csu@master:~
File  Edit  View  Search  Terminal  Help
[csu@master ~]$ hive -e 'create table testDB(id int, name string, age int);'
```

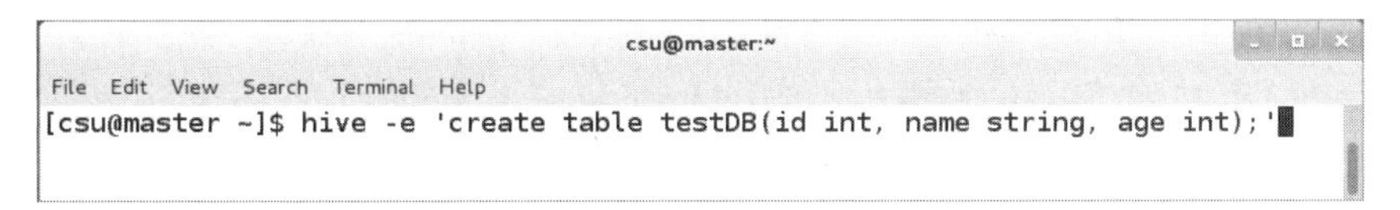

图 6-24　在命令行模式下创建表的命令

（2）查看已经创建的表，命令如图 6-25 所示。

```
csu@master:~
File  Edit  View  Search  Terminal  Help
[csu@master ~]$ hive -e 'show tables;'
```

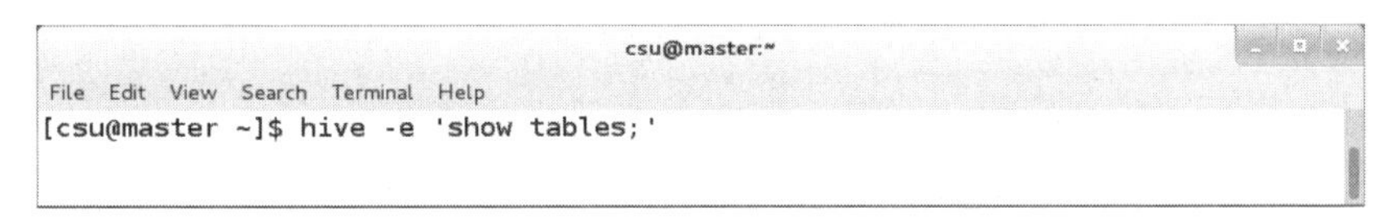

图 6-25　在命令行模式下查看已经创建的表的命令

2. 交互式模式

进入 Hive Shell，然后创建表，命令如图 6-26 所示。

```
csu@master:~/apache-hive-3.0.0-bin
File  Edit  View  Search  Terminal  Help
ns. Consider using a different execution engine (i.e. spark, tez) or using Hive
1.X releases.
hive> create database test_db;
```

图 6-26　在交互式模式下创建表的命令

查看已创建的表，命令如图 6-27 所示。

```
csu@master:~/apache-hive-2.1.0-bin
File  Edit  View  Search  Terminal  Help
OK
Time taken: 0.711 seconds
hive> show databases;
```

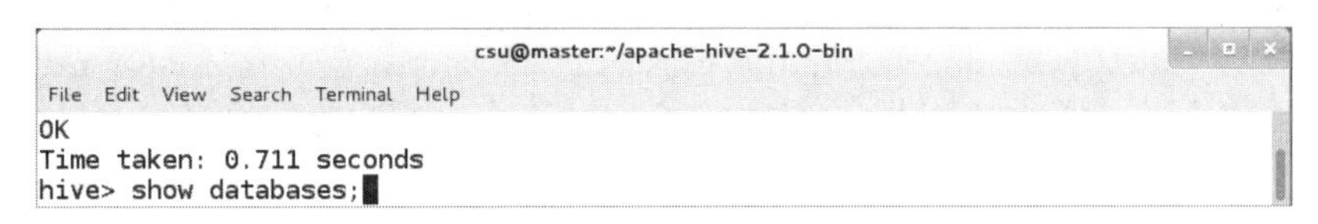

图 6-27　在交互式模式下查看已创建的表的命令

退出 Hive Shell 命令是“exit;”或“quit;”。

从上述的实例可以发现，Hive 的命令行模式与交互式模式在本质上是一致的，都是基于相同的计算引擎。

6.3　ZooKeeper 集群安装

6.3.1　ZooKeeper 简介

ZooKeeper 是 Hadoop Ecosystem 中非常重要的组件，它的主要功能是为分布式系统提供一致性协调（Coordination）服务，与之对应的 Google 的类似服务称为 Chubby。

ZooKeeper 是一个分布式的、开放源码的分布式应用程序协调服务，是 Google 的 Chubby 的一个开源实现，是 Hadoop 和 HBase 的重要组件，是一个为分布式应用提供一致性服务的软件，提供的功能包括配置维护、域名服务、分布式同步和组服务等。

ZooKeeper 的目标就是封装好复杂易出错的关键服务，将简单易用的接口和性能高效、功能稳定的系统提供给用户。

ZooKeeper 包含一个简单的原语集，提供 Java 和 C 语言的接口。在 ZooKeeper 代码版本中，提供了分布式独享锁、选举、队列的接口，代码在目录“zookeeper-3.4.9\src\recipes”下，其中分布式独享锁和队列有 Java 和 C 语言两个版本，选举只有 Java 语言版本。

在 ZooKeeper 中，ZNode 是一个和 UNIX 文件系统路径相似的节点，这个节点可以存储数据。如果在创建 Znode 节点时 Flag 设置为 EPHEMERAL（短暂的），那么当创建的 ZNode 节点和 ZooKeeper 失去连接后，Znode 节点将不在 ZooKeeper 中。ZooKeeper 使用 Watcher 监测事件信息，当客户端接收到事件信息，如连接超时、节点数据改变、子节点改变，可以调用相应的行为来处理数据。ZooKeeper 的 Wiki 界面展示了如何使用 ZooKeeper 来处理事件通知、队列、优先队列、锁、共享锁、可撤销的共享锁和两阶段提交等。

关于 ZooKeeper 的作用，我们来看一个简单的例子：假设有 20 个搜索引擎的服务器（每个搜索引擎负责一部分搜索任务）、一个总服务器（负责向这 20 个搜索引擎的服务器发出搜索请求并合并结果集）、一个备用的总服务器（负责当总服务器宕机时替换总服务器），以及一个 Web 的 CGI（向总服务器发出搜索请求）。搜索引擎的服务器中的 15 个服务器提供搜索服务，5 个服务器生成索引。这 20 个搜索引擎的服务器经常要让正在提供搜索服务的服务器停止提供服务开始生成索引，或生成索引的服务器已经完成索引生成，可以提供搜索服务了。使用 ZooKeeper 可以保证总服务器自动感知有多少个服务器提供搜索引擎，并向这些服务器发出搜索请求，当总服务器宕机时自动启用备用的总服务器。

6.3.2 安装 ZooKeeper

读者可以从“http://www.apache.org/dyn/closer.cgi/zookeeper/”下载 ZooKeeper 安装包，也可以在本章软件资源文件夹中找到 zookeeper-3.4.9.tar.gz 文件。请将该文件复制到 Master 的“/home/csu/”目录下，进入该目录后执行解压缩命令：

```
tar -zxvf zookeeper-3.4.9.tar.gz
```

按下 Enter 键后，系统开始解压缩并自动创建 ZooKeeper 的安装目录 zookeeper-3.4.9，图 6-28 给出了该目录下的 ZooKeeper 文件和文件夹。

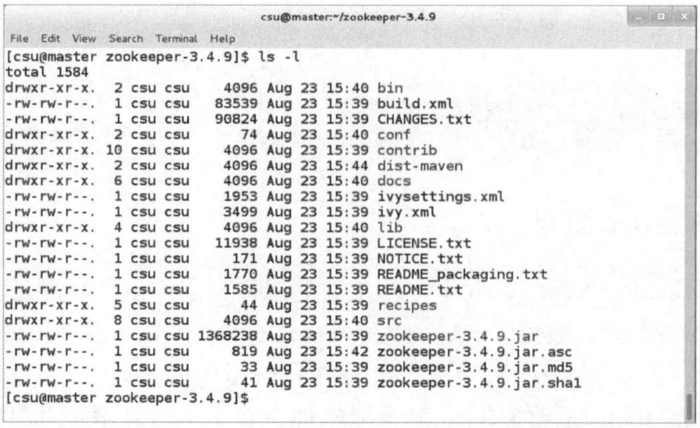

```
csu@master:~/zookeeper-3.4.9
File  Edit  View  Search  Terminal  Help
[csu@master zookeeper-3.4.9]$ ls -l
total 1584
drwxr-xr-x.  2 csu csu    4096 Aug 23 15:40 bin
-rw-rw-r--.  1 csu csu   83539 Aug 23 15:39 build.xml
-rw-rw-r--.  1 csu csu   90824 Aug 23 15:39 CHANGES.txt
drwxr-xr-x.  2 csu csu      74 Aug 23 15:40 conf
drwxr-xr-x. 10 csu csu    4096 Aug 23 15:39 contrib
drwxr-xr-x.  2 csu csu    4096 Aug 23 15:44 dist-maven
drwxr-xr-x.  6 csu csu    4096 Aug 23 15:40 docs
-rw-rw-r--.  1 csu csu    1953 Aug 23 15:39 ivysettings.xml
-rw-rw-r--.  1 csu csu    3499 Aug 23 15:39 ivy.xml
drwxr-xr-x.  4 csu csu    4096 Aug 23 15:40 lib
-rw-rw-r--.  1 csu csu   11938 Aug 23 15:39 LICENSE.txt
-rw-rw-r--.  1 csu csu     171 Aug 23 15:39 NOTICE.txt
-rw-rw-r--.  1 csu csu    1770 Aug 23 15:39 README_packaging.txt
-rw-rw-r--.  1 csu csu    1585 Aug 23 15:39 README.txt
drwxr-xr-x.  5 csu csu      44 Aug 23 15:39 recipes
drwxr-xr-x.  8 csu csu    4096 Aug 23 15:40 src
-rw-rw-r--.  1 csu csu 1368238 Aug 23 15:39 zookeeper-3.4.9.jar
-rw-rw-r--.  1 csu csu     819 Aug 23 15:42 zookeeper-3.4.9.jar.asc
-rw-rw-r--.  1 csu csu      33 Aug 23 15:39 zookeeper-3.4.9.jar.md5
-rw-rw-r--.  1 csu csu      41 Aug 23 15:39 zookeeper-3.4.9.jar.sha1
[csu@master zookeeper-3.4.9]$
```

图 6-28　ZooKeeper 的主安装目录中的文件与文件夹

6.3.3　配置 ZooKeeper

1. 服务器集群属性

ZooKeeper 的服务器集群属性配置文件是 zoo.cfg，该文件在安装目录的“conf”子目录下。系统为用户准备了一个模板文件 zoo_sample.cfg，我们可以将其复制并改名，得到 zoo.cfg 文件，然后进行修改。首先进入“conf”子目录，然后执行命令“cp zoo_sample.cfg zoo.cfg”，如图 6-29 所示。

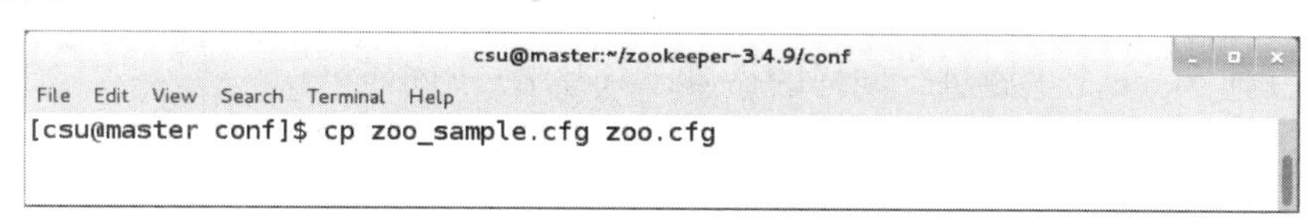

图 6-29　通过复制并重新命名来创建 zoo.cfg 文件

用 gedit 编辑器修改 zoo.cfg 文件，请将如下代码添加到 zoo.cfg 文件的尾部：

```
server.1=master:2888:3888
server.2=slave0:2888:3888
server.3=slave1:2888:3888
```

上述代码是按照“服务器编号、服务器地址、LF 通信端口和选举端口”的顺序排列的，其中，server 表示 ZooKeeper 的服务器集群，我们这里配置了 3 台服务器，server 后面的数字代表服务器的 ID，等号后面紧跟的是服务器地址，这里使用了主机名；2888 是 LF（即 Leader 节点与 Follower 节点之间的）通信端口，3888 是选举端口。

2. 创建节点标识文件

上面我们通过 zoo.cfg 文件为 ZooKeeper 服务器集群中的每台服务器赋予了一个 ID，master 是 1，slave0 是 2，slave1 是 3。但是，每台服务器在本地也需要一个 myid 文件，里面仅包含一行代码，就是其 ID。所以，myid 文件是节点标识文件，默认放置在“/tmp/zookeeper”目录下（参见 zoo.cfg 文件），但需要由用户自己创建。下面以 Master 为例进行讲解，我们首先来创建“/tmp/zookeeper”目录，如图 6-30 所示。

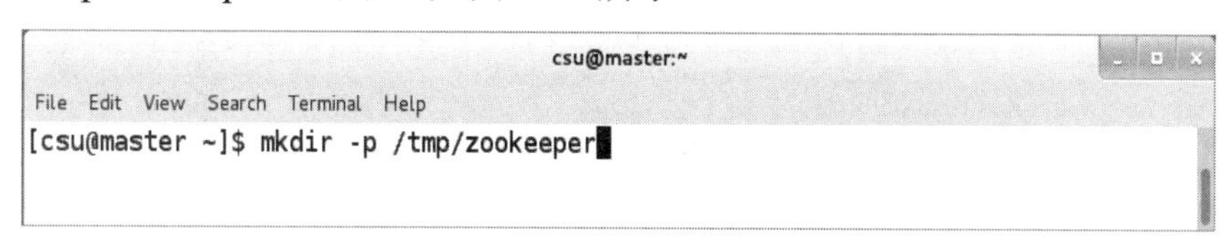

图 6-30　创建“/tmp/zookeeper”目录

执行“gedit /tmp/zookeeper/myid”命令来创建 myid 文件，如图 6-31 所示。

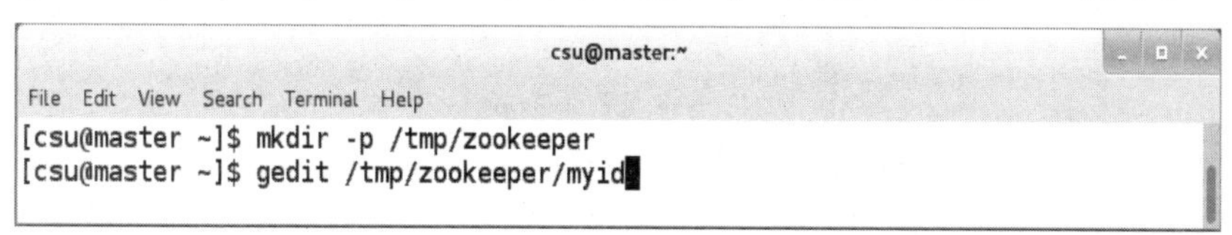

图 6-31　创建 myid 文件

在新建的 myid 文件中输入对应的 ID，保存退出即可，如图 6-32 所示。

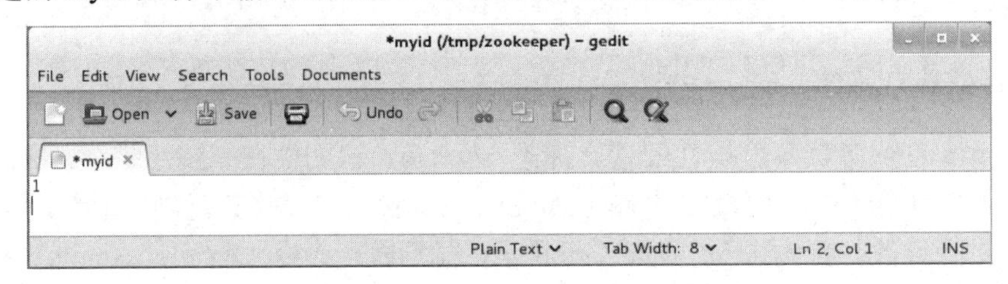

图 6-32　在 myid 文件输入对应的 ID

注意，其他 Slave 上也要进行同样的设置，只是 ID 不同而已。

3. 复制 ZooKeeper 安装文件

用户需要根据自己 Linux 集群的具体情况，将上面安装好的 ZooKeeper 文件复制到 Slave，这里需要复制两次，分别是 Slave0 和 Slave1，其中，复制到 Slave0 的命令是“scp -r zookeeper-3.4.9 slave0:~/”，如图 6-33 所示。

图 6-33　将 Master 上的 ZooKeeper 安装文件到 Slave0 的“/home/csu/”目录下

至此，我们就完成了 ZooKeeper 的安装。

6.3.4　启动和测试

1. ZooKeeper 集群的启动

要启动 ZooKeeper，需要分别登录到 Master 和 Slave 进行启动操作。例如，要启动 Master 的 ZooKeeper 服务器，首先进入 ZooKeeper 安装目录，然后执行启动命令，如图 6-34 所示。请特别注意 zkServer.sh 中的大写字母，如果误写成小写的 s，系统会提示无该文件或目录（no such file or directory）。

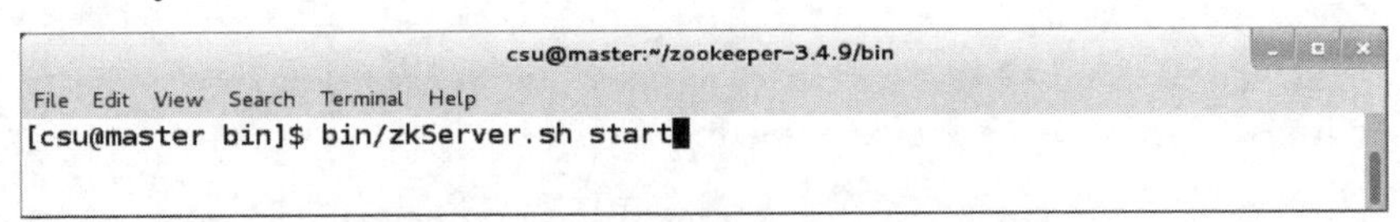

图 6-34　启动 Master 的 ZooKeeper 服务器

按下 Enter 键后，如果启动正常，将看到如图 6-35 所示的信息。

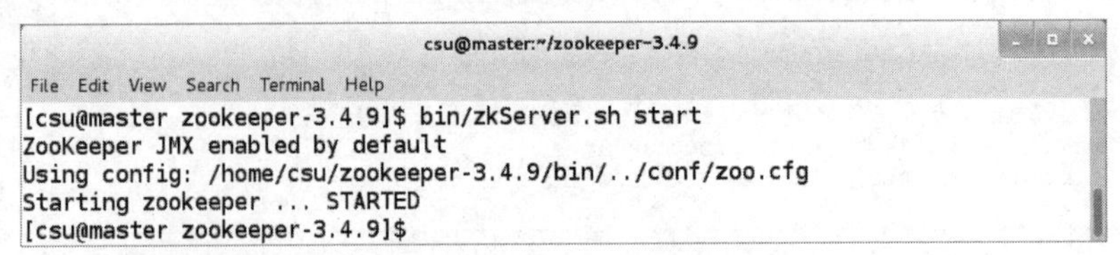

图 6-35　启动正常的信息

我们还需要启动其他节点上的 ZooKeeper 服务器，启动命令是一样的，只是要切换到这些节点的终端上。必须至少启动两台服务器，集群才会开始选举 Leader 节点。这时，就可以查看 ZooKeeper 服务器集群的状态了，例如在 Master 上查看 ZooKeeper 服务器集群的状态的命令为：

```
bin/zkServer.sh status
```

执行结果如图 6-36 所示。

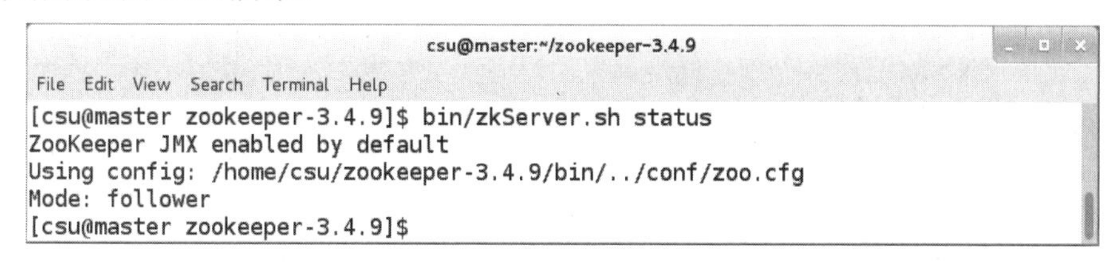

图 6-36　在 Master 上查看 ZooKeeper 服务器集群的状态

系统给出的信息表明，该节点（Master）是一个 Follower 节点。根据 ZooKeeper 的工作原理，集群中应当有一个“leader”，不妨查看一下其他节点的状态，我们这里看到 Slave0 是 Leader 节点，结果如图 6-37 所示。

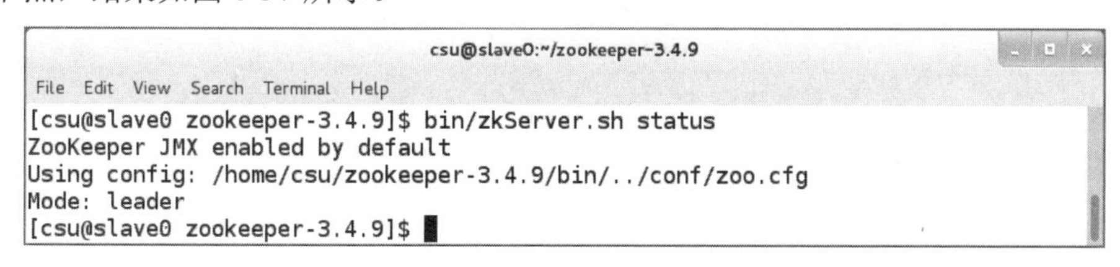

图 6-37　在 Slave0 上查看 ZooKeeper 服务器集群的状态

显然，谁是 Leader 节点谁是 Follower 节点，是由系统根据 ZooKeeper 选举机制确定的。要停止 ZooKeeper 服务，可在安装目录下执行“bin/zkServer.sh stop”命令。

2. ZooKeeper 客户端

ZooKeeper 也提供了一个客户端供用户进行交互式操作，进入 ZooKeeper 客户端的命令是：

```
bin/zkCli.sh   -server   master:2181
```

注意上述命令中的大小写，执行成功将看到如图 6-38 所示的提示信息，其中“[zk: master:2181(CONNECTED) 0]”就是客户端命令行提示符。

图 6-38　ZooKeeper 客户端的提示信息

读者可以尝试执行几个简单的 ZooKeeper 命令。例如：

```
create /zk "MyNode"
```

该命令用于创建一个 Znode 节点。注意，上述命令中，“create”与“/zk”之间有一个空格，“/zk”与“MyNode”之间也有一个空格。

```
ls /zk
```

查看创建的 ZNode 节点。

```
help
```

帮助命令。

```
quit
```

退出 ZooKeeper 客户端。

6.4 HBase 的安装与应用

HBase 也需要安装在成功部署了 Hadoop 的平台上，并且要求 Hadoop 已经正常启动。同时，HBase 需要作为集群来部署，因此，我们将在 Master 和 Slave 上安装 HBase。下面的所有操作均使用 csu 用户，请先进行用户的切换。

6.4.1 解压并安装 HBase

读者可以从“http://hbase.apache.org”下载最新版本的 HBase，也可以直接在本书第 6 章软件资源中找到 HBase 安装包文件 hbase-1.2.4-bin.tar.gz。读者可看到，我们采用了较早版本的 HBase。实际上，研究发现，在安装 Hadoop 3.1 以后，将 HBase 升级到 2 以上版本需要慎重对待。从官方文献以及实践来看，高版本的 Hadoop 与高版本的 HBase 存在失配的问题，因此我们这里采用低版本的 HBase。在现实中，采用什么版本的软件应当从实际需要出发。

请将该文件复制到 Master 的“/home/csu/resources”目录下（为了管理方便，建议读者把所有软件资源都放在一个目录下），然后将该文件复制到“/home/csu/”下面，我们从这里开始安装。

执行“tar -zxvf hbase-1.2.4-bin-tar.gz”命令，如图 6-39 所示，系统开始解压缩并滚动显示提示信息。

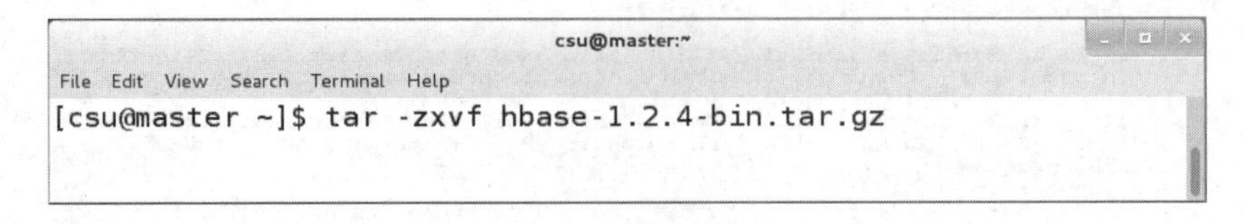

图 6-39　解压缩 HBase 安装包

切换到 HBase 安装目录，然后通过“ls -l”命令查看该目录下的文件和子目录，如图 6-40 所示，这些内容就是 HBase 的系统文件和子目录，表明解压缩成功。

```
csu@master:~/hbase-1.2.4
File  Edit  View  Search  Terminal  Help
[csu@master hbase-1.2.4]$ ls -l
total 328
drwxr-xr-x.  4 csu csu   4096 Jan 29  2016 bin
-rw-r--r--.  1 csu csu 122439 Oct 26  2016 CHANGES.txt
drwxr-xr-x.  2 csu csu   4096 Feb 21 16:57 conf
drwxr-xr-x. 12 csu csu   4096 Oct 26  2016 docs
drwxr-xr-x.  7 csu csu     75 Oct 26  2016 hbase-webapps
-rw-rw-r--.  1 csu csu    261 Oct 26  2016 LEGAL
drwxrwxr-x.  3 csu csu   8192 Feb 21 16:52 lib
-rw-rw-r--.  1 csu csu 130696 Oct 26  2016 LICENSE.txt
drwxrwxr-x.  2 csu csu   4096 Feb 21 17:02 logs
-rw-rw-r--.  1 csu csu  42025 Oct 26  2016 NOTICE.txt
-rw-r--r--.  1 csu csu   1477 Dec 27  2015 README.txt
[csu@master hbase-1.2.4]$
```

图 6-40　HBase 安装目录的文件和子目录

6.4.2　配置 HBase

进入 HBase 安装目录下的“conf”子目录，这是配置文件所在的位置。

1．修改环境变量 hbase-env.sh

执行“gedit hbase-env.sh”命令开始编辑 hbase-env.sh 文件。在该文件的靠前部分，可以看到下面的代码：

```
# The java implementation to use.   Java 1.7+ required.
# export JAVA_HOME=/usr/java/jdk1.7.0/
```

在上述代码中，修改第二行，去掉“#”号，即将“# export JAVA_HOME=/usr/java/ jdk1.8.0/”修改为“export JAVA_HOME=/usr/java/jdk1.8.0_171/”，如图 6-41 所示。

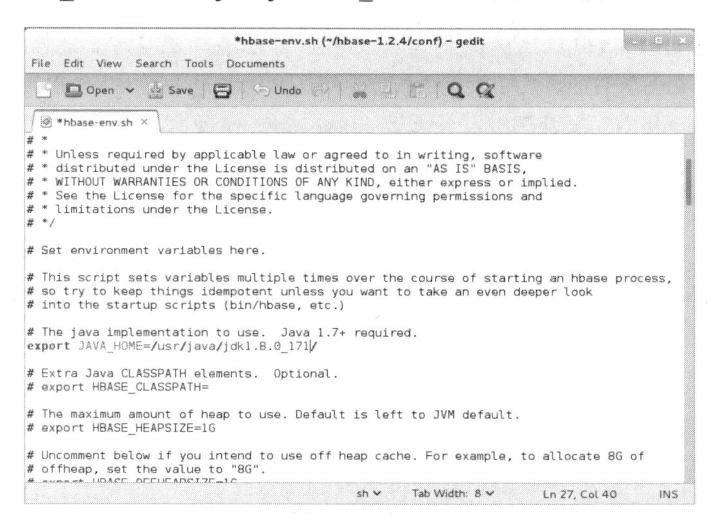

图 6-41　修改 HBase 的环境变量 hbase-env.sh 文件

注意，读者要根据自己虚拟机的 JDK 版本进行配置，保存文件后退出 gedit 编辑器即可。

2. 修改配置文件 hbase-site.xml

接着修改配置文件 hbase-site.xml。安装 HBase 后，系统自动生成了 hbase-site.xml 文件，执行“gedit hbase-site.xml”命令可编辑该文件。将下面的代码放在 hbase-site.xml 文件的 <configuration> </configuration>之间。

```
<property>
    <name>hbase.cluster.distributed</name>
    <value>true</value>
</property>
<property>
    <name>hbase.rootdir</name>
    <value>hdfs://master:9000/hbase</value>
</property>
<property>
    <name>hbase.zookeeper.quorum</name>
    <value>master</value>
</property>
<property>
    <name>hbase.master.info.port</name>
    <value>60010</value>
</property>
```

保存后退出 gedit 编辑器。

注意事项

必须指出，上述代码中的“60010”是通过 Web 方式得到的 HBase 系统状态的端口号。HBase 1.0 以下版本不需要在 hbase-site.xml 文件中添加该端口号，用户就可以访问其 Web 页面。但是 Hbase 1.0 以上版本则需要由用户自己添加端口号，就像我们上面所做的那样。有些用户安装了 Hbase 1.0 以上版本后，可以启动并进入 Shell 使用系统，但不能通过 Web 方式查看系统状态，其原因就是没有在 hbase-site.xml 文件中添加上述相关配置代码。

3. 配置 regionservers

regionservers 文件类似 Hadoop 的 slaves 文件，其中保存了 RigionServer 的列表。在启动 HBase 时，系统将根据该文件建立 HBase 集群。regionservers 文件在 HBase 的安装目录下的“conf”子目录下，执行“gedit regionservers”命令可编辑该文件，如图 6-42 所示。

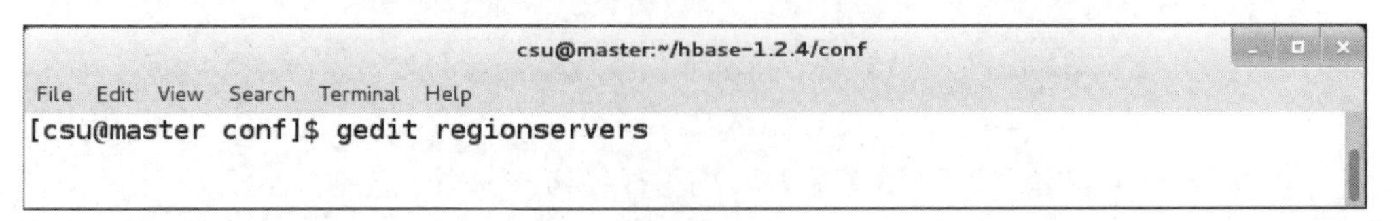

图 6-42　设置 HBase 的 regionservers 文件

在打开的文件中，将已经存在的 localhost 删除，然后添加如下代码：

```
slave0
slave1
```

上述节点列表是本书的情况，读者可根据自己集群实际进行配置。

4．配置 Linux 环境变量文件

修改.bash_profile 文件，执行“gedit ~/.bash_profile”命令可编辑该文件，如图 6-43 所示。

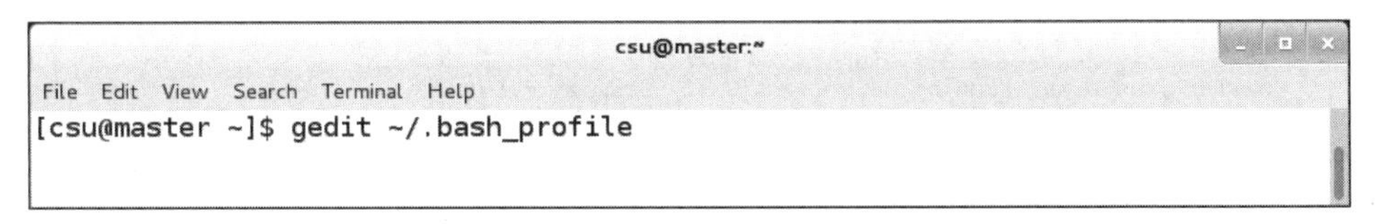

图 6-43　配置 Linux 环境变量文件

将下面的代码添加到.bash_profile 文件的尾部：

```
#HBase
export HBASE_HOME=/home/csu/hbase-1.2.4/
export PATH=$HBASE_HOME/bin:$PATH
export HADOOP_CLASSPATH=$HBASE_HOME/lib/*
```

编辑完毕后保存退出，然后执行生效命令“source ~/.bash_profile”即可，如图 6-44 所示。

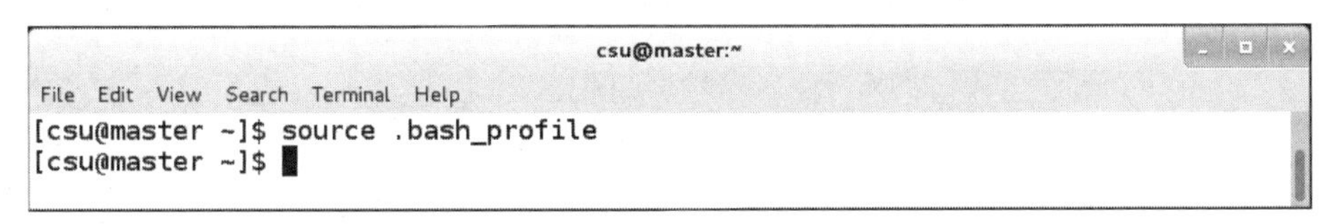

图 6-44　使.bash_profile 文件生效的命令

5．将 HBase 安装目录复制到 Slave

本书有两个 Slave（Slave0 和 Slave1），因此复制操作需要执行两次，复制到 Slave 0 的命令是“scp -r ~/hbase-1.2.4 slave0:~/”，如图 6-45 所示。

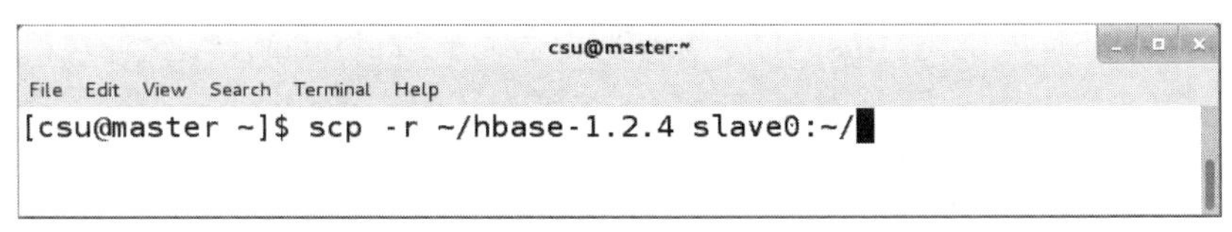

图 6-45　将 HBase 安装目录复制到 Slave0

按下 Enter 键后开始复制，可以看到终端在滚动显示复制信息，直到复制结束。

至此，HBase 安装与配置就已完成了。

6.4.3　启动并验证 HBase

进入 Master 上的 HBase 安装目录，执行“bin/start-hbase.sh”命令可启动 HBase，如图 6-46 所示。

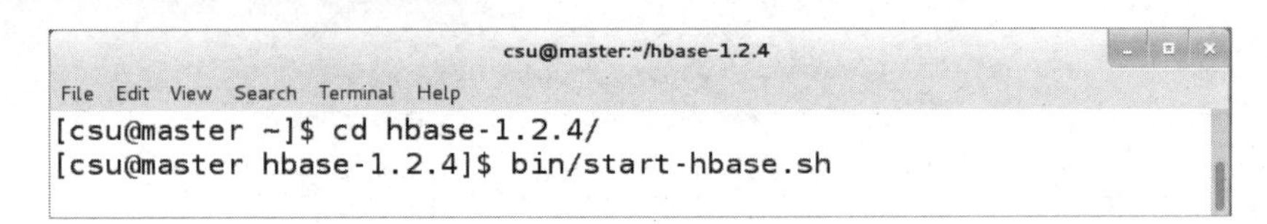

图 6-46　启动 HBase

执行命令后如果看到如图 6-47 所示的信息，表明 HBase 已经成功启动。

```
[csu@master hbase-2.1.3]$ bin/start-hbase.sh
master: zookeeper running as process 6691. Stop it first.
running master, logging to /home/csu/hbase-2.1.3//logs/hbase-csu-master-master.o
ut
slave0: running regionserver, logging to /home/csu/hbase-2.1.3/bin/../logs/hbase
-csu-regionserver-slave0.out
slave1: running regionserver, logging to /home/csu/hbase-2.1.3/bin/../logs/hbase
-csu-regionserver-slave1.out
[csu@master hbase-2.1.3]$
```

图 6-47　启动成功后的显示信息

可以看到，系统首先启动 HBase 自带的 ZooKeeper，然后启动 HBase 的 HMaster，接着分别启动 Slave 上的 RegionServer。

读者可以通过“jps”命令查看 Master 的进程，如图 6-48 所示，其中 HMaster 是 HBase 的主控节点进程，HQuorumPeer 则是 HBase 的 ZooKeeper 进程（即 HBase 内置的 ZooKeeper）。

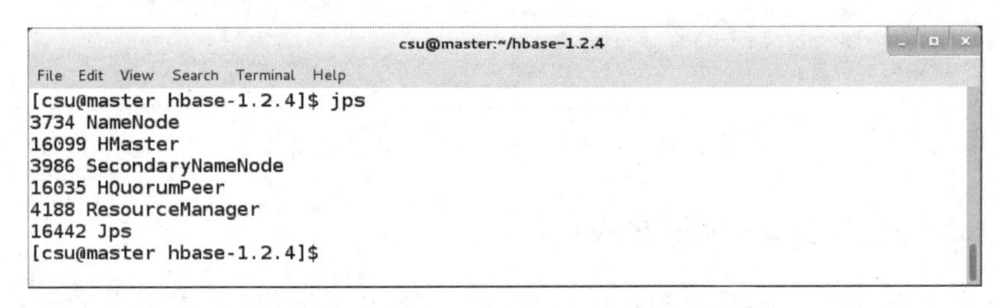

图 6-48　用“jps”命令查看 Master 的进程

用户也可以在 Slave 上用“jps”命令查看是否存在 HRegionServer 进程，如图 6-49 所示。

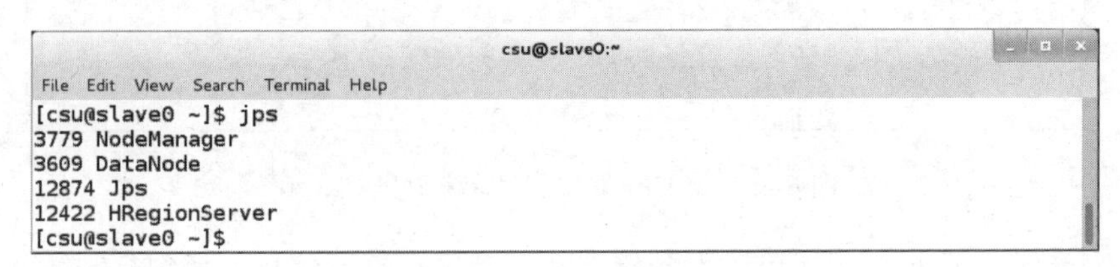

图 6-49　用“jps”命令查看 Slave0 的进程

同样，也可以通过 Web 方式查看 HBase 系统的运行状态。打开 Firefox 浏览器，在地址栏输入“http://master:60010”，会看到如图 6-50 所示的界面，该界面就是 HBase 的管理界面。

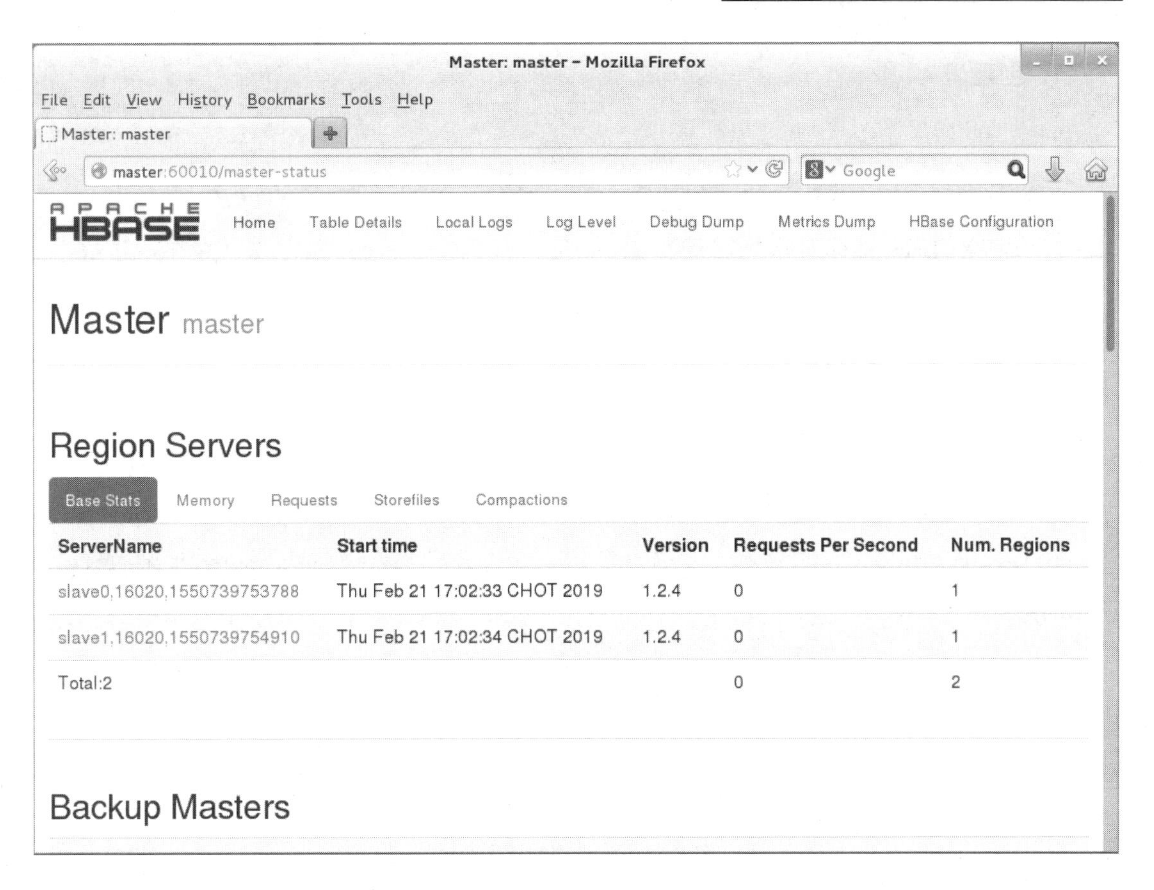

图 6-50　HBase 的管理界面

6.4.4　HBase 的基本应用

本书将在第 12 章深入介绍 HBase 与其他组件相结合的应用，这里先介绍几个常见的 HBase Shell 命令。利用 HBase Shell 命令操作 HBase 是一种基本方法，也可以通过程序进行操作。

执行“bin/hbase shell”命令进入 HBase Shell，如图 6-51 所示。

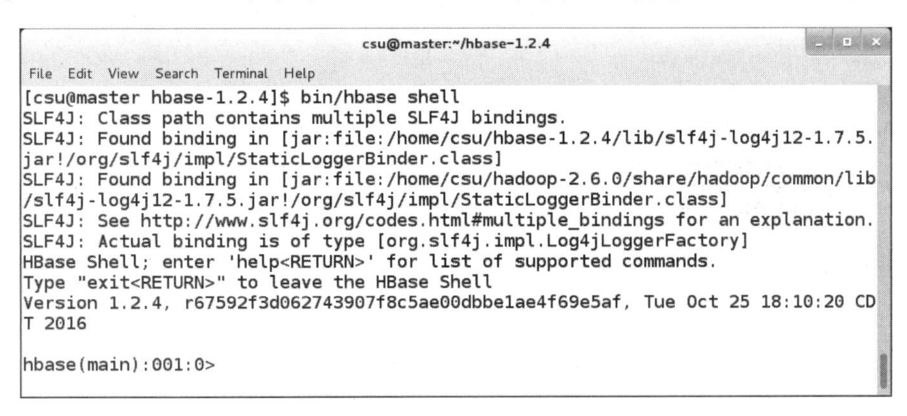

图 6-51　进入 HBase Shell

1. 创建表

创建表的命令是：

```
create "test1", {NAME=>'f1', VERSION => 5}
```

上述命令的输入情况如图 6-52 所示。

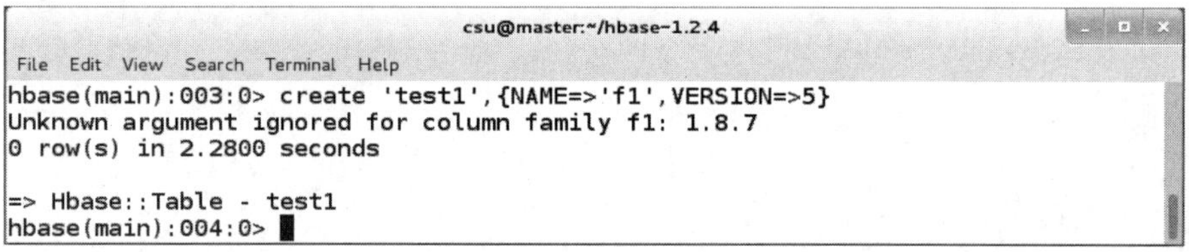

```
csu@master:~/hbase-1.2.4
File Edit View Search Terminal Help
hbase(main):003:0> create 'test1',{NAME=>'f1',VERSION=>5}
Unknown argument ignored for column family f1: 1.8.7
0 row(s) in 2.2800 seconds

=> Hbase::Table - test1
hbase(main):004:0>
```

图 6-52　在 HBase Shell 中创建表的命令

其中 f1 是列簇名，由用户自己定义。上述命令是旧版本形式，目前可以简化成如图 6-53 所示的形式。

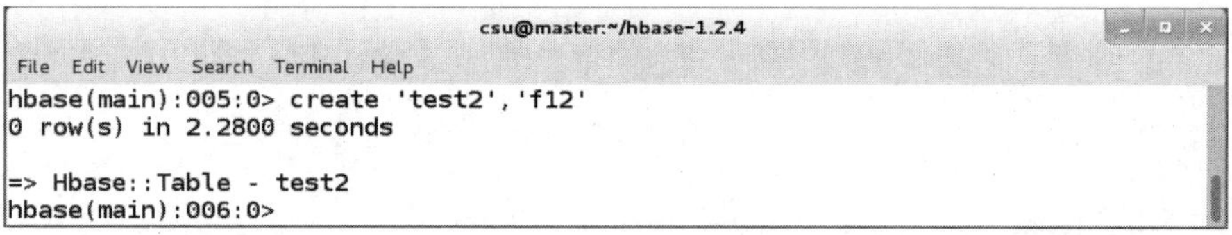

```
csu@master:~/hbase-1.2.4
File Edit View Search Terminal Help
hbase(main):005:0> create 'test2','f12'
0 row(s) in 2.2800 seconds

=> Hbase::Table - test2
hbase(main):006:0>
```

图 6-53　简化的创建表命令

2. 查看列表

查看列表的命令与执行结果如图 6-54 所示。

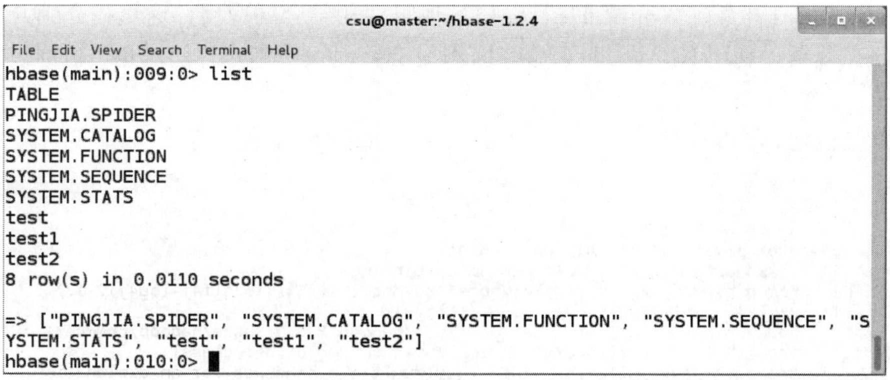

```
csu@master:~/hbase-1.2.4
File Edit View Search Terminal Help
hbase(main):009:0> list
TABLE
PINGJIA.SPIDER
SYSTEM.CATALOG
SYSTEM.FUNCTION
SYSTEM.SEQUENCE
SYSTEM.STATS
test
test1
test2
8 row(s) in 0.0110 seconds

=> ["PINGJIA.SPIDER", "SYSTEM.CATALOG", "SYSTEM.FUNCTION", "SYSTEM.SEQUENCE", "S
YSTEM.STATS", "test", "test1", "test2"]
hbase(main):010:0>
```

图 6-54　查看列表的命令与执行结果

3. 插入数据

插入数据的命令如图 6-55 所示。

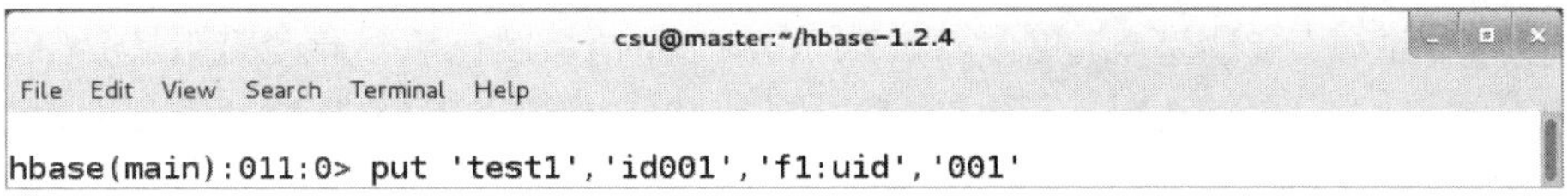

```
csu@master:~/hbase-1.2.4
File Edit View Search Terminal Help
hbase(main):011:0> put 'test1','id001','f1:uid','001'
```

图 6-55　插入数据的命令

4. 扫描查询数据

扫描查询数据的命令与结果如图 6-56 所示。

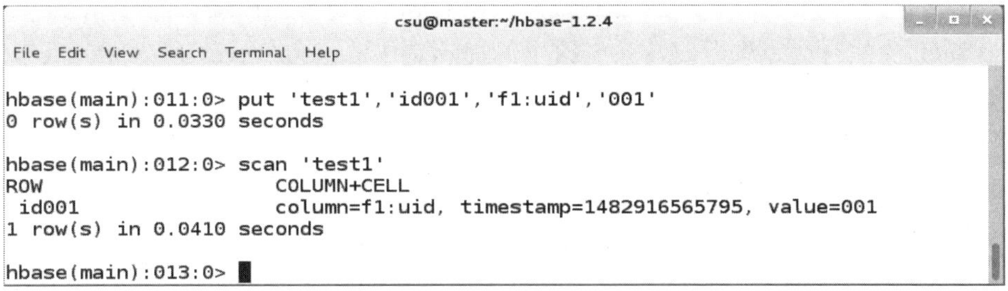

```
csu@master:~/hbase-1.2.4
File Edit View Search Terminal Help
hbase(main):011:0> put 'test1','id001','f1:uid','001'
0 row(s) in 0.0330 seconds

hbase(main):012:0> scan 'test1'
ROW                   COLUMN+CELL
 id001                column=f1:uid, timestamp=1482916565795, value=001
1 row(s) in 0.0410 seconds

hbase(main):013:0>
```

图 6-56　扫描查询数据的命令与结果

在上面的命令中，id001 是行键（即 Row Key）；f1 是列簇名；uid 是属性名，表示用户 ID；001 就是属性的值。在查询结果中，我们看到了行键、列簇、属性名、时间戳和属性值。大家不妨对照 HBase 存储模型研究一下，可以看到这里显示的信息与模型是一致的。我们看到，HBase 与传统数据库有了很大的区别。

5. 查看表结构

查看表结构的命令是：

```
describe 'test'
```

6. 删除表

删除一个表需要执行如下两条命令：

```
disable 'test'
opdrop 'test'
```

可用“list”命令查看一下上述命令执行结果。

7. 退出 HBase Shell

退出 HBase Shell 命令是：

```
exit
```

6.4.5　HBase 应用中常见问题及其解决办法

1. 启动问题

有时用户能够启动 HBase，也可以进入 HBase Shell，但在执行命令时出现异常。常见的出错信息是“Server is not running yet”，其原因是 Hadoop 的 HDFS 集群处于安全模式，解决办法就是执行如下的命令：

```
hadoop dfsadmin -safemode leave
```

重新启动 HBase（当然要先关闭）就可以了。

2. 如何使用独立安装的 ZooKeeper

如果用户在使用 HBase 自带 ZooKeeper 时出现异常，导致 HBase 不能正常工作，例如，在 HBase Shell 中执行命令失败时，系统给出的提示是“Region Server is not on line”，这时可以停止使用自带的 ZooKeeper，转而启动独立安装的 ZooKeeper，并重启 HBase，可快速解决上述问题。

自带的 ZooKeeper 是与 HBase 绑定在一起的，这种部署模式存在一定的问题。当一个集群中有很多组件都需要 ZooKeeper 时，我们面临的是启动很多自带的 ZooKeeper，还是采用一个独立安装的 ZooKeeper 的问题，显然后者是更合理的方式。

要让 HBase 使用独立安装的 ZooKeeper，需要对 HBase 进行一些配置。

第一，修改 conf/hbase-env.s 文件，添加如下代码：

```
export HBASE_MANAGES_ZK=false
```

在上述代码中，如果 HBASE_MANAGES_ZK 为 false，则表示使用独立安装的 ZooKeeper；如果为 true 则表示使用自带的 ZooKeeper。

第二，将 ZooKeeper 的配置文件 zoo.cfg 复制到 HBase 的 CLASSPATH（此为官方推荐的方式），命令如下：

```
cp /home/csu/zookeeper-3.4.9/conf/zoo.cfg   /home/csu/hbase-1.2.4/conf/
```

完成上述配置后重启 HBase 即可。

6.5 本章小结

本章介绍了数据库方面的内容，MySQL 实际上是用于存储结构化数据的关系型数据库，但是它在大数据系统中也有一定作用，大数据其实也需要处理结构化数据，所以 MySQL 也是常见的组件。此外，Hive 的元数据存储依赖 MySQL 这样的结构化数据库。正是基于这些事实，我们在本章介绍了 MySQL 的安装与配置。

Hive 是建立在 HDFS 上的数据仓库工具，它为使用 HDFS 与 MapReduce 提供了一种简便的方法，即采用 SQL 语句操作 HDFS。

HBase 是典型的 NoSQL，因为它属于列存储式数据库，HBase 也是集群模式的分布式数据库系统。

第 7 章 Sqoop 和 Kafka 的安装与应用

Sqoop 是一个用来完成 Hadoop 和关系型数据库之间的数据相互转移的工具，它可以将关系型数据库（如 MySQL、Oracle、Postgres 等）中的数据导入 Hadoop 的 HDFS 中，也可以将 HDFS 的数据导入关系型数据库中。Kafka 是一个开源的分布式消息订阅系统（消息中间件）。本章主要介绍 Sqoop 和 Kafka 的安装配置与应用。

7.1 安装部署 Sqoop

Sqoop 需要安装在成功部署，Hadoop 的平台上，并且要求 Hadoop 已经正常启动。读者可以参见第 6 章中有关验证 Hadoop 是否处于正常运行状态的方法。

准备就绪后，就可以开始安装 Sqoop 了。我们打算将 Sqoop 安装在 Master 上，因此以下的操作均是在 Master 上进行的。

7.1.1 下载或复制 Sqoop 安装包

读者可以从"http://sqoop.apache.org/"下载到最新版的 Sqoop，也可以在本书第 7 章软件资源文件夹中找到 Sqoop 安装包 sqoop-1.4.7.bin__hadoop-2.6.0.tar.gz，然后将该文件复制到 Master 的"/home/csu"目录下（读者的目录可以不一样）。

安装和运行 Sqoop 都使用 csu 用户，所以需要确保已经切换到 csu 用户，然后进入"/home/csu"目录。

7.1.2 解压并安装 Sqoop

在"/home/csu"目录下，使用命令"tar -zxvf sqoop-1.4.7.bin__hadoop-2.6.0.tar.gz"可解压缩 Sqoop 安装包，如图 7-1 所示。

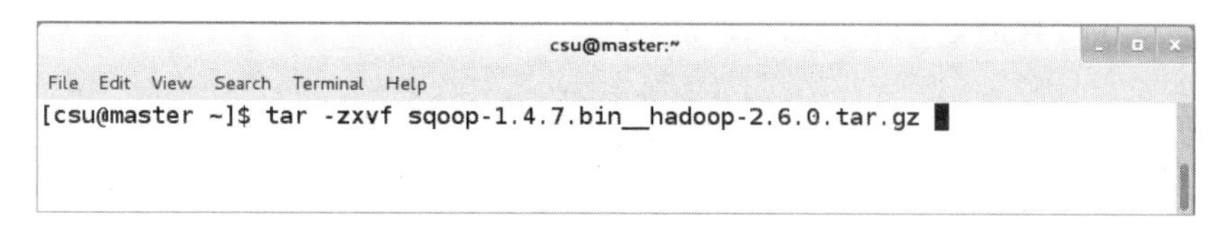

图 7-1 解压缩 Sqoop 安装包

解压缩完毕后，系统会在"/home/csu/"下创建 sqoop-1.4.7.bin__hadoop-2.6.0 目录，该目

录即 Sqoop 的安装目录。进入该目录，用“ls -l”命令可显示文件和目录列表，如图 7-2 所示，这些文件和目录就是 Sqoop 的系统文件，表明解压缩成功。

```
csu@master:~/sqoop-1.4.7.bin__hadoop-2.6.0
File  Edit  View  Search  Terminal  Help
[csu@master sqoop-1.4.7.bin__hadoop-2.6.0]$ ls -l
total 2032
drwxr-xr-x. 2 csu csu    4096 Dec 19  2017 bin
-rw-rw-r--. 1 csu csu   55089 Dec 19  2017 build.xml
-rw-rw-r--. 1 csu csu   47426 Dec 19  2017 CHANGELOG.txt
-rw-rw-r--. 1 csu csu    9880 Dec 19  2017 COMPILING.txt
drwxr-xr-x. 2 csu csu    4096 Dec 19  2017 conf
drwxr-xr-x. 5 csu csu    4096 Dec 19  2017 docs
drwxr-xr-x. 2 csu csu      92 Dec 19  2017 ivy
-rw-rw-r--. 1 csu csu   11163 Dec 19  2017 ivy.xml
drwxr-xr-x. 2 csu csu    4096 Dec 19  2017 lib
-rw-rw-r--. 1 csu csu   15419 Dec 19  2017 LICENSE.txt
-rw-rw-r--. 1 csu csu     505 Dec 19  2017 NOTICE.txt
-rw-rw-r--. 1 csu csu   18772 Dec 19  2017 pom-old.xml
-rw-rw-r--. 1 csu csu    1096 Dec 19  2017 README.txt
-rw-rw-r--. 1 csu csu 1108073 Dec 19  2017 sqoop-1.4.7.jar
-rw-rw-r--. 1 csu csu    6554 Dec 19  2017 sqoop-patch-review.py
-rw-rw-r--. 1 csu csu  765184 Dec 19  2017 sqoop-test-1.4.7.jar
drwxr-xr-x. 7 csu csu      68 Dec 19  2017 src
drwxr-xr-x. 4 csu csu    4096 Dec 19  2017 testdata
[csu@master sqoop-1.4.7.bin__hadoop-2.6.0]$
```

图 7-2　Sqoop 的系统文件

7.1.3　配置 Sqoop

1. 配置 MySQL 连接器

Sqoop 经常要与 MySQL 结合使用，以便数据导入或导出 MySQL，所以需要配置 MySQL 连接器。在第 6 章介绍 Hive 的安装时我们也为其配置过 Java 连接器。实际上，这里也需要进行类似的配置。

首先进入“/home/csu/resources/mysql-connector-java-8.0.11/”目录（读者计算机系统的设置可能不一样），然后将其中的 mysql-connector-java-8.0.11.jar 文件复制到 Sqoop 的安装目录的依赖库目录（即 lib）下，如图 7-3 所示。

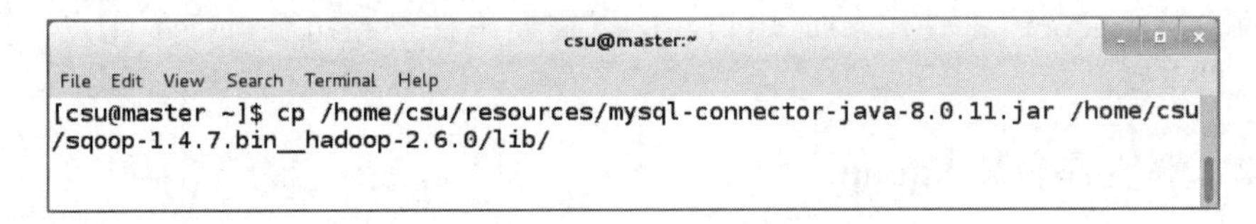

图 7-3　为 Sqoop 安装 MySQL 连接器

2. 配置 Sqoop 环境变量

在 Sqoop 的安装目录的“conf”子目录下，系统已经提供了一个环境变量文件模板，我们需要将其名称改为 sqoop-env.sh，然后进行必要的修改。首先进入 Sqoop 的安装目录的“conf”子目录，然后执行改名操作，接着使用 gedit 编辑器打开 sqoop-env.sh 文件，如图 7-4 所示。

```
csu@master:~/sqoop-1.4.7.bin__hadoop-2.6.0/conf
File Edit View Search Terminal Help
[csu@master conf]$ cp sqoop-env-template.sh sqoop-env.sh
[csu@master conf]$ gedit sqoop-env.sh
```

图 7-4 配置 Sqoop 的环境变量

请用下面的代码替换文件中的原有内容：

```
#Set path to where bin/hadoop is available
export HADOOP_COMMON_HOME=/home/csu/hadoop-3.1.0
#Set path to where hadoop-*-core.jar is available
export HADOOP_MAPRED_HOME=/home/csu/hadoop-3.1.0
#set the path to where bin/hbase is available
export HBASE_HOME=/home/csu/hbase-1.2.4
#Set the path to where bin/hive is available
export HIVE_HOME=/home/csu/apache-hive-3.1.0-bin
#Set the path for where zookeeper config dir is
#export ZOOCFGDIR=/usr/local/zk
```

编辑完毕后保存退出。

3. 配置 Linux 环境变量

执行“gedit /home/csu/.bash_profile”命令可以编辑.bash_profile 文件，输入如下代码：

```
#sqoop
export SQOOP_HOME=/home/csu/sqoop-1.4.7.bin__hadoop-2.6.0
export PATH=$PATH:$SQOOP_HOME/bin
```

上述代码输入的情况如图 7-5 所示。

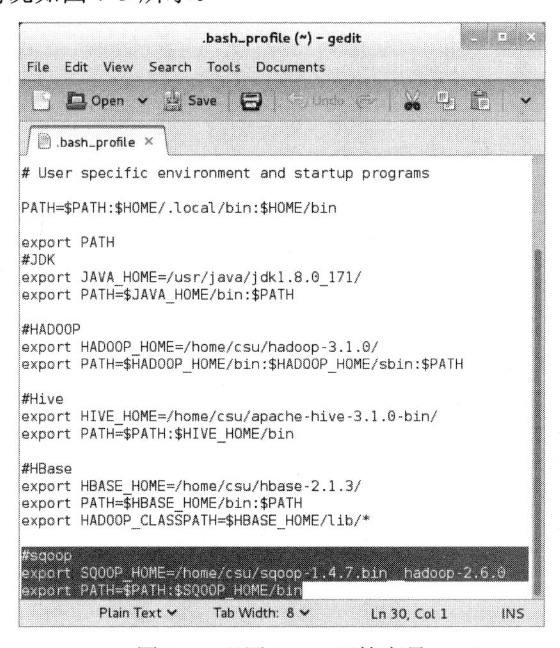

图 7-5 配置 Linux 环境变量

编辑完成后保存退出，并使该文件生效（利用“source /home/csu/.bash_profile”命令）。至此，Sqoop 安装配置完毕。

7.1.4　启动并验证 Sqoop

一种简便验证 Sqoop 安装是否成功的办法就是执行“bin/sqoop help”命令，如果看到如图 7-6 所示的显示内容，表示安装成功。

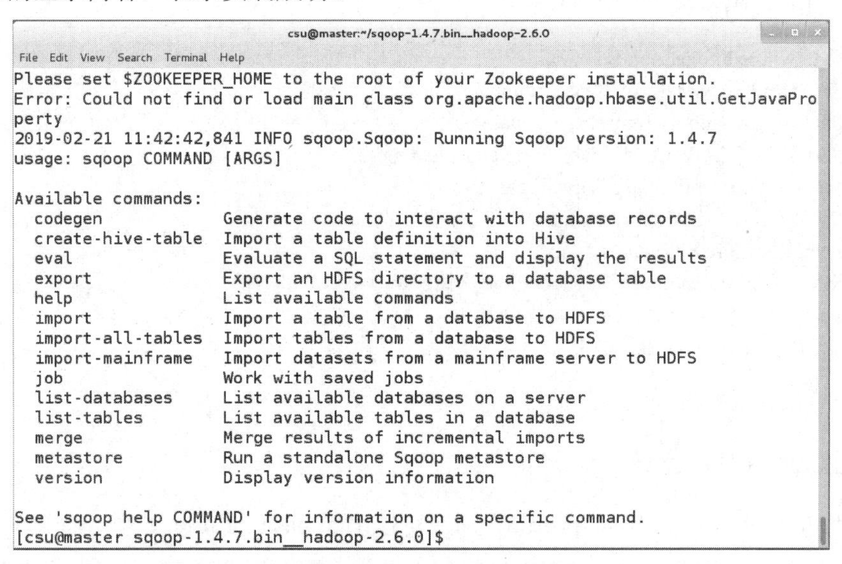

图 7-6　成功安装 Sqoop 时显示的内容

7.1.5　测试 Sqoop 与 MySQL 的连接

Sqoop 的一个主要功能就是将数据导入或导出 MySQL。无论从 MySQL 导出还是向 MySQL 导入数据，首先必须保证 Sqoop 与 MySQL 的连接。下面我们介绍使用 Sqoop 连接 MySQL 数据库的操作。

1. 列出 MySQL 的数据库下的所有表

```
bin/sqoop eval --driver com.mysql.cj.jdbc.Driver --connect jdbc:mysql:// 192.168.163.138:3306/test_db?serverTimezone=UTC\&useSSL=false --username root --password Hive_%CSUdjhuang168168 --query "show tables"
```

上述命令的输入情形如图 7-7 所示。

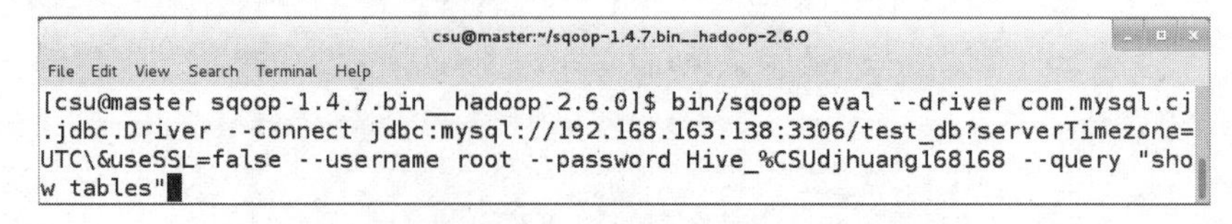

图 7-7　用 Sqoop 列出 MySQL 数据库中的表

在上述命令中，“eval”表示执行后面的 SQL 语句。

--driver 表示数据库驱动器，这里需要明确写出“com.mysql.cj.jdbc.Driver”。请读者特别注意，早期 MySQL 的驱动器是“com.mysql.jdbc.Driver”，现在不能再使用这个驱动器了，否则就会遇到异常。

--connect 表示连接对象（也就是数据库或表）的 URL，其中 IP 地址需要根据虚拟主机的地址填写。这里的“test_db”就是前面练习 MySQL 命令时创建的数据库，其中含有表 myclass。这里还有两点特别值得说明的是：①URL 后面有两个参数，第一个参数是设置数据库时区的“serverTimezone=UTC”，这里将其设置为世界统一时区，如果不设置时区，命令就不能执行；第二个参数是 useSSL，设置为 false，这说明本命令不使用 SSL（Secure Sockets Layer，安全套接层），MySQL 8.0.11 要求显式地设置 SSL，如果设置为 false，应用程序可以不需要 SSL，如果设置为 true，则服务器将进行可信认证，无论怎样用户都必须显式地设置 SSL，如果不设置（也就是不写这个参数语句），命令就会报错，最后也不能执行。②URL 中多参数的分割符，这里采用的是“\&”，其中反斜杠是转义字符，这里必须加上“\”，如果写成“&”也会报错，很多系统开发和维护人员都遇到过这类问题（俗称“坑”），他们或者在网络上不断搜索别人的经验，或者自己尝试不同的转义字符，现在我们在这里给出了明确的解决方案。

--username 后面是用户名，这里是“root”（Root 用户）。

--password 后面直接跟着用户的密码。Root 用户的密码是“Hive_%CSUdjhuang168168”，这是本书的设置，读者需要根据自己虚拟机的设置来填写。

--query 后面是 SQL 语句，用双引号引用。早期版本的 MySQL 可以接收“list-tables”这样的命令（本书第 1 版中就采用了这种用法），而 MySQL 8.0.11 会把这些命令视为语法错误，这也是在系统升级中的一些“小插曲”。输入命令后按下 Enter 键，如果执行顺利就可看到查询结果，如图 7-8 所示。

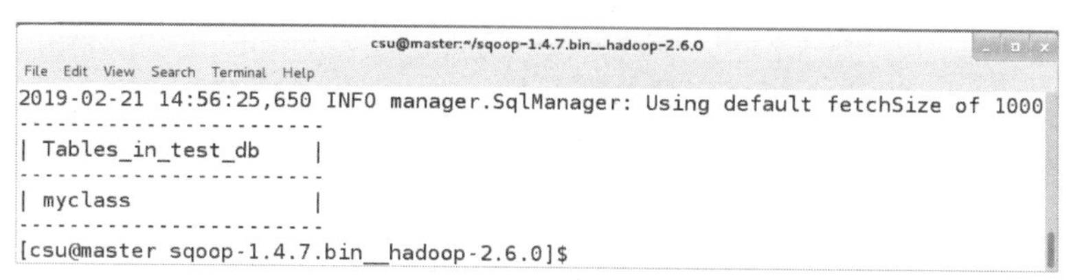

图 7-8　查询结果

2. 列出 MySQL 的所有数据库

```
bin/sqoop eval--driver com.mysql.cj.jdbc.Driver--connect jdbc:mysql: //192.168.163.138:3306?serverTimezone=UTC\&useSSL=false --username root --password Hive_%CSUdjhuang168168--query "show databases"
```

执行结果如图 7-9 所示。

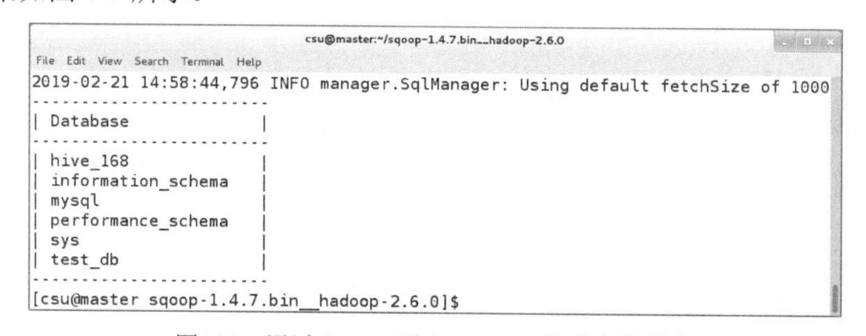

图 7-9　通过 Sqoop 列出 MySQL 的所有数据库

3．执行查询语句

```
bin/sqoop eval --driver com.mysql.cj.jdbc.Driver --connect jdbc:mysql: //192.168.163.138:3306?serverTimezone=
UTC\&useSSL=false --username root --password Hive_%CSUdjhuang168168 --query "select * from myclass"
```

上述命令的输入情形如图 7-10 所示。

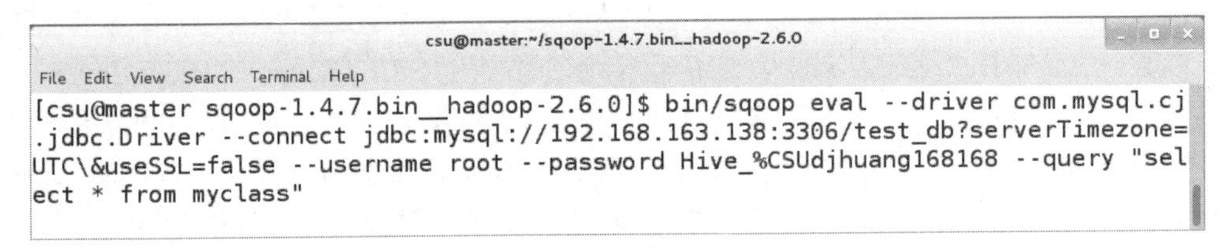

图 7-10　通过 Sqoop 命令执行查询语句

查询结果如图 7-11 所示。

```
csu@master:~/sqoop-1.4.7.bin__hadoop-2.6.0
File Edit View Search Terminal Help
onnection-manager). Sqoop is going to fall back to org.apache.sqoop.manager.Gene
ricJdbcManager. Please specify explicitly which connection manager should be use
d next time.
2019-02-21 15:02:21,345 INFO manager.SqlManager: Using default fetchSize of 1000
----------------------------------------------------------
| id   | name                    | sex  | degree              |
----------------------------------------------------------
| 1    | Huang Dong Jun          | 0    | 100.0               |
| 2    | Huang Qi Yao            | 1    | 100.0               |
| 3    | Li Wei Ping             | 1    | 98.0                |
----------------------------------------------------------
[csu@master sqoop-1.4.7.bin__hadoop-2.6.0]$
```

图 7-11　查询结果

如果能够完成上述操作，说明 Sqoop 能够连接到 MySQL，这就为后面的数据传输做好了准备。

7.2　安装部署 Kafka 集群

Kafka 可以安装为单机版，也可以安装在集群上，这里安装在集群上。

7.2.1　下载或复制 Kafka 安装包

读者可以从“http://kafka.apache.org/downloads.html”下载 Kafka 安装包，也可以从本书第 7 章软件资源文件夹中找到 kafka_2.11-0.10.1.0.gz（Kafka 安装包）。

7.2.2　解压缩 Kafka 安装包

将 kafka_2.11-0.10.1.0.gz 复制到 Master 的“/home/csu/”下，进入该目录并执行解压缩命令“tar -zxvf kafka_2.11-0.10.1.0.gz”，如图 7-12 所示。

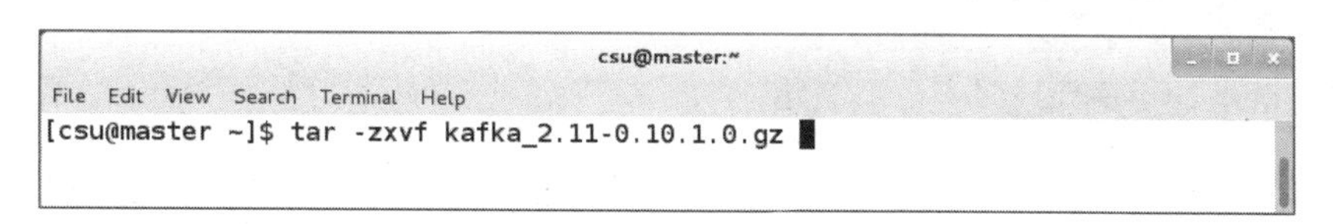

图 7-12　解压缩 Kafka 安装包

7.2.3　配置 Kafka 集群

配置 Kafka 集群时只需要修改 broker.id 和 zookeeper.connect。

1. 在 Master 上的配置

在 Master 完成如下操作：进入 Kafka 安装目录下的“config”子目录，然后编辑 server.properties 文件（该文件已经由系统创建），如图 7-13 所示。

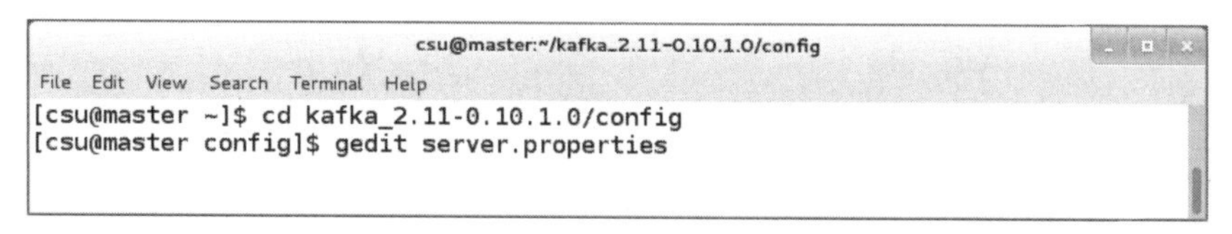

图 7-13　编辑 Kafka 集群的 server.properties 文件

在 Server Basics 代码段中，在“broker.id=0”下面增加“host.name=master”。

```
broker.id=0
host.name=master
```

保存修改后的代码。

显然，上述配置选择了 Master 作为 broker，其 ID 采用了默认的 0，所以保持不变，仅增加 Master 的主机名（即 master），这也是为了名称解析的需要。

在该文件的 ZooKeeper 代码段中，将已有的“zookeeper.connect= localhost:2181”替换成如下的代码（需要根据实际集群情况配置）：

```
zookeeper.connect=master:2181,slave0:2181,slave1:2181
```

保存修改后的代码，退出 gedit。

可以看出，ZooKeeper 作为协调器，它连接的节点包括了集群内所有的计算机。这里的配置显然需要根据用户自己的集群情况配置，如果仅安装了一个 Slave（本书是 Slave0），就只需要填写 slave0:2181 即可。

完成了 Master 上的配置后，需要将 Master 上的 Kafka 安装目录复制到 Slave。我们这里需要复制两次，其中一次如图 7-14 所示。

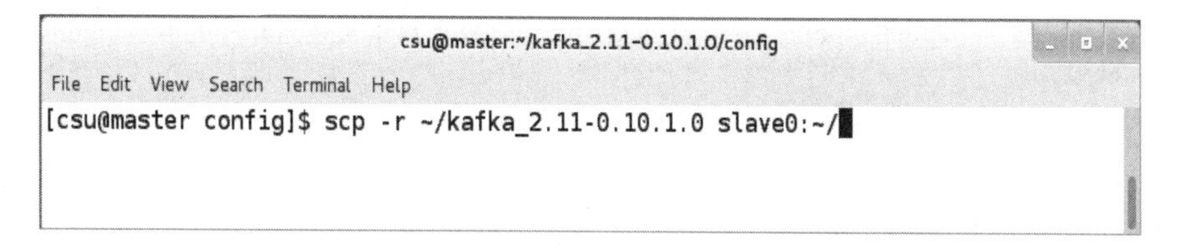

图 7-14　将 Master 上的 Kafka 安装目录复制到 Slave0

2. 在 Slave 上的配置

Kafka 集群还需要在 Slave 上进行必要的配置。对于这里的 Slave0，将其 server.properties 配置文件中的 broker.id 设置为 1，host.name 设置为 slave0，ZooKeeper 代码段保持不变。

```
############################# Server Basics #############################
broker.id=1
host.name=slave0
############################# Zookeeper #############################
zookeeper.connect=master:2181,slave0:2181,slave1:2181
```

如果安装了 Slave1，其 Server Basics 代码段的设置如下，ZooKeeper 代码段不变。

```
############################# Server Basics #############################
broker.id=2
host.name=slave1
############################# Zookeeper #############################
zookeeper.connect=master:2181,slave0:2181,slave1:2181
```

至此，Kafka 集群的配置就完成了。

7.2.4 Kafka 的初步应用

1. 启动 ZooKeeper 服务

要使用 Kafka，首先需要启动 ZooKeeper 服务，进入 Kafka 安装目录，执行如下命令：

```
bin/zookeeper-server-start.sh config/zookeeper.properties
```

执行上述命令后，终端显示的信息如图 7-15 所示。

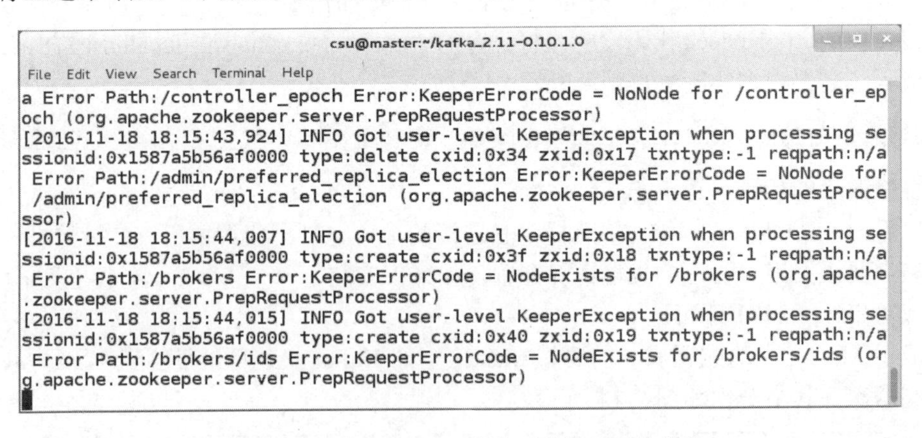

图 7-15 启动 ZooKeeper 服务时终端显示的信息

显然，这里启动了 Kafka 自带的 ZooKeeper 服务器。执行上述命令后，终端显示一些信息后，就出现停顿，这并非表示 ZooKeeper 服务启动失败，而是系统正处于后台运行状态，用户无须特别操作，只要保持终端的窗口处于打开状态即可（不要关闭）。

2．启动 Kafka 服务

分别在 Master 和 Slave 启动 Kafka 服务集群。首先启动 Master 上的 Kafka 服务。新开启一个终端，然后进入 Kafka 安装目录，执行“bin/kafka-server-start.sh config/server.properties”命令，系统显示如图 7-16 所示。

```
csu@master:~/kafka_2.11-0.10.1.0
File  Edit  View  Search  Terminal  Help
[2016-11-18 18:15:43,969] INFO Will not load MX4J, mx4j-tools.jar is not in the
classpath (kafka.utils.Mx4jLoader$)
[2016-11-18 18:15:44,005] INFO Creating /brokers/ids/0 (is it secure? false) (ka
fka.utils.ZKCheckedEphemeral)
[2016-11-18 18:15:44,027] INFO New leader is 0 (kafka.server.ZookeeperLeaderElec
tor$LeaderChangeListener)
[2016-11-18 18:15:44,030] INFO Result of znode creation is: OK (kafka.utils.ZKCh
eckedEphemeral)
[2016-11-18 18:15:44,031] INFO Registered broker 0 at path /brokers/ids/0 with a
ddresses: PLAINTEXT -> EndPoint(master,9092,PLAINTEXT) (kafka.utils.ZkUtils)
[2016-11-18 18:15:44,032] WARN No meta.properties file under dir /tmp/kafka-logs
/meta.properties (kafka.server.BrokerMetadataCheckpoint)
[2016-11-18 18:15:44,053] INFO Kafka version : 0.10.1.0 (org.apache.kafka.common
.utils.AppInfoParser)
[2016-11-18 18:15:44,053] INFO Kafka commitId : 3402a74efb23d1d4 (org.apache.kaf
ka.common.utils.AppInfoParser)
[2016-11-18 18:15:44,053] INFO [Kafka Server 0], started (kafka.server.KafkaServ
er)
```

图 7-16　启动 Kafka 服务时终端显示的信息

由于 Kafka 是作为守护进程加载的，执行上述命令后终端也会出现停顿状态，这表示系统已经处于后台运行状态，所以也不需要关闭该终端窗口，只要保持当前状态即可。

实际上，用户可以另外开启一个终端，通过“jps”命令来查看当前系统进程列表，可以看到如图 7-17 所示的几个进程名称。

csu@master:~
File Edit View Search Terminal Help
[csu@master ~]$ jps
5697 Jps
4775 QuorumPeerMain
5094 Kafka
[csu@master ~]$

图 7-17　当前系统进程

可以看到，ZooKeeper 和 Kafka 均处于后台运行状态，其中 QuorumPeerMain 就是自带的 ZooKeeper 服务进程，Kafka 自然就是 Kafka 服务进程。

同样我们可以在 Slave 上启动 Kafka 服务。

注意事项

有一些用户在启动 Kafka 自带的 ZooKeeper 服务时可能会失败，或者即使启动了也不能正常工作，例如无法支持主题创建（下面马上就会介绍）。

这时可以先关闭刚才启动的 ZooKeeper 服务（可以简单地通过“kill-9 PID”命令来终止 QuorumPeerMain 服务，其中 PID 是 QuorumPeerMain 的进程 ID，如上面示例中的 4775），然后通过 HBase 来启动其自带的 ZooKeeper 服务，或者启动独立安装的

ZooKeeper。只要启动成功，也同样可以为 Kafka 的工作提供支持。

上述实践说明，在 Hadoop 集群应用中，只要能够启动任何一个组件自带的 ZooKeeper 服务，或者启动独立安装的 ZooKeeper，就可以为其他任何需要 ZooKeeper 服务的组件提供支持，并不需要每个组件都启动自带的 ZooKeeper。

3. 创建主题

要使用 Kafka，一定需要创建主题。主题（Topic）是消息中间件的基本概念，相当于文件系统的目录，其实就是用于保存消息内容的计算实体，通过主题名称可标识消息，就如同通过目录名标识目录一样。

我们在 Master 上创建一个名为 test 的主题。注意，为了创建主题，请在 Master 上另外开启一个终端，并进入 Kafka 安装目录，并执行如下命令：

```
bin/kafka-topics.sh --create --zookeeper master:2181 --replication-factor 1 --partitions 1 --topic test
```

如图 7-18 所示。

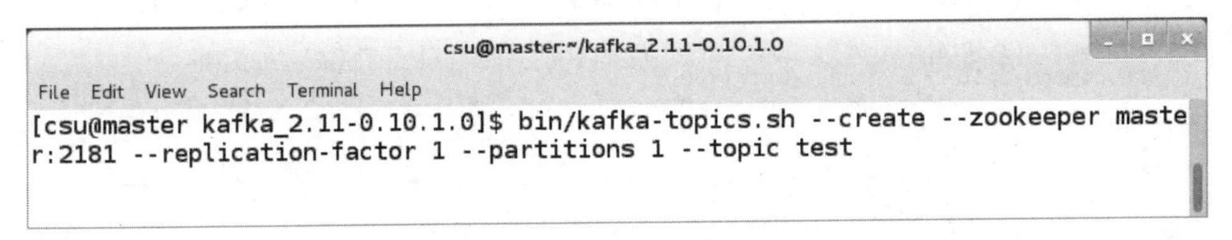

图 7-18 在 Master 上创建一个名为 test 的主题

执行成功后会出现“Created topic ‘test’”的提示，我们也可以通过执行下面的命令查看已经创建的主题，如图 7-19 所示。

```
bin/kafka-topics.sh --list --zookeeper master:2181
```

图 7-19 查看已经创建的主题

4. 发送消息

消息中间件是一个用于接收消息并转发消息的服务。为了检验 Kafka 是否能够正常工作，需要创建一个消息生产者（Producer）来产生消息。请重新开启一个终端，然后执行如下的命令：

```
bin/kafka-console-producer.sh --broker-list master:9092 --topic test
```

按下 Enter 键后，系统等待用户输入信息，可以输入“This is a message from the terminal at master”等，如图 7-20 所示。

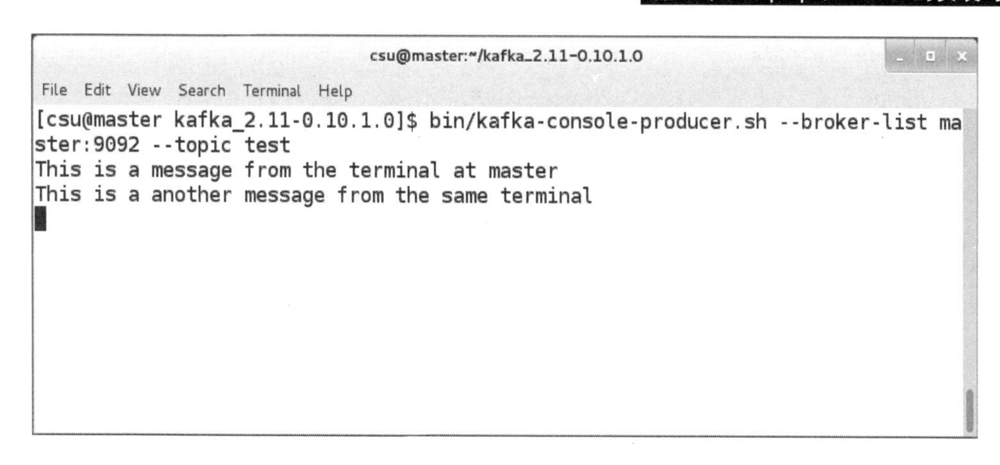

图 7-20　创建消息生产者并产生消息

作为 Producer，上面的终端一直处于产生消息的状态，其任务就是等待用户的输入，并保存到主题中。这时需要在另一个终端上创建消息消费者（Consumer），才能接收这些消息。

5．消费消息

要创建消息消费者并接收消息，需要在一个新的终端上执行如下的命令：

```
bin/kafka-console-consumer.sh --zookeeper master:2181 --topic test --from-beginning
```

按下 Enter 键后，即可接收到从消息生产者发送到 test 主题中的消息，如图 7-21 所示。

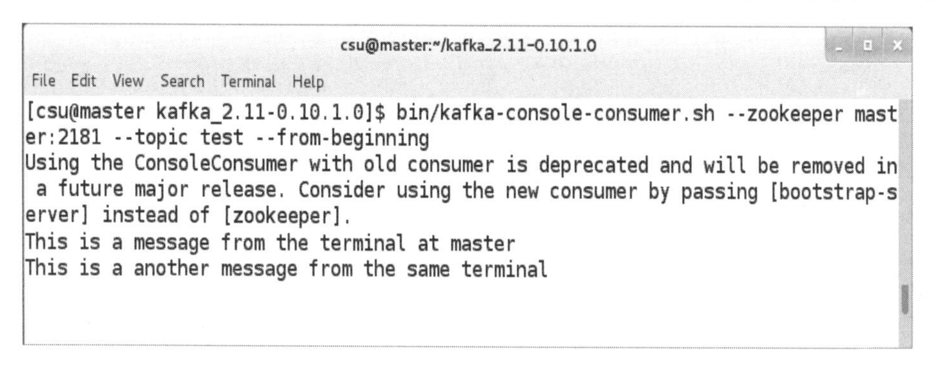

图 7-21　创建消费者并接收消息

要查看主题中的信息，执行如下命令：

```
bin/kafka-topics.sh --describe --zookeeper master:2181 --topic test
```

可以看到，消息生产者和消息消费者通过 Kafka 的消息中间件联系起来了，消息生产者是产生消息的一方，而消息消费者只需要从主题中接收消息。这种应用模式在很多数据处理系统中都可以发挥积极作用。例如，在一些实时大数据应用中，Kafka 可以保存从数据源产生的数据，接收者（消息消费者）则可以按照自己的数据传输速率接收数据，因此，Kafka 起到了一个缓冲作用。

由于 Kafka 是一个分布式的消息分发系统，所以也可以在集群中的任何节点接收消息，例如，在 Slave0 上通过执行“bin/kafka-console-consumer.sh --zookeeper master:2181 --topic test --from-beginning”命令能够接收到从 Master 发送的消息。同样，还可以在 Slave 上创建消息生产者向 Kafka 服务器（Server）发送消息，使得集群的任何节点都可以接收消息。图 7-22 给出了一个简单的消息分发架构。

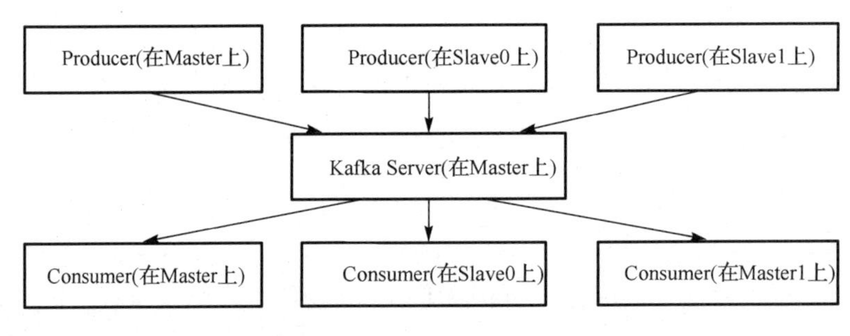

图 7-22　一个简单的消息分发架构

7.3 本章小结

本章介绍了 Sqoop 和 Kafka 的安装及应用。Sqoop 和 Kafka 在大数据系统有重要的作用，Sqoop 主要用于向 HDFS、HBase、Hive 甚至 MySQL 导入外部数据源的数据，也可以用户从上面这些系统中的数据导出到外部，本书后面的章节给出了结合项目的应用。Kafka 是一个通用的消息中间件。

第8章 Spark集群的安装与开发环境的配置

随着Yarn的出现，MapReduce的使用者无须再担心任务的并行性和容错问题，只需要使用一些基本的操作就能并行地读写数据。但是，由于MapReduce框架并没有很好地使用分布式内存，每个MapReduce任务需要读写磁盘，这使得MapReduce框架对于某些需要重用中间结果的应用很低效。在很多迭代式的机器学习和数据挖掘算法中，使用中间结果是非常常见的。如果使用MapReduce框架来处理这种类型的应用，那么数据副本、磁盘I/O和数据序列化将会花费大量的时间。由于内存的读写速度远远高于磁盘，在理想状况下，如果所有的数据都能放入内存，那么大部分的任务都能在很短的时间内完成。

为了避免MapReduce框架中多次读写磁盘的消耗，更充分地利用内存，加州大学伯克利分校AMP Lab提出了一种新的、开源的、类Hadoop MapReduce的内存编程模型，即Spark。

8.1 深入理解Spark

8.1.1 Spark的系统架构

图8-1给出了Spark原理架构，表8-1详细给出了Spark中各个模块的说明。Spark的核心组件是集群管理器（Cluster Manager）和运行任务的节点（Worker），此外还有每个应用的任务控制节点（Driver）和每个节点上有具体任务的执行进程（Executor）。

与MapReduce（简称MR）框架相比，Executor有两个优点：一个是采用多线程来执行具体的任务（Task），而不是像MR那样采用进程模型，从而减少了任务的启动开销；二是Executor上会有一个Block Manager存储模块，类似于KV系统（内存和磁盘共同作为存储设备），当需要进行多轮迭代时，可以将中间过程的数据先放到Block Manager存储模块上，下次需要时直接读Block Manager存储模块上的数据，而不需要读写HDFS等文件系统；或者在交互式查询场景下，事先将数据表缓存到Block Manager存储模块上，从而提高读写I/O性能。此外，Spark在进行Shuffle操作时，在Groupby、Join等场景下去掉了不必要的Sort操作；同时，相比于MapReduce只有Map和Reduce两种操作，Spark还提供了更加丰富全面的运算操作，如Filter、Groupby、Join等。

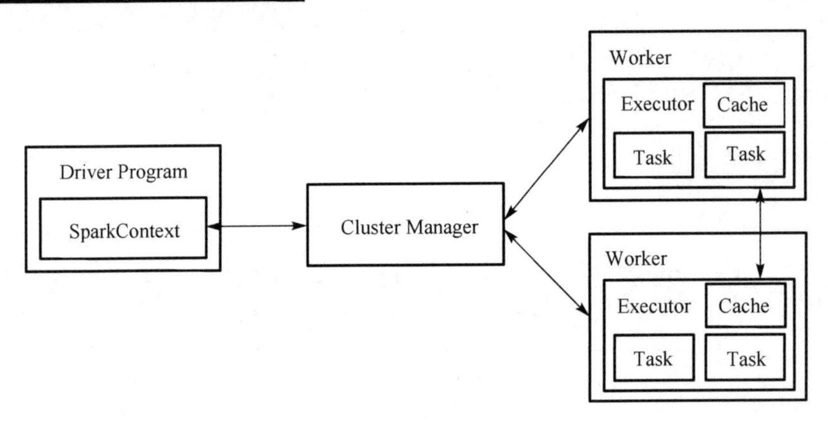

图 8-1　Spark 的系统架构

表 8-1　Spark 中模块的说明

模　块	说　明
Driver Program	Spark 应用程序在运行时包含一个 Driver 进程，也是应用程序的主进程，负责应用程序的解析、生成 Stage 并将 Task 调度到 Executor 上
Cluster Manager	集群管理器，Spark 支持多种集群管理器，包括 Spark 自带的 Standalone 集群管理器、Mesos 或 Yarn
Executor	真正执行应用程序的地方，一个集群一般包含多个 Executor，每个 Executor 接收到 Driver Program 的命令后来执行 Task，一个 Executor 可以执行一个或多个 Task
Master Node	集群的主节点，负责接收客户端提交的任务，管理 Worker，并命令 Worker 启动 Driver Program 和 Executor
Work Node	负责运行集群中的 Spark 应用程序，负责管理本节点的资源，定期向 Master 发送心跳消息，接收 Master 的命令
SparkContext	面向用户的 Spark 应用程序入口，控制 Spark 应用程序，负责分布式任务的执行和调度。SparkContext 是用户基于业务逻辑定义的类，里面包含 DAG（无回路有向图），可基于用户的业务逻辑来划分 Stage 并生成 Task
Task	承载业务逻辑的运算单元，是 Spark 平台中可执行的最小工作单元，可根据执行计划以及计算量将一个应用分为多个 Task
Cache	分布式缓存，可将每个 Task 的结果保存在 Cache 中，供后续的 Task 读取

Spark 应用的执行过程如下：

（1）构建 Spark 应用的运行环境，启动 SparkContext。

（2）SparkContext 向资源管理器（可以是 Standalone 集群管理器、Mesos 或 Yarn）申请运行 Executor，并启动 StandaloneExecutorbackend。

（3）Executor 向 SparkContext 申请 Task。

（4）SparkContext 将应用分发给 Executor。

（5）SparkContext 构建 DAG，将 DAG 分解成 Stage，将 TaskSet 发送给 Task 调度器，最后由 Task 调度器将 Task 发送给 Executor 运行。

（6）Task 在 Executor 上运行，运行完释放所有资源。

8.1.2　Spark 的关键概念

1. RDD

Spark 的核心是弹性分布式数据集（Resilient Distributed Dataset，RDD）。RDD 是一个只读且不可变的分布式对象集合，创建、转化及调用 RDD 操作这一系列过程贯穿于 Spark 大数据处理的始终。在底层，Spark 将 RDD 中的数据分发到集群上，进行并行化操作。为了保证高效的容错性，RDD 维护一系列操作的血统信息，即记录下在 RDD 之间转化的操作过程。当出现故障时可以利用血统信息并行恢复丢失的数据，而不需要重新进行整个计算。

RDD 上的操作可分为两类：Transformantion 和 Action。Transformation 操作会由一个 RDD 生成一个新的 RDD，数据集中的内容会发生改变。Action 操作会对 RDD 计算出一个结果并返回到驱动器程序中。虽然二者都是对 RDD 进行操作，但是只有当对 RDD 进行 Action 操作时，该 RDD 及其父 RDD 上的所有操作才会提交到集群中进行真正的计算，这称为惰性计算（Lazy Computing）。

2. DAG

Spark 使用有向无环图（DAG）进行任务调度，图 8-2 是 Spark 的调度运行机制。

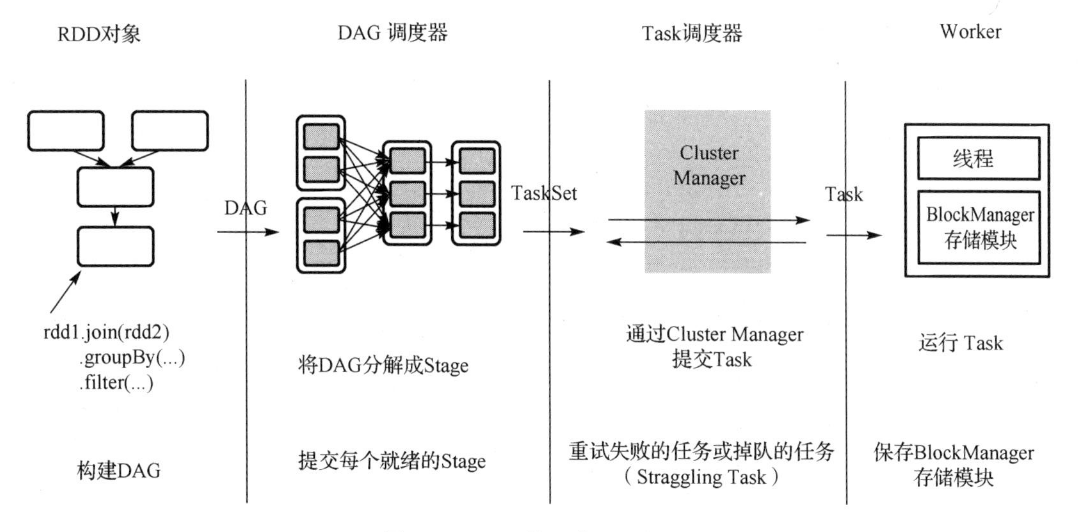

图 8-2　Spark 的调度运行机制

Spark 应用程序在提交后会经历一系列的转换，以任务的形式在集群的各个节点上执行。当某个 RDD 有 Action 操作时，该 Action 会作为一项工作提交。在提交阶段，DAG 调度器会检查 RDD 的血统图，计算各 RDD 间的依赖关系，并根据这些依赖关系将整个工作分割成为若干个不同的阶段（Stage），在各个阶段被提交之后，由 Task 调度器根据 Stage 来计算所需要进行的任务，并将这些任务分发到对应的计算节点。

3. Spark SQL

Spark SQL 是 Spark 的一个组件，用于结构化数据的计算。作为 Spark 大数据框架的一部分，Spark SQL 主要用于结构化数据处理，以及对 Spark 数据执行类似于 SQL 的查询。通过 Spark SQL，可以对不同格式的数据执行 ETL 操作，如 JSON、Parquet（一种面向分析型业务的列存储格式）和关系型数据库，然后完成特定的查询操作。

Spark SQL 提供了十分友好的 SQL 接口，可以与来自多种不同数据源的数据进行交互。除了文本文件，也可以从其他数据源加载数据，如 JSON 数据文件、Hive 表，甚至可以通过 JDBC 数据源加载关系型数据库中的数据。由于采用的语法是熟知的 SQL 语言，这对于非技术类的项目成员（如数据分析师和数据库管理员）来说，也是非常实用的。

使用 Spark SQL 时，最主要的两个组件就是 DataFrame 和 SQLContext。

4. DataFrame

DataFrame 是一个分布式的、按照命名列的形式组织的数据集合。DataFrame 基于 R 语言中的 Data Frame 概念，与关系型数据库中的数据库类似。之前版本的 Spark SQL API 中的 SchemaRDD 已经更名为 DataFrame。通过调用将 DataFrame 的内容作为行 RDD（RDD of Row）返回的 RDD 方法，可以将 DataFrame 转换成 RDD。

可以通过已有的 RDD、结构化数据文件、JSON 数据集、Hive 表和外部数据库等数据源创建 DataFrame。

Spark SQL 和 DataFrame 的 API 已经在 Scala、Java、Python 和 R 程序设计语言中得到了实现。

5. SQLContext

Spark SQL 提供的 SQLContext 封装了 Spark 中所有的关系型功能，可以用前面提到的 SparkContext 创建 SQLContext。下述代码片段展示了如何创建一个 SQLContext 对象。

```
val sqlContext = new org.apache.Spark.sql.SQLContext(sc)
```

此外，Spark SQL 中的 HiveContext 可以提供 SQLContext 所提供功能的超集，可以在通过 HiveSQL 解析器编写查询语句，以及从 Hive 表中读取数据时使用，在 Spark 应用程序中使用 HiveContext 无须 Hive 环境。

6. JDBC 数据源

Spark SQL 的其他功能还包括数据源，如 JDBC 数据源。

JDBC 数据源可用于通过 JDBC API 读取关系型数据库中的数据。相比于使用 JdbcRDD，应该将 JDBC 数据源的方式作为首选，因为 JDBC 数据源能够将结果作为 DataFrame 对象返回，可直接使用 Spark SQL 进行处理或与其他数据源连接。

7. Spark 和 HDFS 的配合关系

通常，Spark 中计算的数据可以来自多个数据源，如本地文件、HDFS 等。最常用的是

HDFS，可以一次读取大规模的数据进行并行计算，在计算完成后也可以将数据存储到 HDFS。

分解来看，Spark 分成调度器（Scheduler）和执行器（Executor），调度器负责任务的调度，执行器负责任务的执行。Spark 读文件的过程如图 8-3 所示。

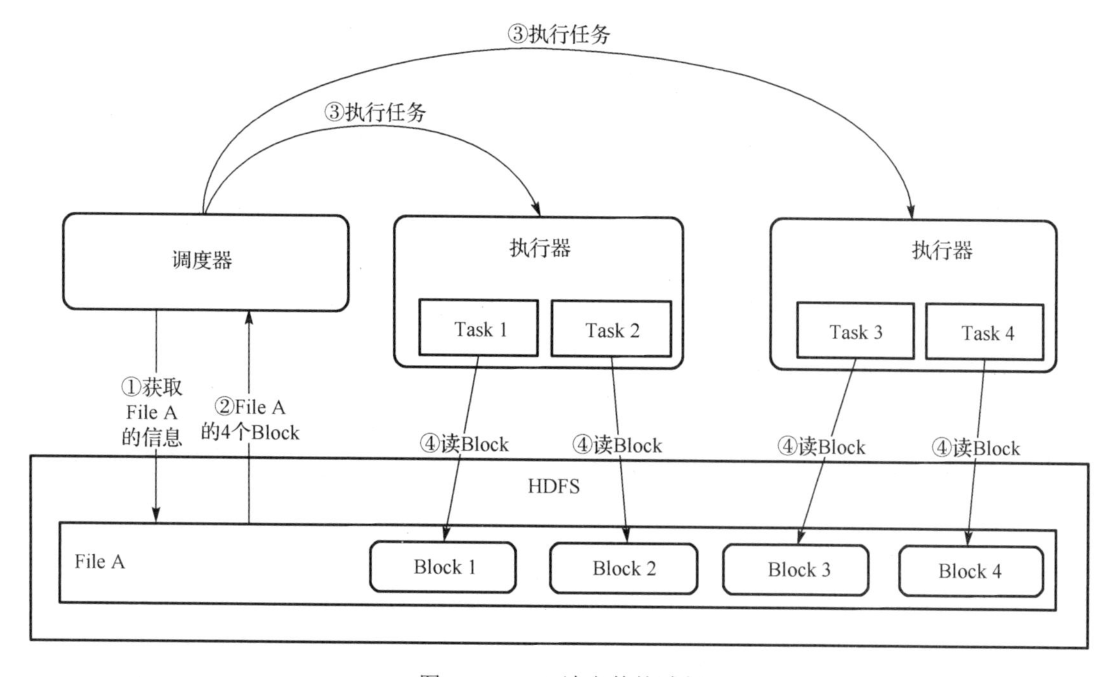

图 8-3　Spark 读文件的过程

（1）读取文件的详细步骤如下：

① Spark 调度器与 HDFS 交互获取 File A 的信息。

② HDFS 返回该文件具体的 Block 信息。

③ Spark 调度器根据具体的 Block 数量，决定一个并行度，创建多个 Task 去读取这些文件的 Block。

④ 执行器执行 Task 并读取具体的 Block，作为 RDD（弹性分布数据集）的一部分。

（2）HDFS 文件写入的详细步骤如下：

① Spark 调度器创建要写入文件的目录。

② 根据 RDD 分区、分块情况，计算出写数据的 Task 数量，并下发这些任务到执行器。

③ 执行器执行这些 Task，将具体 RDD 的数据写入第一步创建的目录下。

8.2　Scala 的安装与配置

在安装 Spark 之前，首先要安装一种编程语言环境，即 Scala。Spark 是用 Scala 语言实现的，而且主要支持 Scala 语言进行应用开发（当然也支持其他语言，如 Java）。为了帮助读者熟悉 Spark 平台上的 Scala 程序设计，我们搭建的 Spark 开发环境也需要安装 Scala。

Scala 是一种纯面向对象的语言，每一个值都是对象。对象的数据类型及行为由类和特征描述。类抽象机制的扩展有两种途径，一种途径是子类继承，另一种途径是灵活的混入（Mixin）机制。这两种途径都能避免多重继承产生的种种问题。

Scala 也是一种函数式语言，提供轻量级的语法用以定义匿名函数，支持高阶函数，允许嵌套多层函数。Scala 的 Case Class 及其内置的模式匹配相当于函数式编程语言中常用的代数类型（Algebraic Type）。

在函数表达上，Scala 具有天然的优势，因此表达复杂的机器学习算法的能力比其他语言更强且更简单易懂。Spark 提供各种操作函数来建立起 RDD 的 DAG 计算模型，Spark 把每一个操作都看成构建一个 RDD 来对待，而 RDD 则表示的是分布在多个节点上的数据集合，并且可以带上各种操作函数。

Scala 运行于 Java 平台（Java 虚拟机），并兼容现有的 Java 程序，它也能运行于 Java ME、CLDC（Micro Edition Connected Limited Device Configuration）上。

8.2.1 下载 Scala 安装包

由于本书后面安装的是 Spark 2.4.0，而该版本的 Spark 建议使用 2.11.0 以上的 Scala。读者可以从“https://www.scala-lang.org/”下载合适的 Scala 版本，如 scala-2.11.8.tgz，也可以在本书第 8 章软件资源中找到 Scala 安装包 scala-2.11.8.tgz。

将 scala-2.11.8.tgz 文件复制到 Master 的“/home/csu/”目录下。

8.2.2 安装 Scala

进入“/home/csu/”目录，执行“tar -zxvf scala-2.11.8.tgz”解压缩 Scala 2.11.8 安装包，如图 8-4 所示，系统生成 Scala 的安装目录为“scala-2.11.8”。

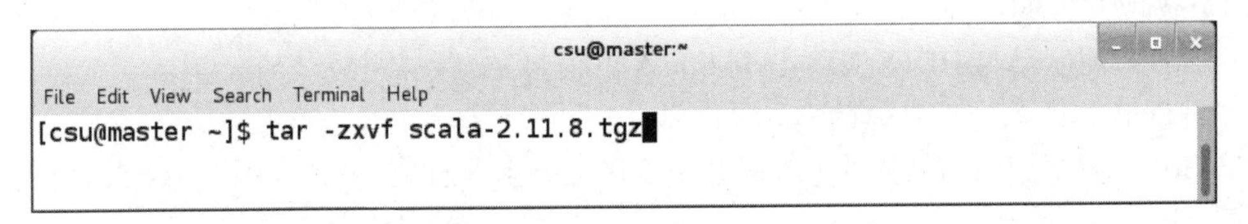

图 8-4 解压缩 Scala 2.11.8 安装包

切换到安装目录“scala-2.11.8”，执行“ls -l”命令，可以看到 Scala 系统文件目录，如图 8-5 所示。

```
csu@master:~/scala-2.11.8
File Edit View Search Terminal Help
[csu@master ~]$ cd scala-2.11.8/
[csu@master scala-2.11.8]$ ls -l
total 8
drwxrwxr-x. 2 csu csu 4096 Mar  4  2016 bin
drwxrwxr-x. 4 csu csu   81 Mar  4  2016 doc
drwxrwxr-x. 2 csu csu 4096 Mar  4  2016 lib
drwxrwxr-x. 3 csu csu   17 Mar  4  2016 man
[csu@master scala-2.11.8]$
```

图 8-5 Scala 系统文件目录

8.2.3　启动并应用 Scala

进入“/home/csu/scala-2.11.8/”目录，执行“bin/scala”命令即可启动 Scala，如图 8-6 所示。

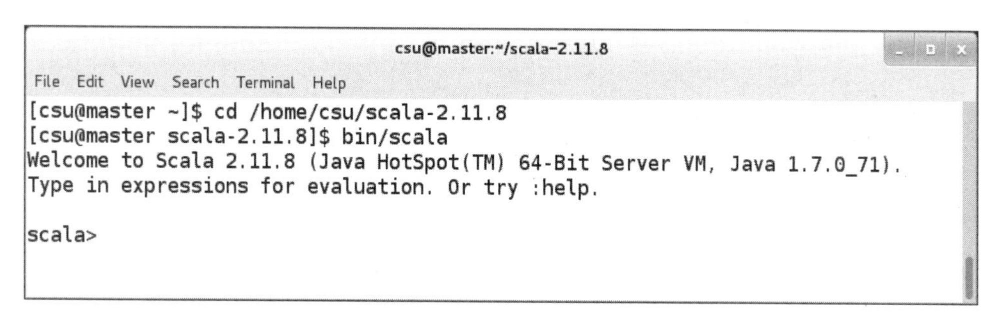

图 8-6　启动 Scala 的命令

在图 8-6 所示的 Scala Shell 中，用户可以输入各种 Scala 命令，例如：

```
scala>println("Hello,world")
Hello,world
scala>5*9
res0:    Int = 45
scala>2*res0
res1:    Int = 90
scala>:help
```

这里会显示各种 Scala 命令的使用方法。注意，命令前面不要少了符号“:”。

```
scala>:quit
```

这是退出 Scala 的命令。注意，一定要正确退出 Scala 系统，否则有可能丢失数据。

8.3　Spark 集群的安装与配置

8.3.1　安装模式

Spark 有两种安装模式，一种是本地模式（又称为单机模式），即仅仅在一台计算机上安装 Spark，显然这是最小安装，主要用于学习和研究；另一种是集群模式，即在 Linux 集群上安装 Spark 集群。集群模式又可分为以下三种：

Standalone 模式：又称为独立部署模式，该模式采用 Spark 自带的简单集群管理器（Cluster Manager），不依赖第三方提供的集群管理器。这种模式比较方便快捷。

Yarn 模式：这种模式采用 Hadoop 2.0 以上版本中的 Yarn 充当集群管理器。本书采用了这种模式，因此下面的安装需要确保 Hadoop 2.6 已经安装好，并且在启动 Spark 或在提交 Spark 应用程序时，Hadoop 2.6 已经正常启动。

Mesos 模式：Mesos 是由加州大学伯克利分校 AMP Lab 开发的通用群集管理器，支持

Hadoop、ElasticSearch、Spark、Storm 和 Kafka 等系统。Mesos 内核运行在每个机器上，在整个数据中心和云环境内向分布式系统（如 Spark 等）提供集群管理的 API 接口。

8.3.2 Spark 的安装

下面开始安装 Spark，这里采用 Yarn 模式安装 Spark。

1. 下载 Spark 安装包

读者可以从“http://spark.apache.org/downloads.html”下载最新版本的 Spark。图 8-7 是下载 Saprk 的网站首页。

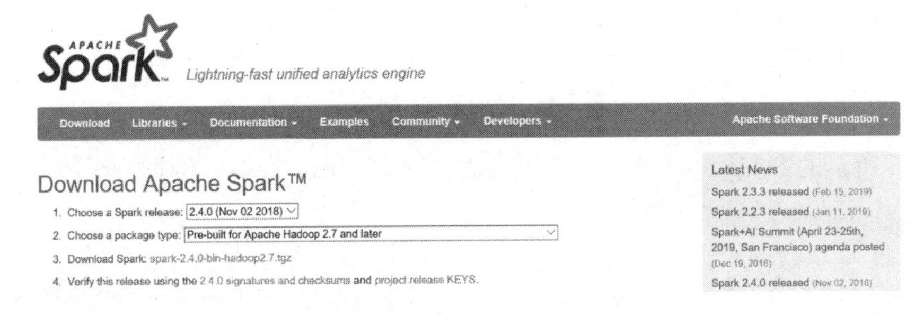

图 8-7　下载 Spark 的网站首页

我们选择 spark-2.4.0-bin-hadoop2.7.tgz 下载。由于 Spark 是一个较为庞大的系统，因此下载时间相对较长，读者也可以在本书第 8 章软件资源目录中找到 spark-2.4.0-bin-hadoop2.7.tgz，并将其复制到“/home/csu/”下。

2. 解压 Spark 安装包

我们计划将 Spark 安装在已经成功部署了 Hadoop 的集群上，因此需要确保 Hadoop 已经正常启动。首先在 Master 上进行安装和配置，然后将 Master 的安装目录复制到 Slave 上。

进入“/home/csu/”目录，执行解压命令“tar -zxvf spark-2.4.0-bin-hadoop2.7.tgz”，系统生成的 Spark 安装目录为“spark-2.4.0-bin-hadoop2.7”，用户可以进入该目录查看一下 Spark 的系统文件。

3. 配置 Linux 环境变量

执行“gedit ~/.bash_profile”命令可配置 Linux 环境变量，如图 8-8 所示。

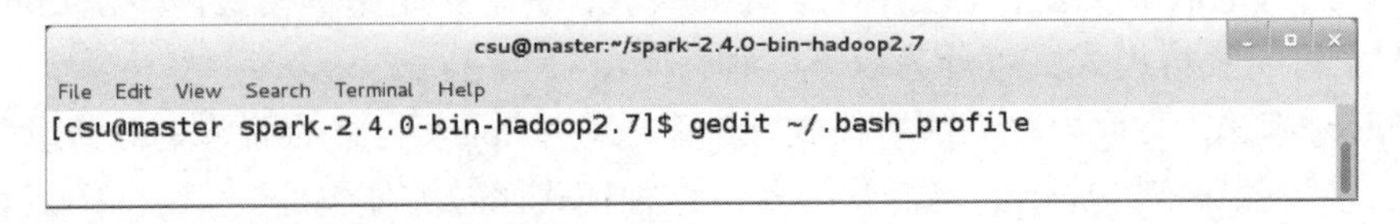

图 8-8　配置 Linux 环境变量

在打开的.bash_profile 文件中增加下面的代码：

```
#spark
```

```
export HADOOP_CONF_DIR=$HADOOP_HOME/etc/hadoop
export HDFS_CONF_DIR=$HADOOP_HOME/etc/hadoop
export YARN_CONF_DIR=$HADOOP_HOME/etc/hadoop
```

保存文件后退出 gedit 即可。

执行“source ~/.bash_profile”命令可以使配置文件生效，上述代码主要解决了 Spark 在 Yarn 上运行的访问路径问题。

4．配置 spark-env.sh 环境变量

进入 Spark 安装目录，执行“gedit conf/spark-env.sh”命令，然后输入如下代码：

```
export SPARK_MASTER_IP=192.168.163.138
export JAVA_HOME=/usr/java/jdk1.8.0_171/
export SCALA_HOME=/home/csu/scala-2.11.8/
```

编辑结果如图 8-9 所示。注意，读者应当根据自己系统的具体情况来配置 Spark 环境变量。

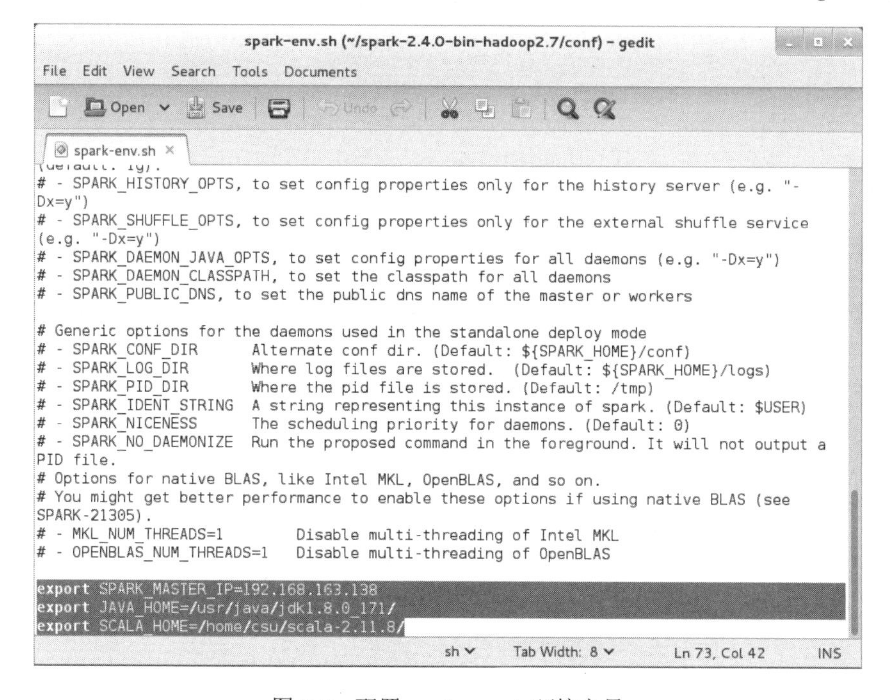

图 8-9　配置 spark-env.sh 环境变量

保存文件后退出 gedit 编辑器即可。

5．配置 slaves 文件

执行“gedit cong/slaves”命令，在编辑区输入如下代码：

```
slave0
slave1
```

输入情况如图 8-10 所示。

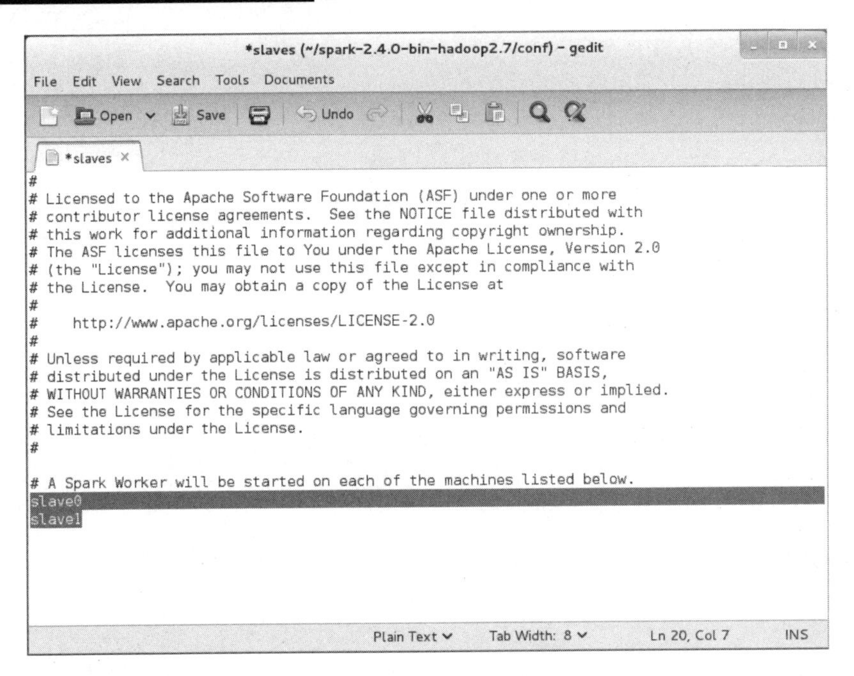

图 8-10　配置 slaves 文件

保存文件后退出 gedit 编辑器即可。

6．将安装好的 Spark 复制到 Slave

执行“scp -r ~/spark-2.4.0-bin-hadoop2.7 slave0:~/”命令，将 Master 上的 Spark 安装目录复制到 Slave 和 Slave 1，如图 8-11 所示。

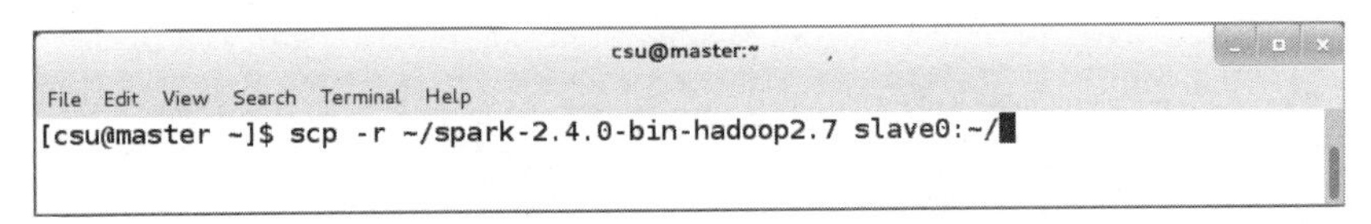

图 8-11　将 Spark 安装目录复制到 Slave0

如果有 Slave1 或更多节点，也需要进行类似的复制操作。至此，我们就完成了 Spark 的安装。

8.3.3　启动并验证 Spark

在 Master 上，进入 Spark 安装目录，执行“sbin/start-all.sh”命令即可启动 Spark，如图 8-12 所示。

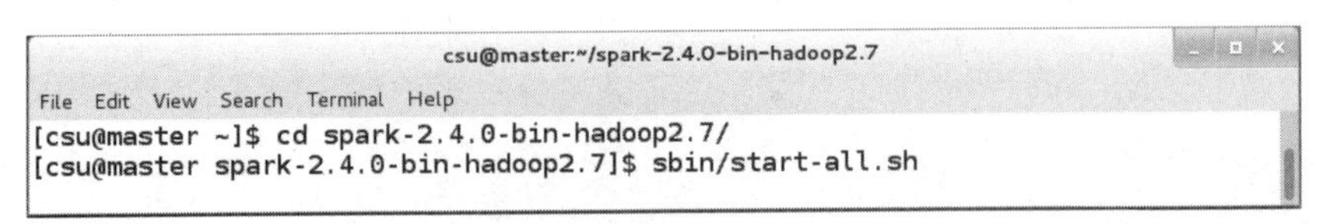

图 8-12　启动 Spark

读者可能注意到，启动 Spark 的命令与启动 Hadoop 的命令一样，都是“start-all.sh”。但是，当用户明确指定目录时，就可以区分这两个不同的命令了。由于这里已经进入了 Spark 的安装目录，并且在“start-all.sh”前面加上了“sbin”，这就确保了执行的是启动 Spark 的命令；如果没有“sbin”目录的限制，而是简单地使用“start-all.sh”，则是启动 Hadoop 的命令。

启动后，我们可以通过“jps”命令查看 Master 和 Slave 上 Spark 的进程，可以看到，在 Master 上增加了一个 Master 进程，它就是 Spark 的主控进程，如图 8-13 所示。

```
csu@master:~/spark-2.4.0-bin-hadoop2.7
File  Edit  View  Search  Terminal  Help
[csu@master spark-2.4.0-bin-hadoop2.7]$ jps
9665 Master
3731 SecondaryNameNode
4037 ResourceManager
5686 QuorumPeerMain
3452 NameNode
9743 Jps
```

图 8-13　查看 Spark 进程

如果在 Slave 节点（如 Slave0）上执行“jps”命令，则可以看到增加 Spark 的 Worker 进程，如图 8-14 所示。

```
csu@slave0:~
File  Edit  View  Search  Terminal  Help
[csu@slave0 ~]$ jps
15354 DataNode
17605 Worker
15525 NodeManager
18107 Jps
[csu@slave0 ~]$
```

图 8-14　Slave0 上的 Spark 的 Worker 进程

我们也可以通过 Spark 提供的 Web 接口查看系统状态。打开 Master（也可以是任何其他节点）上的浏览器，在地址栏输入“http://master:8080”，可看到如图 8-15 所示的监控界面。

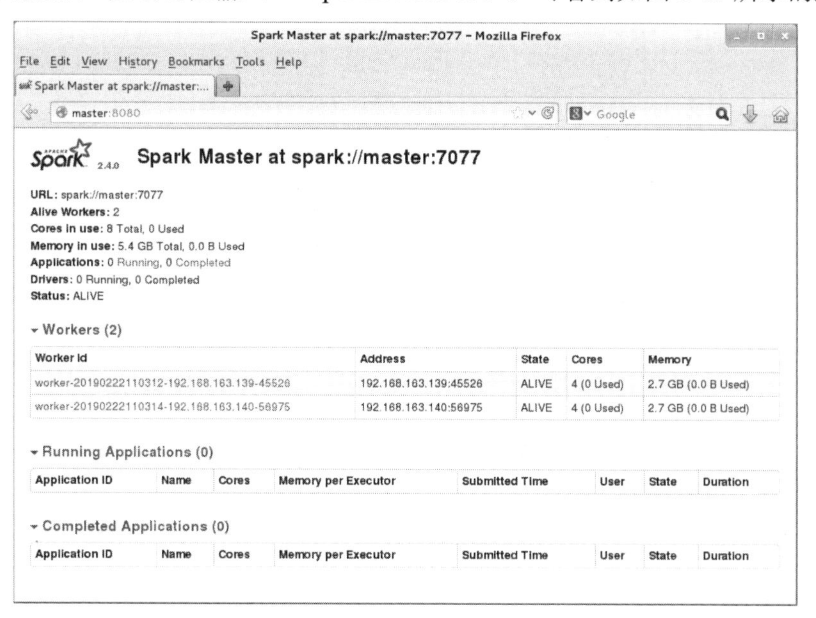

图 8-15　基于 Web 的 Spark 监控界面

要退出 Spark，可以在进入 Spark 安装目录后执行“sbin/stop-all.sh”命令，如图 8-16 所示。

```
csu@master:~/spark-2.0.1-bin-hadoop2.6
File Edit View Search Terminal Help
[csu@master spark-2.0.1-bin-hadoop2.6]$ sbin/stop-all.sh
```

图 8-16　退出 Spark

验证 Spark 是否安装成功的另一个有效方法，就是通过命令行向 Spark 集群提交计算程序，SparkPi 就是最常用的验证程序，相当于其他编程语言中的“Hello, World”。

为了使读者能够顺利执行 SparkPi 程序，建议读者首先浏览一下 Spark 安装目录下“examples/jars/”中的示例程序文件。

进入“~/spark-2.0.1-bin-hadoop2.6/examples/jars/”，执行“ls -l”命令可查看文件，可以看到系统提供了两个 jar 包，如图 8-17 所示。

```
csu@master:~/spark-2.4.0-bin-hadoop2.7/examples/jars
File Edit View Search Terminal Help
[csu@master spark-2.4.0-bin-hadoop2.7]$ cd examples/
[csu@master examples]$ cd jars
[csu@master jars]$ ls -l
total 2132
-rw-r--r--. 1 csu csu  153982 Oct 29 14:36 scopt_2.11-3.7.0.jar
-rw-r--r--. 1 csu csu 2023916 Oct 29 14:36 spark-examples_2.11-2.4.0.jar
[csu@master jars]$
```

图 8-17　系统提供的两个 jar 包

图中的 spark-examples_2.11-2.4.0.jar 就是我们需要的 jar 包，请将其复制到 Spark 安装目录下，这样做是为了直接在该目录下加载这个 jar 包，避免在命令行中包含过多的路径参数，从而缩短命令，降低输入错误。执行 SparkPi 程序的命令如下：

```
bin/spark-submit --class org.apache.spark.examples.SparkPi --master yarn- cluster --num-executors 3 --driver-memory 512m --executor-memory 512m –executor -cores 1 spark-examples_2.11-2.4.0.jar 10
```

图 8-18 是输入该命令的实际状态。

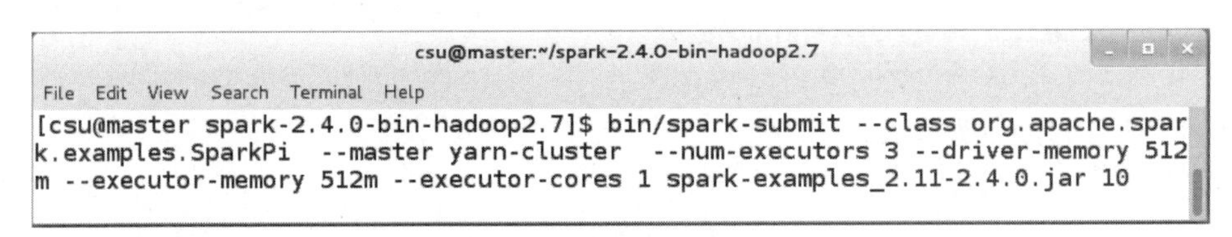

图 8-18　准备执行 SparkPi 程序

按下 Enter 键后程序开始执行，终端出现滚动显示。执行完毕后，系统给出的状态信息如图 8-19 所示，如果有“final status: SUCCEEDED”，表示提交执行成功；如果显示的状态信息中出现“final status: FAILED”，则表示执行不成功，需要排查问题。

要查看执行结果，读者可以打开图 8-19 中的跟踪 URL（tracking URL，注意观察图 8-19）：

```
http://master:18088/proxy/application_1550796180867_0003/
```

```
180867_0003 (state: FINISHED)
2019-02-22 11:32:28 INFO  Client:54 -
         client token: N/A
         diagnostics: N/A
         ApplicationMaster host: slave0
         ApplicationMaster RPC port: 43047
         queue: default
         start time: 1550806333674
         final status: SUCCEEDED
         tracking URL: http://master:18088/proxy/application_1550796180867_0003/
         user: csu
2019-02-22 11:32:28 INFO  ShutdownHookManager:54 - Shutdown hook called
2019-02-22 11:32:28 INFO  ShutdownHookManager:54 - Deleting directory /tmp/spark
-c14871f9-f7f6-47c2-b06d-2fb5f4dfd4a3
2019-02-22 11:32:28 INFO  ShutdownHookManager:54 - Deleting directory /tmp/spark
-69795afe-ec2d-4ea7-b03c-43d6733b5ba3
[csu@master spark-2.4.0-bin-hadoop2.7]$
```

图 8-19　SparkPi 程序执行成功后显示的状态信息

实际上，只要将鼠标移到该链接上，单击鼠标右键，在弹出的菜单中选择“open link”即可通过 Firefox 浏览器打开需要的界面，如图 8-20 所示。

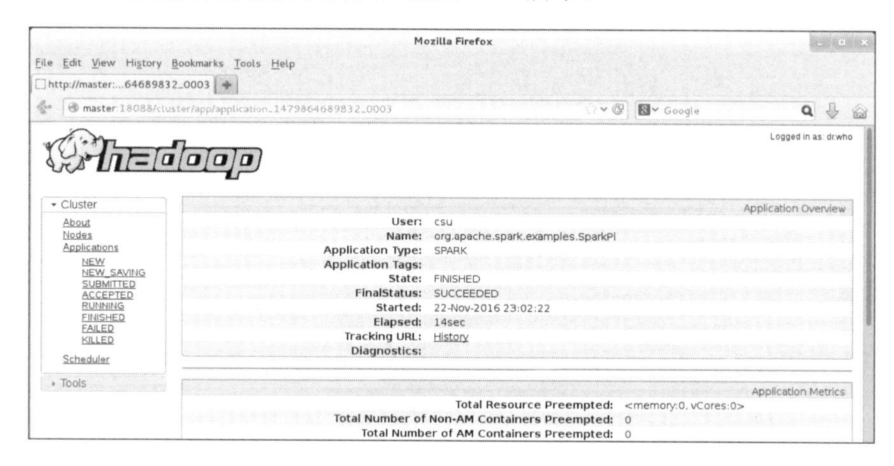

图 8-20　浏览器打开跟踪 URL 界面

在图 8-20 中，将界面往下滚动一点，可以看到在 Application Metrics 栏下，有“Started”“slave0:8042”“Logs”等显示内容，如图 8-21 所示。

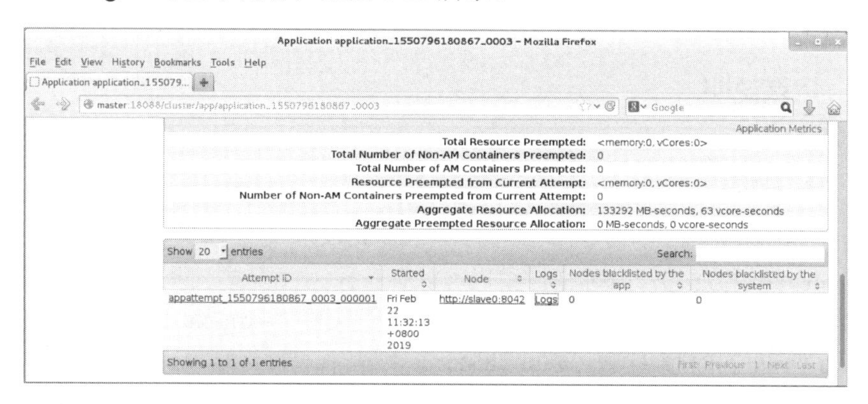

图 8-21　Application Metrics 栏下的信息

单击“Logs”可进入如图 8-22 所示的日志文件界面。

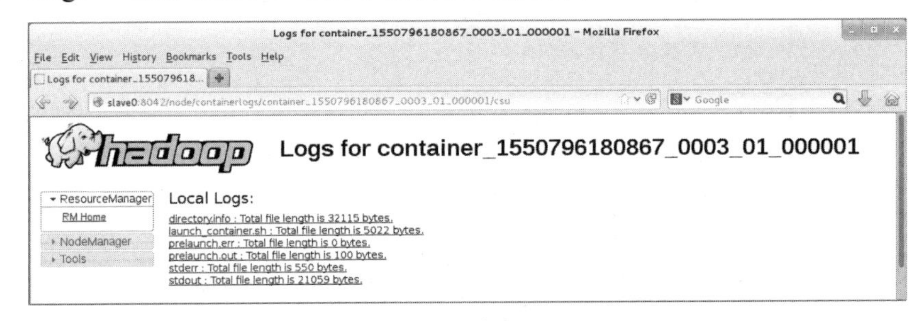

图 8-22　日志文件界面

单击其中的“stdout : Total file length is 21059 bytes.”可看到最后的计算结果，如图 8-23 所示。

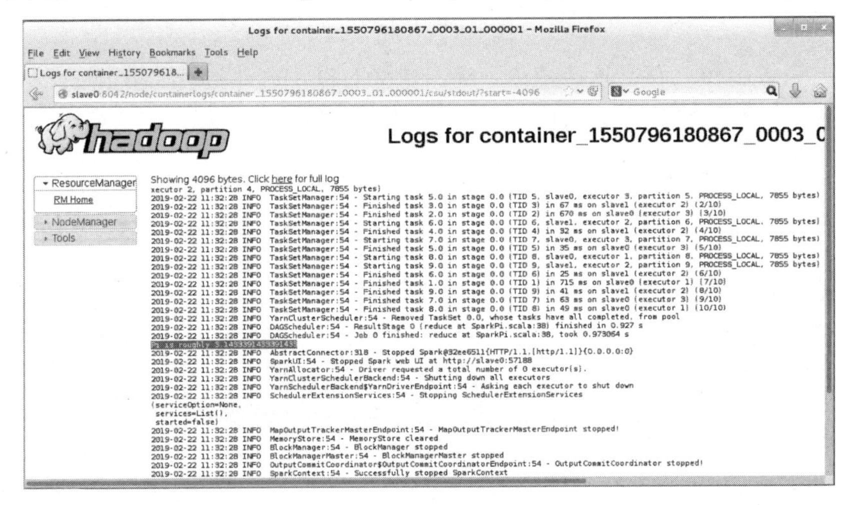

图 8-23　最后的计算结果

可以看到，这次计算的结果是“Pi is roughly 3.1433391433391433”。注意，不同的计算机得到的结果可能不同。另外，如果在执行上述命令时遇到异常，可以仔细分析显示的信息，倘若发现是虚拟内存太小的原因，可以把执行 SparkPi 程序的命令中的“512”提高到“1024”后再执行一次，通常可以消除这类报错。

完成上述验证表示 Spark 安装成功。

8.3.4　几点说明

1．关于执行模式

上面执行 SparkPi 程序的命令中采用了“yarn-cluster”这个参数，表明是通过 Yarn 集群模式来执行 SparkPi 程序的。实际上，我们可以有三种执行模式。除了已经验证的 Yarn 集群模式，还有本地模式和终端模式。例如，用“local”代替“yarn-cluster”，表示通过本地模式执行程序；用“yarn-client”代替“yarn-cluster”，则表示通过终端模式执行程序。如果系统安装和配置成功，也都能顺利完成任务，则后面两种执行的结果都会显示在终端上，图 8-24 给出了本地模式执行的结果。

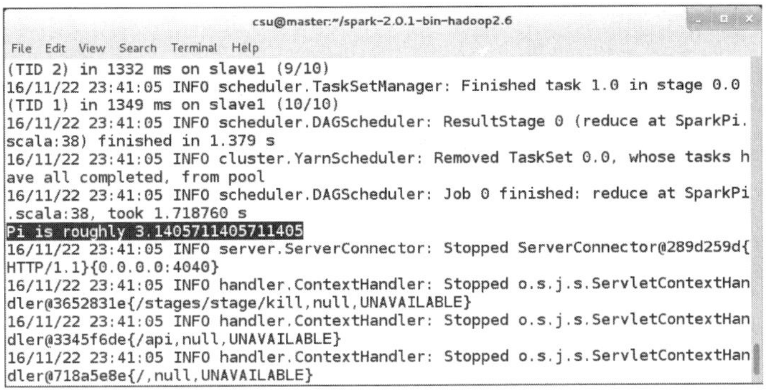

```
csu@master:~/spark-2.0.1-bin-hadoop2.6
File  Edit  View  Search  Terminal  Help
(TID 2) in 1332 ms on slave1 (9/10)
16/11/22 23:41:05 INFO scheduler.TaskSetManager: Finished task 1.0 in stage 0.0
(TID 1) in 1349 ms on slave1 (10/10)
16/11/22 23:41:05 INFO scheduler.DAGScheduler: ResultStage 0 (reduce at SparkPi.
scala:38) finished in 1.379 s
16/11/22 23:41:05 INFO cluster.YarnScheduler: Removed TaskSet 0.0, whose tasks h
ave all completed, from pool
16/11/22 23:41:05 INFO scheduler.DAGScheduler: Job 0 finished: reduce at SparkPi
.scala:38, took 1.718760 s
Pi is roughly 3.1405711405711405
16/11/22 23:41:05 INFO server.ServerConnector: Stopped ServerConnector@289d259d{
HTTP/1.1}{0.0.0.0:4040}
16/11/22 23:41:05 INFO handler.ContextHandler: Stopped o.s.j.s.ServletContextHan
dler@3652831e{/stages/stage/kill,null,UNAVAILABLE}
16/11/22 23:41:05 INFO handler.ContextHandler: Stopped o.s.j.s.ServletContextHan
dler@3345f6de{/api,null,UNAVAILABLE}
16/11/22 23:41:05 INFO handler.ContextHandler: Stopped o.s.j.s.ServletContextHan
dler@718a5e8e{/,null,UNAVAILABLE}
```

图 8-24　本地模式的运行结果

2. 关于执行失败

在执行 SparkPi 程序中，有时会遇到异常，从而导致执行失败。大体上有以下几个原因：

一是采用 Yarn 集群模式（包括 Client 模式和 Cluster 模式）提交时，Yarn 没有启动，因此这时候没有集群管理器介入。这种情况系统会给出提示，解决办法是启动 Yarn。实际上，启动 2.0 以上版本的 Hadoop 时，其自带的 Yarn 也会一并启动，所以只要确保已经启动了 Hadoop 即可。

二是分配的内存太小。如果给驱动器、执行器分配的内存太少，系统给出的异常信息可能是“SparkContext was shut down”。这时只要修改命令中的内存大小，例如，将驱动程序、执行器的内存都提高到 1 GB，甚至更高，可以解决这个问题。Spark 是基于内存的计算机框架，对内存的需求是可想而知的。

三是输入的命令有错误。如果是关键字或者 jar 包名称错误（包括路径错误），系统会给出提示，改正即可。但如果提交的类名有错误，并且与一种特定的提交模式组合在一起，系统并不会发现，更不会告诉用户出错的原因，而是抛出异常。例如，在上面的示例中，如果提交模式是“yarn-cluster”，且“org.apache.spark.examples.SparkPi” 中的“spark”没有写，就会出现下面这样的异常信息：

```
Diagnostics: Exception from container-launch.
Container id: container_1479864689832_0010_02_000001
Exit code: 10
```

Stack trace: ExitCodeException exitCode=10:

这时用户往往会陷入异常代码分析而无法找到症结，所以要仔细检查自己输入的命令是否正确。可见，应用经验有时候是非常有用的。

8.4 IDEA 开发环境的安装与配置

8.4.1 IDEA 简介

IDEA 是一个通用的集成开发环境，Spark 通常采用 Scala 语言进行开发，而 IDEA 则是最佳的 Scala 语言开发环境。

8.4.2 IDEA 的安装

下载 IDEA 的官方网站是“https://www.jetbrains.com/idea/download/#section=linux”，如图 8-25 所示，我们选择的 IDEA 安装文件是 ideaIC-2018.3.4.tar.gz，读者也可以在本书第 8 章的软件资源目录中找到 ideaIC-2018.3.4.tar.gz。

图 8-25　下载 IDEA 的官方网站

请将 ideaIC-2018.3.4.tar.gz 文件复制到 Master 的“/home/csu/”目录下，然后执行解压缩命令“tar -zxvf ideaIC-2018.3.4.tar.gz”，如图 8-26 所示。

图 8-26　解压缩 IDEA 安装包

按下 Enter 键后系统开始解压缩，等待片刻后系统将创建安装目录 idea-IC-183.5429.30。进入该目录，执行“ls -l”命令可以查看 IDEA 的系统文件和目录，如图 8-27 所示。

```
csu@master:~/idea-IC-183.5429.30
File  Edit  View  Search  Terminal  Help
[csu@master ~]$ cd idea-IC-183.5429.30/
[csu@master idea-IC-183.5429.30]$ ls -l
total 52
drwxrwxr-x.  2 csu csu  4096 Feb 22 14:45 bin
-rw-r--r--.  1 csu csu    14 Jan 29 14:28 build.txt
-rw-r--r--.  1 csu csu  1914 Jan 29 14:28 Install-Linux-tar.txt
drwxrwxr-x.  4 csu csu   104 Feb 22 14:45 jre64
drwxrwxr-x.  5 csu csu  8192 Feb 22 14:45 lib
drwxrwxr-x.  2 csu csu  4096 Feb 22 14:45 license
-rw-r--r--.  1 csu csu 11352 Jan 29 14:28 LICENSE.txt
-rw-r--r--.  1 csu csu   128 Jan 29 14:28 NOTICE.txt
drwxrwxr-x. 36 csu csu  4096 Feb 22 14:45 plugins
-rw-r--r--.  1 csu csu   372 Jan 29 14:30 product-info.json
drwxrwxr-x.  2 csu csu    34 Feb 22 14:45 redist
[csu@master idea-IC-183.5429.30]$
```

图 8-27　IDEA 的系统文件和目录

在“idea-IC-183.5429.30”目录下，执行“bin/idea.sh”命令可启动 IDEA，如图 8-28 所示。

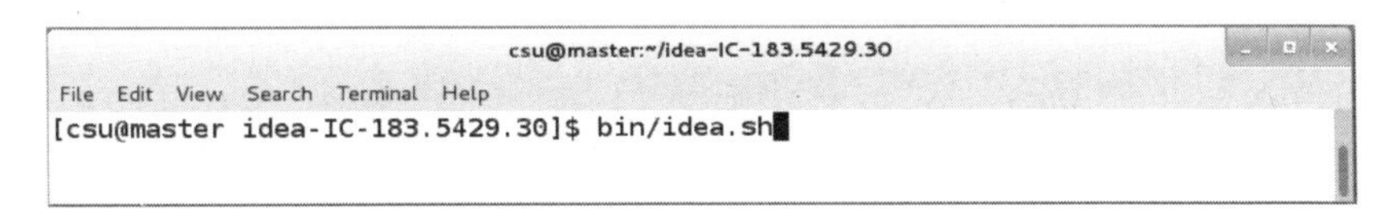

图 8-28 启动 IDEA 的命令

按下 Enter 键首先出现的是设置对话框，如图 8-29 所示，单击“OK”按钮即可。

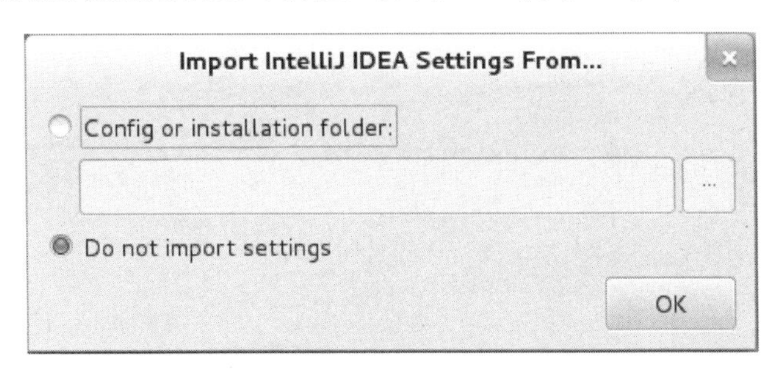

图 8-29 首次启动 IDEA 时候的设置

之后出现界面风格设置选项和其他设置，建议读者选择跳过设置，直接进入欢迎界面。如图 8-30 所示，这表明我们可以使用 IDEA 了。总体上看，IDEA 的安装非常简单。

图 8-30 IDEA 启动后的欢迎界面

但是，在使用 IDEA 之前，我们还需要完成一些必要的配置。

8.4.3 IDEA 的配置

在图 8-30 中，单击右下方的“Configure”的下拉式列表，在弹出的选项中选择“Setting”，开始对 IDEA 环境进行设置。

1. Appearance & Behavior 的设置

在弹出的“Default Settings”对话框中，如图 8-31 所示，首先设置“Appearance & Behavior”，这是对 IDEA 外观和表现模式进行的配置。

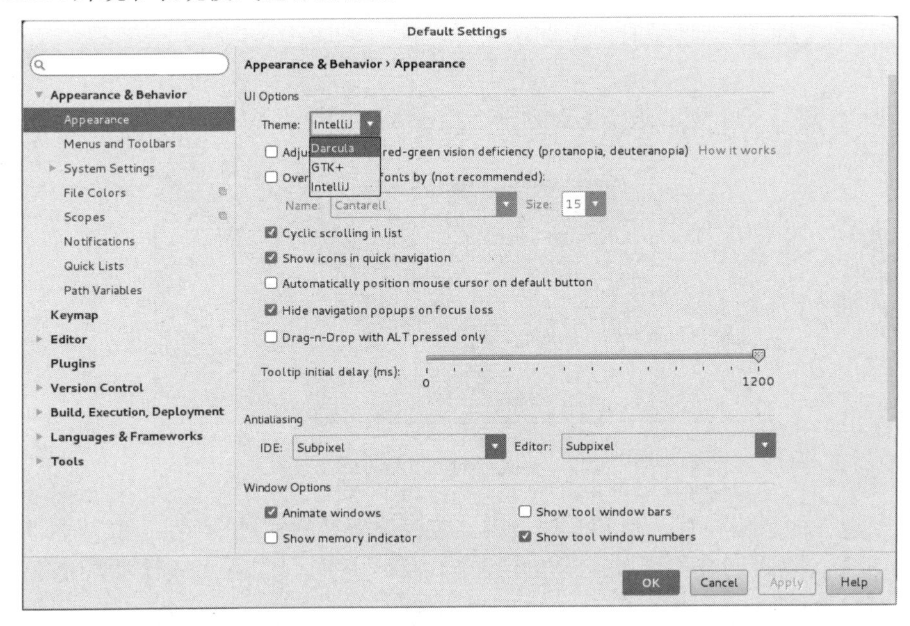

图 8-31 “Default Settings”对话框

这里仅仅修改一下“UI Options”中“Theme”（主题），如选择“Darcula”风格的主题。Darcula 是一种十分流行的界面主题，以黑暗色调为主，具有沉静稳健的特点，深受广大用户喜欢。选择完毕，单击“Apply”按钮后会立即切换到 Darcula 主题，如图 8-32 所示。

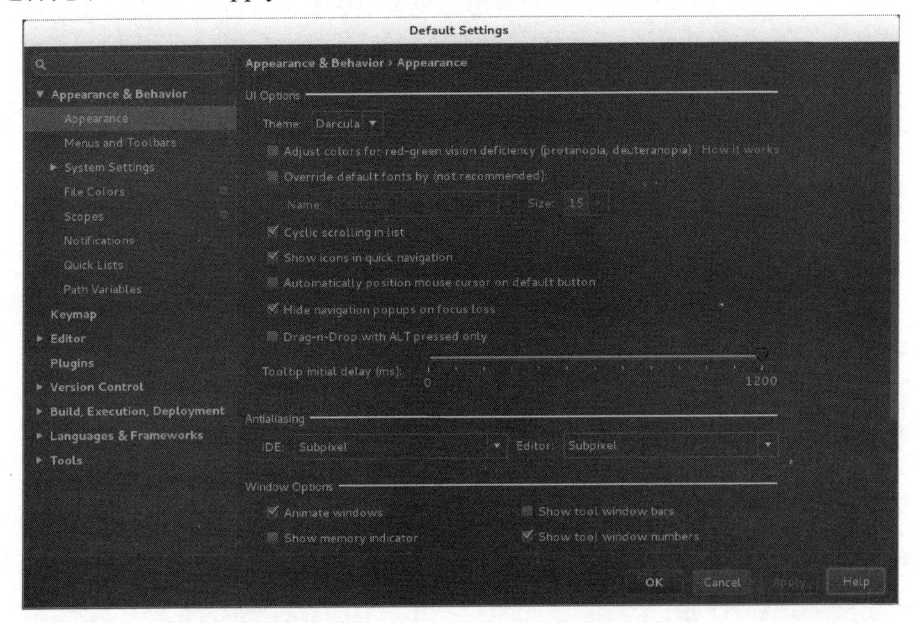

图 8-32 Darcula 主题的 IDEA 界面

2. 安装 Scala 插件

为了在 IDEA 中开发 Scala 程序，需要为 IDEA 安装 Scala 插件。

新版 IDEA 对安装插件的方式进行了改变，从以往的下载插件然后手动安装转变为从网络直接安装，如图 8-33 所示。要进入图 8-33 所示的界面，读者可以单击欢迎界面（见图 8-30）右下方的“Configure”，在出现的下拉式列表中选择“Plugins”即可。接着单击“Scala”下面的“Install”按钮，即可启动安装过程。

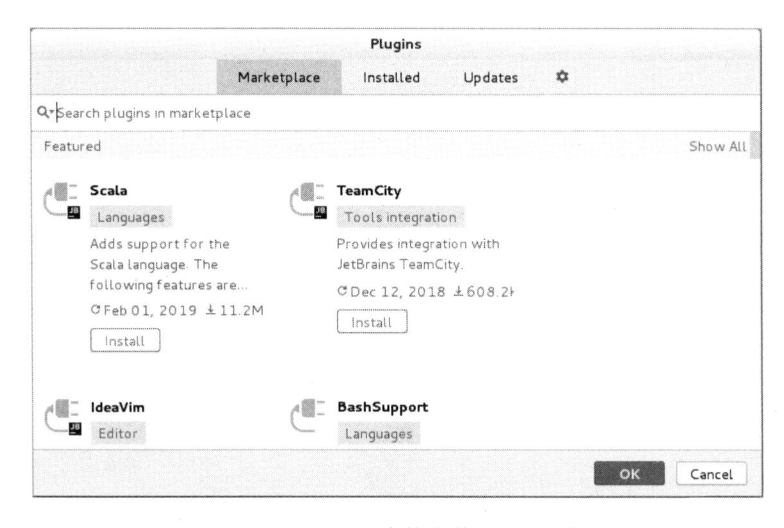

图 8-33　从网络直接安装 Scala 插件

图 8-34 是下载进行中的界面。显然，用户这时候必须确保计算机能够访问互联网。

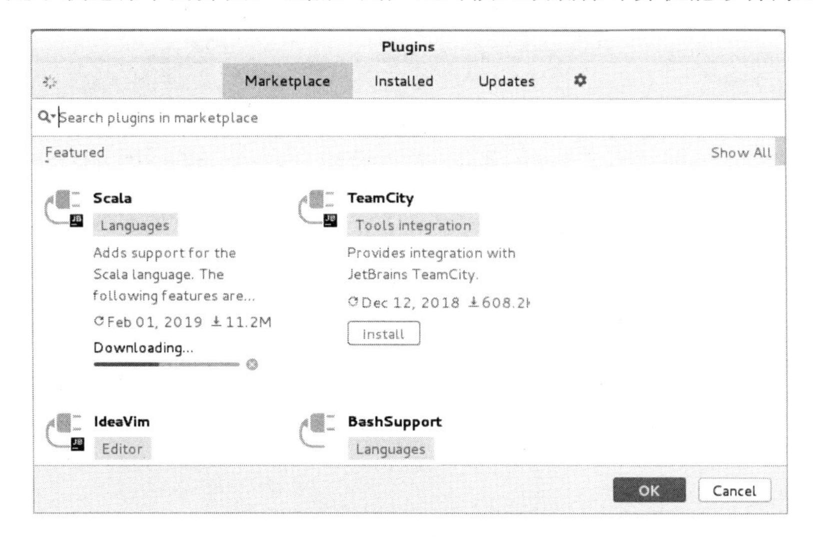

图 8-34　系统正在下载安装 Scala 插件

如果网络畅通，一般情况下不到 1 min 即可下载完毕，这时系统会提示重启 IDEA，如图 8-35 所示。

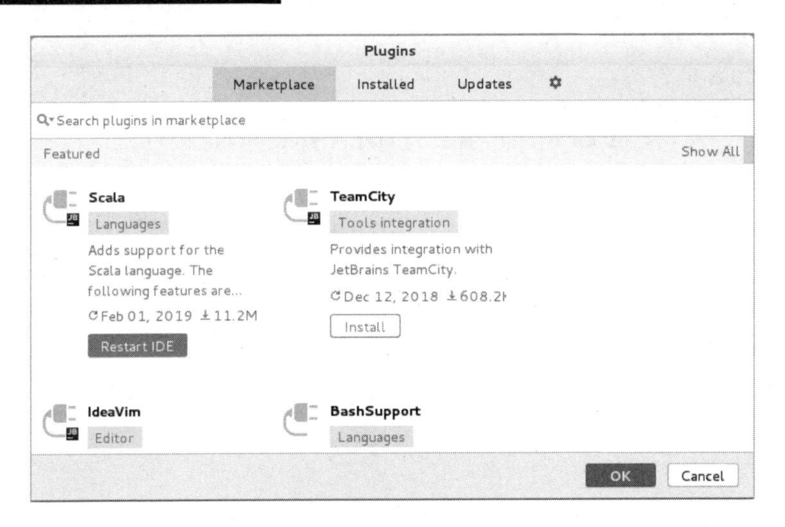

图 8-35　系统提示重启 IDEA

当前软件发展的趋势就是直接从网络获取服务，省略了以往耗费开发人员大量精力的软件搜索、下载、版本控制、安装等过程。

至此，我们就完成了 IDEA 开发环境的安装与配置，第 9 章将介绍利用 IDEA 和 Scala 进行 Spark 应用程序设计。

8.5 本章小结

本章首先介绍了 Spark 架构及其工作原理，然后详细介绍了 Spark 的安装与配置。由于 Spark 主要支持 Scala 语言，因此本章也介绍了 Scala 的安装，同时介绍了支持 Scala 的集成开发环境 IDEA。Spark 的目标是提供全面支持大数据实时与批处理的全能型平台，因此在与 Hadoop 的互操作上存在一些问题，例如，Spark 会逐步降低对 Hadoop 的支持。归根结底，这是因为二者之间存在竞争关系。Spark 最初宣称其速度是 Hadoop 的 10～100 倍，但是后来 3.0 以上版本的 Hadoop 又号称其速度是 Spark 的 10 倍。其实，这种技术竞争最终获益的当然是用户，只是我们需要根据自己的需要做出正确的选择。

第 9 章

Spark 应用基础

第 8 章介绍了 Spark 的架构与关键概念，并搭建了 Spark 开发环境。本章在搭建的开发平台上，设计并实现两个典型的 Spark 应用程序。由于 Spark 应用程序主要有两种运行模式，即集群模式（Yarn-cluster）和客户端模式（Yarn-client），所以本章先介绍 Spark 应用程序的运行模式。

9.1 Spark 应用程序的运行模式

9.1.1 Spark on Yarn-cluster-

1. Spark 和 Yarn 的配合关系

Spark 的计算调度方式可以通过 Yarn 模式实现，Spark 利用 Yarn 集群提供的丰富计算资源，将任务分布式的运行起来。Spark on Yarn 分两种模式：Yarn-cluster 和 Yarn-client。

Spark on Yarn-cluster 运行框架如图 9-1 所示。

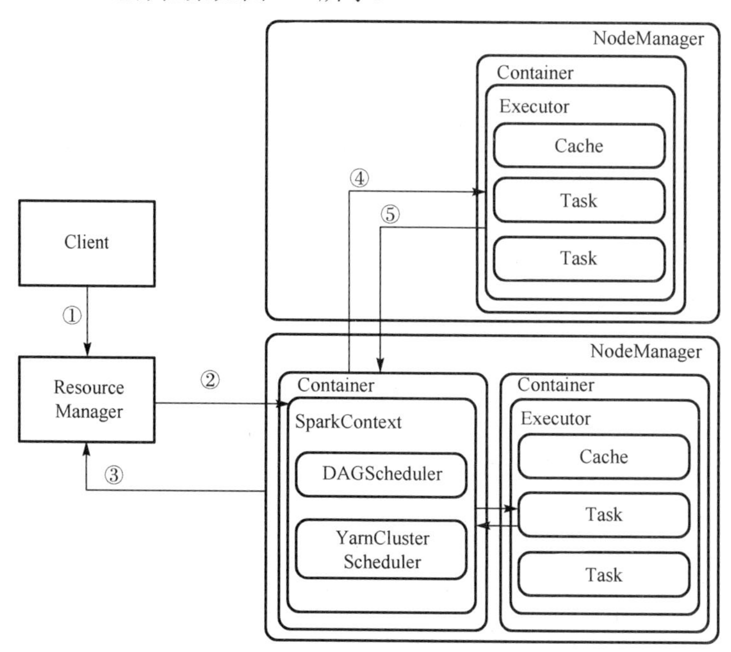

图 9-1　Spark on Yarn-cluster 运行框架

2. Spark on Yarn-cluster 实现流程

① 由客户端生成应用信息，提交给 ResourceManage（RM）。

② ResourceManager 为 Spark 应用分配第一个 Container，并在指定节点的 Container 上启动 SparkContext。

③ SparkContext 向 ResourceManager 申请资源以运行 Executor。ResourceManager 分配 Container 给 SparkContext，SparkContext 和相关的 NodeManager 通信，在获得的 Container 上启动 CoarseGrainedExecutorBackend 后，开始向 SparkContext 注册并申请 Task。

④ SparkContext 分配 Task 给 CoarseGrainedExecutorBackend 执行。

⑤ CoarseGrainedExecutorBackend 执行 Task 并向 SparkContext 汇报运行状况。

9.1.2 Spark on Yarn-client

Spark on Yarn-client 的运行框架如图 9-2 所示。

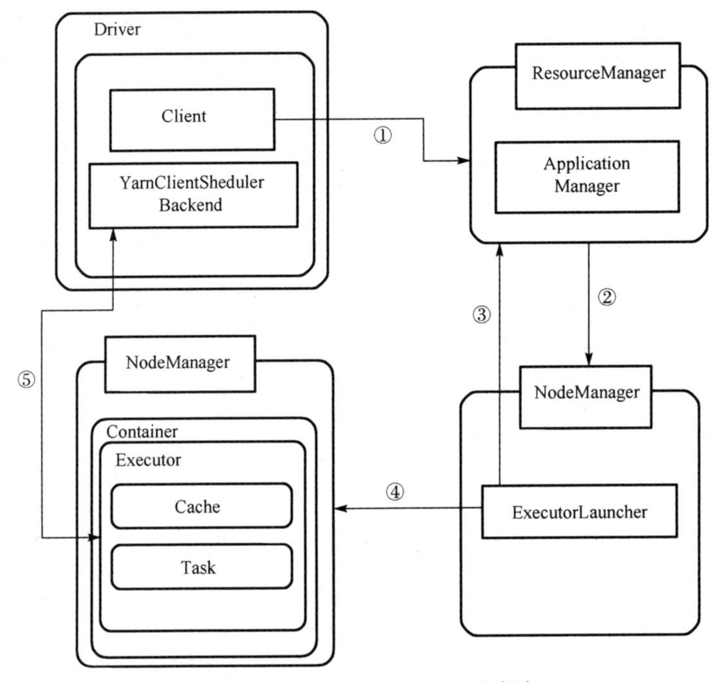

图 9-2 Spark on Yarn-client 运行框架

① 客户端向 ResourceManager 发送 Spark 应用提交请求，ResourceManager 为其返回应答，该应答中包含多种信息（如 ApplicationId、可用资源使用上限和下限等）。Client 将启动 ApplicationMaster 所需的所有信息打包，提交给 ResourceManager。

② ResourceManager 收到请求后，会为 ApplicationMaster 寻找合适的节点，并在该节点上启动它。ApplicationMaster 是 Yarn 中的角色，在 Spark 中进程名字是 ExecutorLauncher。

③ 根据每个任务的资源需求，ApplicationMaster 可向 ResourceManager 申请一系列用于运行任务的 Container。

④ 当 ApplicationMaster（从 ResourceManager 端）收到新分配的 Container 列表后，会向对应的 NodeManager 发送信息以启动 Container。ResourceManager 分配 Container 给

SparkContext，SparkContext 和相关的 NodeManager 通信，在获得的 Container 上启动 CoarseGrainedExecutorBackend 后，开始向 SparkContext 注册并申请 Task。

⑤ SparkContext 分配 Task 给 YanrClientsheduletBackend 执行，ClientsheduletBackend Backend 执行 Task 并向 SparkContext 汇报运行状况。

9.2 Spark 的应用设计

由于 Spark 是基于内存的迭代式计算框架，因此非常适用于需要多次操作特定数据集的应用场合。本节将介绍两个典型应用。

9.2.1 分布式估算圆周率

1. 计算原理

计算圆周率π的方法有很多，这里介绍一种无限逼近的思想。设有一个正方形，边长是 x，正方形里面有一个内切圆，如图 9-3 所示。

图 9-3 中，正方形的面积 $S=x^2$，而圆的面积 $C=\pi\times(x/2)^2$。因此，圆面积与正方形面积之比 C/S 就等于π/4，可知 $\pi=4\times C/S$。

根据这个关系，可以利用计算机随机产生大量位于正方形内部的点，通过点的数量去近似表示面积。设位于正方形中点的数量为 P_s。显然，有一部分点会位于圆内，设其数量为 P_c。当随机点的数量趋近无穷时，$4\times P_c/P_s$ 将逼近π。

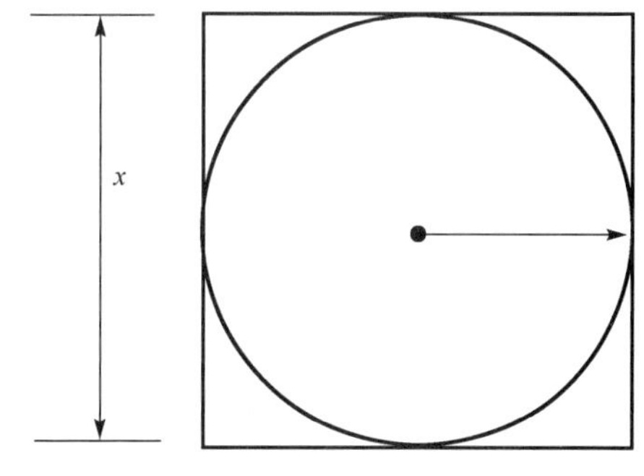

图 9-3 边长为 x 的正方形，里面有一个内切圆

2. 程序设计

启动 IDEA，进入欢迎界面，如图 9-4 所示。

图 9-4 启动 IDEA 后进入欢迎界面

在图 9-4 中选择“Create New Project”，创建一个 Scala 新工程，如图 9-5 所示。

在图 9-5 所示的“New Project”对话框中，选择左边的“Scala”后，在右边选择框中选择“IDEA”，单击“Next”按钮进入工程基本设置界面，如图 9-6 所示。

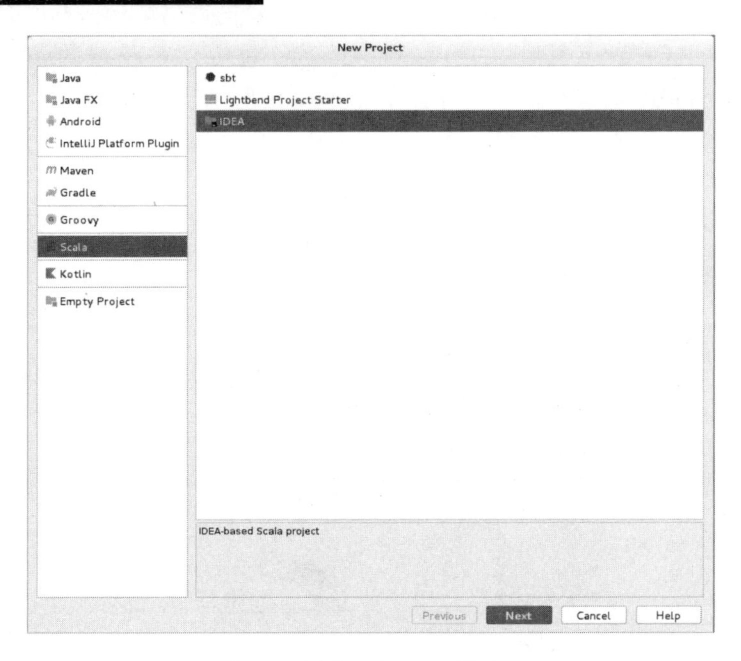

图 9-5　创建一个 Scala 新工程

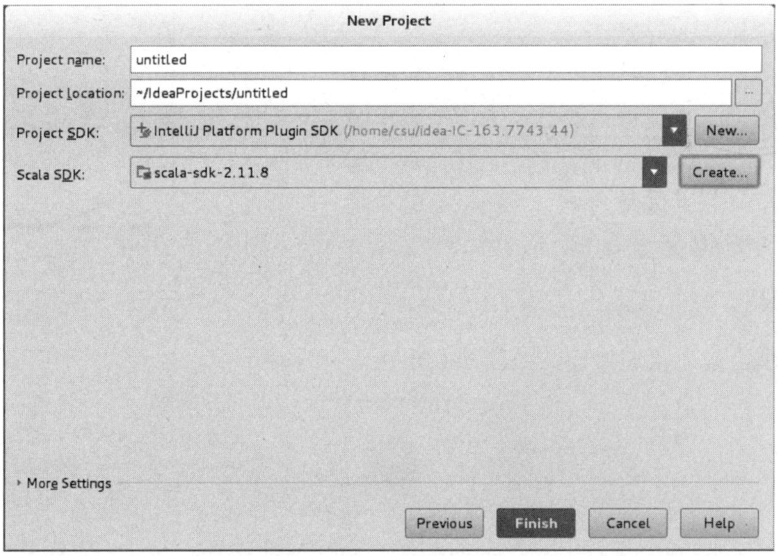

图 9-6　设置工程名称、位置等信息

在图 9-6 中，开发人员需要设置工程名称（Project name）、工程位置（Project location）、Project SDK 和 Scala SDK。这里我们给工程取名为 sparkAPP（读者可以任意取一个名称），“Project location”设置为“~/IdeaProjects/sparkAPP”。显然“~/IdeaProjects/sparkAPP”是系统自动创建的工作目录，如果需要用户也可以修改，这里选择默认的设置。

在“Project SDK”选项部分，我们需要导入“Java SDK”。单击“New”按钮，在弹出的列表中选择“JDK”，开始导入 Java SDK，如图 9-7 所示。

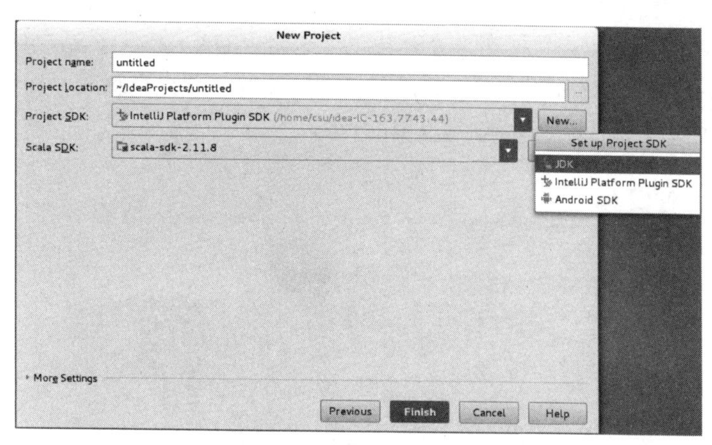

图 9-7　导入 JDK

单击“Finish”按钮后，在弹出的“Select Home Directory for JDK”对话框中选择“/usr/java/jdk1.8.0_171”后单击“OK”按钮，即可完成 JDK 的导入，如图 9-8 所示。

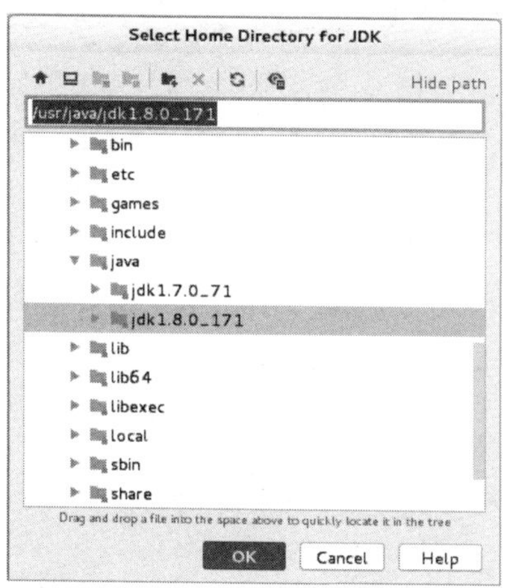

图 9-8　选择已安装的 jdk1.8.0_171

完成 JDK 配置后，接着需要进行“Scala SDK”的配置。单击图 9-7 右侧的“Create”按钮，开始导入 Scala SDK 依赖包，如图 9-9 所示。

图 9-9　选择 Scala SDK 依赖包

单击图 9-9 中的“Browse”按钮，在弹出的“Scala SDK files”对话框中，通过展开目录找到“/home/csu/scala-2.11.8/lib/”，然后选择所有的 jar 包（首先选择第一个 jar 包，然后按住 Shift 键，再选择最后一个 jar 包），如图 9-10 所示。

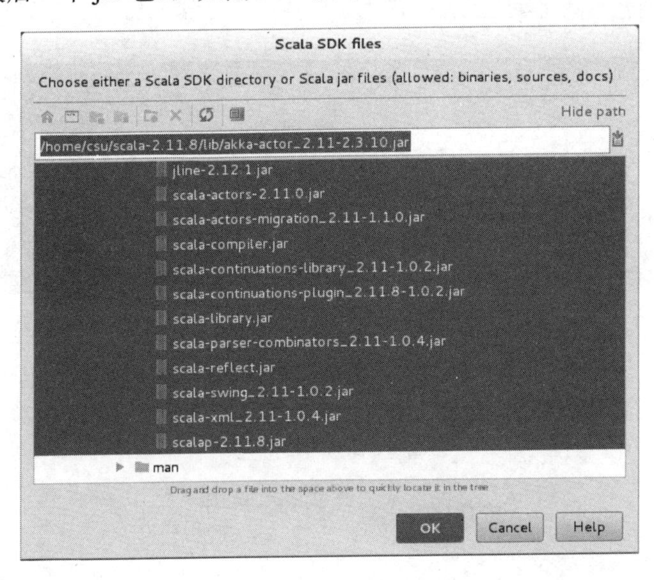

图 9-10　选择“/home/csu/ scala-2.11.8/lib”下所有的 jar 包

单击“OK”按钮后返回“New Project”对话框，可以看到 scala-sdk-2.11.8 已经被导入，如图 9-11 所示。

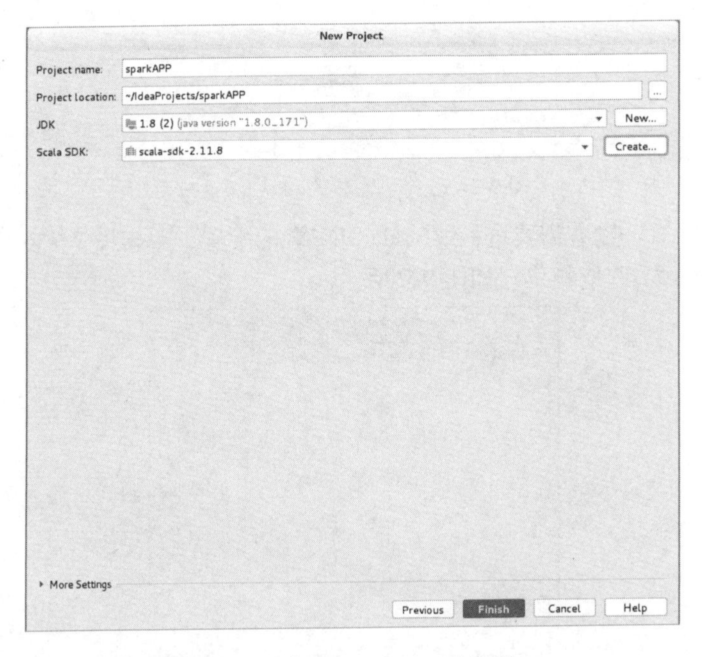

图 9-11　完成 Scala SDK 的配置

单击图 9-11 中的“Finish”按钮可完成新工程设置，系统开始对设置进行索引（Indexing），并进入如图 9-12 所示的开发环境主界面。

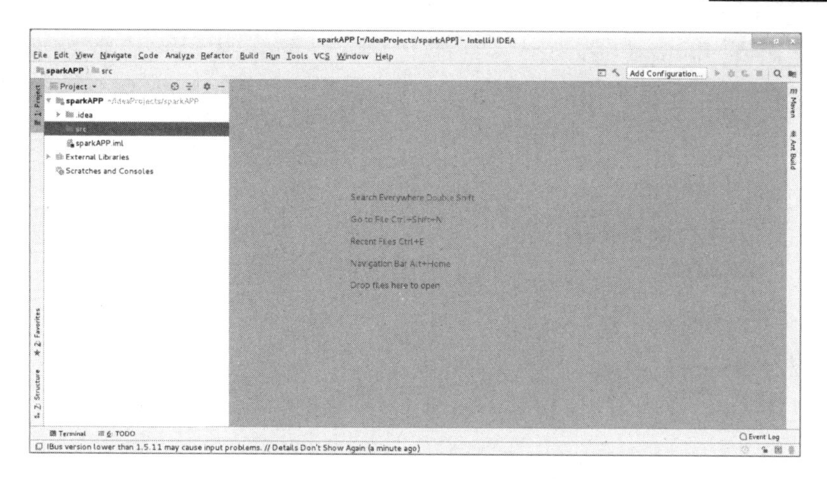

图 9-12　进入开发环境主界面

值得指出的是，IDEA 对新工程的索引的时间长短由虚拟机配置而定。如果配置较好，如内存为 4 GB、虚拟处理器有 4 个、硬盘达到 80 GB，那么索引耗时仅需要几分钟；如果虚拟机配置较低，如内存为 1 GB、处理器有 1 个、硬盘设置为 20 GB，那么索引耗时可能会达到几个小时，用户甚至以为计算机停止工作了。可见系统配置对运行效率的影响是非常大的。

下面开始设计程序。在图 9-12 中，将鼠标放在“src”上右键单击鼠标，在弹出的菜单中选择“New→Package”可创建一个 Scala 包，如图 9-13 所示。

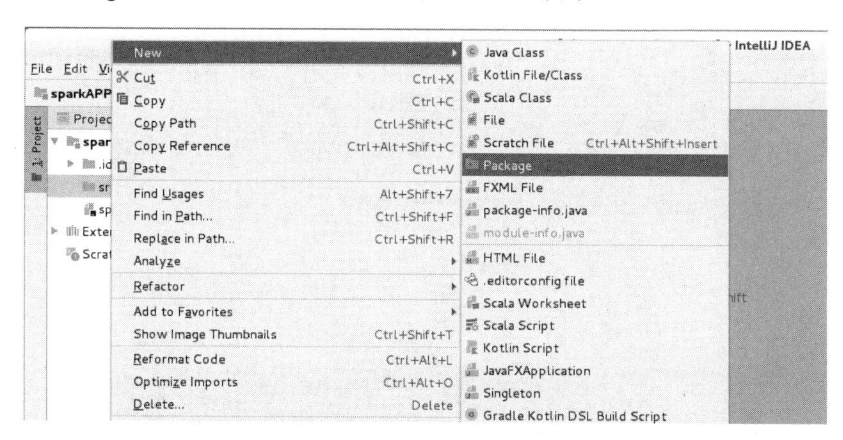

图 9-13　创建一个 Scala 包

选择“Package”后，系统会弹出如图 9-14 所示的对话框，要求用户输入新的 Package 名称，用户可自行命名，如输入 com.csu，输入完成后单击“OK”按钮。

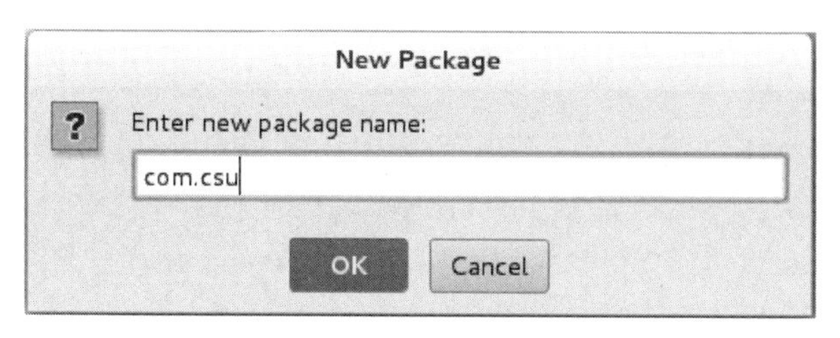

图 9-14　输入新的 Package 名称

接下来先配置 Project Structure，目的是导入 Spark 依赖包。依次选择主界面的“File→Project Structure”，在弹出的“Project Structure”对话框中选择“Libraries→+ →Java”，如图 9-15 所示。

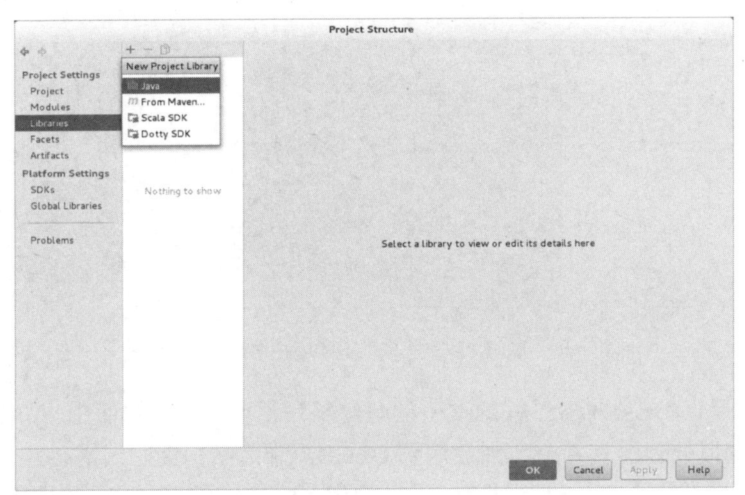

图 9-15　在“Project Structure”对话框中选择“Libraries→+→Java”

单击图 9-15 中的“Java”后会弹出“Select Library Files”对话框，开始导入 Spark 安装目录下（如 spark-2.4.0-bin-hadoop2.7）“jars”子目录内的所有 jar 包（通过多选操作，即首先选择第一项，然后按住 shift 键，再选择最后一项），如图 9-16 所示。需要注意的是，在 Spark 2.0 以下的版本中，这些 jar 包是放在“lib”子目录中的，但是现在改在“jars”子目录中了。

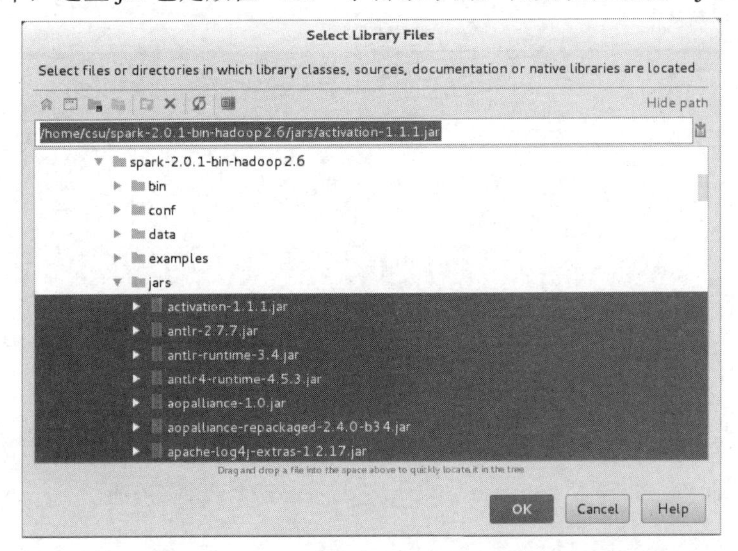

图 9-16　导入 Spark 安装目录下“jar”子目录内所有的 jar 包

单击图 9-16 中的“OK”按钮，并在后续弹出的对话框中一直单击“OK”按钮，可回到 IDEA 主界面，这时系统会再次进行索引处理，该过程可能比较耗时，请耐心等待。

接下来开始创建 Scala 类。首先将鼠标放在包名（com.csu）上并单击鼠标右键，在弹出的菜单中选择“New→Scala Class”，在弹出的“Create New Scala Class”对话框中输入类名称，如“sparkPi”，并将“Kind”中的内容改为“Object”，如图 9-17 所示，单击“OK”按钮。

Create New Scala Class

Name: sparkPi

Kind: Object

OK Cancel

图 9-17 输入类名并将 Kind 设置为 Object

将下面给出的代码复制到如图 9-18 所示的程序编辑区。请注意，IDEA 自动生成了部分代码，如 package com.csu 等，读者复制代码时不要重复。

```
package com.csu
import scala.math.random
import org.apache.spark._
/** Computes an approximation to pi */
object sparkPi {
    def main(args: Array[String]) {
        val conf = new SparkConf().setAppName("spark Pi")
        val spark = new SparkContext(conf)
        val slices = if (args.length > 0) args(0).toInt else 2
        val n = 100000 * slices
        val count = spark.parallelize(1 to n, slices).map { i =>
            val x = random * 2 - 1
            val y = random * 2 - 1
            if (x*x + y*y < 1) 1 else 0
        }.reduce(_ + _)
        println("Pi is roughly " + 4.0 * count / n)
        spark.stop()
    }
}
```

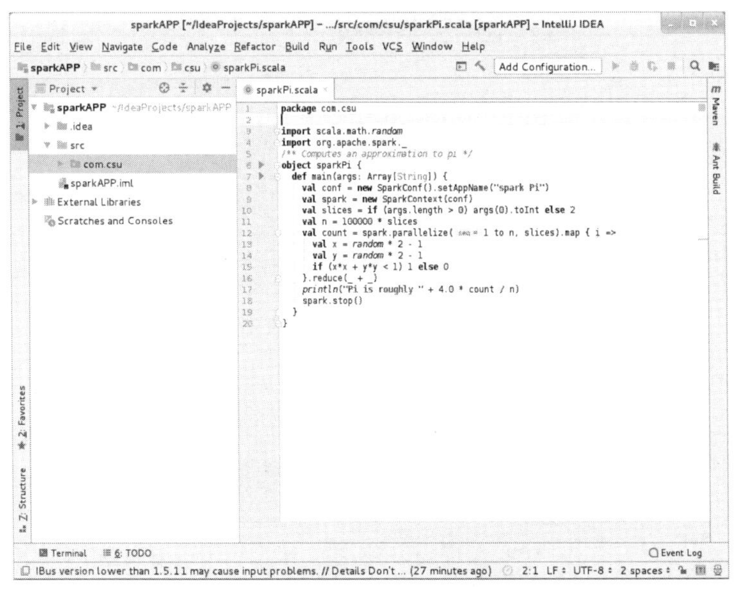

图 9-18 将代码复制到程序编辑区

如果顺利，应当没有错误，这时就可以准备运行程序了。但是运行之前，还需要修改运行参数。在主菜单中选择“Run→Edit Configurations”，如图 9-19 所示。

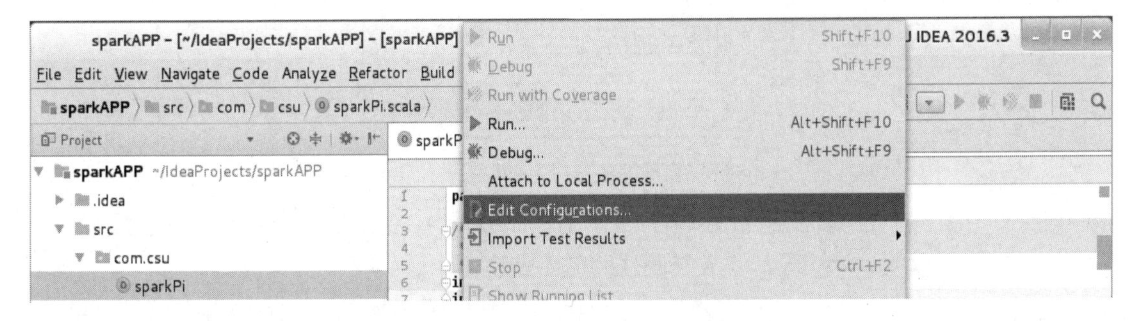

图 9-19　在主菜单中选择“Run→Edit Configurations”准备修改运行参数

单击“Edit Configurations”之后，在弹出的“Run/Debug Configurations”对话框中，单击左上角的“+”，并在下拉列表中选择“Application”，如图 9-20 所示。

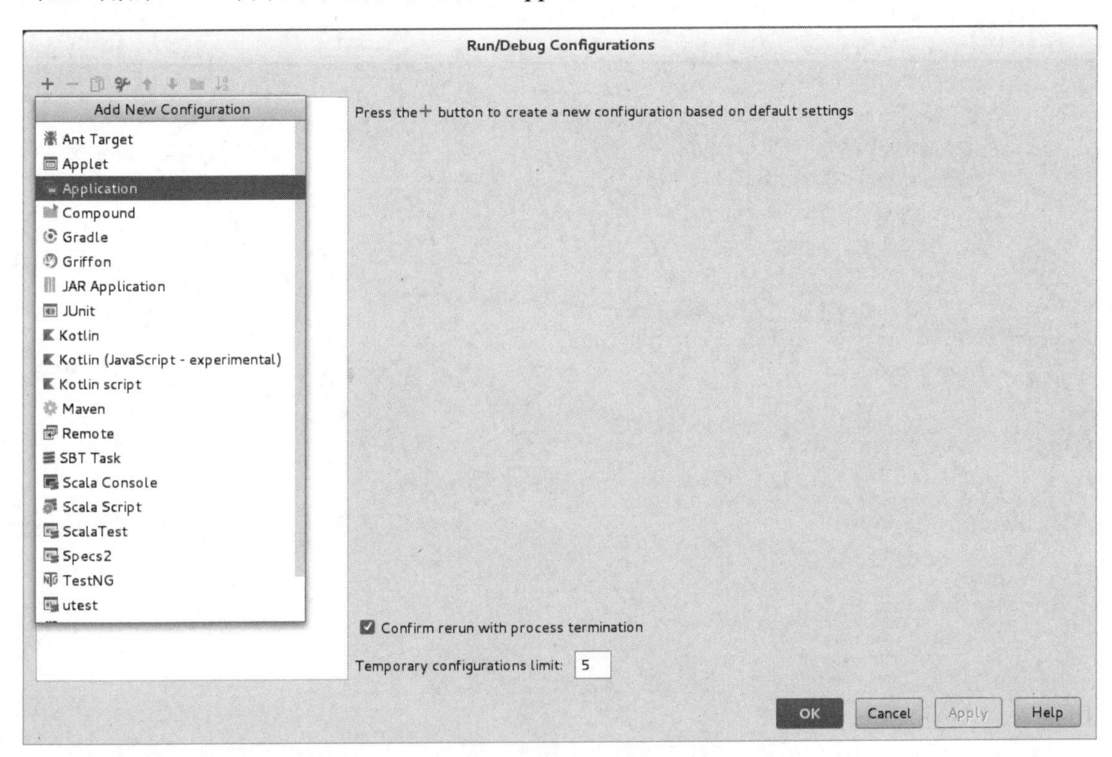

图 9-20　单击左上角的“+”并在下拉列表中选择“Application”

单击选择“Application”后，可在弹出对话框中设置参数，如图 9-21 所示，其中，“Name”设置为“sparkPi”；“Main class”设置为“com.csu.sparkPi”；“VM options”为“-Dspark.master=local -Dspark.app.name=sparkPi”；“Working directory”为系统自动设置的值；“Program arguments”不用填写；其余设置保持默认即可。

完成运行参数设置后单击“OK”按钮，可回到 IDEA 程序编辑区。右键单击程序编辑区中的 sparkPi 文件（任意位置），在弹出的菜单中选择“Run sparkPi”即可开始运行程序。图

9-22 是运行结果，在目前设置下，本次计算得到的 Pi 近似等于 3.13982。读者的结果可能有差异，实际上，再次运行这个程序得到的结果也可能会有不同，这是由随机函数导致的。

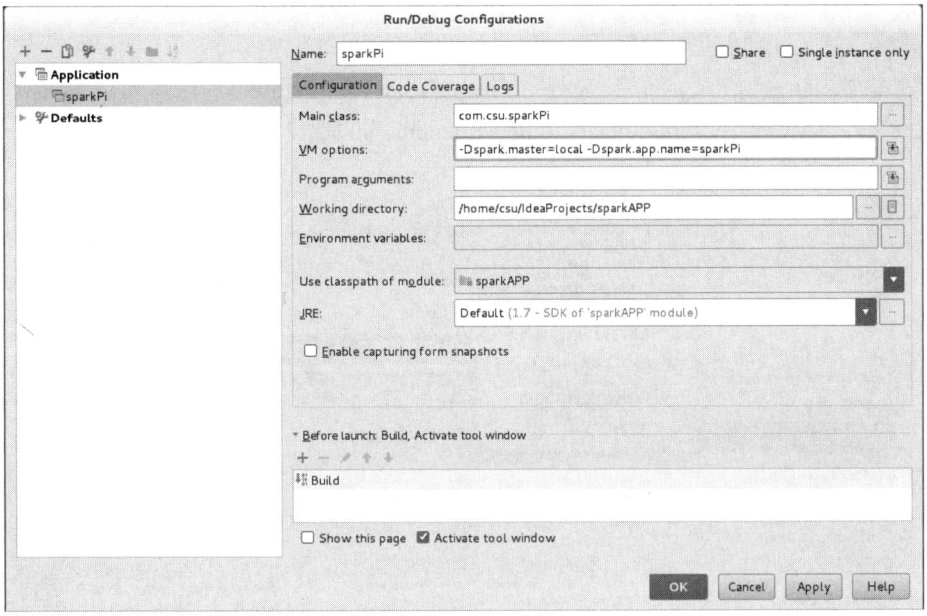

图 9-21 进行参数设置

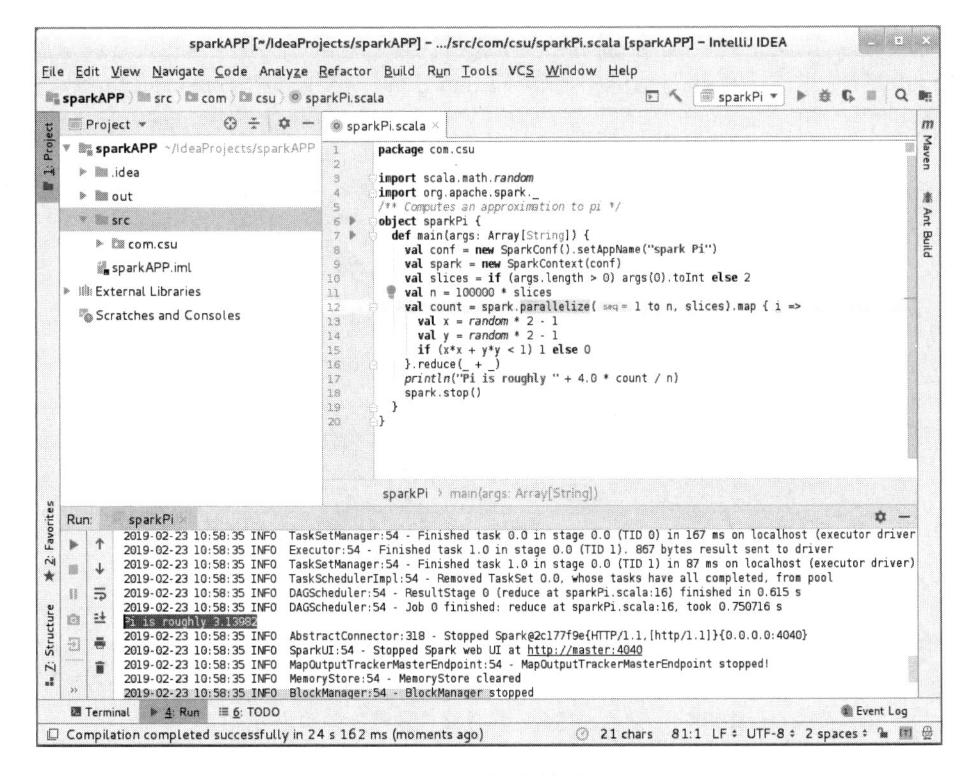

图 9-22 运行结果

3. 分布式运行

分布式运行是指在客户端（Client）以命令行的方式向 Spark 集群提交 jar 包的运行方式，所以需要将上述 sparkPi 程序编译成 jar 包（俗称打 jar 包）。

首先配置 jar 包信息，依次选择“File→Project Structure”，在弹出的对话框中选择“Artifacts→+→JAR→From modules with dependencies”，如图 9-23 所示。

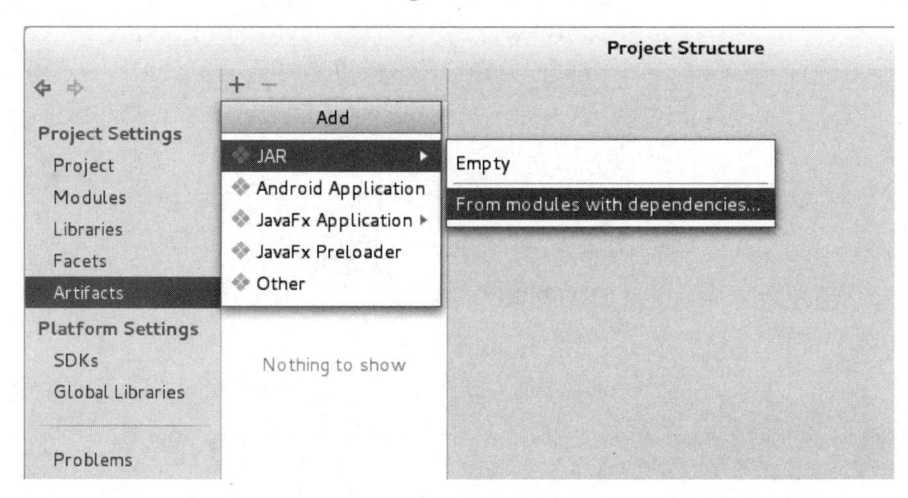

图 9-23　在“Project Structure”对话框中选择“Artifacts→+→JAR→From modules with dependencies”

单击图 9-23 中的“From modules with dependencies”后会弹出图 9-24 所示的“Create JAR from Modules”对话框，在该对话框中，将“Main Class”设置为“com.csu.sparkPi”，其余设置保持默认状态，单击“OK”按钮。

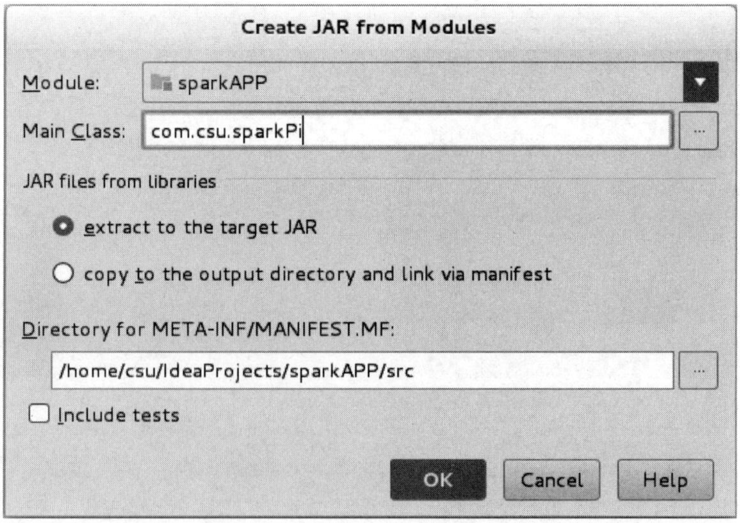

图 9-24　设置主类名、JAR 文件依赖库的输出方式

单击图 9-24 中的“OK”按钮后，会弹出图 9-25 所示的对话框。

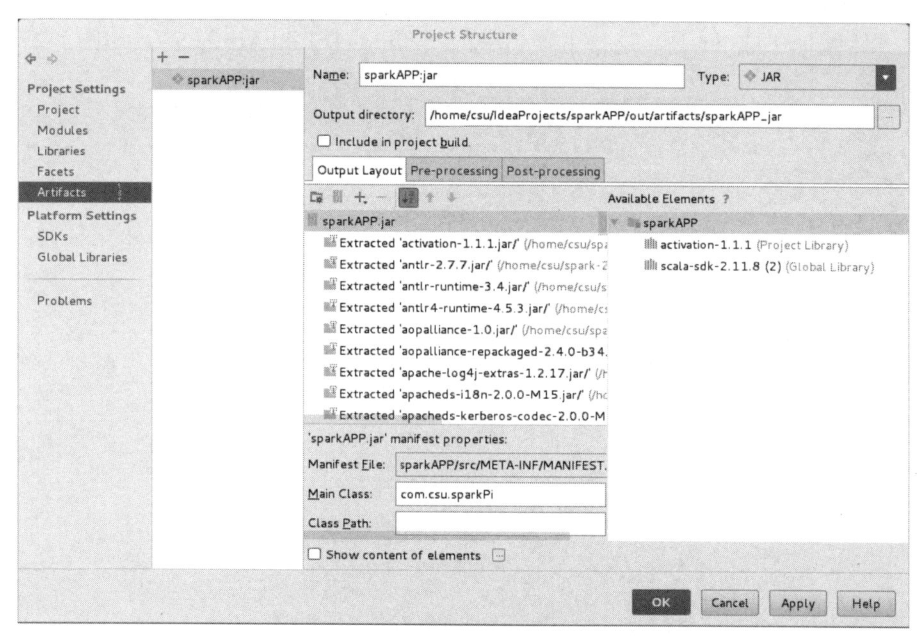

图 9-25 设置 jar 包输出目录

在图 9-25 中，用户需要进行必要的配置。首先是确定 jar 包的名称（Name），可以直接选择默认的“sparkAPP.jar”，也可以修改为其他名称，如 MySpark 等，这里选择“sparkAPP.jar”。其次是确定 jar 包的输出位置（Output directory），一般选择默认设置即可。然后是输出布局（Output Layout”）的设置，该项设置比较关键。输出布局是指生成的 jar 包的结构和内容。用户可以创建目录和文档，给文档添加或删除模块、库、包、文件等。这里需要删除一些 jar 包，方法是点选（需要 Shift 键的配合）sparkAPP.jar 文档下列出的所有 jar 包，仅保留下“‘sparkAPP’ compile output”一项，如图 9-26 所示，最后单击“OK”按钮即可。

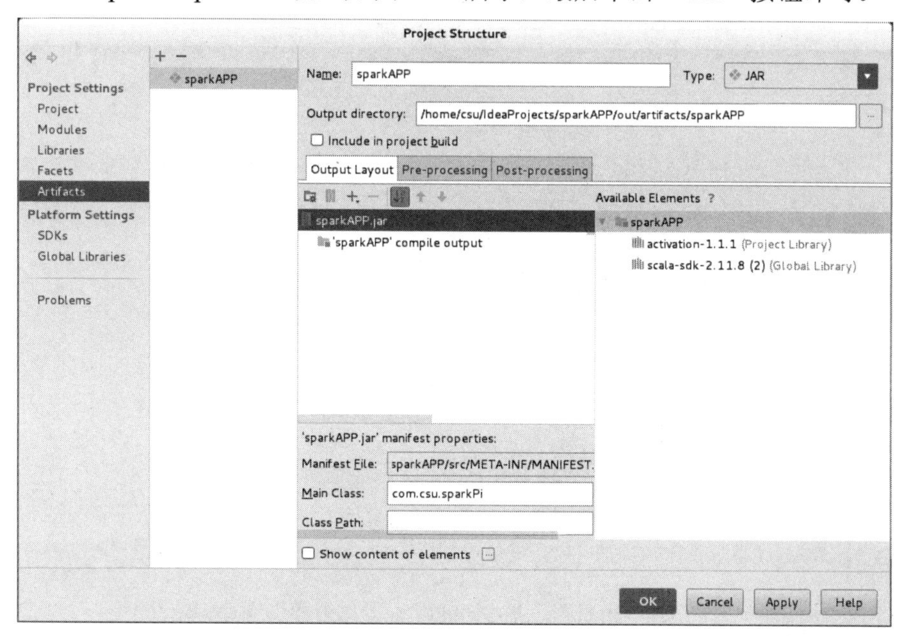

图 9-26 “Output Layout”的设置

接着开始编译生成 jar 包，选择主菜单中的“Build→Build Artifacts”，如图 9-27 所示。

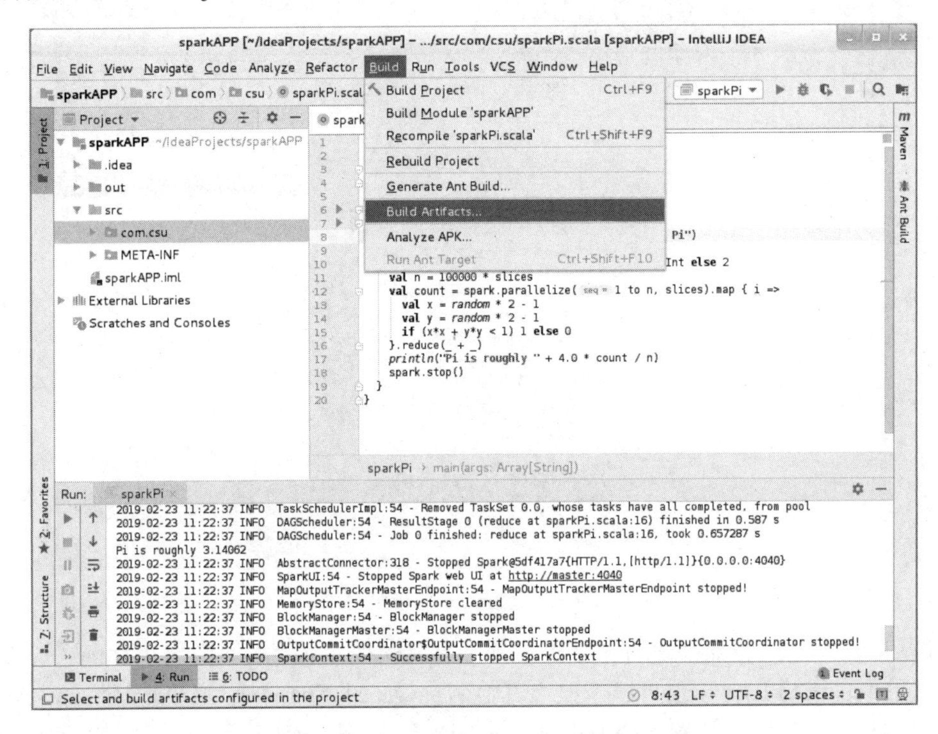

图 9-27　选择主菜单中的“Build →Build Artifacts”

单击图 9-27 中的“Build Artifacts”后将弹出如图 9-28 所示的界面，右键单击程序编辑区，在弹出的菜单中选择“sparkAPP→Build”之后，IDEA 便开始编译生成 sparkAPP.jar。

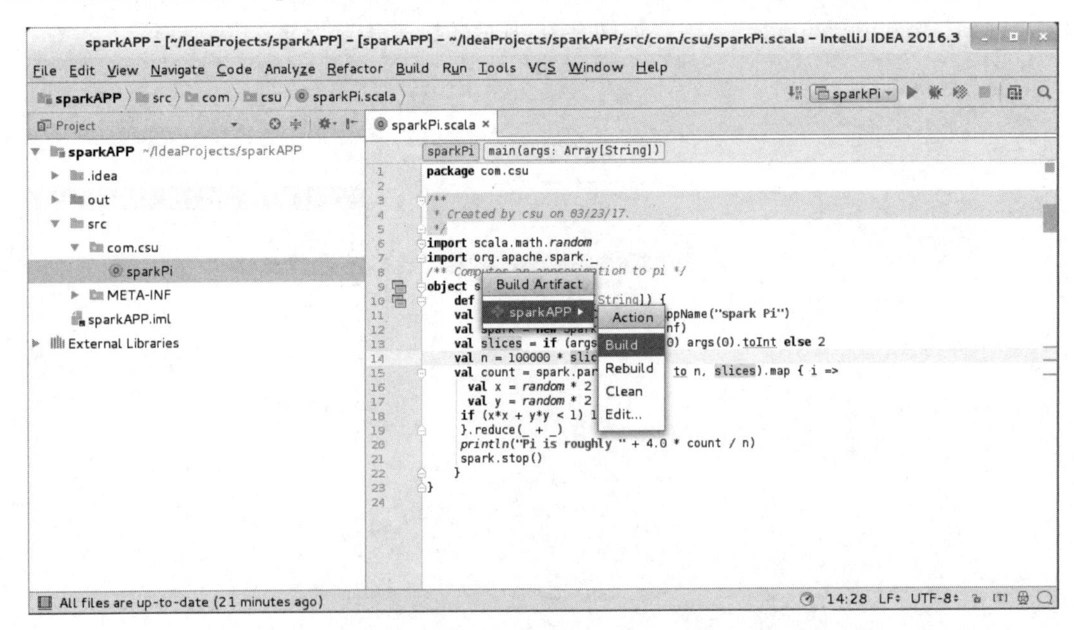

图 9-28　选择“sparkPi”和“Build”后开始编译生成 sparkAPP.jar

生成 sparkAPP.jar 以后，就可以将其提交到 Spark 集群运行了。步骤是，从输出目录（Output directory 见图 9-26）的将 sparkAPP.jar 复制到 Spark 的客户端某个目录下，如“/home/csu/spark-2.4.0-bin-hadoop2.7/”。接着进入 Spark 安装目录，执行如图 9-29 所示的命令。

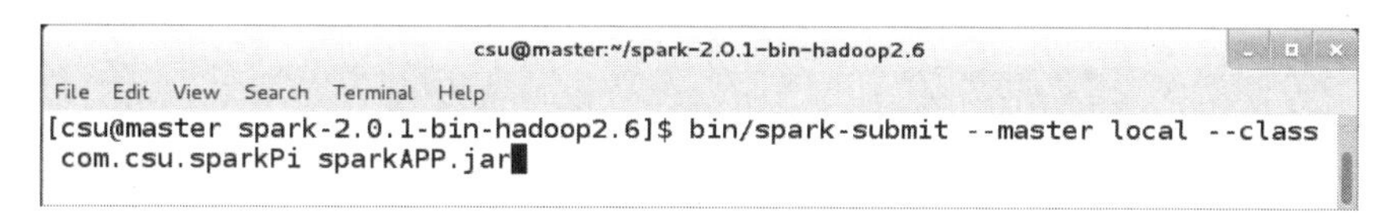

图 9-29　采用本地模式提交 sparkAPP.jar

图 9-30 是运行结果，因为采用的是本地模式，所以运行结果直接显示在本地终端中，本次计算得到的 Pi 是 3.14264（需要在显示信息中回滚查找）。

```
csu@master:~/spark-2.0.1-bin-hadoop2.6
File Edit View Search Terminal Help
(TID 1, localhost, partition 1, PROCESS_LOCAL, 5497 bytes)
16/11/28 04:14:41 INFO executor.Executor: Running task 1.0 in stage 0.0 (TID 1)
16/11/28 04:14:41 INFO scheduler.TaskSetManager: Finished task 0.0 in stage 0.0
(TID 0) in 333 ms on localhost (1/2)
16/11/28 04:14:41 INFO executor.Executor: Finished task 1.0 in stage 0.0 (TID 1)
. 872 bytes result sent to driver
16/11/28 04:14:41 INFO scheduler.TaskSetManager: Finished task 1.0 in stage 0.0
(TID 1) in 31 ms on localhost (2/2)
16/11/28 04:14:41 INFO scheduler.TaskSchedulerImpl: Removed TaskSet 0.0, whose t
asks have all completed, from pool
16/11/28 04:14:41 INFO scheduler.DAGScheduler: ResultStage 0 (reduce at sparkPi.
scala:19) finished in 0.375 s
16/11/28 04:14:41 INFO scheduler.DAGScheduler: Job 0 finished: reduce at sparkPi
.scala:19, took 0.663476 s
Pi is roughly 3.14264
16/11/28 04:14:41 INFO server.ServerConnector: Stopped ServerConnector@24e64641{
HTTP/1.1}{0.0.0.0:4040}
16/11/28 04:14:41 INFO handler.ContextHandler: Stopped o.s.j.s.ServletContextHan
dler@43816271{/stages/stage/kill,null,UNAVAILABLE}
16/11/28 04:14:41 INFO handler.ContextHandler: Stopped o.s.j.s.ServletContextHan
dler@3d70f762{/api,null,UNAVAILABLE}
16/11/28 04:14:41 INFO handler.ContextHandler: Stopped o.s.j.s.ServletContextHan
dler@3da390b3{/,null,UNAVAILABLE}
16/11/28 04:14:41 INFO handler.ContextHandler: Stopped o.s.j.s.ServletContextHan
```

图 9-30　本地模式提交运行结果

也可以采用 Yarn-client 或 Yarn-cluster 模式提交。图 9-31 是采用 Yarn-cluster 模式提交的命令。

```
csu@master:~/spark-2.0.1-bin-hadoop2.6
File Edit View Search Terminal Help
[csu@master spark-2.0.1-bin-hadoop2.6]$ bin/spark-submit --master yarn-cluster -
-class com.csu.sparkPi sparkAPP.jar
```

图 9-31　采用 Yarn-cluster 模式提交的命令

图 9-32 是程序运行完毕后终端显示的信息。

从图 9-32 可以看到，sparkPi 程序分布式运行成功。由于这里采用了 Yarn-cluster 模式，因此计算结果被放在 192.168.1.102 节点上了。除了前面已经介绍过的通过 URL（如图 9-32 中的“http://master:18088/proxy/application_1480314070663_0002/A)”查看运行结果，还可以通过 SSH 连接到 Slave，或直接在该节点上打开一个终端，然后进入其 Hadoop 安装目录下的“/logs/userlogs”子目录，用“ls -l”命令可显示该节点上的应用程序日志目录，从而查看运行结果，如图 9-33 所示。

```
csu@master:~/spark-2.0.1-bin-hadoop2.6
File Edit View Search Terminal Help
16/11/28 04:32:27 INFO yarn.Client: Application report for application_148031407
0663_0002 (state: RUNNING)
16/11/28 04:32:28 INFO yarn.Client: Application report for application_148031407
0663_0002 (state: RUNNING)
16/11/28 04:32:29 INFO yarn.Client: Application report for application_148031407
0663_0002 (state: FINISHED)
16/11/28 04:32:29 INFO yarn.Client:
         client token: N/A
         diagnostics: N/A
         ApplicationMaster host: 192.168.1.102
         ApplicationMaster RPC port: 0
         queue: default
         start time: 1480336322624
         final status: SUCCEEDED
         tracking URL: http://master:18088/proxy/application_1480314070663_0002/
A
         user: csu
16/11/28 04:32:29 INFO util.ShutdownHookManager: Shutdown hook called
16/11/28 04:32:29 INFO util.ShutdownHookManager: Deleting directory /tmp/spark-7
1658958-933a-49de-aa93-71ebf0a7d6aa
[csu@master spark-2.0.1-bin-hadoop2.6]$
```

图 9-32　程序运行完毕后在终端窗口显示的信息

```
csu@slave1:~/hadoop-2.6.0/logs/userlogs
File Edit View Search Terminal Help
[csu@slave1 userlogs]$ ls -l
total 32
drwx--x---.  7 csu csu 4096 Nov  9 18:00 application_1477127222447_0001
drwx--x---. 20 csu csu 4096 Nov  9 18:00 application_1477127222447_0002
drwx--x---. 12 csu csu 4096 Nov  9 18:00 application_1477992125139_0001
drwx--x---.  9 csu csu 4096 Nov  9 18:00 application_1477992125139_0002
drwx--x---.  7 csu csu 4096 Nov  9 18:00 application_1478740550325_0001
drwx--x---. 14 csu csu 4096 Nov  9 18:00 application_1478740550325_0002
drwx--x---.  8 csu csu 4096 Nov 10 03:07 application_1478743304167_0007
drwx--x---.  6 csu csu 4096 Nov 10 03:08 application_1478743304167_0008
drwx--x---.  3 csu csu   51 Nov 10 03:10 application_1478743304167_0009
drwx--x---.  3 csu csu   51 Nov 21 05:42 application_1479708488688_0005
drwx--x---.  3 csu csu   51 Nov 22 05:00 application_1479819377197_0001
drwx--x---.  3 csu csu   51 Nov 22 05:17 application_1479819377197_0002
drwx--x---.  3 csu csu   51 Nov 22 05:20 application_1479819377197_0003
drwx--x---.  3 csu csu   51 Nov 22 05:33 application_1479819377197_0004
drwx--x---.  3 csu csu   51 Nov 22 05:40 application_1479819377197_0005
drwx--x---.  3 csu csu   51 Nov 22 17:11 application_1479819377197_0006
drwx--x---.  4 csu csu   96 Nov 28 04:32 application_1480314070663_0002
[csu@slave1 userlogs]$
```

图 9-33　用“ls -l”命令显示节点上的应用程序日志目录

在图 9-33 中，前面提到的那个 URL 中包含的“application_1480314070663_0002”作为子目录正好位于最后。进入到该子目录，并继续深入到“container_1480314070663_0002_01_000001”子目录，就可以最终看到 stderr 和 stdout 两个文件，如图 9-34 所示。

```
csu@slave1:~/hadoop-2.6.0/logs/userlogs/application_1480314070663_0002/container_14803140706...
File Edit View Search Terminal Help
drwx--x---.  3 csu csu   51 Nov 10 03:10 application_1478743304167_0009
drwx--x---.  3 csu csu   51 Nov 21 05:42 application_1479708488688_0005
drwx--x---.  3 csu csu   51 Nov 22 05:00 application_1479819377197_0001
drwx--x---.  3 csu csu   51 Nov 22 05:17 application_1479819377197_0002
drwx--x---.  3 csu csu   51 Nov 22 05:20 application_1479819377197_0003
drwx--x---.  3 csu csu   51 Nov 22 05:33 application_1479819377197_0004
drwx--x---.  3 csu csu   51 Nov 22 05:40 application_1479819377197_0005
drwx--x---.  3 csu csu   51 Nov 22 17:11 application_1479819377197_0006
drwx--x---.  4 csu csu   96 Nov 28 04:32 application_1480314070663_0002
[csu@slave1 userlogs]$ cd application_1480314070663_0002
[csu@slave1 application_1480314070663_0002]$ ls -l
total 0
drwx--x---. 2 csu csu 32 Nov 28 04:32 container_1480314070663_0002_01_000001
drwx--x---. 2 csu csu 32 Nov 28 04:32 container_1480314070663_0002_01_000003
[csu@slave1 application_1480314070663_0002]$ cd container_1480314070663_0002_01_
000001
[csu@slave1 container_1480314070663_0002_01_000001]$ ls -l
total 28
-rw-rw-r--. 1 csu csu 23265 Nov 28 04:32 stderr
-rw-rw-r--. 1 csu csu    22 Nov 28 04:32 stdout
[csu@slave1 container_1480314070663_0002_01_000001]$
```

图 9-34　“container_1480314070663_0002_01_000001”子目录下的 stderr 和 stdout 文件

最后利用 cat 命令显示 stdout 文件的内容，即可看到计算结果，显示内容是“Pi is roughly 3.13902”，如图 9-35 所示。

图 9-35 显示的计算结果与通过 Web 方式查看到的结果完全一致，如图 9-36 所示。

```
csu@slave1:~/hadoop-2.6.0/logs/userlogs/application_1480314070663_0002/container_14803140706...
File  Edit  View  Search  Terminal  Help
drwx--x---.  3 csu csu    51 Nov 22 05:00 application_1479819377197_0001
drwx--x---.  3 csu csu    51 Nov 22 05:17 application_1479819377197_0002
drwx--x---.  3 csu csu    51 Nov 22 05:20 application_1479819377197_0003
drwx--x---.  3 csu csu    51 Nov 22 05:33 application_1479819377197_0004
drwx--x---.  3 csu csu    51 Nov 22 05:40 application_1479819377197_0005
drwx--x---.  3 csu csu    51 Nov 22 17:11 application_1479819377197_0006
drwx--x---.  4 csu csu    96 Nov 28 04:32 application_1480314070663_0002
[csu@slave1 userlogs]$ cd application_1480314070663_0002
[csu@slave1 application_1480314070663_0002]$ ls -l
total 0
drwx--x---. 2 csu csu 32 Nov 28 04:32 container_1480314070663_0002_01_000001
drwx--x---. 2 csu csu 32 Nov 28 04:32 container_1480314070663_0002_01_000003
[csu@slave1 application_1480314070663_0002]$ cd container_1480314070663_0002_01_
000001
[csu@slave1 container_1480314070663_0002_01_000001]$ ls -l
total 28
-rw-rw-r--. 1 csu csu 23265 Nov 28 04:32 stderr
-rw-rw-r--. 1 csu csu    22 Nov 28 04:32 stdout
[csu@slave1 container_1480314070663_0002_01_000001]$ cat stdout
Pi is roughly 3.13902
[csu@slave1 container_1480314070663_0002_01_000001]$ 
```

图 9-35　用 cat 命令显示 stdout 文件的内容

注意，上述示例是作者计算机上的情形，读者看到的结果可能有一些差异。

读者也可以采用 Yarn-client 模式运行程序，这时只需要将提交命令中的“yarn-cluster”改为“yarn-client”即可，输出结果将直接显示在提交作业的终端中。

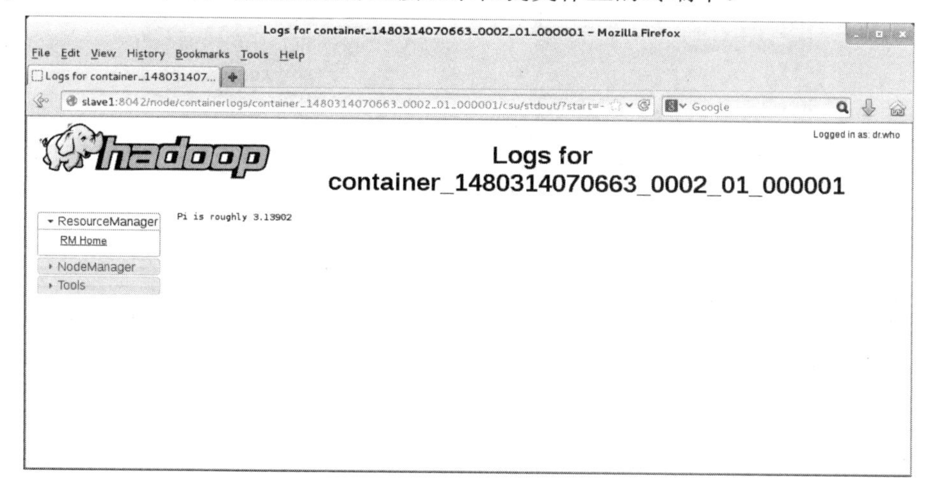

图 9-36　通过 Web 查看到的执行结果

要正确执行上述命令，必须确保 Spark 集群中的 Yarn 已经启动。如果读者不能成功执行该命令，应首先检查一下系统是否启动了 Yarn，如果没有，就需要设法启动它。例如，可以简单地通过启动 Hadoop 来启动 Yarn，因为有的用户可能只安装了 Hadoop 自带的 Yarn。

另一个注意事项是，com.csu.sparkPi 类名也必须正确（以具体设置为准），而且区分大小写；同时，jar 包的名称与位置也必须正确，这里之所以将 sparkAPP.jar 放在 Spark 的安装目录下，就是为了省掉路径，避免使用太多的路径参数，以尽量降低出错的可能性。

9.2.2 基于 Spark MLlib 的贷款风险预测

本节向读者介绍如何使用 Spark MLlib 机器学习算法库中的随机森林模型，对银行信用贷款的风险进行分类预测，该示例有很好的应用参考价值。

Spark MLlib 机器学习算法库基于 DataFrame。DataFrame 提供了大量接口，可帮助用户创建和调优机器学习流程，用户通过 DataFrame 使用 MLlib，能够实现模型的智能优化，从而提升模型效果。

1. 特征与标签

分类算法是一类有监督的机器学习算法，它根据已知标签的样本（如已经明确交易是否存在欺诈）来预测其他样本所属的类别（如是否属于欺诈性的交易）。

分类问题需要一个已经标记过的数据集和预先设计好的特征，然后基于这些数据来给新样本打标签。所谓特征，就是一些“是与否”的问题。标签就是这些问题的答案。例如，一个动物的行走姿态、游泳姿势和叫声都像鸭子，那么就给它打上鸭子的标签，否则就不是鸭子，如图 9-37 所示。

下面来看一个贷款风险预测的例子。我们需要预测某个人是否会按时还款，这就是标签，即此人的信用度。用来预测“是与否”的属性就是申请人的基本信息和社会身份信息，包括职业、年龄、储蓄存款、婚姻状态等，这些就是特征。特征可以用来构建一个分类模型，开发人员从中可以提取出对分类有帮助的信息。

图 9-37　鸭子的特征与标签

2. 决策树模型

决策树是一种基于输入特征来预测类别或者标签的分类模型，其工作原理是：在每个节点都计算特征在该节点的表达式值，然后基于运算结果选择一个分支通往下一个节点。图 9-38 展示了一种用来预测信用风险的决策树模型。

每个决策问题就是模型的一个节点，“是与否”的答案是通往子节点的分支。在图 9-38 给出的决策树中，第一个问题是：账户余额是否大于 200 元？如果答案是否定的，那么就需要继续解答第二个问题，即当前就职时间是否超过 1 年？如果答案也是否定的，那么该用户是不可信赖的，也就是该用户的信用标签是否定的。

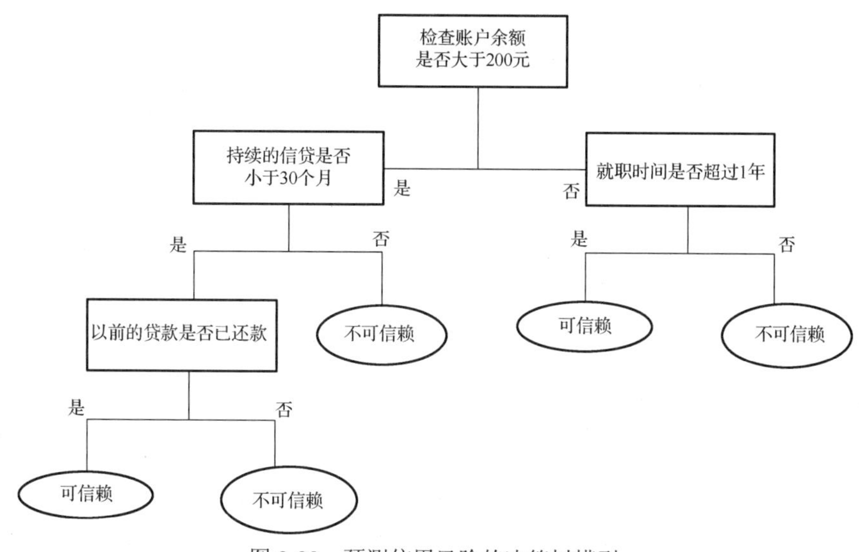

图 9-38　预测信用风险的决策树模型

3. 随机森林模型

在机器学习算法中，融合学习算法结合了多个机器学习的算法，能够得到更好的分类效果。随机森林算法（Random Forest）是分类和回归问题中一类常用的融合学习方法，该算法基于训练数据的不同子集构建多棵决策树，从而组合成一个新的模型。预测结果是所有决策树输出的组合，这样就能减少波动，并提高预测的准确度。对于随机森林分类模型，每棵树的预测结果都视为一张投票，获得投票数最多的类别就是预测的类别。

图 9-39 是随机森林模型的示意。

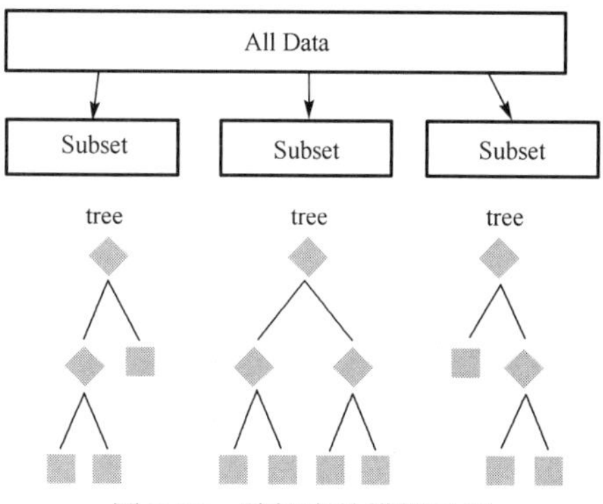

图 9-39　随机森林模型示意

4. 数据集

本节使用经典的德国人信用度数据集，该数据集按照一系列特征属性将用户的信用风险标签分为好和坏两类。图 9-40 给出了用户信用数据集的特征，共有 1 个标签和 20 个特征，其中 creditability 是信用标签，取值为 0 或 1，代表不可信和可信两个类别。

用户信用度数据集存放在 CSV 文件中，CSV（Comma-Separated Values）是一种文本文件，用于存储表格数据（数字和文本），数值之间通过逗号（也可以用其他符号）分隔。CSV 是一种通用的简单文件格式，广泛应用于数据科学领域。在安装了 Microsoft Excel 的计算机上，CSV 文件默认是被 Excel 打开的。在 Linux 计算机上，用户可以用任何编辑器打开一个 CSV 文件，图 9-41 是用 gedit 编辑器打开的 germancredit.csv 文件，共有 1000 条记录。

特征	描　述	示例
creditability	信用度（标签）	0 或 1
balance	存款	1
duration	期限	18
history	历史记录	4
purpose	目的	0
amount	数额	1049.00
savings	储蓄	1
employment	是否在职	2
instPercent	分期付款额	1
sexMarried	婚姻	1
guarantors	担保人	2
residenceDuration	居住时间	1
assets	资产	2
age	年龄	20
concCredit	历史信用	1
apartment	居住公寓	2
credits	贷款	1
occupation	职业	1
dependents	监护人	2
hasPhone	是否有电话	1
foreign	外籍	1

图 9-40　用户信用数据集

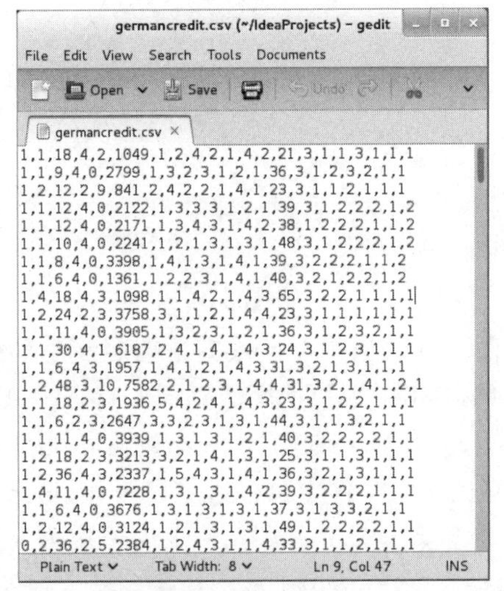

图 9-41　用 gedit 打开的 germancredit.csv 文件

5. 运行环境与程序

用于处理上述 germancredit.csv 文件的、基于 Spark MLlib 的 Scala 语言应用程序如下。

```
import org.apache.spark._
import org.apache.spark.rdd.RDD
import org.apache.spark.sql.SQLContext
import org.apache.spark.sql.functions._
import org.apache.spark.sql.types._
import org.apache.spark.sql._
import org.apache.spark.ml.classification.RandomForestClassifier
import org.apache.spark.ml.evaluation.BinaryClassificationEvaluator
import org.apache.spark.ml.feature.StringIndexer
import org.apache.spark.ml.feature.VectorAssembler
import org.apache.spark.ml.tuning.{ ParamGridBuilder, CrossValidator }
import org.apache.spark.ml.{ Pipeline, PipelineStage }
import org.apache.spark.mllib.evaluation.RegressionMetrics
object Credit {
    case class Credit(creditability: Double,balance: Double, duration: Double, history: Double, purpose: Double,
amount: Double, savings: Double, employment: Double, instPercent: Double, sexMarried: Double, guarantors: Double,
residenceDuration: Double, assets: Double, age: Double, concCredit: Double, apartment: Double, credits: Double,
occupation: Double, dependents: Double, hasPhone: Double, foreign: Double)
        def parseCredit(line: Array[Double]): Credit = {
            Credit( line(0), line(1) - 1, line(2), line(3), line(4), line(5),line(6) - 1, line(7) - 1, line(8), line(9) - 1, line(10) - 1,
    line(11) - 1, line(12) - 1, line(13), line(14) - 1, line(15) - 1,line(16) - 1, line(17) - 1, line(18) - 1, line(19) - 1, line(20) - 1 )
        }
        def parseRDD(rdd: RDD[String]): RDD[Array[Double]] = {
            rdd.map(_.split(",")).map(_.map(_.toDouble))
        }
        def main(args: Array[String]) {
            val conf = new SparkConf().setAppName("SparkDFebay")
            val sc = new SparkContext(conf)
            val sqlContext = new SQLContext(sc)
            import sqlContext._
            import sqlContext.implicits._
            val creditDF = parseRDD(sc.textFile("germancredit.csv")).map
                        (parseCredit).toDF().cache()
            creditDF.registerTempTable("credit")
            creditDF.printSchema
            creditDF.show
            sqlContext.sql("SELECT  creditability,  avg(balance)  as  avgbalance,  avg(amount)  as  avgamt,
avg(duration) as avgdur    FROM credit GROUP BY creditability ").show
            creditDF.describe("balance").show
```

```
creditDF.groupBy("creditability").avg("balance").show
val featureCols = Array("balance", "duration", "history",
                        "purpose", "amount","savings", "employment",
                        "instPercent", "sexMarried", "guarantors",
                        "residenceDuration", "assets", "age",
                        "concCredit","apartment","credits",
                        "occupation", "dependents", "hasPhone",
                      "foreign")
val assembler = new VectorAssembler().setInputCols(featureCols).
                     setOutputCol("features")
val df2 = assembler.transform(creditDF)
df2.show
val labelIndexer = new StringIndexer().
                setInputCol("creditability").setOutputCol("label")
val df3 = labelIndexer.fit(df2).transform(df2)
df3.show
val splitSeed = 5043
val Array(trainingData, testData) = df3.randomSplit(Array(0.7,
                          0.3), splitSeed)
val classifier = new RandomForestClassifier().
         setImpurity("gini").setMaxDepth(3).setNumTrees(20).
         setFeatureSubsetStrategy("auto").setSeed(5043)
val model = classifier.fit(trainingData)
val evaluator = new BinaryClassificationEvaluator().
                                              setLabelCol("label")
val predictions = model.transform(testData)
model.toDebugString
val accuracy = evaluator.evaluate(predictions)
println("accuracy before pipeline fitting" + accuracy)
val rm = new RegressionMetrics(
     predictions.select("prediction", "label").rdd.map(x =>
   (x(0).asInstanceOf[Double], x(1).asInstanceOf[Double]))
     )
println("MSE: " + rm.meanSquaredError)
println("MAE: " + rm.meanAbsoluteError)
println("RMSE Squared: " + rm.rootMeanSquaredError)
println("R Squared: " + rm.r2)
println("Explained Variance: " + rm.explainedVariance + "\n")
val paramGrid = new ParamGridBuilder()
    .addGrid(classifier.maxBins, Array(25, 31))
```

```
        .addGrid(classifier.maxDepth, Array(5, 10))
        .addGrid(classifier.numTrees, Array(20, 60))
        .addGrid(classifier.impurity, Array("entropy", "gini"))
        .build()
    val steps: Array[PipelineStage] = Array(classifier)
    val pipeline = new Pipeline().setStages(steps)
    val cv = new CrossValidator()
            .setEstimator(pipeline)
            .setEvaluator(evaluator)
            .setEstimatorParamMaps(paramGrid)
            .setNumFolds(20)
        val pipelineFittedModel = cv.fit(trainingData)
        val predictions2 = pipelineFittedModel.transform(testData)
        val accuracy2 = evaluator.evaluate(predictions2)
        println("accuracy after pipeline fitting" + accuracy2)
        println(pipelineFittedModel.bestModel.asInstanceOf[
                            org.apache.spark.ml.PipelineModel].stages(0))
        pipelineFittedModel
        .bestModel.asInstanceOf[org.apache.spark.ml.PipelineModel]
        .stages(0)
        .extractParamMap
        val rm2 = new RegressionMetrics(
              predictions2.select("prediction", "label").rdd.map(x =>
             (x(0).asInstanceOf[Double], x(1).asInstanceOf[Double]))
        )
        println("MSE: " + rm2.meanSquaredError)
        println("MAE: " + rm2.meanAbsoluteError)
        println("RMSE Squared: " + rm2.rootMeanSquaredError)
        println("R Squared: " + rm2.r2)
        println("Explained Variance: " + rm2.explainedVariance + "\n")
    }
}
```

读者可以从链接“https://github.com/caroljmcdonald/spark-ml-randomforest-creditrisk”中下载上述代码和数据文件（germancredit.csv）。

下面利用上述程序和数据，构建一个由决策树组成的随机森林模型，用以预测用户的信用标签类别。

本书使用 Spark 2.4.0，该版本以上的 Spark 也没有问题。读者需要在 Master 的用户目录下创建一个工作目录（如采用 IEDA 自动创建的“/home/csu/IdeaProjects”），然后将 germancredit.csv 文件复制到该目录下。接着启动 IEDA 集成开发环境，单击“Create New Project”来创建一个 Scala 新工程，用户可自行命名，如 Credit，如图 9-42 所示。

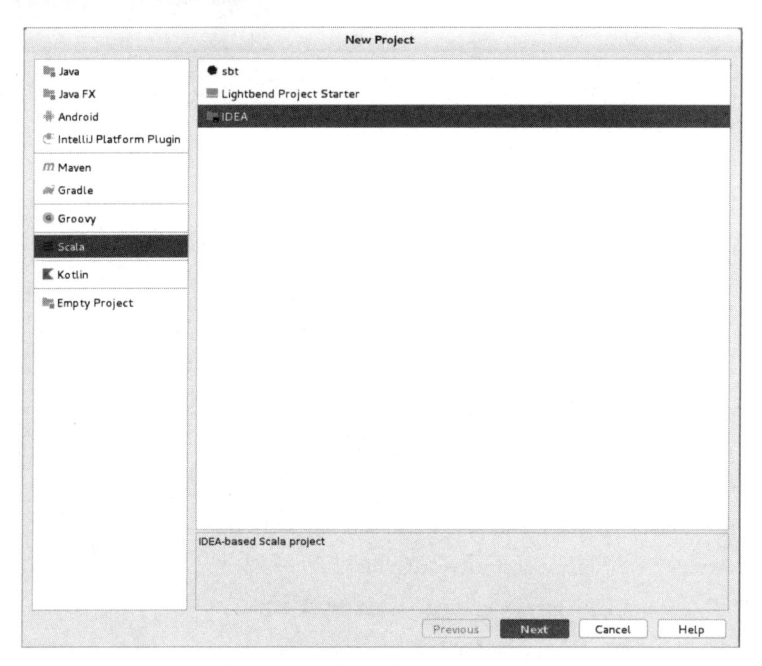

图 9-42　创建一个 Scala 新工程

在图 9-42 中，选择“Scala”后单击“Next”按钮会弹出“New Project”对话框，如图 9-43 所示。

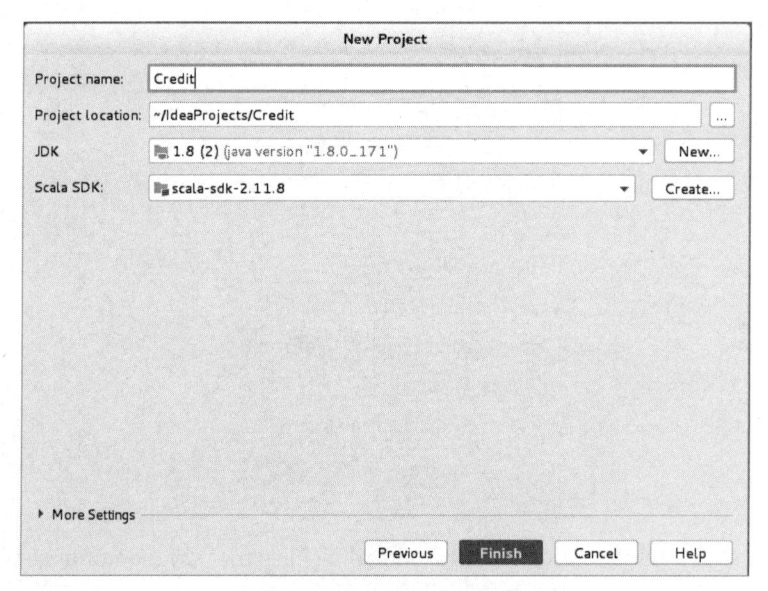

图 9-43　“New Project”对话框

在图 9-43 中，开发人员需要设置 Project name、Project location、JDK 和 Scala SDK 等。这里将“Project name”设为“Credit”（读者可以任意取一个名称），“Project location”会自动设置，“JDK”与“Scala SDK”在前面安装 IDEA 时已经设置好了，所以会自动显示出来。单击“Finish”按钮后，返回到如图 9-44 所示的开发环境主界面。

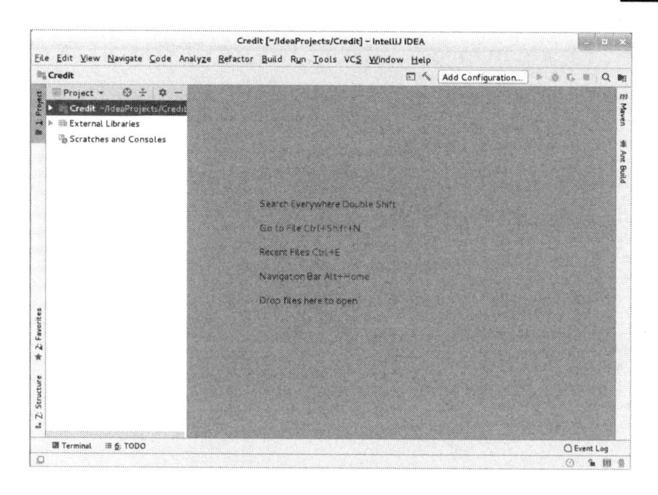

图 9-44 开发环境主界面

在图 9-44 中，在左边窗口中展开“Credit”工程，然后右键单击“src”，在弹出的菜单中选择“New→Package”，如图 9-45 所示，表示准备创建一个 Scala 包。

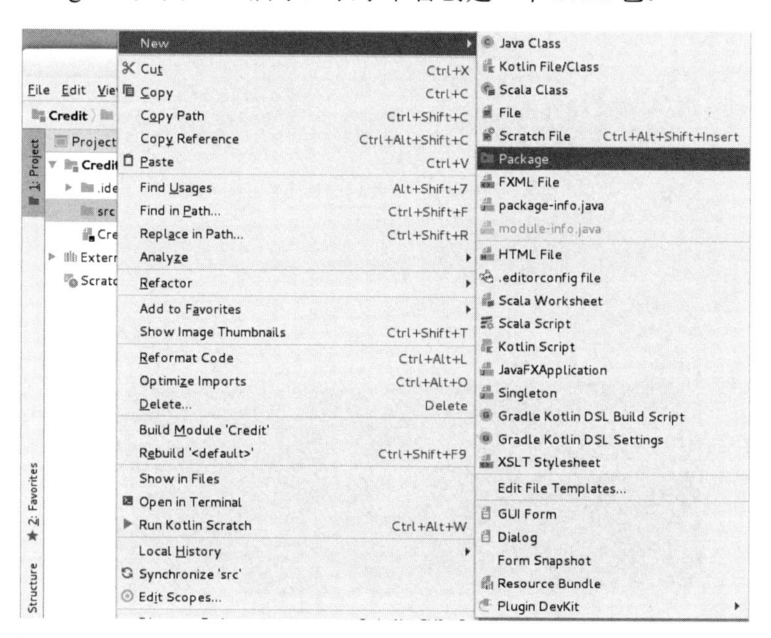

图 9-45 创建一个 Scala 包

这时系统会弹出如图 9-46 所示的对话框，要求用户输入新的 Package 名称，用户可自行输入，如输入 com.csu，输入完成后单击“OK”按钮。

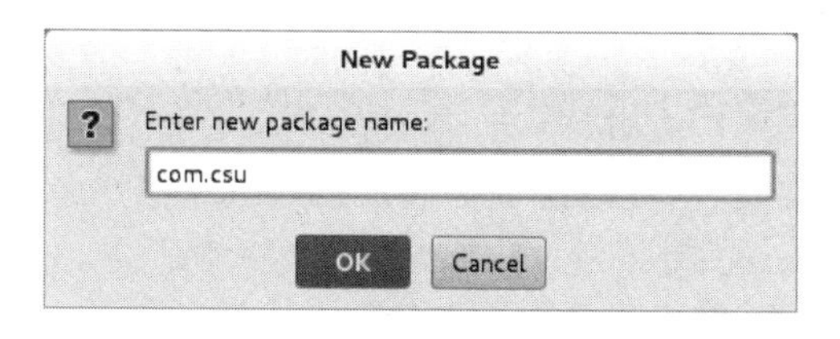

图 9-46 “New Package”对话框

接下来我们配置工程结构（Project Structure），主要目的是导入 Spark 的依赖包。在主菜单中选择 “File→Project Structure”，在弹出的“Project Structure”对话框中选择“Libraries→+→Java”，如图 9-47 所示，此时会弹出“Select Library Files”对话框，用户可以开始导入 Spark 的安装目录（如 spark-2.4.0-bin-hadoop2.7）下“jars”内所有的 jar 包，如图 9-48 所示。

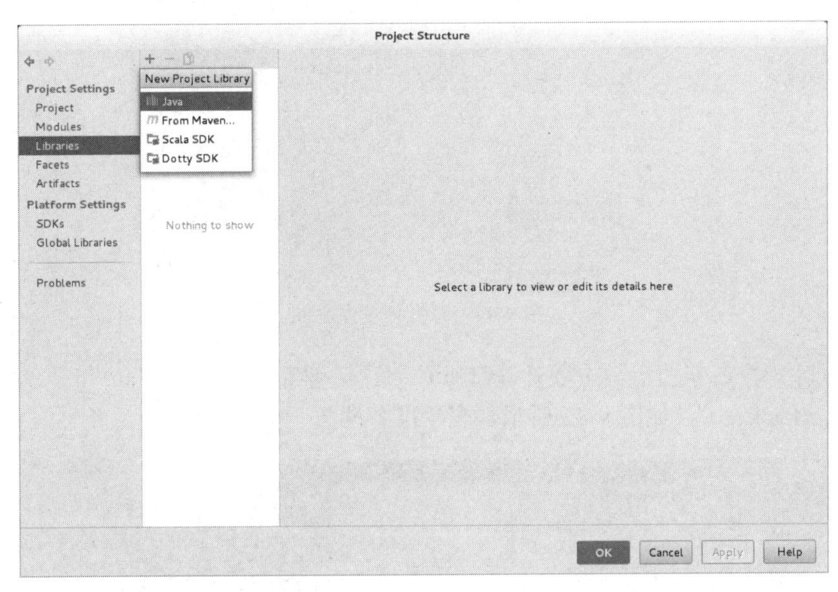

图 9-47　在“Project Structure”对话框中选择“Librarie→+→Java”

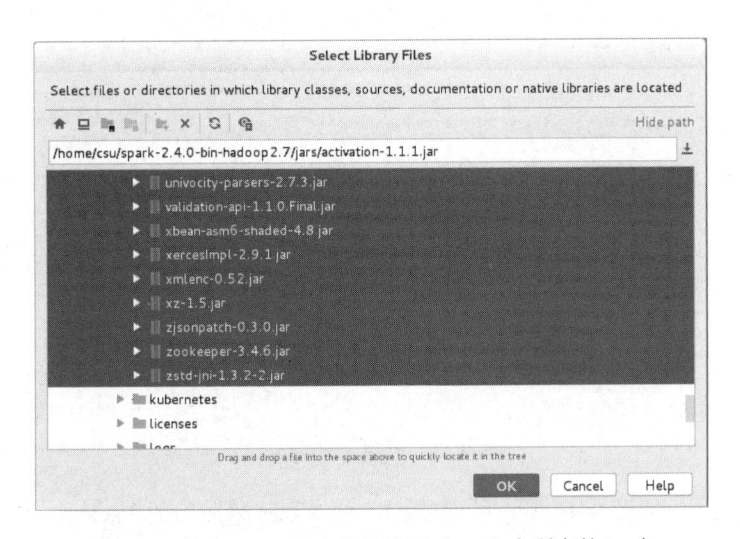

图 9-48　导入 Spark 的安装目录下“jars”内所有的 jar 包

单击图 9-48 中的“OK”按钮，并在后续弹出的对话框中一直单击“OK”按钮，回到 IDEA 开发环境主界面即可。

接下来开始创建 Scala 类。首先右键单击包（com.csu），在弹出的菜单中选择“New→Scala class”，然后在弹出的“Create New Scala Class”对话框中，输入类名称，如“Credit”，并将“Kind”设置为“Object”，如图 9-49 所示，单击“OK”按钮。

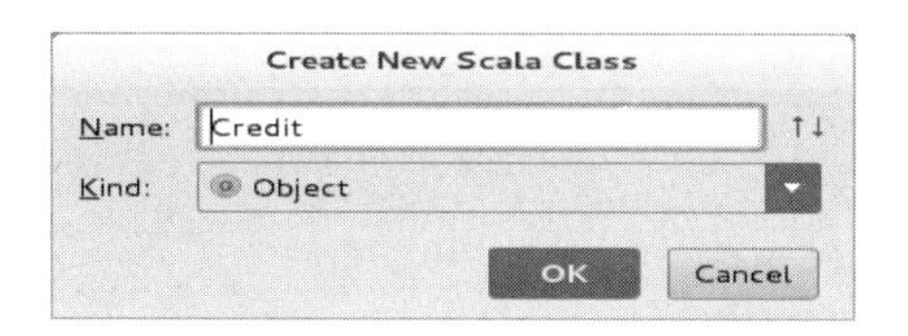

图 9-49 输入类名并将“Kind”设置为“Object”

将前面的 Scala 程序复制到如图 9-50 所示的程序编辑区中。请注意 IDEA 自动生成的部分代码，如 package com.csu 等，复制代码时不要重复。

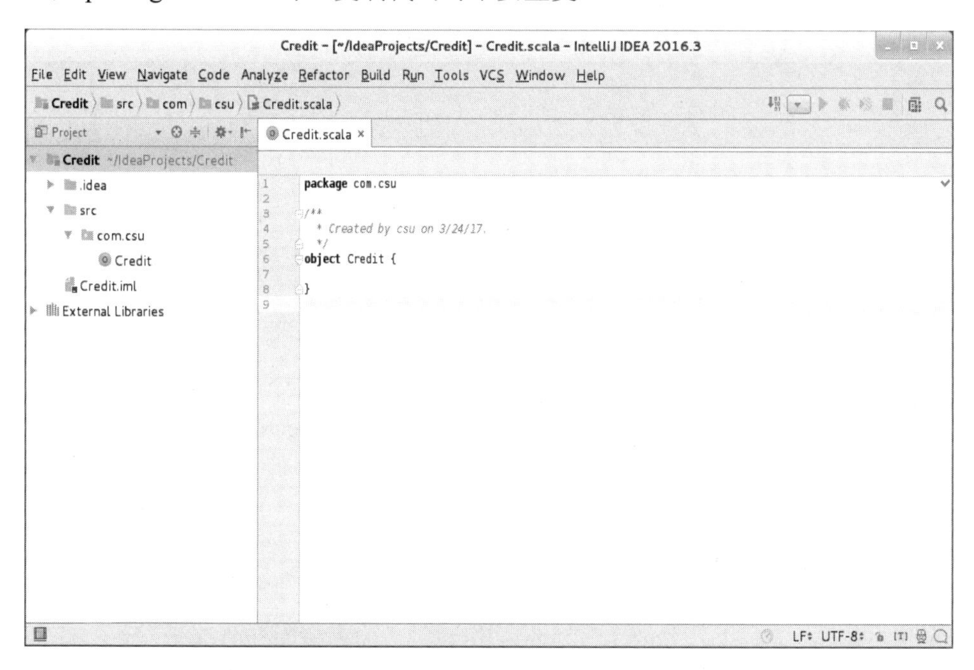

图 9-50 在程序编辑区中复制代码

接着将 germancredit.csv 文件放入“/home/csu/IdeaProjects/Credit/”目录下。如果顺利，程序编辑区内应当没有错误，这时就可以准备运行程序了。但在运行程序之前，还需要设置运行参数。在主菜单中选择“Run→Edit Configurations”，如图 9-51 所示。

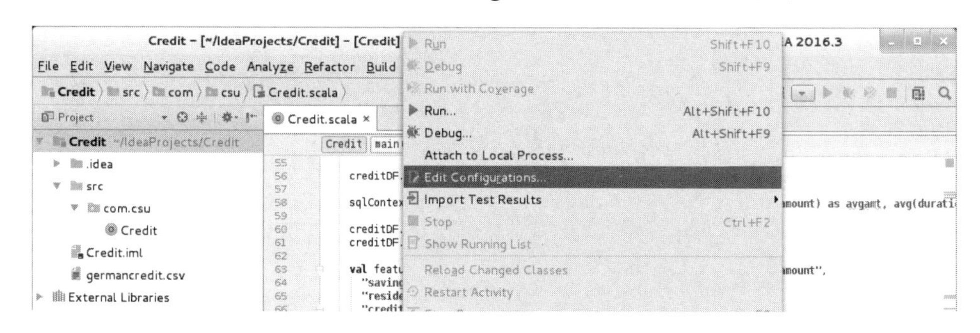

图 9-51 在主菜单中选择“Run→Edit Configurations”来设置运行参数

在弹出的“Run/Debug Configurations”对话框中单击左上角的“+”，并在左边的列表中选择“Application”，如图 9-52 所示。

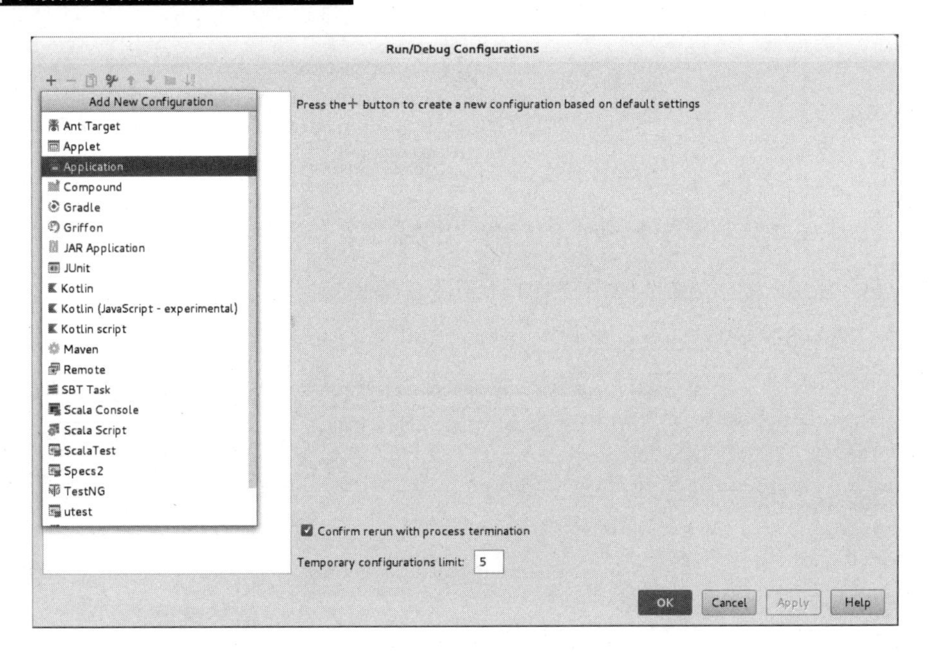

图 9-52　单击“+”并在左边的列表中选择“Application”

设置的运行参数如图 9-53 所示，其中，“Name”设置为“Credit”，“Main class”设置为“com.csu.Credit”，“Program arguments”和“Working directory”均为事先创建好的“/home/csu/IdeaProjects/Credit”。请特别注意，待处理的数据文件放在什么目录下，“Program arguments”的设置就要与这个目录一致。请注意图 9-53 中的“VM options”选项，这里是“-Dspark.master=local -Dspark.app.name=Credit –server -XX:PermSize=128M -XX:MaxPermSize =256M”，这表明将在本地执行程序，并控制不发生内存溢出（可以进行一个实验，将“-server -XX:PermSize=128M -XX:MaxPermSize= 256M”删除掉，看看会发生什么情况）。

Run/Debug Configurations
Application
Credit
Defaults
Name: Credit
Share
Single instance only
Configuration | Code Coverage | Logs
Main class: com.csu.Credit
VM options: ıpp.name=Credit -server -XX:PermSize=128M -XX:MaxPermSize=256M
Program arguments: /home/csu/IdeaProjects/Credit
Working directory: /home/csu/IdeaProjects/Credit
Environment variables:
Use classpath of module: Credit
JRE: Default (1.7 - SDK of 'Credit' module)
Enable capturing form snapshots
Before launch: Build, Activate tool window
Build
Show this page
Activate tool window
OK
Cancel
Apply
Help

图 9-53　在“Run/Debug Configurations”对话框中设置的运行参数

完成上述设置后，右键单击程序编辑区中的 Credit 文件（可右击 Credit 文件的任意位置），在弹出的菜单中选择“Run Credit”即可开始运行程序。下面将结合代码分析来展示运行结果。

6．代码分析与运行结果

（1）导入机器学习算法的相关包。

```
import org.apache.spark.ml.classification.RandomForestClassifier
import org.apache.spark.ml.evaluation.BinaryClassificationEvaluator
import org.apache.spark.ml.feature.StringIndexer
import org.apache.spark.ml.feature.VectorAssembler
import sqlContext.implicits._
import sqlContext._
import org.apache.spark.ml.tuning.{ ParamGridBuilder, CrossValidator }
import org.apache.spark.ml.{ Pipeline, PipelineStage }
```

（2）使用 Scala 的 case 类来定义 Credit 的属性。

```
// define the Credit Schema
case class Credit(
creditability: Double,balance: Double, duration: Double, history: Double, purpose: Double, amount: Double, savings: Double, employment: Double, instPercent: Double, sexMarried: Double, guarantors: Double, residenceDuration: Double, assets: Double, age: Double, concCredit: Double, apartment: Double, credits: Double, occupation: Double, dependents: Double, hasPhone: Double, foreign: Double )
```

下面的函数用于解析一行数据文件，将值存入 Credit 类中。类别的索引值减去了 1，因此起始索引值为 0。

```
// function to create a Credit class from an Array of Double
def parseCredit(line: Array[Double]): Credit = {
Credit( line(0), line(1) - 1, line(2), line(3), line(4), line(5),line(6) - 1, line(7) - 1, line(8), line(9) - 1, line(10) - 1,line(11) - 1, line(12) - 1, line(13), line(14) - 1, line(15) - 1,line(16) - 1, line(17) - 1, line(18) - 1, line(19) - 1, line(20) - 1) }
```

下面的函数用于将字符串 RDD 转换成 Double 类型的 RDD。

```
// function to transform an RDD of Strings into an RDD of Double
def parseRDD(rdd: RDD[String]): RDD[Array[Double]] =
{ rdd.map(_.split(",")).map(_.map(_.toDouble)) }
```

（3）主函数 main 中的设置。除了必要的环境设置，主函数首先导入 germancredit.csv 文件中的数据，并存储为一个 String 类型的 RDD。然后对 RDD 进行 Map 操作，将 RDD 中的字符串经过 ParseRDDR 函数的映射，转换为一个 Double 类型的数组。接着是另一个 Map 操作，使用 ParseCredit 函数将每个 Double 类型的数值转换为 Credit 对象。toDF()函数可将 Array[[Credit]]类型的数据转为一个 Credit 类的 DataFrame。

```
// load the data into a   RDD
val creditDF= parseRDD(sc.textFile("germancredit.csv")).
                                        map(parseCredit).toDF().cache()
creditDF.registerTempTable("credit")
```

DataFrame 的 printSchema()函数用于将各个字段含义以树状的形式打印到控制台。

```
// Return the schema of this DataFrame
creditDF.printSchema
```

图 9-54 是在控制台打印的结果。

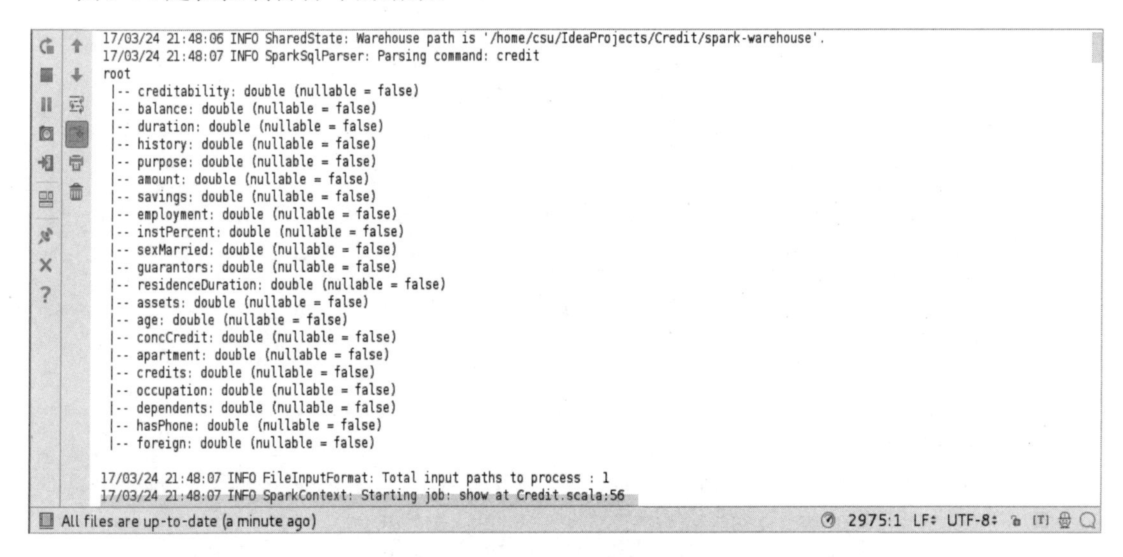

图 9-54　在控制台打印出的树状形式字段

（4）运行 creditDF.show，图 9-55 所示为显示前 20 行的 DataFrame。

17/03/24 21:48:08 INFO SparkSqlParser: Parsing command: SELECT creditability, avg(balance) as avgbalance, avg(amount) as avgamt, avg(duration) as avgd

creditability	balance	duration	history	purpose	amount	savings	employment	instPercent	sexMarried	guarantors	residenceDuration	assets	age	concCredit	a
1.0	0.0	18.0	4.0	2.0	1049.0	0.0	1.0	4.0	1.0	0.0	3.0	1.0	21.0	2.0	
1.0	0.0	9.0	4.0	0.0	2799.0	0.0	2.0	2.0	2.0	0.0	1.0	0.0	36.0	2.0	
1.0	1.0	12.0	2.0	9.0	841.0	1.0	3.0	2.0	1.0	0.0	3.0	0.0	23.0	2.0	
1.0	0.0	12.0	4.0	0.0	2122.0	0.0	2.0	3.0	2.0	0.0	1.0	0.0	39.0	2.0	
1.0	0.0	12.0	4.0	0.0	2171.0	0.0	2.0	4.0	2.0	0.0	3.0	1.0	38.0	0.0	
1.0	0.0	10.0	4.0	0.0	2241.0	0.0	1.0	1.0	2.0	0.0	2.0	0.0	48.0	2.0	
1.0	0.0	8.0	4.0	0.0	3398.0	0.0	3.0	1.0	2.0	0.0	3.0	0.0	39.0	2.0	
1.0	0.0	6.0	4.0	0.0	1361.0	0.0	1.0	2.0	2.0	0.0	3.0	0.0	40.0	2.0	
1.0	3.0	18.0	4.0	3.0	1098.0	0.0	0.0	4.0	1.0	0.0	3.0	2.0	65.0	2.0	
1.0	1.0	24.0	2.0	3.0	3758.0	2.0	0.0	1.0	1.0	0.0	3.0	3.0	23.0	2.0	
1.0	0.0	11.0	4.0	0.0	3905.0	0.0	2.0	2.0	2.0	0.0	1.0	0.0	36.0	2.0	
1.0	0.0	30.0	4.0	1.0	6187.0	1.0	3.0	1.0	3.0	0.0	3.0	2.0	24.0	2.0	
1.0	0.0	6.0	4.0	3.0	1957.0	0.0	3.0	1.0	1.0	0.0	3.0	2.0	31.0	2.0	
1.0	1.0	48.0	3.0	10.0	7582.0	1.0	0.0	2.0	2.0	0.0	3.0	3.0	31.0	2.0	
1.0	0.0	18.0	2.0	3.0	1936.0	4.0	3.0	2.0	3.0	0.0	3.0	2.0	23.0	2.0	
1.0	0.0	6.0	2.0	3.0	2647.0	2.0	2.0	2.0	2.0	0.0	2.0	0.0	44.0	2.0	
1.0	0.0	11.0	4.0	0.0	3939.0	0.0	2.0	1.0	2.0	0.0	1.0	0.0	40.0	2.0	
1.0	1.0	18.0	2.0	3.0	3213.0	2.0	1.0	1.0	3.0	0.0	2.0	0.0	25.0	2.0	
1.0	1.0	36.0	4.0	3.0	2337.0	0.0	4.0	4.0	2.0	0.0	3.0	0.0	36.0	2.0	
1.0	3.0	11.0	4.0	0.0	7228.0	0.0	2.0	1.0	2.0	0.0	3.0	1.0	39.0	2.0	

only showing top 20 rows

All files are up-to-date (4 minutes ago)　39:44 LF: UTF-8:

图 9-55　显示前 20 行的 DataFrame

在 DataFrame 初始化之后，就可以用 SQL 命令查询数据了，包括计数、均值、标准差、最小值和最大值。

开发人员还可以用某个表名将 DataFrame 注册为一张临时表，然后用 SQLContext 提供的方法执行 SQL 命令。例如，sqlContext 查询语句：

```
sqlContext.sql("SELECT creditability, avg(balance) as avgbalance, avg(amount) as avgamt, avg(duration) as
```

```
avgdur   FROM credit GROUP BY creditability ").show
```

其查询结果如图 9-56 所示。

```
+-------------+------------------+-----------------+-----------------+
|creditability|        avgbalance|           avgamt|           avgdur|
+-------------+------------------+-----------------+-----------------+
|          0.0|0.9033333333333333|3938.126666666666|            24.86|
|          1.0|1.8657142857142857|2985.442857142857|19.207142857142856|
+-------------+------------------+-----------------+-----------------+
```

图 9-56　sqlContext 查询结果

提取特征是整个程序的关键。为了构建一个分类模型，首先需要提取对分类最有帮助的特征。在用户信用度数据集里，每条样本用两个类别来标记，1（可信）和 0（不可信）。每个样本的特征包括 21 个字段，其中包括 1 个标签（表示是否可信，取值为 0 或者 1）和 20 个特征，即“存款”“期限”“历史记录”“目的”“数额”“储蓄”“是否在职”“分期付款额”“婚姻”“担保人”“居住时间”“资产”“年龄”“历史信用”“居住公寓”“贷款”“职业”“监护人”“是否有电话”“外籍”，可通过定义特征数组来存储这些特征。

为了在机器学习算法中使用这些特征，需要将这些特征变换后存入特征数组，即一组表示各个维度特征值的数值数组。可用 VectorAssembler 方法将每个维度的特征进行变换，返回一个新的 DataFrame。

```
//define the feature columns to put in the feature vector
val featureCols = Array("balance", "duration", "history", "purpose",
          "amount","savings", "employment", "instPercent", "sexMarried",
          "guarantors", "residenceDuration", "assets", "age", "concCredit",
          "apartment", "credits",   "occupation", "dependents",
          "hasPhone", "foreign" )
//set the input and output column names
val assembler = new VectorAssembler().setInputCols(featureCols).setOutputCol
("features")
//return a dataframe with all of the   feature columns in   a vector
column val df2 = assembler.transform( creditDF)
// the transform method produced a new column: features.
df2.show
```

接着使用 StringIndexer 方法返回一个 DataFrame，增加信用度这一列作为标签。

```
// Create a label column with the StringIndexer val labelIndexer = new
StringIndexer().setInputCol("creditability").setOutputCol("label")
val df3 = labelIndexer.fit(df2).transform(df2)
// the   transform method produced a new column: label.
df3.show
```

为了训练模型，数据集可分为训练数据和测试数据两个部分，70%的数据用来训练模型，30%的数据用来测试模型。

```
// split the dataframe into training and test data
val splitSeed = 5043
val Array(trainingData, testData) = df3.randomSplit(Array(0.7, 0.3),
```

```
splitSeed)
```

（5）程序按照所给参数训练一个随机森林分类器。其中，maxDepth 为每棵树的最大深度，增加树的深度可以提高模型的效果，但是会延长训练时间；NumTrees 用于设置树的棵数，例如这里设置最少为 20，增加决策树棵数，有助于提高预测精度；maxBins 为连续特征离散化时选用的最大分桶个数，并且决定每个节点如何分裂；impurity 为计算信息增益的指标；auto 为每个节点在分裂时是否自动选择参与的特征个数；seed 为随机数生成种子。

模型的训练过程就是将输入特征和这些特征对应的样本标签相关联的过程。

```
// create the classifier, set parameters for training
val classifier =new RandomForestClassifier().setImpurity("gini").
setMaxDepth(3).setNumTrees(20).setFeatureSubsetStrategy("auto").setSeed
(5043)
// use the random forest classifier to train (fit) the model
val model = classifier.fit(trainingData)
```

一般而言，模型训练结束后需要测试，也就是用测试数据来检验模型效果，也可以视为预测应用。

```
// run the model on test features to get predictions
val predictions = model.transform(testData)
// As you can see, the previous model transform produced a new columns:
rawPrediction, probablity and prediction.predictions.show
```

（6）使用 BinaryClassificationEvaluator 评估预测的效果，将预测结果与样本的实际标签进行比较，返回一个预测准确度指标（ROC 曲线所覆盖的面积）。图 9-57 给出了本书得到的预测准确度，达到 80.76%。读者实验可能会有差异。

```
// create an Evaluator for binary classification, which expects
two input columns: rawPrediction and label.
val evaluator = new BinaryClassificationEvaluator().setLabelCol("label")
// Evaluates predictions and returns a scalar metric areaUnderROC(
                                                      larger is better).
val accuracy = evaluator.evaluate(predictions)
```

```
accuracy before pipeline fitting0.8075659757616955
```

图 9-57　程序显示的预测准确度

（7）使用管道方式来训练模型。管道（Pipeline）采取一种简单方式来比较各种不同组合参数的效果，这个方法又称为网格搜索法（Grid Search）。该方法首先设置好待测试的参数，Spark MLlib 会自动完成这些参数的不同组合。管道搭建了一条工作流，一次性完成了整个模型的调优，而不是独立地对每个参数进行调优。

可使用 ParamGridBuilder 工具来构建参数网格。

```
// use a ParamGridBuilder to construct a grid of parameters to search over
val paramGrid = new ParamGridBuilder()
        .addGrid(classifier.maxBins, Array(25, 28, 31))
```

```
        .addGrid(classifier.maxDepth, Array(4, 6, 8))
        .addGrid(classifier.impurity, Array("entropy", "gini"))
        .build()
```

创建并完成一条管道。一条管道由一系列 Stage 组成，每个 Stage 相当于一个 Estimator 或 Transformer。

```
val steps: Array[PipelineStage] = Array(classifier)
val pipeline = new Pipeline().setStages(steps)
```

用 CrossValidator 类来完成模型筛选。CrossValidator 类使用一个 Estimator 类、一组 ParamMaps 类和一个 Evaluator 类。需要注意的是，使用 CrossValidator 类的开销很大。

```
// Evaluate model on test instances and compute test error
val evaluator = new BinaryClassificationEvaluator().setLabelCol("label")
val cv = new CrossValidator()
      .setEstimator(pipeline)
      .setEvaluator(evaluator)
      .setEstimatorParamMaps(paramGrid)
      .setNumFolds(10)
```

管道在参数网格上不断地爬行，自动完成模型优化的过程。对于每个 ParamMap 类，CrossValidator 类训练得到一个 Estimator 类，然后用 Evaluator 类来评价结果，最后用最好的 ParamMap 类和整个数据集来训练最优的 Estimator 类。图 9-58 给出了训练管道的执行过程。

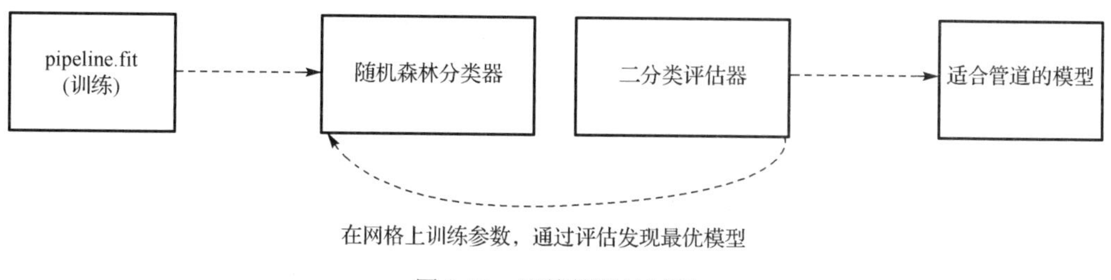

图 9-58 训练管道的过程

```
// When fit is called, the stages are executed in order
// Fit will run cross-validation, and choose the best set of parameters
//The fitted model from a Pipeline is an PipelineModel, which consists of
fitted models and transformers
val pipelineFittedModel = cv.fit(trainingData)
```

至此，程序可以用管道训练得到的最优模型并进行预测应用了。将预测结果与标签进行比较，预测结果取得了 81.67%的预测准确度，相比之前 80.76%的准确率有所提高，如图 9-59 所示。

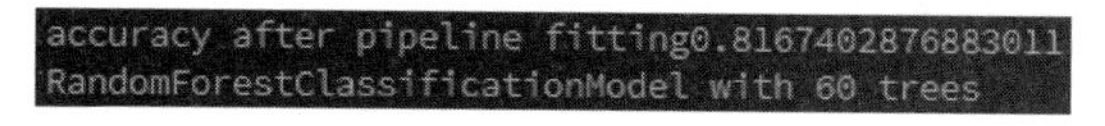

图 9-59 管道训练得到 81.67%的预测准确度

```
// call tranform to make predictions on test data. The fitted model will
```

```
use the best model found
val predictions = pipelineFittedModel.transform(testData)
val accuracy = evaluator.evaluate(predictions)
val rm2 = new RegressionMetrics(
        predictions.select("prediction", "label").rdd.map(x =>
        (x(0).asInstanceOf[Double], x(1).asInstanceOf[Double])))
println("MSE: " + rm2.meanSquaredError)
println("MAE: " + rm2.meanAbsoluteError)
println("RMSE Squared: " + rm2.rootMeanSquaredError)
println("R Squared: " + rm2.r2)
println("Explained Variance: " + rm2.explainedVariance + "\n")
```

上面详细描述了如何使用 Spark MLlib 的机器学习随机森林算法和机器学习管道训练来解决分类问题。开发人员完全可以参考上述方法实现一个实际的风险预测系统。

9.3 本章小结

本章首先介绍了 Spark 的基本原理和架构，分析了 Spark 的几个关键概念，特别是 RDD、DAG 和 DataFrame。

本章重点介绍了 Spark 的基本应用，通过编写计算圆周率程序 sparkPi，以及基于随机森林模型的贷款风险预测 Scala 程序，演示了在集成开发环境 IDEA 中编写 Spark 应用程序和进行必要参数设置的方法，使读者可以感受到 Spark 对分布式并行计算的支持。

第三篇

大数据处理与项目开发

第 10 章 交互式数据处理

从本章开始，我们把重点转移到大数据处理本身上面来。归根结底，Hadoop 及其组件都是用来分析大数据的。本章主要介绍如何在 Hadoop 平台上进行交互式数据处理，主要以 Hive 组件为基本工具，介绍相关方法的运用。

10.1 数据预处理

为了保证实践的真实性，本章为读者提供了一个较大的数据文件，即 sogou.500w.utf8，该文件是大数据领域很有名的一个供研究用的数据文件，内容是 sogou 网络访问日志数据，该文件被众多研究和开发人员所采用。

10.1.1 查看数据

请读者到第 10 章软件资源文件夹内找到 sogou.500w.utf8 文件，将其复制到 Master 的“/home/csu/resources/”目录（或者读者自己的任意目录）下。以下的大部分操作均围绕该数据文件进行。

首先通过执行“cd /home/csu/resources”命令进入数据文件所在文件夹，然后通过“less”命令查看 sogou.500w.utf8 文件内容，如图 10-1 所示。

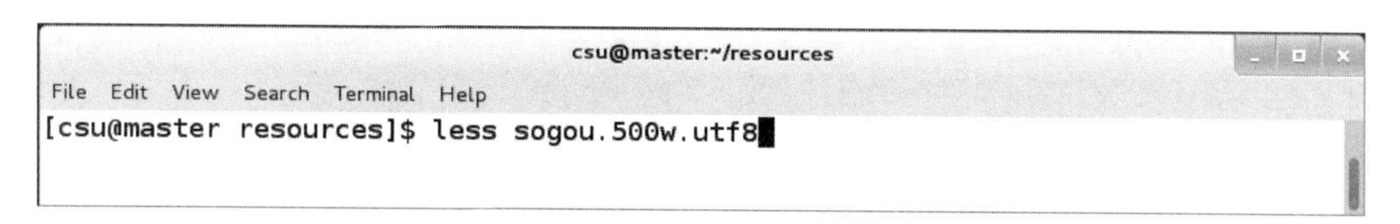

图 10-1 使用“less”命令查看数据文件的内容

Linux 中的“less”命令主要用来浏览文件内容，与“more”命令的用法相似。不同于“more”命令的地方是，“less”命令可回滚浏览已经看过的部分，所以“less”命令的用法比“more”更灵活。在使用“more”命令时，用户不能向前面翻，只能往后面看；如果使用“less”命令，就可以配合 PageUp 和 PageDown 等按键来回翻看文件，更容易浏览一个文件的内容。除此之外，利用“less”命令还可以进行向上和向下的搜索。

图 10-2 给出了查看结果，读者可以运用刚才介绍的方法浏览文件。

```
csu@master:~/resources
File Edit View Search Terminal Help
20111230000005  57375476989eea12893c0c3811607bcf        奇艺高清        1
1       http://www.qiyi.com/
20111230000005  66c5bb7774e31d0a22278249b26bc83a        凡人修仙传      3
1       http://www.booksky.org/BookDetail.aspx?BookID=1050804&Level=1
20111230000007  b97920521c78de70ac38e3713f524b50        本本联盟        1
1       http://www.bblianmeng.com/
20111230000008  6961d0c97fe93701fc9c0d861d096cd9        华南师范大学图书馆
1       1       http://lib.scnu.edu.cn/
20111230000008  f2f5a21c764aebde1e8afcc2871e086f        在线代理        2
1       http://proxyie.cn/
20111230000009  96994a0480e7e1edcaef67b20d8816b7        伟大导演        1
1       http://movie.douban.com/review/1128960/
20111230000009  698956eb07815439fe5f46e9a4503997        youku   1       1
http://www.youku.com/
20111230000009  599cd26984f72ee68b2b6ebefccf6aed        安徽合肥365房产网
1       1       http://hf.house365.com/
20111230000010  f577230df7b6c532837cd16ab731f874        哈萨克网址大全  1
1       http://www.kz321.com/
sogou.500w.utf8
```

图 10-2　查看结果

我们主要关心的还是文件内容。sogou.500w.utf8 是一种 utf-8 格式的文件，是一种文本类型的文件。该文件针对每个文字进行相应的编码，汉字用双字节存储，而英文单词和符号则用单字节存储。sogou.500w.utf8 文件很大，有 500 万条记录，每一条记录包括了访问时间、用户 ID、查询词、返回结果排序、用户单击的顺序号、用户单击的 URL，共 6 个字段。字段与字段之间是通过一个“\t”（Tab）分割的。由于 sogou.500w.utf8 有 500 万条记录，所以这里只是查看一下部分内容，目的是让读者看看大数据文件到底是什么样子，没有必要从头看到尾。要终止上述查看，先按下 Esc 键，按下 Enter 键后再按下 Q 键即可。

下面通过执行“wc”命令查看一下文件的总行数，如图 10-3 所示。

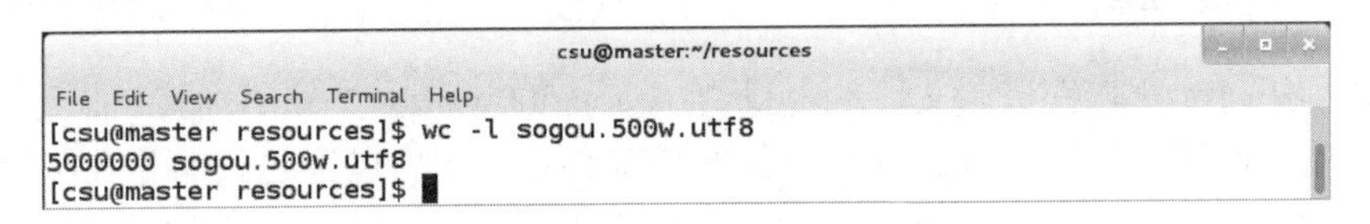

图 10-3　用“wc”命令查看文件的总行数

按下 Enter 键后系统显示“5000000 sogou.500w.utf8”，可见文件确实有 500 万行。Linux 中“wc”命令的功能是统计指定文件中的行数、字数、字节数，并将统计结果显示输出。参数“-l”表示统计行数，“-w”表示统计字数，“-c”表示统计字节数。

另一个常用的命令是“head”。如果用户希望截取文件的部分数据，就可以用 “head”命令来完成，如图 10-4 所示。

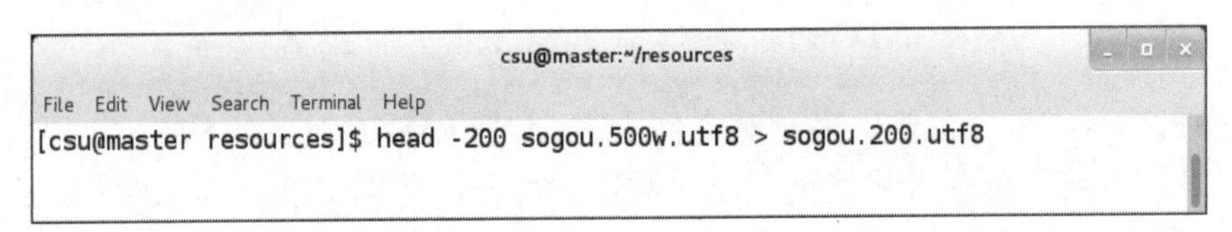

图 10-4　使用“head”命令来截取文件

按下 Enter 键后可得到一个有 200 行数据的文件 sogou.200.utf8（文件名由用户自己决定，可以是任意的名字，如 sogou.demo）。读者也可以查看一下新文件的内容或行数。

10.1.2　数据扩展

很多时候用户希望扩展现有文件，例如增加新的字段，以便容纳更多的内容。下面我们就来扩展 sogou.500w.utf8 文件，增加年、月、日、小时 4 个新字段，扩展后的文件就有 10 个字段了。

请读者将本章软件资源文件夹中名为 sogou-log-extend.sh 的文件复制到 Master 的“/home/csu/”目录下，该文件是一个 Linux 的脚本文件，里面的内容是扩展文件字段的命令。

把 sogou-log-extend.sh 文件复制到位后，请执行如图 10-5 所示的数据扩展命令。

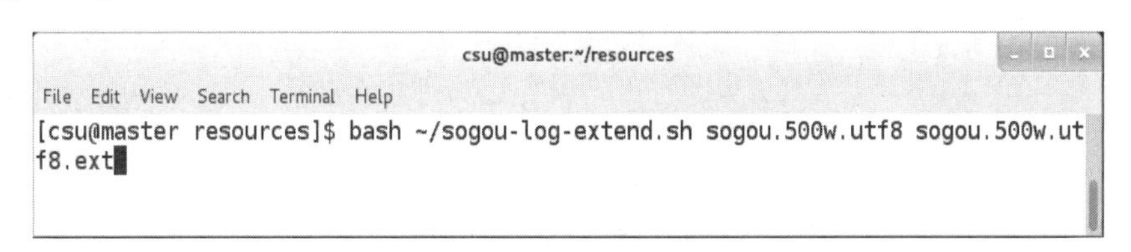

图 10-5　数据扩展命令

在上述命令行中，“bash”表示执行 Bash Shell 命令，sogou-log-extend.sh 就是执行对象，而源文件名（sogou.500w.utf8）和目标文件名（sogou.500w.utf8.ext）则是参数。按下 Enter 键后，系统执行一段时间后会得到一个含有 10 个字段的新数据文件 sogou.500w.utf8.ext。不妨用“less”命令查看一下其内容，如图 10-6 所示。

```
csu@master:~/resources
File  Edit  View  Search  Terminal  Help
20111230000005  57375476989eea12893c0c3811607bcf        奇艺高清        1
1       http://www.qiyi.com/    2011    11      23      00
20111230000005  66c5bb7774e31d0a22278249b26bc83a        凡人修仙传      3
1       http://www.booksky.org/BookDetail.aspx?BookID=1050804&Level=1   2011
11      23      00
20111230000007  b97920521c78de70ac38e3713f524b50        本本联盟        1
1       http://www.bblianmeng.com/      2011    11      23      00
20111230000008  6961d0c97fe93701fc9c0d861d096cd9        华南师范大学图书馆
1       1       http://lib.scnu.edu.cn/ 2011    11      23      00
20111230000008  f2f5a21c764aebde1e8afcc2871e086f        在线代理        2
1       http://proxyie.cn/      2011    11      23      00
20111230000009  96994a0480e7e1edcaef67b20d8816b7        伟大导演        1
1       http://movie.douban.com/review/1128960/ 2011    11      23      00
20111230000009  698956eb07815439fe5f46e9a4503997        youku   1       1
http://www.youku.com/   2011    11      23      00
20111230000009  599cd26984f72ee68b2b6ebefccf6aed        安徽合肥365房产网
1       1       http://hf.house365.com/ 2011    11      23      00
20111230000010  f577230df7b6c532837cd16ab731f874        哈萨克网址大全  1
1       http://www.kz321.com/   2011    11      23      00
20111230000010  285f88780dd0659f5fc8acc7cc4949f2        IQ数码  1       1
http://www.iqshuma.com/ 2011    11      23      00
20111230000010  f4ba3f337efb1cc469fcd0b34feff9fb        推荐待机时间长的手机
1       1       http://mobile.zol.com.cn/148/1487938.html       2011    11
sogou.500w.utf8.ext
```

图 10-6　用“less”命令查看数据扩展后的文件

可以看到，每一行都增加了 4 个新字段，分别是年、月、日、小时，其内容是从第一个字段分离出来的。例如，第一个字段是“2011112300000010”，则新增加的 4 个字段就是“2011”“11”“23”“00”。

显然，数据扩展的目的是为了在进行统计分析时，操作更加方便快捷。

10.1.3　数据过滤

有时候，我们需要过滤数据文件。例如，对于某些字段为空的行，我们可能要将这些行过滤掉，即从文件中删除掉。我们来处理一下 sogou.500w.utf8.ext 文件。同样，我们需要一个用于过滤处理的 Bash Shell 的文件 sogou-log-filter.sh，读者在本章软件资源文件夹中可以找到该文件，请将其复制到 Master 的“/home/csu/”目录下。注意，sogou-log-filter.sh 是有特定目标的，其作用是将第 2 或第 3 个字段为空的行过滤掉。读者可以用编辑器打开 sogou-log-filter.sh 文件进行研究。

把 sogou-log-filter.sh 文件复制到位后，请执行如图 10-7 所示的数据过滤命令。

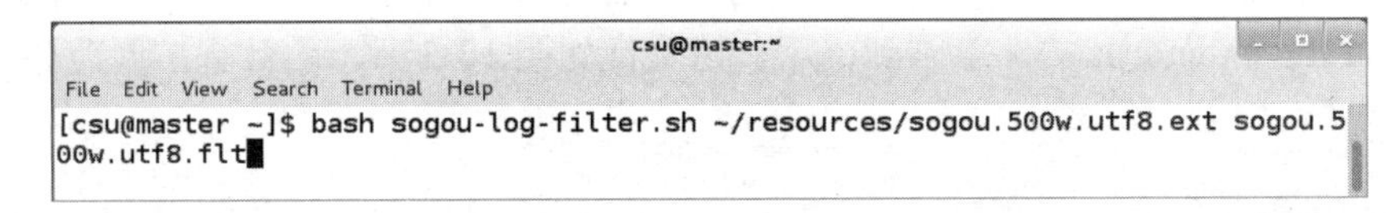

图 10-7　数据过滤命令

按下 Enter 键后，系统开始进行数据过滤。这里需要耐心等待一下，因为处理 500 万条记录还是需要一点时间的。实际上 sogou.500w.utf8.ext 文件并没有字段为空的行，所以读者会看到过滤后得到的 sogou.500w.utf8.flt 文件与原来的 sogou.500w.utf8.ext 文件完全一样。这里是为了给出一个过滤处理的示范。

10.1.4　数据上传

由于要在 Hadoop 大数据平台上工作，所以需要将上述数据文件上传到 HDFS 中。首先确保已经启动了 Hadoop，接下来在 HDFS 上创建“/sogou”目录，执行“hadoop fs -mkdir /sogou”命令；最后创建“20161202”子目录，命令是“hadoop fs –mkdir /sogou/20161202”，如图 10-8 所示。

图 10-8　在 Hadoop 上创建数据目录

注意，如果想创建“/sogou/20161202/”这样的两级目录，必须先创建“/sogou”。换言之，在没有创建上级目录之前，不能使用“hadoop fs -mkdir /sogou/20161202”这样的命令创建下一级目录。

有了“/sogou/20161202/”目录，我们就可以将 sogou.500w.utf8 上传到 HDFS 中了，命令如图 10-9 所示。

图 10-9　上传文件到 HDFS 中的命令

按下 Enter 键后，系统开始上传 sogou.500w.utf8 文件。由于文件较大，需要等待片刻。传送完毕，可以查看一下 Hadoop 上的文件，如图 10-10 所示。

```
csu@master:~
File Edit View Search Terminal Help
[csu@master ~]$ hadoop fs -ls /sogou/20161202/
Found 1 items
-rw-r--r--   1 csu supergroup  573670020 2016-12-02 18:26 /sogou/20161202/sogou.
500w.utf8
[csu@master ~]$
```

图 10-10　查看上传的文件

同理，我们也把过滤后得到的 sogou.500w.utf8.flt 文件上传到 HDFS 中，分别执行以下三条命令即可。

```
hadoop fs -mkdir /sogou_ext
hadoop fs -mkdir /sogou_ext/20161202
hadoop fs -put ~/resources/sogou.500w.utf8.flt /sogou_ext/20161202/
```

10.2　创建数据仓库

我们的目标是在 Hive 中创建数据仓库，以便利用 Hive 的查询功能实现交互式数据处理，所以接下来在 Hive 客户端进行操作。确保 Hadoop 和 MySQL 服务已经启动后再进入 Hive 客户端，命令如图 10-11 所示。

```
csu@master:~/apache-hive-3.1.0-bin
File Edit View Search Terminal Help
[csu@master ~]$ cd apache-hive-3.1.0-bin/
[csu@master apache-hive-3.1.0-bin]$ bin/hive
```

图 10-11　进入 Hive 客户端的命令

10.2.1　创建 Hive 数据仓库的基本命令

我们先执行图 10-12 所示命令来创建一个数据仓库。

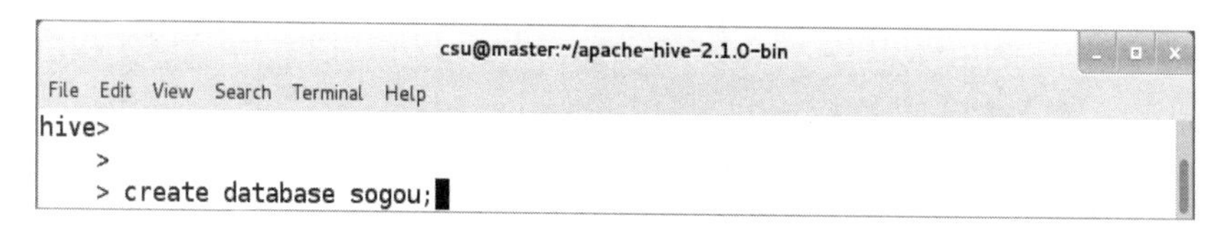

图 10-12　创建数据仓库的命令

打开创建的数据仓库，命令如下：

```
use sogou;
```

查看数据仓库中的表，命令如下：

```
show tables;
```

由于尚未创建任何表，所以查看结果是空的，仅仅看到“OK”和“Time taken: 0.032 seconds”的提示，如图 10-13 所示。

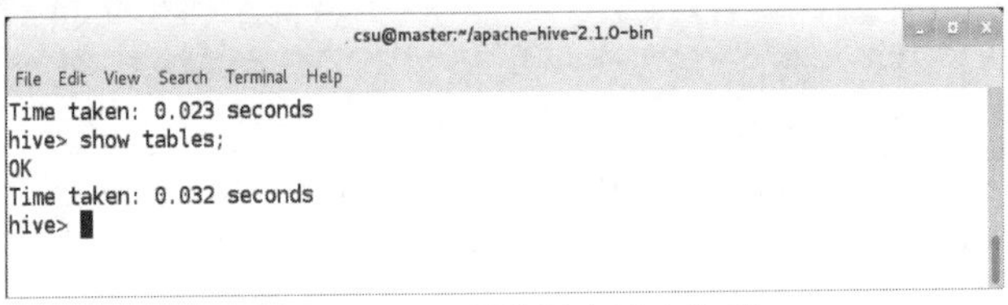

```
csu@master:~/apache-hive-2.1.0-bin
File Edit View Search Terminal Help
Time taken: 0.023 seconds
hive> show tables;
OK
Time taken: 0.032 seconds
hive>
```

图 10-13　查看数据仓库中的表

下面，我们来创建一个外部表，命令如下：

```
>create external table sogou.sogou_20161202(
>time string,
>uid string,
>keywords string,
>rank int,
>ordering int,
>url string)
>comment 'This is the sogou search data of one day'
>row format delimited
>fields terminated by '\t'
>stored as textfile
>location '/sogou/20161202';
```

每行命令以“;”号结束，命令关键字不区分大小写，例如 create 可以写成 CREATE。另外，字段名不能与命令关键字混淆，例如，如果将 ordering 写成 order，就会报错。

创建了数据库之后，我们可以来查看一下。查看表结构的命令是：

```
>show create table sogou.sogou_20161202;
```

显示结果如图 10-14 所示。

另一个查看表结构的命令是：

```
>describe sogou.sogou_20161202;
```

显示结果如图 10-15 所示。

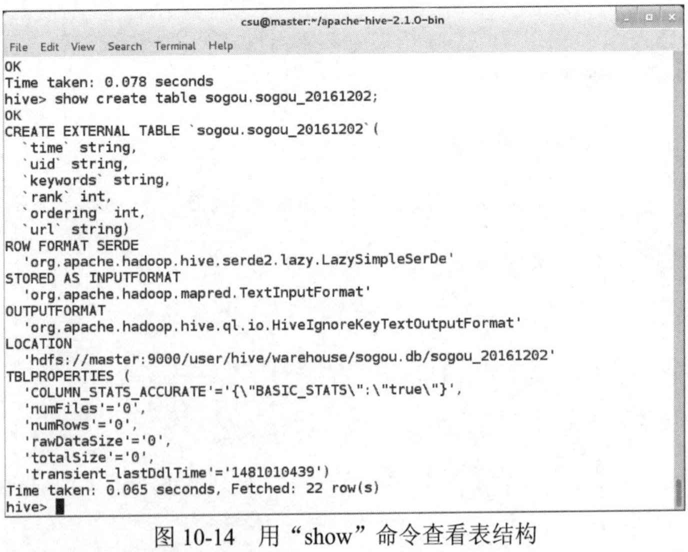

```
csu@master:~/apache-hive-2.1.0-bin
File Edit View Search Terminal Help
OK
Time taken: 0.078 seconds
hive> show create table sogou.sogou_20161202;
OK
CREATE EXTERNAL TABLE `sogou.sogou_20161202`(
  `time` string,
  `uid` string,
  `keywords` string,
  `rank` int,
  `ordering` int,
  `url` string)
ROW FORMAT SERDE
  'org.apache.hadoop.hive.serde2.lazy.LazySimpleSerDe'
STORED AS INPUTFORMAT
  'org.apache.hadoop.mapred.TextInputFormat'
OUTPUTFORMAT
  'org.apache.hadoop.hive.ql.io.HiveIgnoreKeyTextOutputFormat'
LOCATION
  'hdfs://master:9000/user/hive/warehouse/sogou.db/sogou_20161202'
TBLPROPERTIES (
  'COLUMN_STATS_ACCURATE'='{\"BASIC_STATS\":\"true\"}',
  'numFiles'='0',
  'numRows'='0',
  'rawDataSize'='0',
  'totalSize'='0',
  'transient_lastDdlTime'='1481010439')
Time taken: 0.065 seconds, Fetched: 22 row(s)
hive>
```

图 10-14　用“show”命令查看表结构

```
csu@master:~/apache-hive-2.1.0-bin
File  Edit  View  Search  Terminal  Help
hive> describe sogou.sogou_20161202;
OK
time                    string
uid                     string
keywords                string
rank                    int
ordering                int
url                     string
Time taken: 0.061 seconds, Fetched: 6 row(s)
hive>
```

图 10-15　用“describe”命令查看表结构

要删除已经创建的表，使用的命令是：

```
>drop table sogou.sogou_20161202;
```

10.2.2　创建 Hive 分区表

上面实际上是一个练习。下面我们正式创建一个外部表，该表包含了扩展字段（即 year、month、day、hour），命令如下：

```
>create external table sogou.sogou_ext_20161202(
>time string,
>uid string,
>keywords string,
>rank int,
>ordering int,
>url string,
>year int,
>month int,
>day int,
>hour int)
>comment 'This is the sogou search data extend'
>row format delimited
>fields terminated by '\t'
>stored as textfile
>location '/sogou_ext/20161202';
```

在上述命令中，特别要注意，“location”后面的“/sogou_ext/20161202”就是我们在前面创建的 HDFS 目录，并且已经上传了 sogou.500w.utf8.flt 文件。

接着创建带分区的表，命令如下：

```
>create external table sogou.sogou_partition(
>time string,
>uid string,
>keywords string,
>rank int,
>ordering int,
>url string)
>partitioned by (
```

```
>year int,
>month int,
>day int,
>hour int)
>row format delimited
>fields terminated by '\t'
>stored as textfile;
```

为清楚起见，我们给出执行上述命令的截图，如图 10-16 所示。

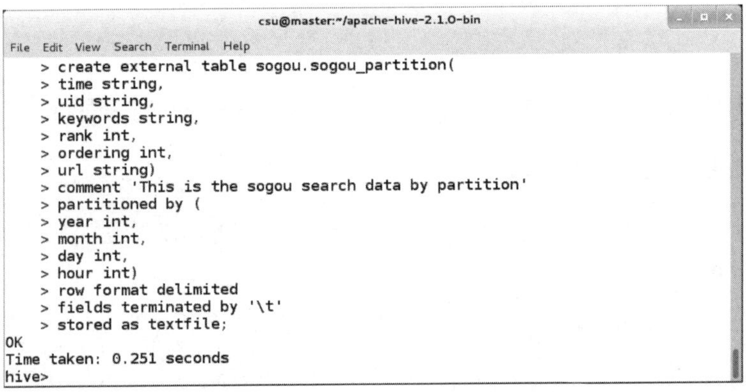

```
csu@master:~/apache-hive-2.1.0-bin
File  Edit  View  Search  Terminal  Help
    > create external table sogou.sogou_partition(
    > time string,
    > uid string,
    > keywords string,
    > rank int,
    > ordering int,
    > url string)
    > comment 'This is the sogou search data by partition'
    > partitioned by (
    > year int,
    > month int,
    > day int,
    > hour int)
    > row format delimited
    > fields terminated by '\t'
    > stored as textfile;
OK
Time taken: 0.251 seconds
hive>
```

图 10-16　创建带分区的表的命令

最后向数据库中导入数据，命令是：

```
>set hive.exec.dynamic.partition.mode=nonstrict;
>insert overwrite table sogou.sogou_partition partition(year, month,day,hour)   select   *   from
sogou.sogou_ext_20161202;
```

按下 Enter 键后，系统将滚动显示执行状态信息，如图 10-17 所示。

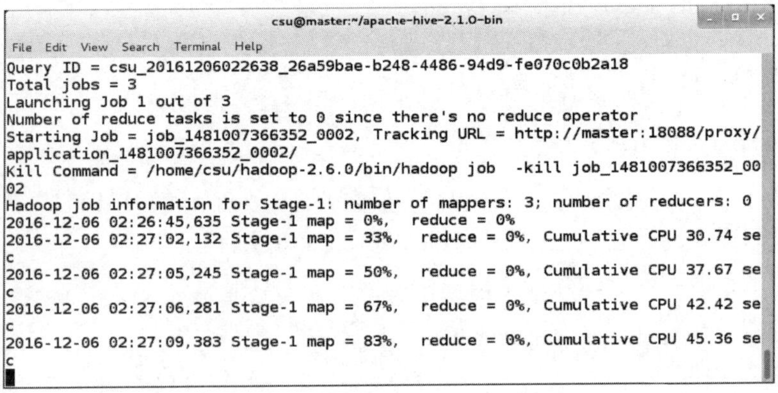

```
csu@master:~/apache-hive-2.1.0-bin
File  Edit  View  Search  Terminal  Help
Query ID = csu_20161206022638_26a59bae-b248-4486-94d9-fe070c0b2a18
Total jobs = 3
Launching Job 1 out of 3
Number of reduce tasks is set to 0 since there's no reduce operator
Starting Job = job_1481007366352_0002, Tracking URL = http://master:18088/proxy/
application_1481007366352_0002/
Kill Command = /home/csu/hadoop-2.6.0/bin/hadoop job  -kill job_1481007366352_00
02
Hadoop job information for Stage-1: number of mappers: 3; number of reducers: 0
2016-12-06 02:26:45,635 Stage-1 map = 0%,  reduce = 0%
2016-12-06 02:27:02,132 Stage-1 map = 33%,  reduce = 0%, Cumulative CPU 30.74 se
c
2016-12-06 02:27:05,245 Stage-1 map = 50%,  reduce = 0%, Cumulative CPU 37.67 se
c
2016-12-06 02:27:06,281 Stage-1 map = 67%,  reduce = 0%, Cumulative CPU 42.42 se
c
2016-12-06 02:27:09,383 Stage-1 map = 83%,  reduce = 0%, Cumulative CPU 45.36 se
c
```

图 10-17　执行导入数据的过程

查询导入数据的命令是：

```
>select * from sogou_ext_20161202 limit 10;
```

查询结果如图 10-18 所示。

```
csu@master:~/apache-hive-2.1.0-bin
File Edit View Search Terminal Help
hive> select * from sogou.sogou_ext_20161202 limit 10;
OK
20111230000005  57375476989eea12893c0c3811607bcf        奇艺高清        1       1
http://www.qiyi.com/    2011    11      23      0
20111230000005  66c5bb7774e31d0a22278249b26bc83a        凡人修仙传      3       1
http://www.booksky.org/BookDetail.aspx?BookID=1050804&Level=1   2011    11      2
3       0
20111230000007  b97920521c78de70ac38e3713f524b50        本本联盟        1       1
http://www.bblianmeng.com/      2011    11      23      0
20111230000008  6961d0c97fe93701fc9c0d861d096cd9        华南师范大学图书馆      1
1       http://lib.scnu.edu.cn/ 2011    11      23      0
20111230000008  f2f5a21c764aebde1e8afcc2871e086f        在线代理        2       1
http://proxyie.cn/      2011    11      23      0
20111230000009  96994a0480e7e1edcaef67b20d8816b7        伟大导演        1       1
http://movie.douban.com/review/1128960/ 2011    11      23      0
20111230000009  698956eb07815439fe5f46e9a4503997        youku   1       1       h
ttp://www.youku.com/    2011    11      23      0
20111230000009  599cd26984f72ee68b2b6ebefccf6aed        安徽合肥365房产网       1
1       http://hf.house365.com/ 2011    11      23      0
20111230000010  f577230df7b6c532837cd16ab731f874        哈萨克网址大全  1       1
http://www.kz321.com/   2011    11      23      0
20111230000010  285f88780dd0659f5fc8acc7cc4949f2        IQ数码  1       1       h
ttp://www.iqshuma.com/  2011    11      23      0
Time taken: 0.103 seconds, Fetched: 10 row(s)
hive>
```

图 10-18　查询导入的数据

其他查询命令还有：

```
>select url from sogou_ext_20161202 limit 10;
>select * from sogou_ext_20161202 where uid=' 96994a0480e7e1edcaef67b20d8816b7';
```

10.3 数据分析

上面我们建立了日志数据仓库，接下来就可以进行一系列的分析操作了。

10.3.1 基本统计

1. 统计总记录数

统计总记录数的命令是：

```
>select count(*) from sogou_ext_20161202;
```

执行结果如图 10-19 所示。为节省篇幅，下面的操作仅仅给出命令，不再展示结果。

```
csu@master:~/apache-hive-2.1.0-bin
File Edit View Search Terminal Help
07
Hadoop job information for Stage-1: number of mappers: 3; number of reducers: 1
2016-12-06 04:33:25,324 Stage-1 map = 0%,  reduce = 0%
2016-12-06 04:33:32,665 Stage-1 map = 100%,  reduce = 0%, Cumulative CPU 8.97 se
c
2016-12-06 04:33:37,914 Stage-1 map = 100%,  reduce = 100%, Cumulative CPU 10.23
 sec
MapReduce Total cumulative CPU time: 10 seconds 230 msec
Ended Job = job_1481007366352_0007
MapReduce Jobs Launched:
Stage-Stage-1: Map: 3  Reduce: 1   Cumulative CPU: 10.23 sec   HDFS Read: 643703
669 HDFS Write: 107 SUCCESS
Total MapReduce CPU Time Spent: 10 seconds 230 msec
OK
5000000
Time taken: 18.383 seconds, Fetched: 1 row(s)
hive>
```

图 10-19　统计总记录数

2．统计非空记录数

统计非空记录数的命令是：

```
>select count(*) from sogou_ext_20161202 where keywords is not null and keywords!='';
```

统计独立 uid 总数的命令是：

```
>select count(distinct(uid)) from sogou.sogou_ext_20161202;
```

3．关键词分析

统计关键词长度的命令是：

```
>select avg(a.cnt) from (select size(split(keywords,'\\s+')) as cnt from sogou.sogou_ext_20161202) a;
```

频度排名（即频度最高的前 20 个词）的命令是：

```
>select keywords, count(*) as cnt from sogou.sogou_ext_20161202 group by keywords order by cnt desc limit 20;
```

4．uid 分析

统计查询次数分布的命令是：

```
>select sum(if(uids.cnt=1,1,0)), sum(if(uids.cnt=2,1,0)), sum (if(uids.cnt=3,1,0)), sum(if(uids.cnt>3,1,0)) from
(select uid, count(*) as cnt from sogou.sogou_ext_20161202 group by uid) uids;
```

统计平均查询次数的命令是：

```
>select sum(a.cnt)/count(a.uid) from (select uid,count(*) as cnt from sogou_ext_20161202 group by uid) a;
```

统计查询次数大于 2 次的用户总数的命令是：

```
>select count(a.cnt) from (select uid, count(*) as cnt from sogou.sogou_ext_20161202 group by uid having cnt > 2 ) a;
```

统计查询次数大于 2 次的用户占比的命令是：

```
>select count(distinct (uid)) form sogou.sogou_ext_20161202;
>select count(a.cnt) from (select uid, count(*) as cnt from sogou.sogou_ext_20161202 group by uid having cnt>2) a;
```

设上述两项操作的结果分别是 A、B，则查询次数大于 2 次的用户的占比等于 B/A。

显示查询次数大于 2 次的数据的命令是：

```
>select b.* from
>(select uid,count(*) as cnt from sogou.sogou_ext_20161202 group by uid having cnt>2) a
>join sogou.sogou_ext_20161202 b on a.uid=b.uid
>limit 50;
```

10.3.2　用户行为分析

1．单击次数与 rank 之间的关系

下面我们来计算 rank 在 10 以内的单击次数占比。首先执行：

```
>select count(*) from sogou.sogou_ext_20161202 where rank<11;
```

结果如图 10-20 所示，然后执行：

```
>select count(*) from sogou.sogou_ext_20161202;
```

这条命令的执行结果当然是 5000000。

设上述计算的结果分别是 *A*、*B*，显然所需要的结果就是 *A*/*B*，即 4999869/5000000，等于 0.9999738。这个结果很有意思。我们知道，用户上网查询往往只会浏览搜索引擎返回结果的前 10 个项目，也就是位于第一页的内容。这个用户行为说明，尽管搜索引擎返回的结果数目十分庞大，但是真正可能被用户关注的内容往往很少，只有排在最前面的很小部分会被用户浏览到，所以传统的基于全部返回值计算的查全率、查准率的评价方式已经不适应网络信息检索的评价。正确的评价方式应该强调评价指标中有关最靠前的结果与用户查询需求之间的相关性。

```
csu@master:~/apache-hive-2.1.0-bin
File  Edit  View  Search  Terminal  Help
MapReduce Total cumulative CPU time: 16 seconds 440 msec
Ended Job = job_1481073512997_0001
MapReduce Jobs Launched:
Stage-Stage-1: Map: 3  Reduce: 1   Cumulative CPU: 16.44 sec   HDFS Read: 643705
308 HDFS Write: 107 SUCCESS
Total MapReduce CPU Time Spent: 16 seconds 440 msec
OK
4999869
Time taken: 48.791 seconds, Fetched: 1 row(s)
hive>
```

图 10-20　排名前 10 链接的单击次数

我们再来研究直接通过输入 URL 进行查询的占比：

```
>select count(*) from sogou.sogou_ext_20161202 where keywords like '%www%';
>select count(*) from sogou.sogou_ext_20161202;
```

上述两次计算结果分别是 *A*、*B*，则 *A*/*B* 即所需要的结果，实际结果是 73979/5000000，等于 0.0147958。这个比例是很低的，说明绝大部分用户不会采用 URL 进行查询。想想也很自然，如果用户知道了 URL，完全可以直接在浏览器地址栏输入 URL 进行查询，没有必要再通过搜索引擎重复一遍。

另外，在通过 URL 进行的查询中，我们还可以计算用户单击了其输入的 URL 网址的次数，并计算占比。

```
>select sum(if(instr(url,keywords)>0,1,0)) from (select * from sogou.sogou_ext_20161202 where keywords like '%www%') a;
```

设这次计算的结果是 *C*（27561），则 *C*/*A*（27561/73979=0.37255167）即我们关心的结果。从这个比例可以看出，有 37%的用户（因该说是很大一部分）提交了 URL 进行查询，并且继续单击了查询的结果。这可能是由于用户没有记全 URL 等原因，而想借助搜索引擎来找到自己想要的网址。因此，这个分析结果就提示我们，搜索引擎在处理这一部分查询请求时，一个可能比较理想的改进方式就是，首先把相关的完整 URL 返回给用户，这样就有较大可能改善用户的查询体验，满足用户的需求。

2. 个性化行为分析

例如，如果想知道搜索过“仙剑奇侠传”且次数大于 3 的 uid，可使用下面的命令：

```
>select uid,count(*) as cnt from sogou.sogou_ext_20161202 where keywords='仙剑奇侠传' group by uid having cnt >3;
```

计算结果如图 10-21 所示，可以看到，有两人满足条件，搜索次数分别是 6 和 5。

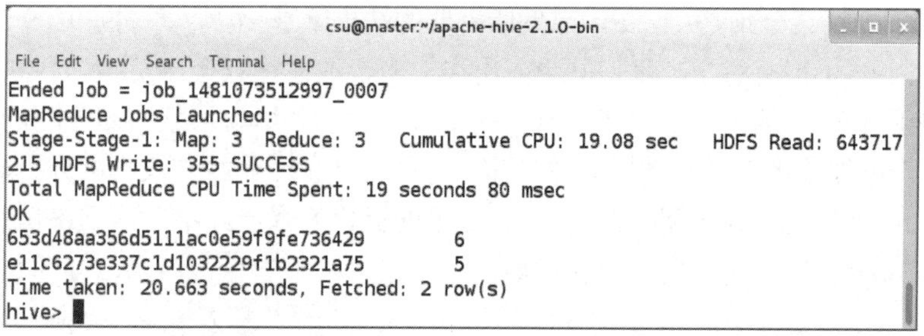

```
csu@master:~/apache-hive-2.1.0-bin
File Edit View Search Terminal Help
Ended Job = job_1481073512997_0007
MapReduce Jobs Launched:
Stage-Stage-1: Map: 3  Reduce: 3   Cumulative CPU: 19.08 sec   HDFS Read: 643717
215 HDFS Write: 355 SUCCESS
Total MapReduce CPU Time Spent: 19 seconds 80 msec
OK
653d48aa356d5111ac0e59f9fe736429        6
e11c6273e337c1d1032229f1b2321a75        5
Time taken: 20.663 seconds, Fetched: 2 row(s)
hive>
```

图 10-21　查询搜索过“仙剑奇侠传”且次数大于 3 的 uid

10.3.3　实时数据

在实际应用中，为了实时地显示当天搜索引擎的搜索数据，首先需要创建一些临时表，然后在一天结束后对数据进行处理，并将数据插入临时表中。

1．创建临时表

创建临时表的命令是：

```
>create table sogou.uid_cnt(uid string, cnt int)
>comment 'This is the sogou search data of one day'
>row format delimited
>fields terminated by '\t'
>stored as textfile;
```

2．插入数据

插入数据的命令是：

```
>insert overwrite table sogou.uid_cnt select uid, count(*) as cnt
>from sogou.sogou_ext_20161202 group by uid;
```

这样前端开发人员就可以访问该临时表，并将数据显示出来，显示方式可以根据实际需要来进行设计，如表格、统计图等。

10.4　本章小结

本章介绍了如何利用 Hive 进行大数据处理和分析。Hive 是建立在 Hadoop MapReduce 基础上的数据仓库工具，用户只要借助于 SQL 语句，即可完成很多处理和分析，因此在实际应用中有很大用处。

第 11 章

协同过滤推荐系统

互联网的迅速发展，导致网上信息大幅增长，使得用户在面对大量信息时无法从中获得对自己真正有用的信息。而推荐系统正是一种根据用户的兴趣偏好等信息，将用户感兴趣的产品等推荐给用户的个性化信息服务系统。

与搜索引擎相比，推荐系统通过研究用户的兴趣偏好，进行个性化计算，由系统发现用户的兴趣点，从而引导用户发现自己的需求。一个好的推荐系统不仅能为用户提供个性化的服务，还能和用户之间建立密切关系，让用户对推荐产生信赖。

推荐系统现已广泛应用于很多领域，其中最典型并具有良好发展前景的领域就是电子商务。同时，推荐系统也得到了学术界的高度关注，并逐步发展成一门独立的学科。

11.1 推荐算法概述

推荐系统的任务就是在用户无法准确描述自己的需求时，帮助用户发现对自己有价值的信息，并让信息能够展现给对它感兴趣的人群，从而实现信息提供商与用户的双赢。推荐方法总体上可以分为基于人口统计学的推荐、基于内容的推荐、基于协同过滤的推荐、基于知识的推荐，以及组合推荐几类。下面主要介绍前三种。

11.1.1 基于人口统计学的推荐

基于人口统计学的推荐（Demographic-Based Recommendation）是最为简单的一种推荐算法，**它根据系统用户的基本信息来发现用户之间的相关程度，然后将相似用户喜爱的其他物品推荐给当前用户**，如图 11-1 所示。

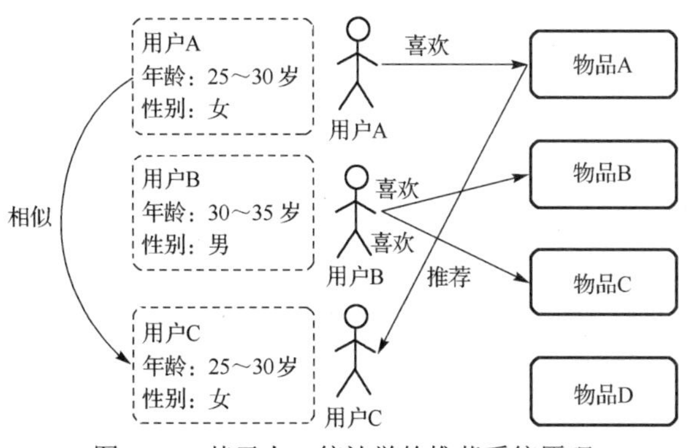

图 11-1　基于人口统计学的推荐系统原理

系统首先会根据用户的属性进行建模，如用户的年龄、性别、兴趣等信息，然后根据这些特征计算用户间的相似度。例如，系统通过计算，发现用户 A 和用户 C 比较相似，于是就把用户 A 喜欢的物品 A 推荐给用户 C。

这种方法的优点是，不依赖于物品的属性，因此其他领域的问题都可无缝接入；同时，系统并不一定需要用户对物品的历史评价信息（即没有新用户冷启动问题）。该算法的主要挑战是获取用户的个人信息，如显性地请用户直接提供年龄、性别、住址之类的信息。如果无法直接获取的信息，也可以通过分析技术，间接地提取用户留在系统中的交互信息，建立用户的人口统计学数据库。

11.1.2 基于内容的推荐

基于内容的推荐是一种既依赖于物品属性，也依赖于用户对物品的历史评价信息的推荐方法。换言之，基于内容的推荐，其信息来源有两个方面，一方面是物品属性，另一方面是用户的历史评价（偏好）信息，而基于人口统计学的推荐只需要用户的历史评价信息，不依赖于物品属性。

系统首先对物品（以图 11-2 中的电影为例）属性进行建模，图中用类型作为属性。当然，在实际应用中，不仅需要考虑电影的类型，还可以考虑演员、导演等更多信息。接着，系统通过相似度计算，发现电影 A 和电影的 C 的相似度较高，因为它们都属于爱情类。系统同时还发现用户 A 喜欢电影 A，由此得出结论，用户 A 很可能对电影 C 也感兴趣，于是将电影 C 推荐给用户 A。

基于内容的推荐方法的优点是，通过增加物品属性的维度，可以获得更好的推荐精度；同时，系统还可以对用户的兴趣进行建模。缺点是，由于物品属性毕竟是有限的，因此很难进一步扩展更多的属性数据，而且物品相似度的衡量标准只考虑到了物品本身，具有一定的片面性。此外，该方法还需要用户对物品的历史评价信息，这就会因为新用户没有历史评价信息，导致系统无法获知其与某物品的联系，出现新用户冷启动的问题。

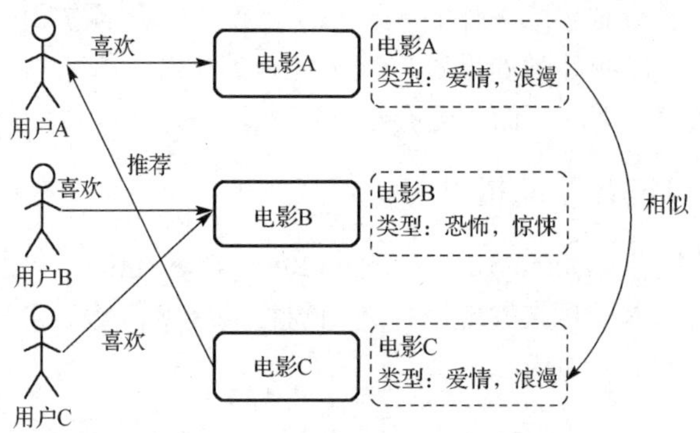

图 11-2　基于内容的推荐系统原理

11.1.3 协同过滤推荐

协同过滤推荐是利用集体智慧进行推荐的一种典型方法。

想象一下，如果你现在想去看电影，但不知道具体看哪一部电影，你会怎么做？大部分人会问问周围的朋友，看看最近有什么好看的电影。关键是，我们一般会向兴趣比较类似的朋友咨询，从而获得比较精准的推荐。这就是协同过滤的基本思想。

协同过滤（Collaborative Filtering，CF）推荐又称为社会关系过滤推荐，是指利用某个兴趣相投、拥有共同经验之群体的喜好来推荐感兴趣物品的方法，允许用户通过合作机制对推荐结果进行反馈（如评分）并记录下来，以达到过滤的目的。

协同过滤推荐算法是最常用的一种推荐方法，可分为基于用户的协同过滤推荐和基于物品的协同过滤推荐。

协同过滤推荐的优势在于，它不需要对物品或者用户进行严格的建模（这是与前两种算法的主要区别），而且不要求物品的描述是机器可理解的，只要建立用户与物品的某种关系（如评价关系）矩阵，就足以支撑推荐系统的运行，所以这种方法也是与领域无关的。另外，这种方法计算出来的推荐是开放的，可以共用他人的经验，往往能够向用户推荐新颖的物品，支持用户发现自己潜在的兴趣偏好。

协同过滤推荐的缺点是，方法的核心基于历史数据，所以对新物品和新用户都有冷启动的问题，而且推荐的效果依赖于用户历史评价信息的多少和准确性。此外，在大部分的实现中，用户历史评价信息是用稀疏矩阵存储的，而稀疏矩阵的计算是一个挑战，可能出现少部分人的错误偏好对推荐的准确度有很大的影响，导致无法为一些有特殊偏好的用户提供很好的推荐。

以上介绍的是推荐领域最常见的几种方法，每种方法都不是完美的，因此，实际应用中大都采用组合推荐算法，即把多种方法结合起来使用，各取所长，实现优势互补。

11.2 协同过滤推荐算法分析

由于协同过滤推荐算法的应用最为广泛，因此本节将深入研究该推荐算法的原理。前面已经指出，协同过滤推荐可分为基于用户的协同过滤推荐和基于物品的协同过滤推荐，下面分别予以介绍。

11.2.1 基于用户的协同过滤推荐

假设有一组用户，他们通过评分表现出对一组图书的喜好，用户对一本图书的喜好程度越高，就会给其越高的评分，评分范围是 1～5。我们可以用一个矩阵来表示这种用户与物品的评价关系（用户评分矩阵），如图 11-3 所示。行代表用户，列代表图书，矩阵的元素表示评分。例如，$User_1$（行 1）对第 1 本图书（列 1）的评分是 4 分，对第 2 本图书的评分是 3 分，空的单元格表示用户未给图书评价。

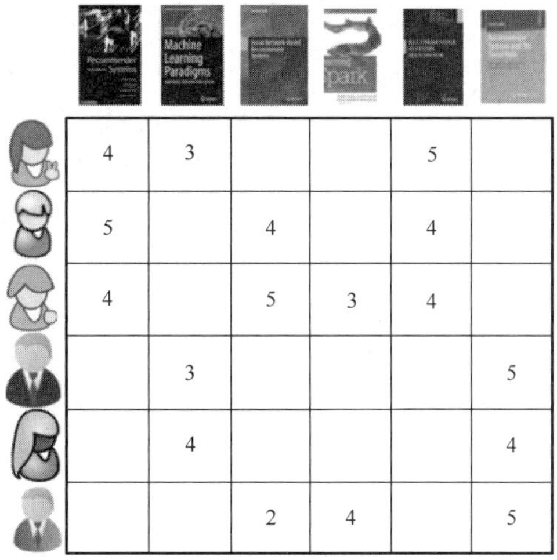

4	3			5	
5		4		4	
4		5	3	4	
	3				5
	4				4
		2	4		5

图 11-3 用户与物品的评价关系（用户评分矩阵）

采用基于用户的协同过滤推荐，关键是要从原始的用户与物品的评价关系计算出用户之间的相似度。

为了说明方便，我们把用户记为 $User_1$、$User_2$、$User_3$…图书记为 $Item_1$、$Item_2$、$Item_3$…请仔细观察图 11-3 给出的关系矩阵。不难发现，$User_1$ 对 $Item_1$、$Item_2$、$Item_5$ 给出了评价，$User_2$ 对 $Item_1$、$Item_3$、$Item_5$ 给出了评价，他们都对 $Item_1$ 和 $Item_5$ 有兴趣，有两本共同的图书，可以认为 $User_1$ 和 $User_2$ 有比较大的相似度。同理，我们发现 $User_2$ 与 $User_3$ 之间的相似度更高，因为他们都对第 1 本、第 3 本和第 5 本图书感兴趣，不同点只有第 4 本书。显然，$User_1$ 与 $User_4$、$User_5$ 的相似度则低一些，因为只有一本共同书籍，而与最后一名用户完全不相似，因为他们之间没有一本共同书籍。

在数学上，常见的做法是把用户的评分看成一个代表其特征的向量，例如 $User_1$ 的特征向量是（4,3,0,0,5,0），$User_2$ 对应的向量是（5,0,4,0,4,0）。于是，我们只要计算向量之间的相似度，就可以得到用户之间的相似度，这种做法非常直接。

有很多计算向量之间相似度的方法，本例使用了余弦相似度（Cosine Similarity）计算方法，如式（11-1）所示。当然，还有其他一些计算相似度的公式，读者可以参考相关文献。

$$\mathrm{CS}(X,Y)=\frac{\sum x_i y_i}{\sqrt{\sum x_i^2 \times \sum y_i^2}} \tag{11-1}$$

我们把（4,3,0,0,5,0）和（5,0,4,0,4,0）代入式（11-1），即可得到 0.75，此即 $User_1$ 与 $User_2$ 之间的相似度。

当计算出所有用户之间的相似度之后，就能够得到一个用户相似度矩阵，如图 11-4 所示，它是一个对称矩阵，这意味着对它进行数学计算会有一些有用的特性。为了便于观察，单元格的背景颜色表明用户相似度的高低，颜色越深表示他们之间越相似。

1.00	0.75	0.63	0.22	0.30	0.00
0.75	1.00	0.91	0.00	0.00	0.16
0.63	0.91	1.00	0.00	0.00	0.40
0.22	0.00	0.00	1.00	0.97	0.64
0.30	0.00	0.00	0.97	1.00	0.53
0.00	0.16	0.40	0.64	0.53	1.00

图 11-4 用户相似度矩阵

现在，我们已经为基于用户的协同过滤推荐准备好了数据，接下来就可为用户生成推荐了。在一般情况下，对于一个给定的用户，要找到最相似的用户，并推荐这些类似用户欣赏的物品，其中还需要根据用户相似度对这些物品进行加权处理。

继续研究这个示例。对于 $User_1$，我们为其生成一些推荐。首先，找到与 $User_1$ 最相似的其他一些用户，这需要设定一个阈值，规定相似度大于该阈值才被认为有效，如确定 0.60 是阈值，这样就能够为 $User_1$ 找到两名最相似的用户，即 $User_2$ 和 $User_3$，$N = 2$。然后，需要删除 $User_1$ 已经评价过的书籍，再给最相似的用户正在阅读的书籍加权，最后计算出评分。由于 $User_1$ 已经评价了第 1、第 2 和第 5 本图书，所以候选的推荐图书是第 3 本、第 4 本和第 6 本。其中，第 3 本图书的推荐值可以这样计算：(0.75×4 + 0.63×5)/(0.75+0.63)，结果是 4.5 分。同理，对第 4 本图书的推荐值是 3 分，对第 6 本图书的推荐值是 0 分。最后将这个结果排序后呈现给 $User_1$，即完成了推荐。

推荐值的计算表达式如式（11-2）所示。

$$\text{Rcom}_t^i = \frac{\sum(\text{Sim}_{ij} \times \text{Rank}_t^j)}{\sum \text{Sim}_{ij}}, \qquad i \neq j \tag{11-2}$$

式中，Rcom^i 表示给用户 $User_i$ 的推荐物品 t 的推荐值，Sim_{ij} 表示 $User_i$ 与 $User_j$ 之间的相似度，Rank^j 是 $User_j$ 给物品 t 的评价。

基于用户的协同过滤推荐算法在用户数不多的情况下有一定效果，但是实际应用中用户数往往非常多，例如主要电子商务网站的用户数达到了上亿的数量级，这时基于用户的协同过滤推荐算法将难以实用化（特别是不能进行实时推荐）。

11.2.2　基于物品的协同过滤推荐

与用户数相比，物品的数量会少很多，因此业界比较倾向于采用基于物品的协同过滤推荐。

同样，仍然以用户与物品之间的评价关系为基础。类似于基于用户的协同过滤推荐，在基于物品的协同过滤推荐中，我们要做的第一件事也是计算相似度矩阵，然而这次是物品与物品之间的相似度，而不是用户之间的相似度。要计算一本书和其他书的相似度，可以将评价同一本图书的所有用户评分看成这本图书的特征向量，然后比较它们之间的余弦相似度。具体过程读者可以自己练习一下，这里为节省篇幅就不再重复计算了。

图 11-5 给出了图书之间相似度的对称矩阵。同样，单元格背景颜色的深浅表示相似度的高低，颜色越深表明相似度越高。

	图书1	图书2	图书3	图书4	图书5	图书6
图书1	1.00	0.27	0.79	0.32	0.98	0.00
图书2	0.27	1.00	0.00	0.00	0.34	0.65
图书3	0.79	0.00	1.00	0.69	0.71	0.18
图书4	0.32	0.00	0.69	1.00	0.32	0.49
图书5	0.98	0.34	0.71	0.32	1.00	0.00
图书6	0.00	0.65	0.18	0.49	0.00	1.00

图 11-5　图书之间相似度的对称矩阵

知道了图书之间的相似度，就可以为用户进行推荐了。在基于物品的协同过滤推荐中，向某用户推荐的物品是该用户没有用过的其他最相似的物品。

现在让我们来为 $User_1$ 进行推荐。

在本例中，因为 $User_1$ 已经评价过第 1、第 2 和第 5 本图书，所以将被推荐第 3、第 4 和第 6 本图书。但是，需要给出一个推荐排序。由于 $User_1$ 对第 5 本书给出的评分最高（5 分），因此，我们可以简单比较一下第 3、第 4 和第 6 本图书与第 5 本书的相似度。很快看出，第 3 本图书与第 5 本图书的相似度为 0.71，第 4 本图书与第 5 本图书的相似度是 0.32，而第 6 本图书与第 5 本图书的相似度是 0，所以推荐第 3 和第 4 本。

同理，还可以再比较一下第 3、第 4 和第 6 本图书与第 1 本书的相似度，因为第 1 本图书是 $User_1$ 给出的第二高评分的书，结果分别是 0.79、0.32 和 0，所以还是推荐第 3 和第 4 本图书给 $User_1$。

实际上，我们需要综合考虑第 3、第 4 和第 6 本图书与第 1 和第 5 本图书的比较结果。显然，我们可以仿照式（11-2）得到如下的综合评价表达式。

$$\mathrm{Rcom}_t^i = \frac{\sum(\mathrm{Sim}_t^{\mathrm{top}N} \times \mathrm{Rank}_{\mathrm{top}N}^i)}{\sum \mathrm{Rank}_{\mathrm{top}N}^i}, \qquad i \neq j \tag{11-3}$$

式中，Rcom^i 表示给用户 $User_i$ 推荐物品 t 的推荐值，Sim_t 表物品 t 与 $User_i$ 评价过的最高评分的前 N 名物品之间的相似度，$\mathrm{Rank}_{\mathrm{top}N}$ 是 $User_i$ 给出的对物品评分的前 N 名。

依据式（11-3），我们假设 N 取 2，于是对第 3 本图书的综合推荐值等于(0.79×4 + 0.71×5)/(4+5) =0.75；对第 4 本图书的推荐值等于（0.32×4 + 0.32×5）/(4+5)=0.32；进一步计算第 6 本书的推荐值，等于(0×4 + 0×5)/(4+5)=0，所以最后推荐第 3 和第 4 本图书。

11.3 Spark MLlib 推荐算法应用

实际上，前面介绍的基于用户的协同过滤推荐和基于物品的协同过滤推荐又称为基于记忆（Memory Based）的协同过滤推荐，因为它们都是单纯地以系统存储的用户评分矩阵为基础的。然而，仅仅以用户评分矩阵为计算基础，往往会导致抗数据稀疏的能力较差，因此研究人员又发展出了基于模型的协同过滤推荐。

11.3.1 ALS 算法原理

通常，产品的用户评分矩阵是庞大且稀疏的，因此在非常稀疏的数据集上采用简单的用户（或物品）相似度比较进行推荐，直观上给人的感觉是这样做缺少依据。理论上分析一下我们也能理解，基于记忆的协同过滤推荐实际上并没有充分挖掘数据集中的潜在因素。

本节介绍的交替最小二乘法（Alternating Least Squares，ALS）算法，其核心思想就是要进一步挖掘通过观察得到的所有用户给产品的评分，并通过引入用户特征矩阵（User Features Matrix）和物品特征矩阵（Item Features Matrix）来建立一个机器学习模型，然后利用采集的数据对这个模型进行训练（反复迭代），最后得到用于推荐计算的用户特征矩阵和物品特征矩阵，从而来推断（也就是预测）每个用户的喜好并向用户推荐适合的物品。

ALS 算法解决了用户评分矩阵中的缺失因子问题，实现了用预测得到的缺失因子进行推荐。

用于反映用户偏好的稀疏评分矩阵（Rating Matrix）如图 11-6 所示。

					4		8	
		6		1		7		
	4		3					5
		5	2					3
			?	7		1		
9					5			
7					3	5		

图 11-6　稀疏评分矩阵

这个矩阵的每一行代表一个用户（u1, u2, …, u7），每一列代表一个产品（v1, v2, …, v9）。用户的评分为 1～9。矩阵中只显示了观察到的评分，大部分元素都是缺失的（稀疏性）。

我们的问题就是，用户 u5 给产品 v4 的评分大概会是多少。这当然可以按照传统的基于用户或物品的推荐进行计算，但这样做效果并不理想，而且计算量也非常大。

ALS 算法的思路就不同了。ALS 算法基于下面这个假设：评分矩阵是近似低秩（Low-Rank）矩阵；换句话说，评分矩阵 $\boldsymbol{A}(m\times n)$可以用两个小矩阵 $\boldsymbol{U}(m\times k)$和 $\boldsymbol{V}(n\times k)$来近似表示，即：

$$\boldsymbol{A}\approx \boldsymbol{U}(m,k)\boldsymbol{V}(n,k)^{\mathrm{T}} \tag{11-4}$$

式中，k 远小于 m 和 n，这样就把整个系统的自由度从 $O(mn)$降到了 $O((m+n)k)$。其实，ALS 算法的低秩假设是建立在客观存在的合理性基础上的。例如，用户特征有很多，如年龄、性别、职业、身高、学历、婚姻、地区、存款等，可以说不胜枚举，但我们没有必要把用户的所有特征都用起来，因为并不是所有特征都起同样的作用。例如，在后面展示的电影推荐示例中，用户特征矩阵仅仅包含了用户编号、性别、年龄、职业、邮编 5 个字段。同样，物品的属性也有很多，以电影为例，可以有主演、导演、特效、剧情、类型等，但实际应用中我们只需要描述少数关键属性即可，因此我们仅仅考虑了三个属性，即电影编号、电影名和电影类别（当然这只是示例，到底 k 取什么值，可以采用系统自适应调节方法，通过应用逐步找到最佳的 k 值）。

总之，ALS 算法的巧妙之处就在于，引入了两个特征矩阵，一个是用户特征矩阵，用 $\boldsymbol{U}$ 表示，另一个是物品特征矩阵，用 $\boldsymbol{V}$ 表示，这两个矩阵的秩都比较低。

接下来的问题是怎样得到这两个抽象的低秩序阵。既然已经假设评分矩阵 $\boldsymbol{A}$ 可以通过 $\boldsymbol{U}\boldsymbol{V}^{\mathrm{T}}$ 来近似，那么一个最直接的可以量化的东西就是通过 $\boldsymbol{U}$ 和 $\boldsymbol{V}$ 重构 $\boldsymbol{A}$ 时产生的误差。在 ALS 算法中，使用式（11-5）给出的 Frobenius 范数（又称为 Euclid 范数）

$$\left\| \boldsymbol{A}-\boldsymbol{U}\boldsymbol{V}^{\mathrm{T}} \right\|_F^2 \tag{11-5}$$

来表示重构误差，也就是每个元素的重构误差的平方和，如式（11-6）所示。

$$\sum_{i,j\in R}(a_{ij}-u_i v_j)^2 \tag{11-6}$$

这里存在一个问题，由于只观察到部分评分，$\boldsymbol{A}$ 中有大量的未知元素是需要推断的，所以这个重构误差包含了未知数。解决方案很简单，就是只计算对已知评分的重构误差。当然，也可以先用一个简单的方法把评分矩阵填满，再进行重构误差计算，但是这样做似乎也没有太多道理。

总之，ALS 算法就是求解下面的优化问题：

$$\arg\min \sum_{i,j\in R}(a_{ij}-u_i v_j)^2 \tag{11-7}$$

经过上面的处理，一个协同推荐问题就通过低秩假设被成功地转换成了一个优化问题。但是，这个优化问题怎么解呢？不要忘记，我们的目标是求出 $\boldsymbol{U}$ 和 $\boldsymbol{V}$ 这两个矩阵。

答案就在 ALS 算法的名字里，即交替最小二乘。由于 ALS 算法的目标函数不是凸的，而且变量互相耦合在一起，所以它并不容易求解。但如果把用户特征矩阵 $\boldsymbol{U}$ 和物品特征矩阵 $\boldsymbol{V}$ 固定其一，其目标函数就立刻变成了一个凸的而且是可拆分的。例如，固定 $\boldsymbol{U}$ 求 $\boldsymbol{V}$，这个问题就是经典的最小二乘问题。所谓交替，就是指先随机生成 $\boldsymbol{U}(0)$，然后固定它，去求解 $\boldsymbol{V}(0)$；再固定 $\boldsymbol{V}(0)$，然后求解 $\boldsymbol{U}(1)$，这样交替进行下去。因为每一次迭代都会降低重构误差，并且误差是有下界的，所以 ALS 算法一定会收敛。但由于目标函数是非凸的，所以 ALS 算法并不保证会收敛到全局最优解。然而在实际应用中，ALS 算法对初始点不是很敏感，且是不是全局最优解也不会有大的影响。

ALS 算法可以大体描述如下。

第一步，用小于 1 的数随机初始化 $\boldsymbol{V}$。

第二步，在训练数据集上反复迭代、交替计算 $\boldsymbol{U}$ 和 $\boldsymbol{V}$，直到 RMSE（均方根误差，一种常用的离散性度量方法）值收敛或迭代次数足够多。

第三步，返回 $\boldsymbol{U}\boldsymbol{V}^{\mathrm{T}}$，进行预测推荐。

之所以说上述算法是一个大体描述，是因为第二步中还包含了如何计算 $\boldsymbol{U}$ 和 $\boldsymbol{V}$ 的表达式，它们是通过求偏导推出的。

11.3.2 ALS 的应用设计

本节使用 ALS 算法对 GroupLens Research（http://grouplens.org/datasets/ movielens/）提供的数据进行学习并推荐。该数据为一组从 20 世纪 90 年代末到 21 世纪初由 MovieLens 用户提供的电影评价数据，包括评分、电影元数据（如风格类型和年代），以及关于用户的人口统计学数据（如年龄、邮编、性别和职业等）。根据不同需求，GroupLens Research 提供了不同大小的样本数据，包含了评分、用户信息和电影信息三种数据。下面先来看看待处理的电影评价数据，再给出应用程序并进行分析。

1. 输入数据

（1）评分数据保存在评分文件（ratings.dat）中，该评分数据有 4 个字段，格式为 UserID::MovieID:: Rating::Timestamp，分别为用户编号、电影编号、评分、评分时间戳，各个字段说明如下：

- 用户编号范围为 1～6040；
- 电影编号为 1～3952；
- 电影评分的范围为 0～5；
- 评分时间戳单位是秒。

每个用户至少有 20 个电影评分。

ratings.dat 文件中的数据样本如下所示：

```
1::1193::5::978300760
1::661::3::978302109
1::914::3::978301968
1::3408::4::978300275
1::2355::5::978824291
1::1197::3::978302268
1::1287::5::978302039
1::2804::5::978300719
……
```

（2）用户信息数据保存在用户信息文件（users.dat）中，该数据有 5 个字段，格式为 UserID::Gender::Age:: Occupation::Zip-code，分别为用户编号、性别、年龄、职业、邮编，各个字段说明如下：

- 用户编号范围为 1～6040；
- 性别，其中 M 表示男性，F 表示女性；
- 年龄范围，不同的数字代表不同的年龄段，如 25 代表 25～34 岁；
- 职业信息，在测试数据中提供了 21 种职业分类；
- 地区的邮编。

users.dat 文件的数据样本如下所示：

```
1::F::1::10::48067
2::M::56::16::70072
3::M::25::15::55117
4::M::45::7::02460
5::M::25::20::55455
6::F::50::9::55117
7::M::35::1::06810
8::M::25::12::11413
……
```

（3）电影信息数据保存在电影信息（movies.dat）中，该数据有 3 个字段，格式为 MovieID:: Title::Genres，分别为电影编号、电影名、电影类别，各个字段说明如下：

- 电影编号为 1～3952；
- 由 IMDB 提供电影名称，其中包括电影上映的年份；
- 电影类别，这里使用实际的类别名而非编号，如 Action、Crime 等。

movies.dat 的数据样本如下所示：

```
1::Toy Story (1995)::Animation|Children's|Comedy
2::Jumanji (1995)::Adventure|Children's|Fantasy
3::Grumpier Old Men (1995)::Comedy|Romance
4::Waiting to Exhale (1995)::Comedy|Drama
5::Father of the Bride Part II (1995)::Comedy
6::Heat (1995)::Action|Crime|Thriller
7::Sabrina (1995)::Comedy|Romance
8::Tom and Huck (1995)::Adventure|Children's
……
```

2. 程序分析

下面给出了完整的 ALS 算法应用程序，并通过在程序中添加注释语句来说明程序各个部分的功能。读者也可以结合 Scala 语法进行更加细致的分析。

Spark MLlib 中 ALS 算法的实现有如下参数：numBlocks 是用于并行化计算的分块个数（设置为1 时为自动配置）；rank 是模型中隐性因子的个数；iterations 是迭代的次数；lambda 是 ALS 算法的正则化参数；implicitPrefs 决定了是用显性反馈 ALS 算法的版本还是用隐性反馈 ALS 算法的版本；alpha 是一个针对隐性反馈 ALS 算法版本的参数，这个参数决定了偏好行为强度的基准，但本例中没有应用 alpha 参数。

```
package com.csu
import java.util.Random
import org.apache.spark.{SparkConf, SparkContext}
import org.apache.spark.mllib.recommendation.{ALS,MatrixFactorizationModel, Rating}
import org.apache.spark.rdd._object moviesALS
{
    def main(args: Array[String])
    {
        if (args.length != 1)
        {
            println("Please input moveLens Home directory, e.g: /tmp/data/")
            System.exit(1)
        }
        val movieLensHomeDir = args(0)
        if(!new java.io.File(movieLensHomeDir + "/ratings.dat").exists)
        {
            println("File rating.dat is not exist under directory:" + movieLensHomeDir)
            System.exit(1)
        }
        if(!new java.io.File(movieLensHomeDir + "/movies.dat").exists)
```

```
{
    println("File movies.dat is not exist under directory:" + movieLensHomeDir)
    System.exit(1)
}
// 建立 Spark 环境
val conf = new SparkConf()
.setMaster("local")
.setAppName("moviesALS")
val sc = new SparkContext(conf)
// 加载评分文件 ratings.dat 和电影文件 movies.dat
val ratings = sc.textFile(movieLensHomeDir + "/ratings.dat").map
{
    line =>
    val fields = line.split("::")
    // format: (timestamp % 10, Rating(userId, movieId, rating))
     (fields(3).toLong % 10, Rating(fields(0).toInt, fields(1).toInt, fields(2).toDouble))
}
val movies = sc.textFile(movieLensHomeDir + "/movies.dat").map
{
    line =>
    val fields = line.split("::")
    // format: (movieId, movieName)
    (fields(0).toInt, fields(1))
}.collect.toMap
val numRatings = ratings.count
val numUsers = ratings.map(_._2.user).distinct.count
val numMovies = ratings.map(_._2.product).distinct.count
println("Got " + numRatings + " ratings from "
                  + numUsers + " users on " + numMovies + " movies.")
// 提取一个得到最多评分的电影子集，以便进行评分启发
val mostRatedMovieIds = ratings.map(_._2.product)//extract movie id
.countByValue            // count ratings per movie
.toSeq                   // convert map to Seq
.sortBy(- _._2)          // sort by rating count
.take(50)                // take 50 most rated
.map(_._1)               // get their ids
val random = new Random(0)
val selectedMovies = mostRatedMovieIds.filter(x => random.nextDouble() < 0.2)
.map(x => (x, movies(x)))
.toSeq
// 引导或启发评分
val myRatings = elicitateRatings(selectedMovies)
val myRatingsRDD = sc.parallelize(myRatings, 1)
// 将评分文件分成训练集（60%）、验证集（20%）和测试集（20%），并缓存这些数据
val numPartitions = 20
```

```
val training = ratings.filter(x => x._1 < 6)
.values
.union(myRatingsRDD)
.repartition(numPartitions)
.persist
val validation = ratings.filter(x => x._1 >= 6 && x._1 < 8)
.values
.repartition(numPartitions)
.persist
val test = ratings.filter(x => x._1 >= 8).values.persist
val numTraining = training.count
val numValidation = validation.count
val numTest = test.count
println("Training: " + numTraining + ", validation: " + numValidation + ", test: " + numTest)
// 训练模型，并在验证集上评估模型
val ranks = List(8, 12)
val lambdas = List(0.1, 11.0)
val numIters = List(10, 20)
var bestModel: Option[MatrixFactorizationModel] = None
var bestValidationRmse = Double.MaxValue
var bestRank = 0
var bestLambda = -1.0
var bestNumIter = -1
for (rank <- ranks; lambda <- lambdas; numIter <- numIters)
{
    val model = ALS.train(training, rank, numIter, lambda)
    val validationRmse = computeRmse(model, validation, numValidation)
    println("RMSE (validation) = " + validationRmse + "
                                for the model trained with rank = "
                                + rank + ", lambda = " + lambda + ",
                                and numIter = " + numIter + ".")
    if (validationRmse < bestValidationRmse)
    {
        bestModel = Some(model)
        bestValidationRmse = validationRmse
        bestRank = rank
        bestLambda = lambda
        bestNumIter = numIter
    }
}
// 在测试集上评估得到的最佳模型
val testRmse = computeRmse(bestModel.get, test, numTest)
println("The best model was trained with rank = " + bestRank + "
        and lambda = " + bestLambda+ ", and numIter = "
```

```
            + bestNumIter + ", and its RMSE on the test set is "+ testRmse + ".")
    // 设置朴素基线并与最佳模型比较
    val meanRating = training.union(validation).map(_.rating).mean
    val baselineRmse = math.sqrt(test.map(x => (meanRating - x.rating)
                        *(meanRating - x.rating)).reduce(_ + _)/ numTest)
    val improvement = (baselineRmse - testRmse) / baselineRmse * 100
    println("The best model improves the baseline by "+ "%1.2f".format(improvement) + "%.")
    // 产生个性化推荐
    val myRatedMovieIds = myRatings.map(_.product).toSet
    val candidates = sc.parallelize(movies.keys.filter (!myRatedMovieIds.contains(_)).toSeq)
    val recommendations = bestModel.get
    .predict(candidates.map((0, _)))
    .collect
    .sortBy(- _.rating)
    .take(50)
    var i = 1
    println("Movies recommended for you:")
    recommendations.foreach { r =>
        println("%2d".format(i) + ": " + movies(r.product))
        i += 1
    }
    // clean up
    sc.stop()
}
//计算 RMSE
def computeRmse(model: MatrixFactorizationModel, data: RDD[Rating], n: Long) = {
    val predictions: RDD[Rating] = model.predict(data.map(x => (x.user, x.product)))
    val predictionsAndRatings = predictions.map(x => ((x.user, x.product), x.rating))
    .join(data.map(x => ((x.user, x.product), x.rating)))
    .values
    math.sqrt(predictionsAndRatings.map(x => (x._1 - x._2) * (x._1 - x._2)).reduce(_ + _) / n)
}
// 从命令行获取引导性评分
def elicitateRatings(movies: Seq[(Int, String)]) = {
    val prompt = "Please rate the following movie (1-5 (best), or 0 if not seen):"
    println(prompt)
    val ratings = movies.flatMap { x =>
        var rating: Option[Rating] = None
        var valid = false
        while (!valid) {
            print(x._2 + ": ")
            try {
                val r = Console.readInt
```

```
                    if (r < 0 || r > 5) {
                        println(prompt)
                    } else {
                        valid = true
                        if (r > 0) {
                            rating = Some(Rating(0, x._1, r))
                        }
                    }
                } catch {
                    case e: Exception => println(prompt)
                }
            }
            rating match {
                case Some(r) => Iterator(r)
                case None => Iterator.empty
            }
        }
        if(ratings.isEmpty) {
            error("No rating provided!")
        } else {
            ratings
        }
    }
}
```

3. 运行程序

首先启动 IDEA，如图 11-7 所示。

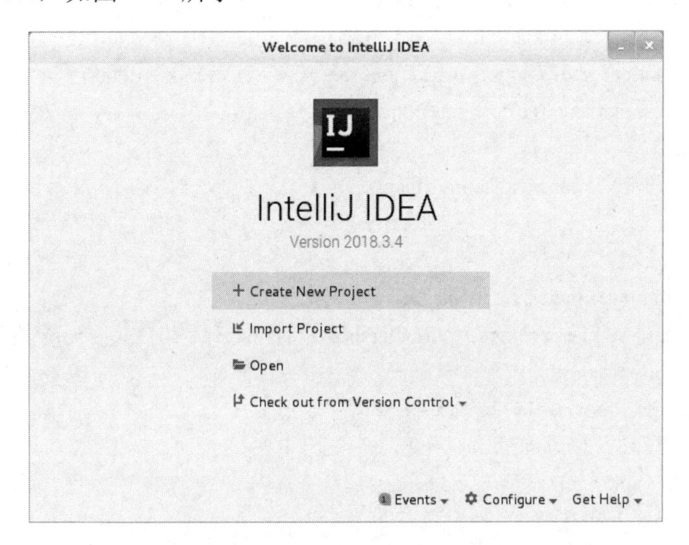

图 11-7　启动 IDEA

单击“Create New Project”选项创建一个 Scala 新工程，如图 11-8 所示。

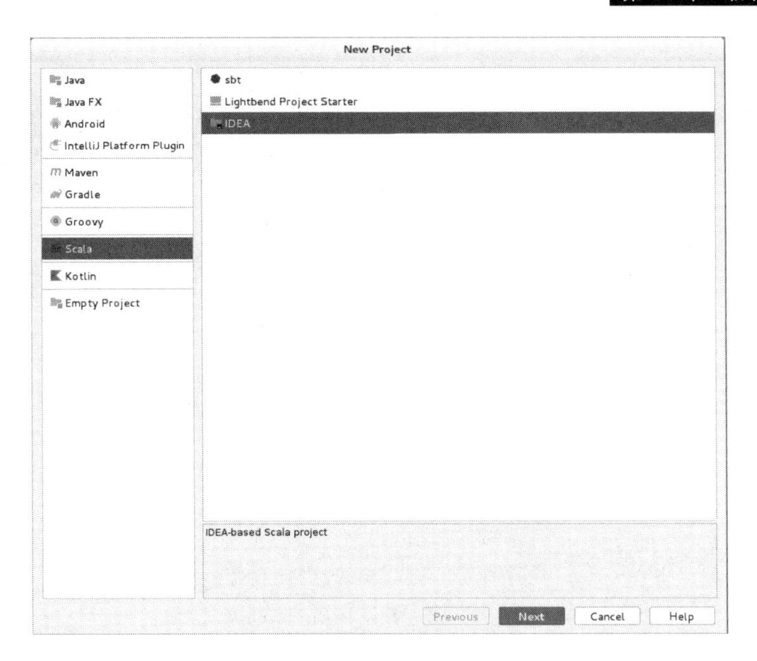

图 11-8 创建一个 Scala 新工程

在图 11-8 中，选择 Scala 后单击“Next”按钮后可打开“New Project”对话框，可在此进行工程的基本设置，如图 11-9 所示。

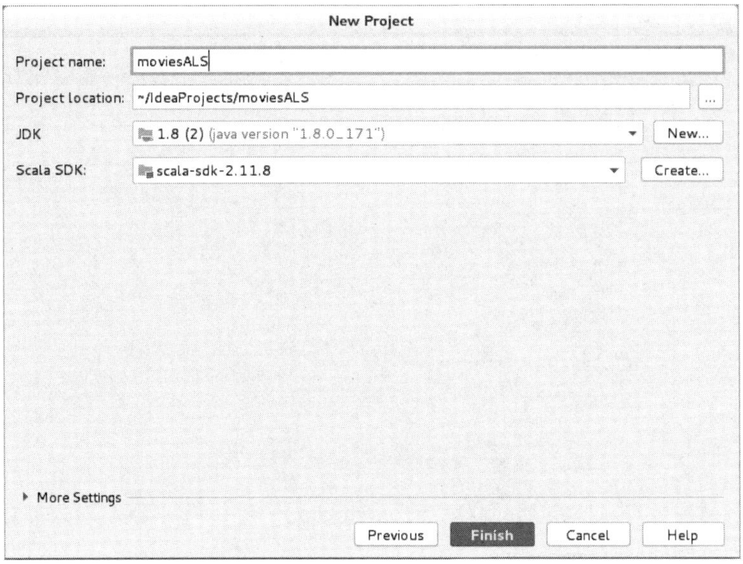

New Project
Project name: moviesALS
Project location: ~/IdeaProjects/moviesALS
JDK 1.8 (2) (java version "1.8.0_171")
Scala SDK: scala-sdk-2.11.8
More Settings
Previous Finish Cancel Help

图 11-9 “New Project”对话框

在图 11-9 中，开发人员需要设置 Project name、Project location、JDK 和 Scala SDK。这里将“Project name”设置为“moviesALS”（读者可以任意取一个名称），“Project location”将被自动设置，而“JDK”与“Scala SDK”在安装 IDEA 时已经设置好了，所以会自动显示出来。单击“Finish”按钮后，进入如图 11-10 所示的开发环境主界面。

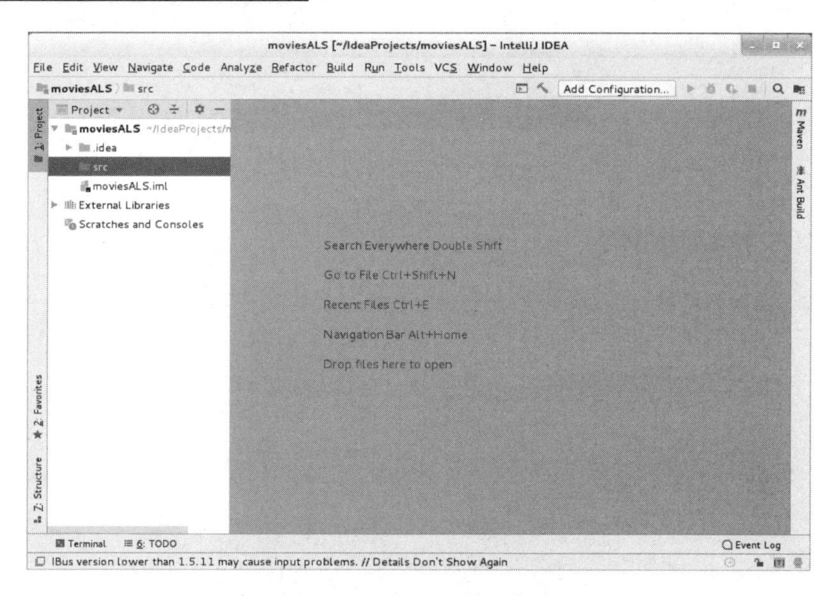

图 11-10　开发环境主界面

在开发环境主界面中，右键单击“src”，在弹出的菜单中选择“New→Package”可创建一个 Scala 包，如图 11-11 所示。

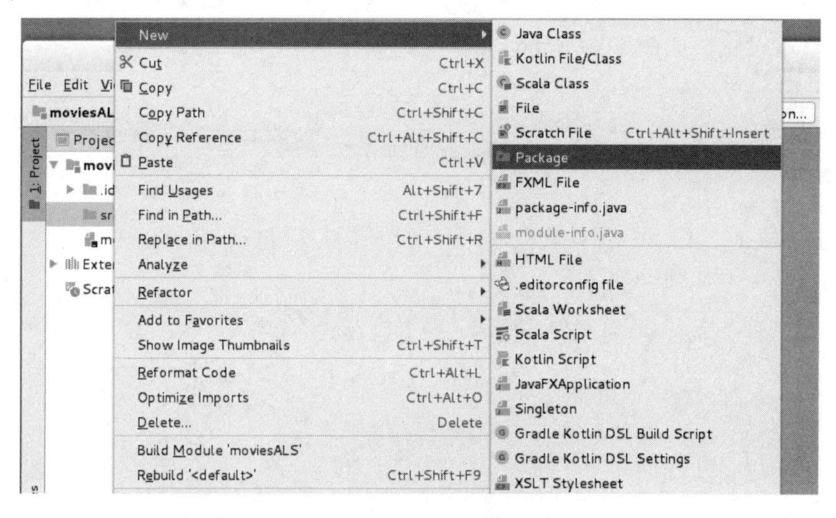

图 11-11　创建一个 Scala 包

这时系统会弹出如图 11-12 所示的“New Package”对话框，要求输入新的 Package 名称，用户可自行输入，例如输入 com.csu，输入完成后单击“OK”按钮。

图 11-12　输入新的 Package 名称

接下来配置工程结构（Project Structure），主要目的是导入 Spark 依赖包。在主菜单中选择“File→Project Structure”，在弹出的“Project Structure”对话框中选择“Libraries→+→Java”，如图 11-13 所示。

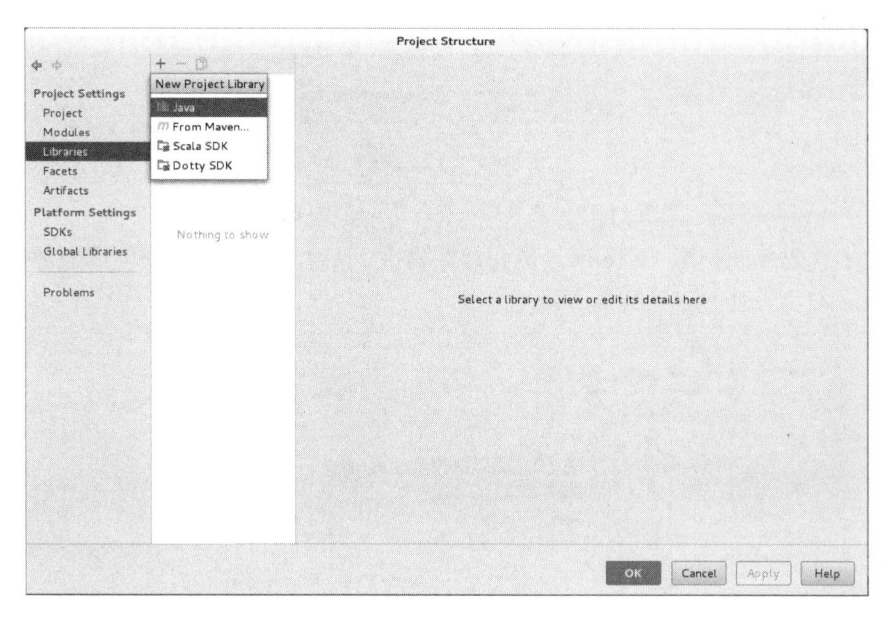

图 11-13　在“Project Structure”对话框中选择“Libraries→+→Java”

系统会弹出“Select Library Files”对话框，用户可以开始导入 Spark 的安装目录（如 spark-2.4.0-bin-hadoop2.7）下“jars”内所有的 jar 包，如图 11-14 所示。

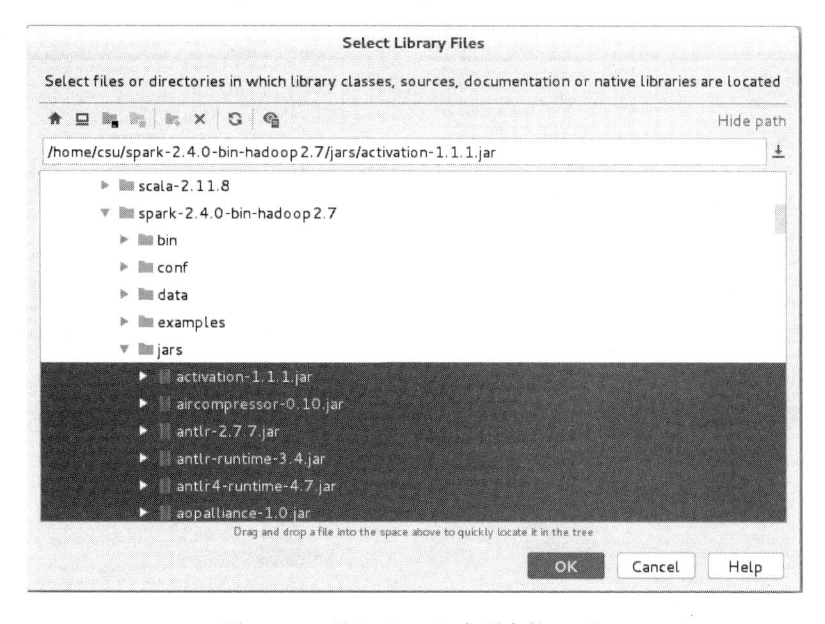

图 11-14　导入“jars”内所有的 jar 包

单击图 11-14 的“OK”按钮，并在后续弹出的对话框中一直单击“OK”按钮，直到返回 IDEA 开发环境主界面。

接下来创建 Scala 类。首先右键单击包名（如 com.csu），在弹出的菜单选择中“New→Scala class”，在弹出的“Create New Scala Class”对话框中输入类名称（name），如“moviesALS”，并将“Kind”设置为“Object”，如图 11-15 所示，单击“OK”按钮。

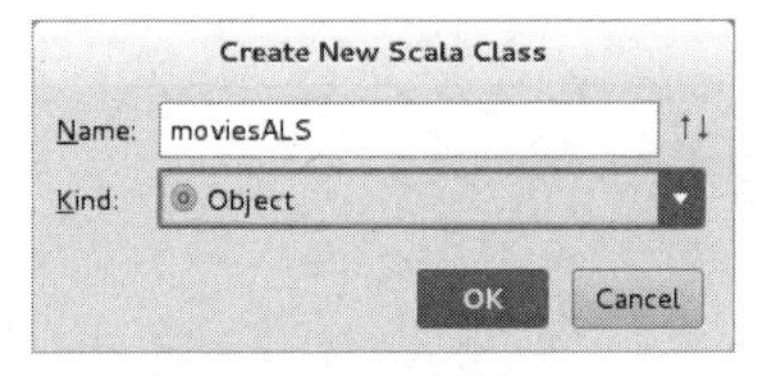

图 11-15　输入类名并选择 Kind 为 Object

将前面的代码复制到图 11-16 所示的程序编辑区，请注意 IDEA 自动生成的部分代码，如 package com.csu 等，在复制代码时不要重复。

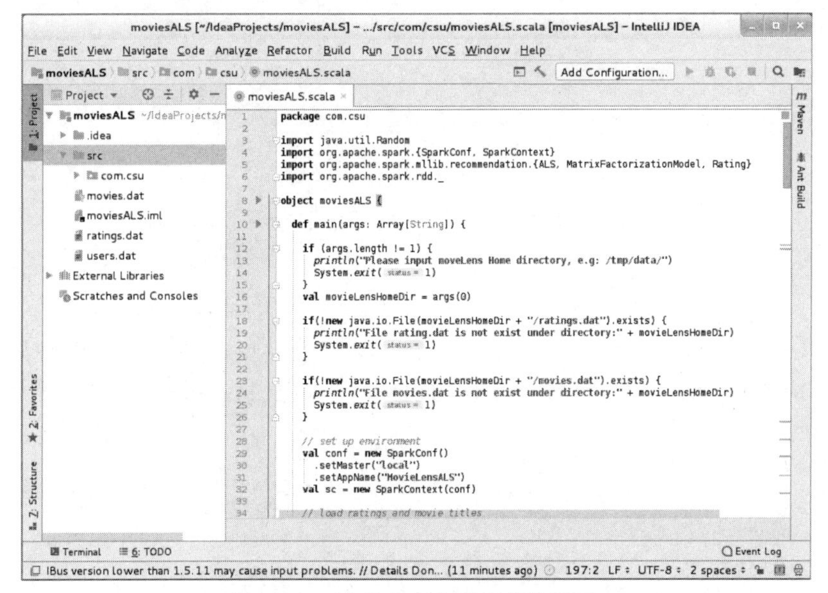

图 11-16　将代码复制到程序编辑区

将 ratings.dat 和 movies.dat 这两个数据文件放到“/home/csu/IdeaProjects/ moviesALS/”目录下。如果顺利，程序编辑区内应当没有错误，这时就可以准备运行程序了。

在程序运行之前，还需要设置运行参数。请在主菜单中选择“Run→Edit Configurations”，如图 11-17 所示。

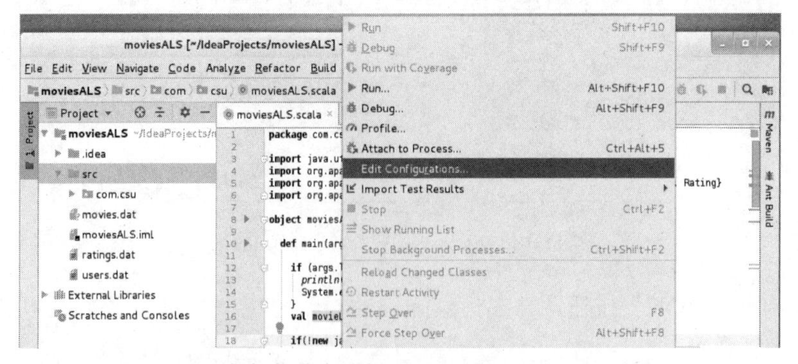

图 11-17　在主菜单中选择“Run→Edit Configurations”

在弹出的“Run/Debug Configurations”对话框中单击左上角的“+”，并在左边的列表中选择“Application”，如图 11-18 所示。

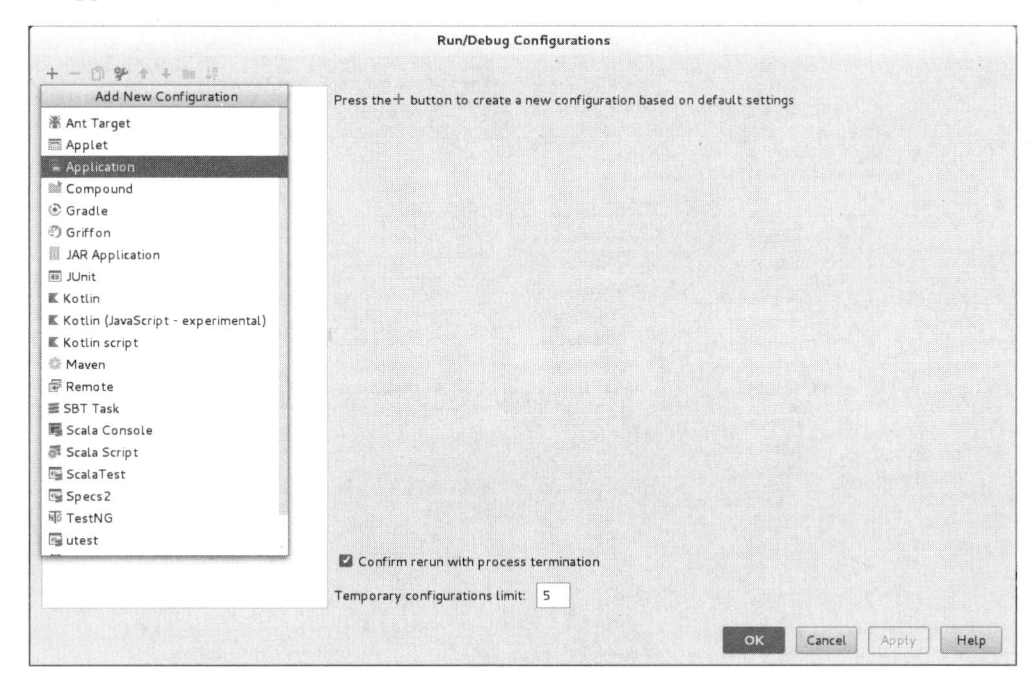

图 11-18　单击“+”并在左边的列表中选择“Application”

设置的运行参数如图 11-19 所示，其中，“Name”设置为“moviesALS”，“Main class”设置为“com.csu.moviesALS”，“Program arguments”和“Working directory”均为事先创建好的“/home/csu/IdeaProjects/moviesALS”。请特别注意，待处理的数据文件放在哪个目录下，“Program arguments”的设置就要与那个目录一致。

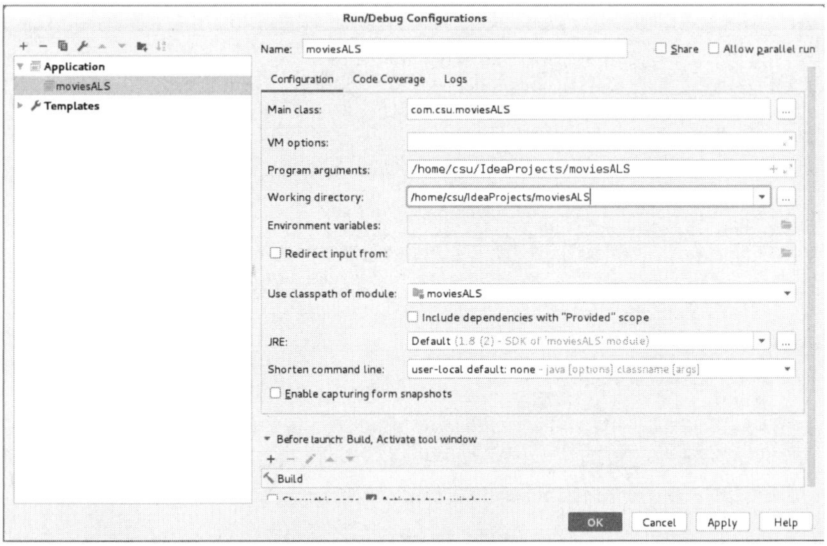

图 11-19　设置的运行参数

完成运行参数的设置后，右键单击程序编辑区中的 moviesALS 文件（任意位置），在弹出的菜单中选择“Run moviesALS”即可开始运行程序。在程序运行过程中，要求用户输入对一组电影的评分，如图 11-20 所示，这种交互也体现了协同过滤推荐的要求。

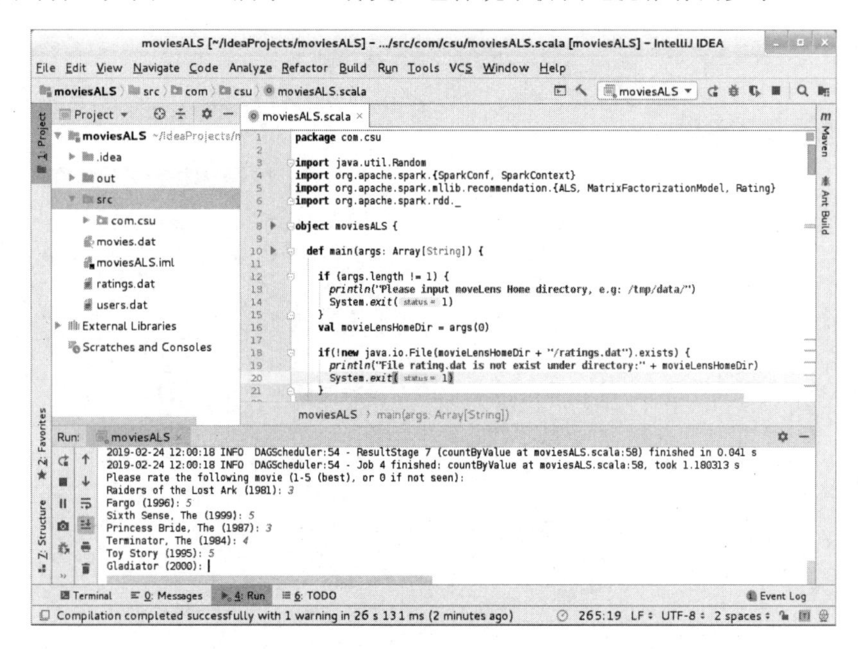

图 11-20 在程序运行过程中要求用户输入对一组电影的评分

图 11-21 给出了程序运行的结果，即程序在标准输出中打印出一组（这里是 50 个）推荐的电影名称，并按照推荐的优先顺序依次排列。

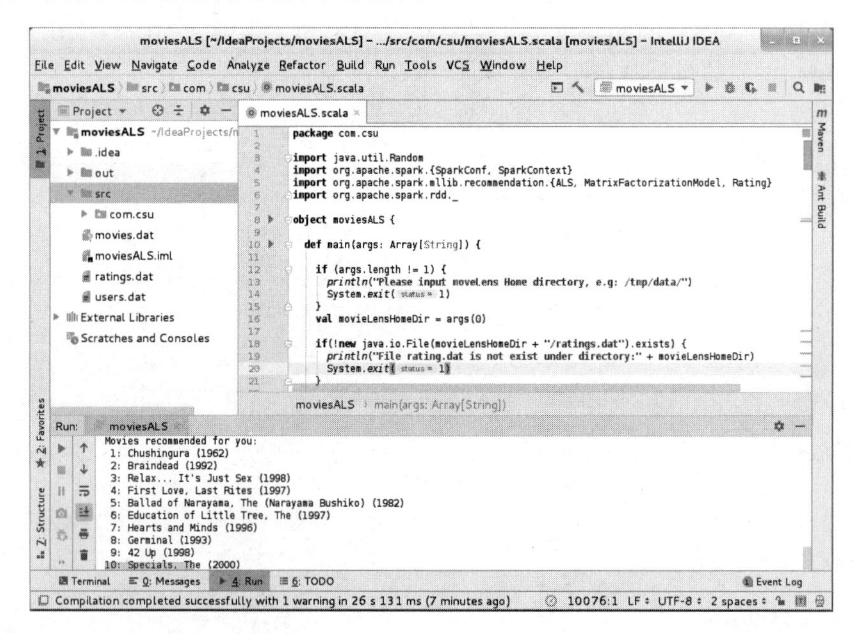

图 11-21 程序运行的结果

11.4 本章小结

本章首先介绍了推荐算法的基本概念。推荐算法总体上可以分为基于人口统计学的推荐、基于内容的推荐、基于协同过滤的推荐。协同过滤又可分为基于用户的协同过滤推荐和基于物品的协同过滤推荐。

Spark MLlib 实现了协同过滤推荐算法，其中 ALS 算法主要用于解决在稀疏评分矩阵中如何快速回填缺少评分项的问题。通过将评分矩阵 $\boldsymbol{A}$ 近似表示成两个小矩阵的乘积 $\boldsymbol{UV}^{\mathrm{T}}$，ALS 算法实现了快速预测缺少的评分项。这些通过预测得到的评分项可以用来进行推荐。本章展示的 moviesALS 程序，不仅描述了 ALS 算法的应用，而且给出了协同交互过程。

第 12 章 销售数据分析系统

本章通过一个完整的销售数据分析系统，展示如何利用 Hadoop 的各种组件，开发实际的大数据分析系统。本章运用到的组件包括 HDFS、MySQL、Eclipse、Phoenix、HBase、WebColletor、Servlet 和 Tomcat 等，所展示的数据和应用均来自真实场景，对实践开发有较高的参考价值。

12.1 数据采集

我们知道，大数据应用开发的第一步是数据采集。做好这一步非常关键，但往往也是最困难的一步。本节主要介绍 WebCollector 数据采集模块，需要应用 JDK、Eclipse、MySQL 数据库等组件。本章的数据采集基于 Windows 平台，这也是实际中的常用平台。

12.1.1 在 Windows 平台安装 JDK

首先从“http://www.oracle.com”下载 Windows 环境下的 JDK 安装包，也可以直接在本书的第 12 章软件资源文件夹中找到 jdk-8u77-windows-x64.exe。双击该文件即可开始安装 JDK，安装程序的首页如图 12-1 所示。

JDK 的默认安装位置是“C:\program files\java”。

上述安装实际上有三项内容：开发工具、源代码、JRE。JRE 是 Java 的运行环境，包含了 Java 虚拟机、Java 基础类库，是运行 Java 程序所需要的软件环境。JDK 即 Java 开发工具包，是程序员使用 Java 语言编写程序所需的开发工具包，供程序员使用。JDK 包含了 JRE，同时还包含了编译 Java 源码的编译器 javac，也包含了很多 Java 程序调试和分析的工具，如 jconsole、jvisualvm 等工具软件，并提供 Java 程序编写所需的文档和 demo 程序。

接下来需要配置环境变量。以 Windows10 系统为例，右键单击“开始”图标，依次选择“系统→高级系统设置→系统属性→高级→环境变量”，在弹出的“环境变量”对话框中选择“系统变量”（该页下半部分）中的“Path”，如图 12-2 所示。注意，由于 Windows 系统在不断更新调整，上述路径可能发生了变化，例如，读者的 Windows10 系统可能是这样一个查找路径：用鼠标右击“开始”依次选择“系统→关于→相关设置系统信息→高级系统设置”。总之，我们一定可以找到高级系统设置。

图 12-1　JDK 安装程序的首页

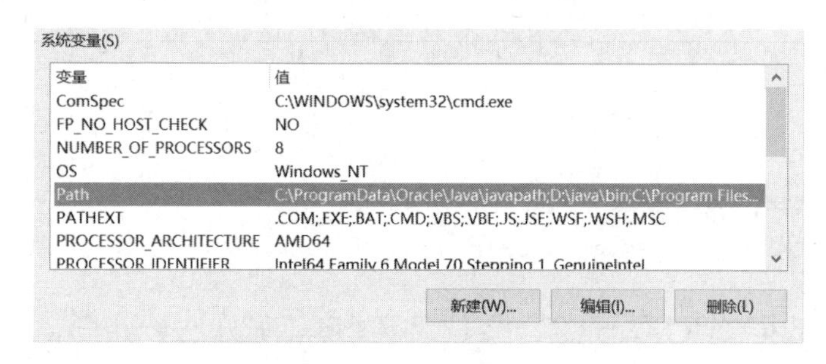

图 12-2　准备配置环境变量

在图 12-2 中单击“编辑”按钮，可弹出如图 12-3 所示的“编辑环境变量”对话框，在最下面的编辑框内输入“C:\program files\java\jdk1.8.0_77”。

请读者注意，在图 12-3 中输入的内容取决于计算机的安装情况。例如，如果 JDK 的安装目录是“D:\java\jdk1.8.0_77”，则输入的内容就是“D:\java\jdk1.8.0_77\bin”。输入完成后，单击“确定”按钮。

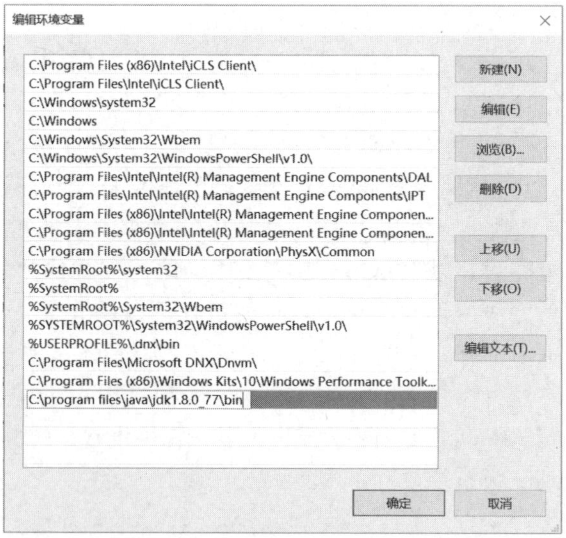

图 12-3　“编辑环境变量”对话框

要验证环境变量是否配置成功，可以在命令行窗口中输入“javac”命令，如果返回的信息如图 12-4 所示，表明环境变量已经配置成功。

图 12-4　环境变量配置成功的信息

12.1.2　在 Windows 平台安装 Eclipse

首先从“tp://www.eclipse.com”下载 Windows 环境下的 Eclipse 压缩包，读也可以直接到本书第 12 章的软件资源文件夹中找到 eclipse-java-neon-R-win32-x86_64.zip，将该文件解压缩后放在用户选定的磁盘目录即可。例如，我们这里将其解压缩到“:\Eclipse”。进入 Eclipse 安装目录后可以看到如图 12-5 所示的内容，这些就是 Eclipse 的文件和子目录。

名称	修改日期	类型	大小
configuration	2016/6/13 16:54	文件夹	
dropins	2016/6/13 16:54	文件夹	
features	2016/6/13 16:54	文件夹	
p2	2016/6/13 16:54	文件夹	
plugins	2016/6/13 16:54	文件夹	
readme	2016/6/13 16:54	文件夹	
.eclipseproduct	2016/5/1 20:07	ECLIPSEPRODUCT ...	1 KB
artifacts	2016/6/13 16:54	XML 文件	129 KB
eclipse	2016/6/13 16:55	应用程序	313 KB
eclipse	2016/6/13 16:54	配置设置	1 KB
eclipsec	2016/6/13 16:55	应用程序	25 KB

图 12-5　Eclipse 的文件和子目录

双击 eclipse.exe 文件即可启动 Eclipse，系统首先弹出“Eclipse Launcher”对话框，可根据计算机的实际情况选择设置。例如，直接在编辑框里输入“D:\eclipse\workspace”，系统将创建该目录，如图 12-6 所示。

单击图 12-6 中的“OK”按钮后可进入 Eclipse 开发环境，如图 12-7 所示。

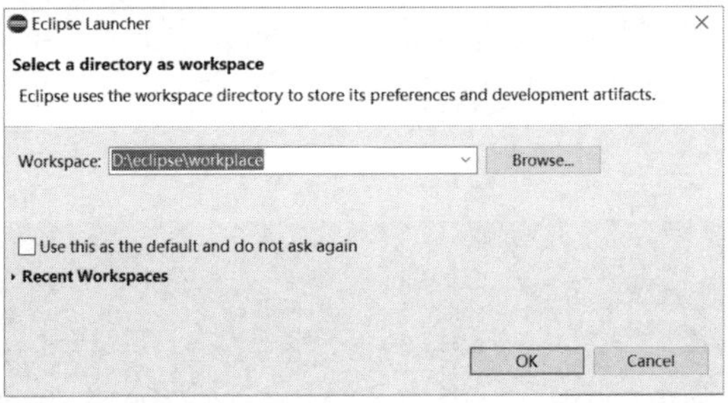

图 12-6　输入或选择一个目录作为工作空间

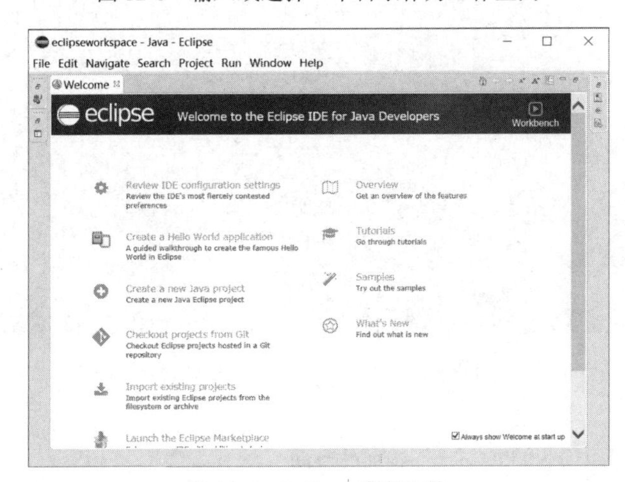

图 12-7　Eclipse 开发环境

12.1.3　将 WebCollector 项目导入 Eclipse

请读者到本书第 12 章的软件资源文件夹中找到 WebCollector 文件夹，将其复制到上面创建的“D:\eclipse\workspace”目录下，然后在图 12-7 所示的 Eclipse 主菜单中选择“File→Import→ General→Existing Projects into WorkSpace”，在弹出的对话框中单击“Browser”按钮来选择 WebCollector 文件夹，然后单击“确定”按钮后即可在 Eclipse 中导入 WebCollector 项目，如图 12-8 所示。

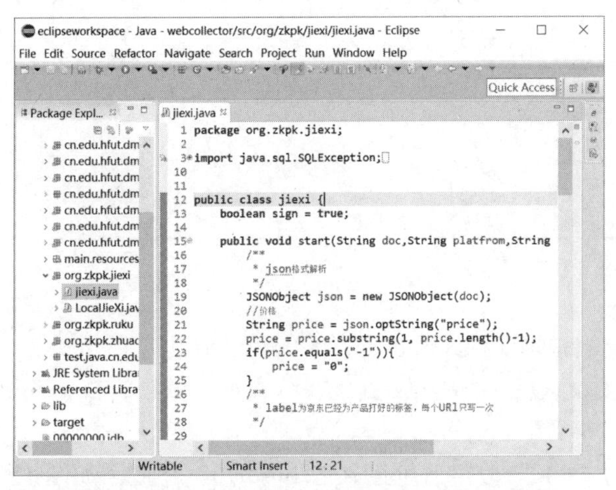

图 12-8　在 Eclipse 中导入 WebCollector 项目

12.1.4　在 Windows 平台安装 MySQL

由于要将爬虫获取的电商销售数据保存在本地的 MySQL 数据库中，因此也需要安装 MySQL。

请读者从第 12 章软件资源文件夹中找到 mysql-5.5.20-winx64.msi 文件，双击该文件即可开始安装。在 Windows 平台安装 MySQL 的安装向导首页如图 12-9 所示。

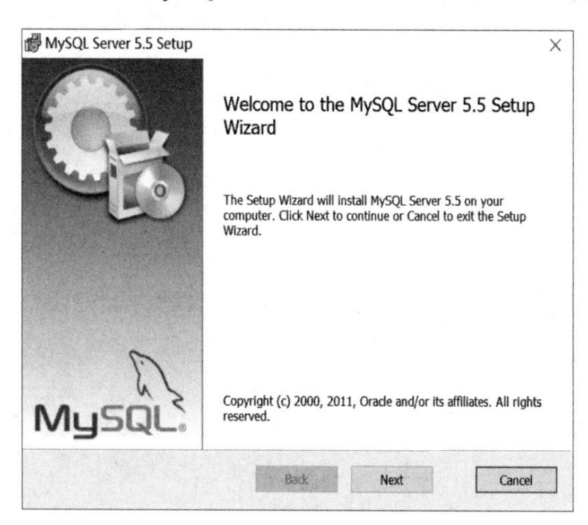

图 12-9　MySQL 的安装向导首页

在安装过程中，系统会提示用户完成一些设置，可以根据提示和计算机情况进行操作。在进行安全性设置时，需要提供 Root 用户密码，请读者进行必要的设置，并记住所设置的密码。

安装好 MySQL 之后，也需要为 MySQL 配置 Windows 的环境变量，操作方法与前面介绍配置 JDK 环境变量的方法是一致的，如图 12-10 所示。

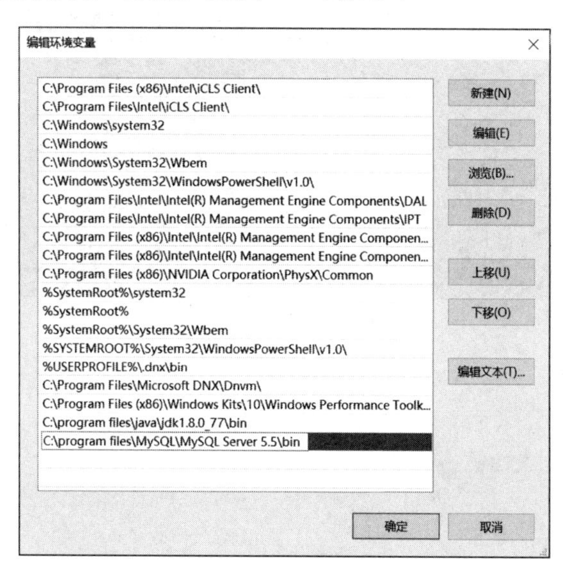

图 12-10　为 MySQL 配置 Windows 环境变量

注意，要根据自己计算机上 MySQL 的安装路径来进行设置，本书是“C:\program files\MySQL\MySQL Server 5.5\bin”。

完成配置后就可以进入 MySQL 客户端了，请打开一个命令行窗口，执行“MySQL -uroot -p”命令，输入自己设置的密码，按下 Enter 键后即可进入 MySQL 客户端，如图 12-11 所示。

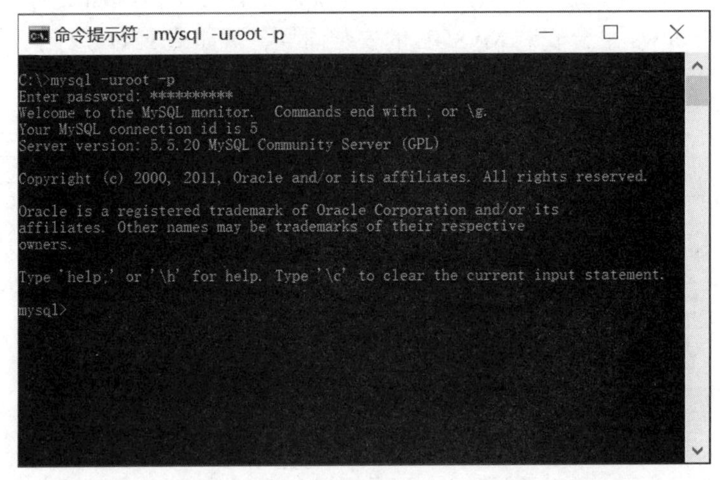

图 12-11　进入 MySQL 客户端

下面我们来创建数据库和表。首先创建数据库，命令是“create database jd_db”，其中数据库名为 jd_db。用户可以自己命名数据库，但是由于这里的数据库名与后面的代码相关，因此名字确定为 jd_db。可以通过“show databases”命令查看数据库，如图 12-12 所示。

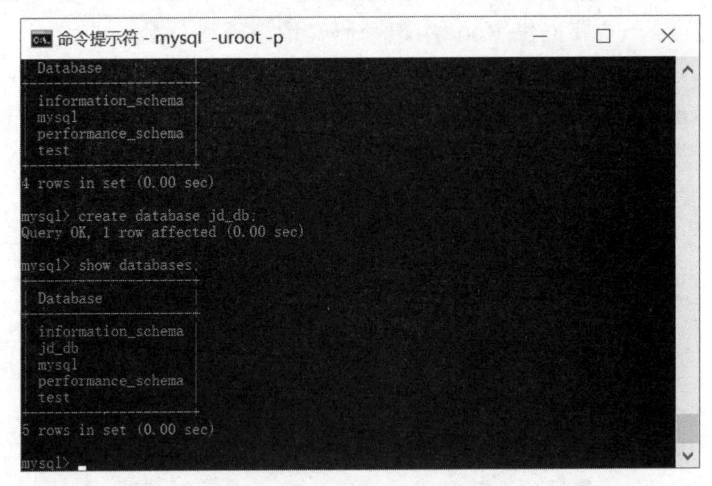

图 12-12　创建并查看数据库

接下来创建表 spider。首先执行“use jd_db”命令，然后执行如下命令：

```
>create table spider(
>id int(11) not null auto_increment,
>platform varchar(255) default null,
>xinhao varchar(255) default null,
>title varchar(255) default null,
>content text default null,
```

```
>memberlevel varchar(255) default null,
>fromplatform varchar(255) default null,
>area varchar(255) default null,
>userimpression varchar(255) default null,
>color varchar(255) default null,
>price varchar(255) default null,
>productSize varchar(255) default null,
>creationTime varchar(255) default null,
>zhuaqutime varchar(255) default null,
>lable varchar(255) default null,
>primary key(id)
>)engine=MyISAM auto_increment=19712 default charset=utf8;
```

创建表 spider 的命令如图 12-13 所示，整个命令分成多行，但以“;”表示结束。在表 spider 创建成功后，可以用“show tables”命令查看结果，如图 12-14 所示。

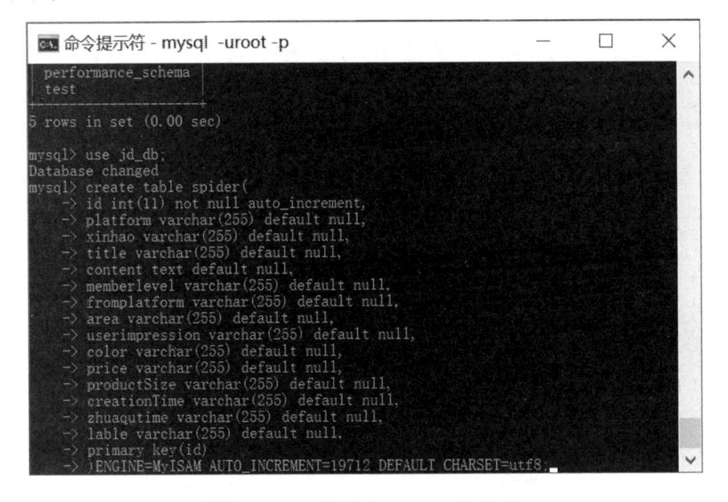

图 12-13　创建表 spider 的命令

```
命令提示符 - mysql -uroot -p
    -> title varchar(255) default null,
    -> content text default null,
    -> memberlevel varchar(255) default null,
    -> fromplatform varchar(255) default null,
    -> area varchar(255) default null,
    -> userimpression varchar(255) default null,
    -> color varchar(255) default null,
    -> price varchar(255) default null,
    -> productSize varchar(255) default null,
    -> creationTime varchar(255) default null,
    -> zhuaqutime varchar(255) default null,
    -> lable varchar(255) default null,
    -> primary key(id)
    -> )ENGINE=MyISAM AUTO_INCREMENT=19712 DEFAULT CHARSET=utf8;
Query OK, 0 rows affected (0.02 sec)

mysql> show tables;
+----------------+
| Tables_in_jd_db |
+----------------+
| spider         |
+----------------+
1 row in set (0.00 sec)

mysql>
```

图 12-14　查看创建的表 spider

12.1.5 连接 JDBC

WebCollector 数据采集模块是通过 JDBC 访问 MySQL 数据库的，所以我们也需要进行相关配置。

启动 Eclipse 后导入 WebCollector 项目，选择“src”下的 org.zkpk.ruku 包中的 DataBase.java 类，双击打开后按照图 12-15 给出的示例进行修改。

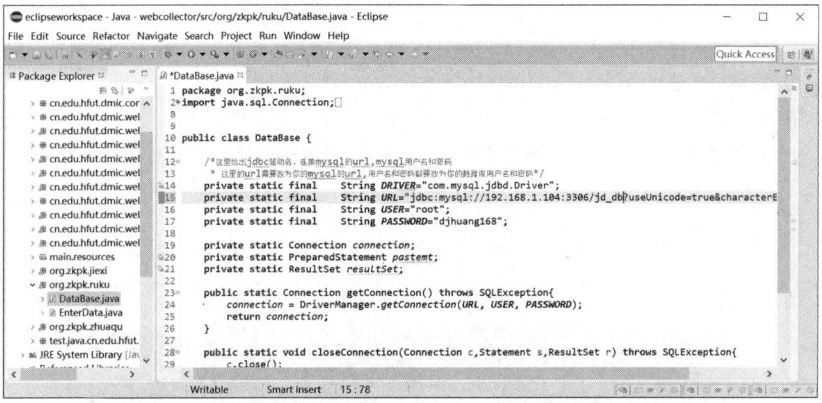

图 12-15 修改 DataBase.java 类中的数据库连接参数

其中，“192.168.1.104”是自己计算机的 IP 地址（这里是作者的计算机 IP 地址），“jd_db”是前面创建的 MySQL，“root”是用户名（注意，Root 用户就是安装 MySQL 的用户，称为根用户，拥有全部权限），而“djhuang168”则是安装 MySQL 时设置的密码。

12.1.6 运行爬虫程序

完成上述准备工作后，就可以开始运行爬虫程序抓取数据了。要成功运行这里的程序，首先要确保计算机能够访问互联网。

运行方法如下。

（1）在 Eclipse 的主菜单中选择“Run→Run Configurations”，系统会弹出“Run Configurations”对话框，如图 12-16 所示。

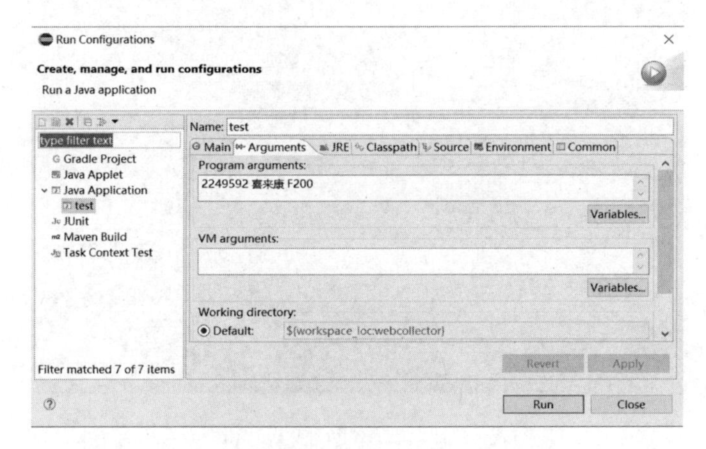

图 12-16 “Run Configurations”对话框

在图 12-16 中，需要输入运行参数，例如“2249592 喜来康 F200”。这里有三个参数，之间通过空格分开。第一个参数是“2249592”，表示网站上的一个品牌序列号，如喜来康这种按摩器品牌在京东电商平台的序列号就是“2249592”；第二个参数就是品牌名称，如“喜来康”；第三个参数是型号，如“F200”是喜来康按摩器的一个具体型号。这些参数是从所要抓取的网站上提取的，所以要求开发人员事先了解网站结构和 URL 的表示方式。

（2）单击图 12-16 中右下方的“Run”按钮，开始运行程序。

（3）查看抓取数据。有两个地方可以看到抓取结果，一是 MySQL 数据库；二是“jd_pingjia”目录下的文本文件。例如，本书的“jd_pingjia”目录在“D:”下，进入“jd-pingjia”目录可以看到一个以抓取日期命名的文件，如图 12-17 所示。

图 12-17　以抓取日期命名的文件

双击该文件即可看到结果。

注意事项

第一，在运行上述项目时，被抓取的网站有可能关闭，也可能该网站部署了反爬虫系统，这种情况下自然就不能抓取网站数据。但有些电商平台或其他网络平台会提供一部分开放数据，用户可通过公开的接口（如 URL）来访问，我们可以通过这些网站来获取实际的数据。

第二，读者可以通过 MySQL Shell 查看存储在数据库（如本书 jd_db 中的表 spider）中的抓取数据。但是，有时候由于某种原因（字符集设置），用户通过“select”这样的 SQL 语句提取数据并显示在 Web 页面上时，显示的结果是乱码，这时就需要修改 MySQL 的字符集设置，例如将字符集设置成 utf-8。

12.2 在 HBase 集群上准备数据

12.2.1 将数据导入 MySQL

现在我们回到 Hadoop 集群。接下来的任务是把从网络抓取到的数据导入大数据 Hadoop 集群，因为项目需要利用大数据平台进行数据分析。我们的计划是，先将数据导入 Linux 的 MySQL 数据库，然后导入 HBase，所以需要启动并登录到 MySQL 客户端。

（1）创建数据库。

```
mysql>create database jd_db;
mysql>use jd_db;
```

再创建表 spider，命令如下（与在 Windows 环境下创建 MySQL 表一样）。

```
>create table spider(
```

```
>id int(11) not null auto_increment,
>platform varchar(255) default null,
>xinhao varchar(255) default null,
>title varchar(255) default null,
>content text default null,
> memberlevel varchar(255) default null,
>fromplatform varchar(255) default null,
>area varchar(255) default null,
>userimpression varchar(255) default null,
>color varchar(255) default null,
>price varchar(255) default null,
>productSize varchar(255) default null,
>creationTime varchar(255) default null,
>zhuaqutime varchar(255) default null,
>lable varchar(255) default null,
>primary key(id)
>)engine=MyISAM auto_increment=19712 default charset=utf8;
```

创建表 spider 的命令如图 12-18 所示。

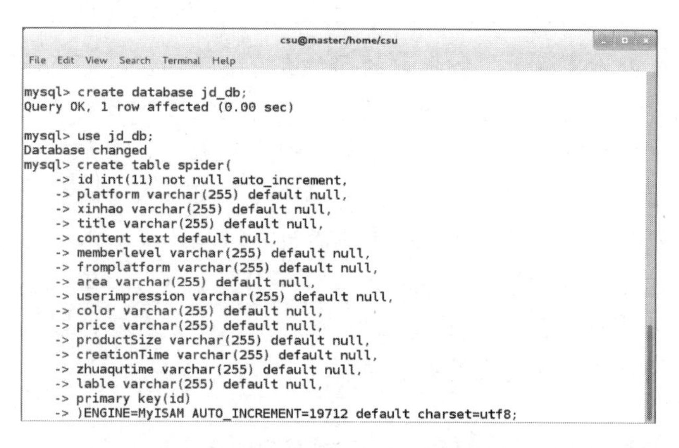

图 12-18　创建表 spider 的命令

向表 spider 中导入数据。请读者在本章软件资源文件夹中找到 jd_data.sql 文件，这是已经准备好的京东电商销售数据，约 153 MB，是通过爬虫程序抓取的真实数据。请将 jd_data.sql 文件复制到 Msater 的“/home/csu/resources/”下，读者也可以采用自己抓取的数据。

现在可 jd_data.sql 文件中的数据导入表 spider 中去了，命令是：

```
mysql> source /home/csu/resources/jd_data.sql;
```

如图 12-19 所示。

图 12-19　向表 spider 中导入数据

按下 Enter 键后开始导入数据，终端中滚动显示执行过程。这时用户需要耐心等待，因为导入数据需要一些时间，毕竟 jd_data.sql 中有 427 658 条记录。图 12-20 显示了查看记录数的命令与执行结果。

读者还可以通过“select * from spider limit 10”命令查看前 10 条记录，最好不要不加限制地查看数据，因为数据量很大，滚动显示比较耗时。

```
mysql> select count(*) from spider;
+----------+
| count(*) |
+----------+
|   427658 |
+----------+
1 row in set (0.00 sec)

mysql>
```

图 12-20　查看表 spider 中记录数的命令与执行结果

12.2.2　将 MySQL 表中的数据导入 HBase 集群

我们的目标是将数据导入 HBase 集群。

（1）启动 HBase 集群（注意，需要重新打开一个终端），请参见第 6 章的内容。进入 HBase Shell 后创建一个 HBase 表，名称是 PINGJIA.SPIDER，整个命令如图 12-21 所示，其中“f1”是列簇名。

```
test
1 row(s) in 0.0090 seconds

=> ["test"]
hbase(main):028:0> create 'PINGJIA.SPIDER','f1'
```

图 12-21　创建表 PINGJIA.SPIDER

注意，HBase 中表的名称是区分大小写的，所以 PINGJIA.SPIDER 与 pingjia.spider 或 PINGJIA.spider 是不同的表。

（2）通过 Sqoop 将表 spider 中的数据导入表 PINGJIA.SPIDER 中。首先切换到 Sqoop 安装目录，然后执行如下命令：

```
bin/sqoop import --driver com.mysql.cj.jdbc.Driver --connect jdbc:mysql://192.168.163.138:3306/jd_db?serverTimezone=UTC\&useSSL=false --username root -P --table spider --hbase-table PINGJIA.SPIDER --column-family f1 --hbase-row-key id  --hbase-create-table  -m 1
```

为帮助读者正确使用上述命令，我们给出命令输入的情形，如图 12-22 所示。

```
[csu@master sqoop-1.4.7.bin__hadoop-2.6.0]$ bin/sqoop import --driver com.mysql.cj.jdbc.Driver --connect jdbc:mysql://192.168.163.138:3306/jd_db?serverTimezone=UTC\&useSSL=false --username root -P --table spider --hbase-table PINGJIA.SPIDER --column-family f1 --hbase-row-key id  --hbase-create-table  -m 1
```

图 12-22　利用 Sqoop 将表 spider 中的数据导入表 PINGJIA.SPIDER 中

在上述命令中，大写的“P”表示通过交互方式输入密码，所以在按下 Enter 键后系统会提示输入密码，用户需要输入 MySQL 的 Root 用户密码，这里是“Hive_%CSUdjhuang168168”。也可以直接将密码写入命令行中（放在“-P”后面，并用小写的“p”取代“-P”中大写的 P）。但是，由于密码往往含有一些特殊符号，如“)”或“,”等，直接写入密码会导致语法检查通不过，所以最好不要直接写入密码。另外，由于采用的是 MySQL 8.0.11，因此命令的参数与早期版本的 MySQL 有很大不同。例如，必须明确给出 driver 是“com.mysql.cj.jdbc.Driver”；URL 后面还必须明确对时区和 SSL 进行设置，不能省略。这些注意事项对学习和实际工作者都有参考意义。

上述命令的执行结果如图 12-23 所示，可以看到 427658 条记录被导入了。

```
csu@master:~/sqoop-1.4.7.bin__hadoop-2.6.0
File  Edit  View  Search  Terminal  Help
                Failed Shuffles=0
                Merged Map outputs=0
                GC time elapsed (ms)=4492
                CPU time spent (ms)=125290
                Physical memory (bytes) snapshot=691847168
                Virtual memory (bytes) snapshot=4164833280
                Total committed heap usage (bytes)=626524160
                Peak Map Physical memory (bytes)=691847168
                Peak Map Virtual memory (bytes)=4164833280
        File Input Format Counters
                Bytes Read=0
        File Output Format Counters
                Bytes Written=0
2019-02-24 20:32:15,406 INFO mapreduce.ImportJobBase: Transferred 0 bytes in 131
.9354 seconds (0 bytes/sec)
2019-02-24 20:32:15,409 INFO mapreduce.ImportJobBase: Retrieved 427658 records.
[csu@master sqoop-1.4.7.bin__hadoop-2.6.0]$
```

图 12-23　成功导入数据后显示的信息

为了查看表 PINGJIA.SPIDER 中的数据，我们可以登录 Hbase Shell，然后执行“count ‘PINGJIA.SPIDER’”命令，如图 12-24 所示。

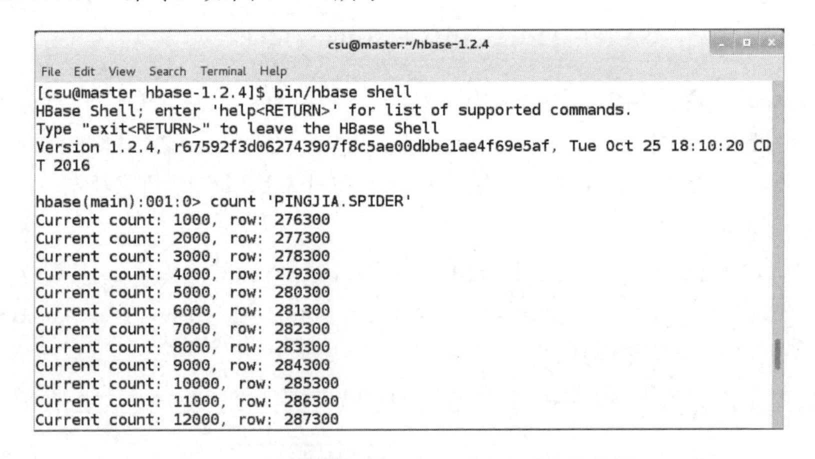

```
csu@master:~/hbase-1.2.4
File  Edit  View  Search  Terminal  Help
[csu@master hbase-1.2.4]$ bin/hbase shell
HBase Shell; enter 'help<RETURN>' for list of supported commands.
Type "exit<RETURN>" to leave the HBase Shell
Version 1.2.4, r67592f3d062743907f8c5ae00dbbe1ae4f69e5af, Tue Oct 25 18:10:20 CD
T 2016

hbase(main):001:0> count 'PINGJIA.SPIDER'
Current count: 1000, row: 276300
Current count: 2000, row: 277300
Current count: 3000, row: 278300
Current count: 4000, row: 279300
Current count: 5000, row: 280300
Current count: 6000, row: 281300
Current count: 7000, row: 282300
Current count: 8000, row: 283300
Current count: 9000, row: 284300
Current count: 10000, row: 285300
Current count: 11000, row: 286300
Current count: 12000, row: 287300
```

图 12-24　查看表 PINGJIA.SPIDER 中的数据

按下 Enter 键，系统将滚动显示统计结果，稍候片刻（取决于数据量的大小）即可看到最后结果，如图 12-25 所示，可以看到表 PINGJIA.SPIDER 中的记录数与表 spider 中的记录数完全一样（427658），说明数据被成功导入了。

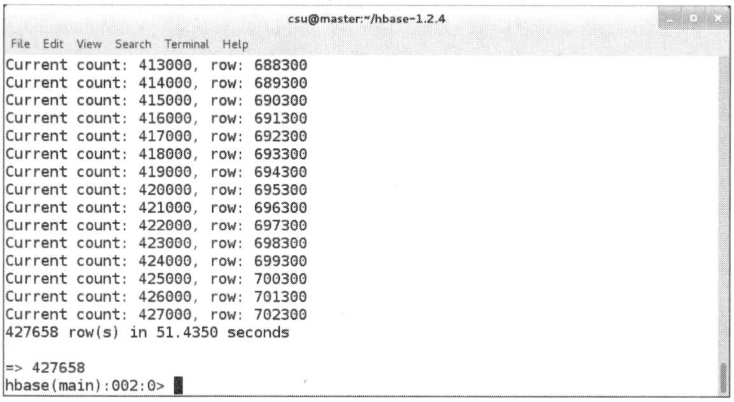

```
csu@master:~/hbase-1.2.4
File  Edit  View  Search  Terminal  Help
Current count: 413000, row: 688300
Current count: 414000, row: 689300
Current count: 415000, row: 690300
Current count: 416000, row: 691300
Current count: 417000, row: 692300
Current count: 418000, row: 693300
Current count: 419000, row: 694300
Current count: 420000, row: 695300
Current count: 421000, row: 696300
Current count: 422000, row: 697300
Current count: 423000, row: 698300
Current count: 424000, row: 699300
Current count: 425000, row: 700300
Current count: 426000, row: 701300
Current count: 427000, row: 702300
427658 row(s) in 51.4350 seconds

=> 427658
hbase(main):002:0>
```

图 12-25　执行“count‘PINGJIA.SPIDER’”命令的最后结果

注意事项

以下几个错误可能会导致 Sqoop 操作失败。

（1）输入错误。这种错误比较容易解决，只要仔细检查输入即可。

（2）使用了 localhost。有些用户在执行上述命令时不成功，给出的提示是通信连接失败（Communication Failed），这时可以用 IP 地址代替 localhost，再试一下就成功了。之所以在使用 localhost 时会导致连接不成功，而采用 IP 地址则可以，归根结底是没有在 Linux 的 hosts 文件中将“localhost 127.0.0.1”修改为类似“localhost 192.168.1.100”这样的形式。

（3）没有为 Sqoop 配置.bash_profile 文件。这也是比较常见的疏忽，请参考第 7 章中为 Sqoop 配置.bash_profile 文件的方法。

（4）Hadoop 的 mapred-site.xml 文件中的“<name>mapreduce.map.memory.mb</name>”和“<name>mapreduce.reduce.memory.mb</name>”设置得太小，导致执行到“map 0% reduce 0%”阶段时出现停顿（没有报错，卡住不动；可以按 Ctrl+C 终止执行）。这时，我们可以退出 Hadoop 和 HBase，然后修改上述参数，例如将原来的 2048 修改为 8192，甚至更高，重启 Hadoop 和 HBase 后问题即可解决。

上面展示的是从 SQL 向 HBase 导入数据的一种方法。实际上，还有两种方法，一种是 Java API 方法，另一种是 import Tsv 方法，这里就不再详细介绍了，读者可以参考有关文献。

12.3　安装 Phoenix 中间件

12.3.1　Phoenix 架构

Phoenix 最早是 Saleforce 的一个开源项目，后来成为 Apache 的顶级项目。

Phoenix 是构建在 HBase 上的一个 SQL 层，用户可以用标准的 JDBC API 而不是 HBase 客户端的 API 来创建表、插入数据和查询数据。Phoenix 的宗旨可以用如下的口号概括：Put the SQL back in NoSQL!

Phoenix 完全使用 Java 编写，作为 HBase 内嵌的 JDBC 驱动（Driver）来供开发人员使用。Phoenix 查询引擎可将 SQL 查询转换为一个或多个 HBase 扫描（Scan），并生成标准的 JDBC 结果集。图 12-26 给出了 Phoenix 组件在 Hadoop 大数据生态系统中的位置。

Phoenix 通过以下方式使开发人员少写代码，并且使性能更高（与程序员所写代码比较）：

- 将 SQL 编译成原生的 HBase 扫描。
- 确定扫描关键字的最佳开始和结束。
- 并行执行扫描。

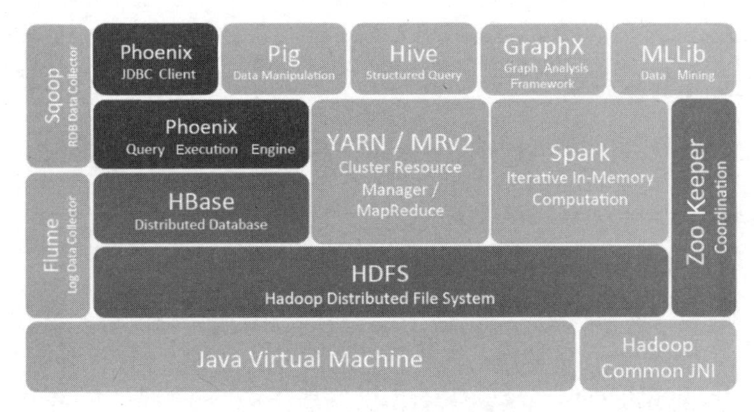

图 12-26 Phoenix 组件在 Hadoop 大数据生态系统中的地位

在 Phoenix 中进行的 SQL 查询基本上是通过构建一系列的 HBase 扫描来完成的。为了尽可能减少数据的传输，RegionServer 使用 Coprocessor（协同处理器）来执行聚合相关的工作，基本实现的思路是使用 RegionObserver 在 PostScannerOpen Hook 中将 RegionScanner 替换成支持聚合工作的定制化的 Scanner（扫描器），具体的聚合操作通过定制的扫描器属性传递给 RegionScanner。与基于 MapReduce 的框架相比较，Phoenix 基本上是通过 Coprocessor 使用 RegionServer 自身来在各个节点上执行聚合操作的。另外，在 HBase 的 RegionScanner 扫描过程中，通过各种定制的过滤器（Filter）可以尽早地过滤掉不相关的数据。图 12-27 是 Phoenix 运行架构。

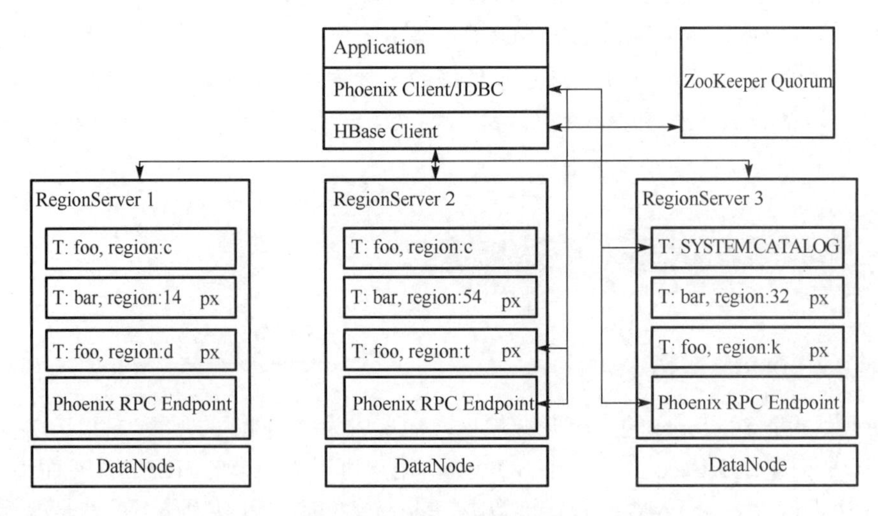

图 12-27 Phoenix 运行架构

就使用的结果来看，虽然 Phoenix 可满足一些 CRUD（Create、Retrieve、Update 和 Delete）的操作，然而它是在 HBase 基础上完成的，过于依赖 HBase，对其他存储方式的支持有限。总体来说，对 HBase 中的数据进行标准的 SQL 操作来说，Phoenix 是足够的。但是，对于时延要求较高的业务，应当用 HBase 的 API 来完成。虽然 Phoenix 的速度较快、性能较高，但不能在严格意义上达到 OLTP 要求，而直接使用 HBase API、协同处理器与自定义过滤器则有更好的性能。总之，Phoenix 不支持事务处理，不支持复杂的条件查询，不支持表之间的关联操作，对于简单查询来说，其性能量级是毫秒，对于百万级别的行数来说，其性能量级是秒。

12.3.2 解压安装 Phoenix

安装 Phoenix 时要求 HBase 已正常启动。读者可访问“http://phoenix.apache.org/download.html”下载 apache-phoenix-4.14.1-HBase-1.2-bin.tar.gz，也可以在本书第 12 章软件资源文件夹中找到该文件后，将其复制到 Master 的“/home/csu/”目录下，执行如下解压缩命令（见图 12-28）：

```
tar -zxvf apache-phoenix-4.14.1-HBase-1.2-bin.tar.gz
```

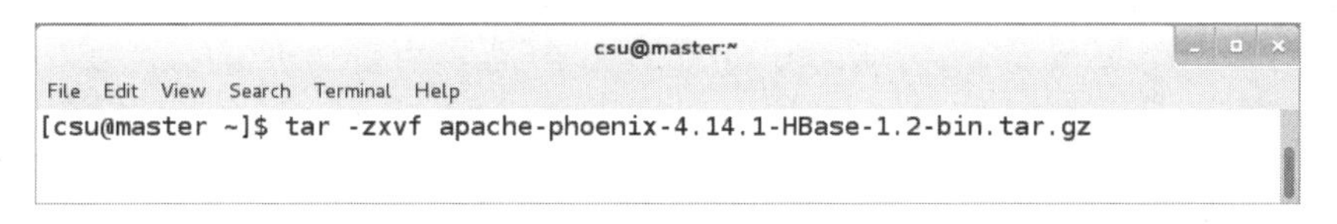

图 12-28 解压缩 apache-phoenix-4.14.1-HBase-1.2-bin.tar.gz 的命令

解压缩完成后，系统会自动生成 Phoenix 安装目录，读者可以进入该目录查看文件内容。

12.3.3 Phoenix 环境配置

1. 修改 Linux 环境变量

执行“gedit /home/csu/.bash_profile”命令，将如下代码放进.bash_profile 文件。

```
export PHOENIX_HOME=/home/csu/apache-phoenix-4.14.1-HBase-1.2-bin
export PATH=$PHOENIX_HOME/bin:$PATH
```

输入完成后，保存并退出 gedit 编辑器。执行“source /home/csu/.bashj_profile”命令可以使上述配置生效。

2. 复制依赖库

HBase 在与 Phoenix 结合中使用时，需要使用以下依赖包：

- phoenix-4.14.1-HBase-1.2-client.jar；
- phoenix-4.14.1-HBase-1.2-server.jar；
- phoenix-core-4.14.1-HBase-1.2.jar。

我们需要把上述依赖包复制到 Master 和 Slave 上的 HBase 安装目录中。首先进入 Phoenix 安装目录，然后执行复制到 Master 的操作命令。复制第一个依赖包的命令为：

```
cp phoenix-4.14.1-HBase-1.2-client.jar /home/csu/hbase-1.2.4/lib/
```

输入情形如图 12-29 所示。

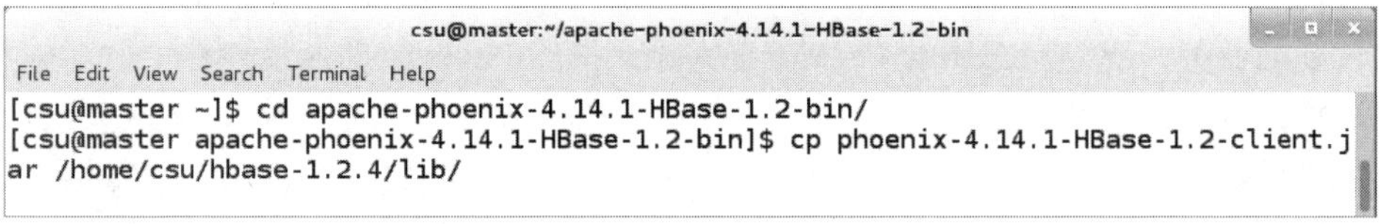

```
csu@master:~/apache-phoenix-4.14.1-HBase-1.2-bin
File  Edit  View  Search  Terminal  Help
[csu@master ~]$ cd apache-phoenix-4.14.1-HBase-1.2-bin/
[csu@master apache-phoenix-4.14.1-HBase-1.2-bin]$ cp phoenix-4.14.1-HBase-1.2-client.j
ar /home/csu/hbase-1.2.4/lib/
```

图 12-29　复制 phoenix-4.14.1-HBase-1.2-client.jar 文件到 Master 的 HBase 安装目录中

复制其他两个依赖包的命令类似：

```
cp phoenix-4.14.1-HBase-1.2-server.jar /home/csu/hbase-1.2.4/lib/
cp phoenix-core-4.14.1-HBase-1.2.jar /home/csu/hbase-1.2.4/lib/
```

本书的示例有 Slave0 和 Slave1 这两个安装了 HBase RegionServer 的节点，因此要进行两批复制。复制到 Slave0 的命令为：

```
scp -r phoenix-4.14.1-HBase-1.2-client.jar csu@slave0:/home/csu/ hbase-1.2.4/lib/
scp -r phoenix-4.14.1-HBase-1.2-server.jar csu@slave0:/home/csu/ hbase-1.2.4/lib/
scp -r phoenix-core-4.14.1-HBase-1.2.jar csu@slave0: /home/csu/ hbase-1.2.4/lib/
```

其中第一条命令的输入情形如图 12-30 所示。

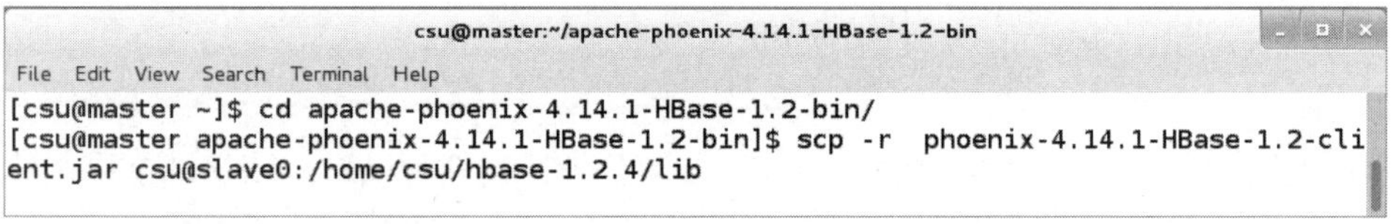

```
csu@master:~/apache-phoenix-4.14.1-HBase-1.2-bin
File  Edit  View  Search  Terminal  Help
[csu@master ~]$ cd apache-phoenix-4.14.1-HBase-1.2-bin/
[csu@master apache-phoenix-4.14.1-HBase-1.2-bin]$ scp -r  phoenix-4.14.1-HBase-1.2-cli
ent.jar csu@slave0:/home/csu/hbase-1.2.4/lib
```

图 12-30　复制 phoenix-4.14.1-HBase-1.2-client.jar 文件到 Slave0 的 HBase 安装目录中

其他两条命令的输入类似。

3．重启 HBase 集群

进入 Master 的 HBase 安装目录，执行如下命令可重启 HBase 集群。

```
bin/stop-hbase.sh
bin/start-hbase.sh
```

12.3.4　使用 Phoenix

1．Phoenix Shell 基本命令

要进入 Phoenix Shell，必须首先启动 Hadoop 和 HBase，然后进入 Phoenix 安装目录，执行如下命令即可进入 Phoenix Shell。

```
python2 bin/sqlline.py 192.168.163.138:2181
```

这里特别指出，由于 Phoenix 4.14.1 的 sqlline.py 是在 Pyhton2 下编写的，因此，我们必

须选择“python2”命令来执行该程序；否则可能会由于用户虚拟机默认的是Python3而导致语法检查错误。

在上述命令中，“192.168.163.138”是Phoenix的安装节点IP地址，“2181”是连接端口号（读者应取自己虚拟机的具体地址）。其实，启动Phoenix Shell，本质上是Phoenix通过JDBC与HBase的连接。图12-31是连接成功后的显示信息与Phoenix Shell提示符。

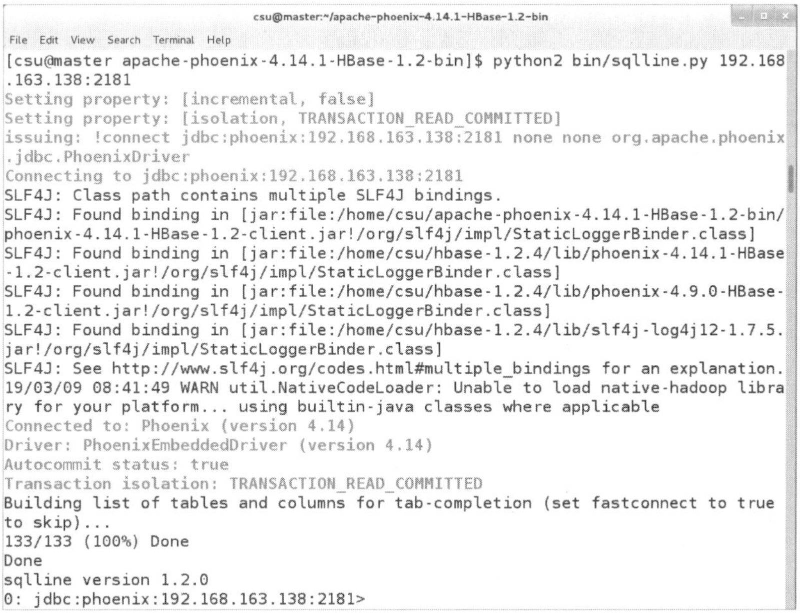

```
csu@master:~/apache-phoenix-4.14.1-HBase-1.2-bin
File  Edit  View  Search  Terminal  Help
[csu@master apache-phoenix-4.14.1-HBase-1.2-bin]$ python2 bin/sqlline.py 192.168
.163.138:2181
Setting property: [incremental, false]
Setting property: [isolation, TRANSACTION_READ_COMMITTED]
issuing: !connect jdbc:phoenix:192.168.163.138:2181 none none org.apache.phoenix
.jdbc.PhoenixDriver
Connecting to jdbc:phoenix:192.168.163.138:2181
SLF4J: Class path contains multiple SLF4J bindings.
SLF4J: Found binding in [jar:file:/home/csu/apache-phoenix-4.14.1-HBase-1.2-bin/
phoenix-4.14.1-HBase-1.2-client.jar!/org/slf4j/impl/StaticLoggerBinder.class]
SLF4J: Found binding in [jar:file:/home/csu/hbase-1.2.4/lib/phoenix-4.14.1-HBase
-1.2-client.jar!/org/slf4j/impl/StaticLoggerBinder.class]
SLF4J: Found binding in [jar:file:/home/csu/hbase-1.2.4/lib/phoenix-4.9.0-HBase-
1.2-client.jar!/org/slf4j/impl/StaticLoggerBinder.class]
SLF4J: Found binding in [jar:file:/home/csu/hbase-1.2.4/lib/slf4j-log4j12-1.7.5.
jar!/org/slf4j/impl/StaticLoggerBinder.class]
SLF4J: See http://www.slf4j.org/codes.html#multiple_bindings for an explanation.
19/03/09 08:41:49 WARN util.NativeCodeLoader: Unable to load native-hadoop libra
ry for your platform... using builtin-java classes where applicable
Connected to: Phoenix (version 4.14)
Driver: PhoenixEmbeddedDriver (version 4.14)
Autocommit status: true
Transaction isolation: TRANSACTION_READ_COMMITTED
Building list of tables and columns for tab-completion (set fastconnect to true
to skip)...
133/133 (100%) Done
Done
sqlline version 1.2.0
0: jdbc:phoenix:192.168.163.138:2181>
```

图12-31 连接成功后的显示信息与Phoenix Shell提示符

注意事项

启动Phoenix Shell时出现异常的主要原因有：

（1）ZooKeeper没有启动。无论HBase自带的ZooKeeper还是独立安装的ZooKeeper，只要能够确保正常启动即可。这里是通过启动HBase来启动ZooKeeper的。

（2）执行“./sqlline.py”命令时，后面使用了主机名或localhost。由于配置上的差异，有些用户采用主机名时会报错，这是因为其Hadoop配置没有包含主机名与IP地址的映射，如果用主机名或localhost连接不成功，就改用IP地址试一下。

（3）Phoenix和HBase兼容问题。在apache-phoenix-4.9.0-HBase-1.2-bin.tar.gz文件名中包含了Phoenix和HBase版本号，这就表明了它们之间的版本兼容性配置。如果安装的HBase是0.98，而使用Phoenix 4.9.0，就有可能出现兼容性问题。

（4）Phoenix的依赖包没有被复制到HBase的安装目录下，这是操作问题。

（5）前文也已经指出，对于我们现在采用的Phoenix 4.14.1，必须用“python2”命令执行sqlline.py程序，否则可能会由于虚拟机当前默认的是Python3（如Python3.7）而出现语法检查错误。

进入Phoenix Shell后可以输入命令来使用Phoenix。读者可以输入“help”命令查看Phoenix Shell的命令列表，建议先熟悉一下“help”命令给出的说明。

这里我们给出几个常见命令：

```
>!help
```

帮助命令，用于查看其他命令以及参数的用法。

```
>!tables
```

查看 HBase 中的表名称等信息。

```
>!list
```

显示当前的连接。

```
>!quit
```

退出 Phoenix Shell。

```
>select * from PINGJIA.SPIDER limit 10;
```

查询表 PINGJIA.SPIDER 的前 10 个记录。注意，SQL 语句用“;”结尾。另外，如果表名是小写的，如 test，命令中要用双引号括起来，即“test”，否则会当成 TEST。

2. 在 Phoenix 中创建表

下面我们在 Phoenix 中创建表 PINGJIA.SPIDER，该表与 HBase 中的表 PINGJIA.SPIDER 对应。

请在 Phoenix Shell 提示符下执行如下命令。

```
create table PINGJIA.SPIDER(
"id" varchar primary key,
"f1". "platform" varchar,
"f1". "xinhao" varchar,
"f1". "title" varchar,
"f1". "content" varchar,
"f1". "memberlevel" varchar,
"f1". "formplatform" varchar,
"f1". "area" varchar,
"f1". "userimpression" varchar,
"f1". "color" varchar,
"f1". "price" varchar,
"f1". "productSize" varchar,
"f1". "creationTime" varchar,
"f1". "zhuaqutime" varchar,
"f1". "lable" varchar)
column_encoded_bytes=0;
```

输入完毕后按下 Enter 键，系统将开始执行上述命令。这个创建过程需要一点时间，请耐心等待。如果执行成功，则可看到如图 12-32 所示的信息。

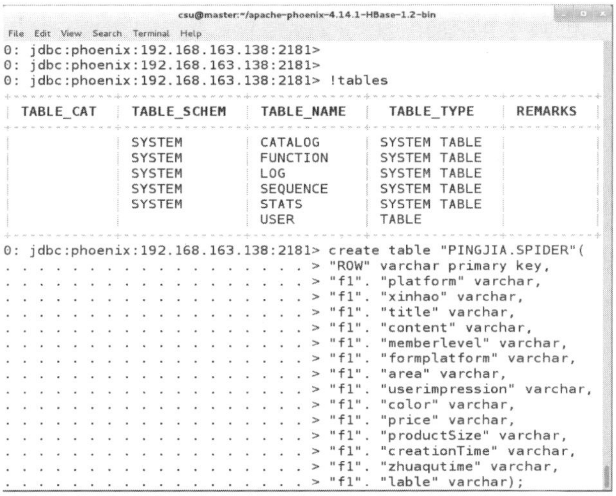

```
csu@master:~/apache-phoenix-4.14.1-HBase-1.2-bin
File Edit View Search Terminal Help
0: jdbc:phoenix:192.168.163.138:2181>
0: jdbc:phoenix:192.168.163.138:2181>
0: jdbc:phoenix:192.168.163.138:2181> !tables
+------------+--------------+-------------+---------------+----------+
| TABLE_CAT  | TABLE_SCHEM  | TABLE_NAME  |  TABLE_TYPE   | REMARKS  |
+------------+--------------+-------------+---------------+----------+
|            | SYSTEM       | CATALOG     | SYSTEM TABLE  |          |
|            | SYSTEM       | FUNCTION    | SYSTEM TABLE  |          |
|            | SYSTEM       | LOG         | SYSTEM TABLE  |          |
|            | SYSTEM       | SEQUENCE    | SYSTEM TABLE  |          |
|            | SYSTEM       | STATS       | SYSTEM TABLE  |          |
|            |              | USER        | TABLE         |          |
+------------+--------------+-------------+---------------+----------+
0: jdbc:phoenix:192.168.163.138:2181> create table "PINGJIA.SPIDER"(
. . . . . . . . . . . . . . . . . . . > "ROW" varchar primary key,
. . . . . . . . . . . . . . . . . . . > "f1". "platform" varchar,
. . . . . . . . . . . . . . . . . . . > "f1". "xinhao" varchar,
. . . . . . . . . . . . . . . . . . . > "f1". "title" varchar,
. . . . . . . . . . . . . . . . . . . > "f1". "content" varchar,
. . . . . . . . . . . . . . . . . . . > "f1". "memberlevel" varchar,
. . . . . . . . . . . . . . . . . . . > "f1". "formplatform" varchar,
. . . . . . . . . . . . . . . . . . . > "f1". "area" varchar,
. . . . . . . . . . . . . . . . . . . > "f1". "userimpression" varchar,
. . . . . . . . . . . . . . . . . . . > "f1". "color" varchar,
. . . . . . . . . . . . . . . . . . . > "f1". "price" varchar,
. . . . . . . . . . . . . . . . . . . > "f1". "productSize" varchar,
. . . . . . . . . . . . . . . . . . . > "f1". "creationTime" varchar,
. . . . . . . . . . . . . . . . . . . > "f1". "zhuaqutime" varchar,
. . . . . . . . . . . . . . . . . . . > "f1". "lable" varchar);
```

图 12-32　在 Phoenix 中创建表 PINGJIA.SPIDER 成功时显示的信息

从最后的结果可以看出，有 427658 行记录被关联（Affected）了。Phoenix 本质上是一种 HBase 的查询工具，在 Phoenix 中创建表，实际上是通过 JDBC 建立一个与 HBase 表的连接，而数据仍然存储在 HBase 中，只是通过 Phoenix 来操作 HBase 表。因此，这就要求 Phoenix 中创建的表与用户所希望操作的 HBase 表存在对应关系，这种对应关系必须完全一致，例如，表名必须相同，并且大小写也要一致，字段名也要完全一致。

这里有几点需要说明：

（1）Phoenix 对表名和列名都是区分大小写的。如果不加双引号，则默认为大写。例如，上面这条命令中，如果我们把 PINGJIA.SPIDER 写成 pingjia.spider，并且不加双引号，则创建后的表名还是 PINGJIA.SPIDER，如果用加双引号，即“pingjia.spider”，则创建的表名就是 pingjia.spider。

（2）如果需要映射 HBase 中的表，那么 Phoenix 的表名要和 HBase 中建立的表名一致。HBase 默认的主列名是 ROW，所以要将 ROW 设置为主键。列簇和列名也要用双引号括起来，否则小写会自动变成大写。

（3）对于 Phoenix 4.10 及以上版本，读者可能会遇到查不出数据的情况，即使用查询命令（如 select）时，可以看到表结构，但看不到具体记录。之所以会这样，是因为在 4.10 以上版本的 Phoenix 对列的编码方式进行了改变（官方文档有说明）。例如，对于 platform 这个列，在 Phoenix 和 HBase 中列名是一样的，但是 Phoenix 对这个列名进行了编码，也就是说，Phoenix 创建的 platform 列与 HBase 里的 platform 不是同一个列了，因此查不出来数据。解决这个问题的方法就是，在 Phoenix 中创建表时，需要在命令中把 COLUMN_ENCODED_BYTES 属性设置为 0，也就是说，不需要 Phoenix 对列簇（Column Family）进行编码。

HBase 的查询工具还有很多，除了 Phoenix，还可以使用 Hive、Tez、Impala 和 Spark SQL。这里之所以介绍 Phoenix，主要目的还是向大家展示 Phoenix 的应用。另外，Phoenix 在众多的竞争者中有它的优势，因此可以在实际应用中加以考虑。

下面我们通过 Phoenix 来查看 HBase 中的表 PINGJIA.SPIDER 的内容。Phoenix 的查询命令与标准的 SQL 一致，例如，查看表 PINGJIA.SPIDER 中前 5 条记录的命令为：

```
select * from PINGJIA.SPIDER limit 5;
```

图 12-33 给出了上述命令的执行结果。

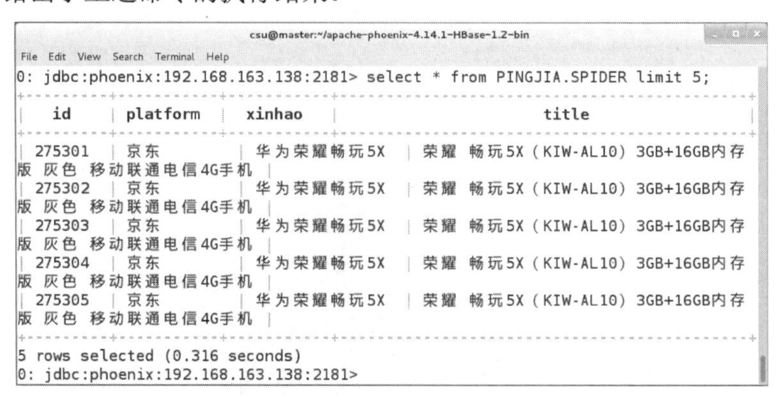

图 12-33　在 Phoenix 中查看表 PINGJIA.SPIDER 中前 5 条记录

要查看具体字段内容，可以使用如下命令：

```
select "content" from PINGJIA.SPIDER limit 100;
```

Phoenix Shell 还有很多命令，感兴趣的读者可以参考有关文献或网站。

12.4　基于 Web 的前端开发

12.4.1　将 Web 前端项目导入 Eclipse

我们在第 5 章已经为 Linux 安装了 Eclipse，现在启动该工具。首先，在本章软件资源中找到示范工程 new_pingjia_hbase，将其复制到“/home/csu”目录下。在 Eclipse 主菜单中选择“File→Import”，在弹出的“Import”对话框中选择“General→Existing Projects into Workspace”，如图 12-34 所示。

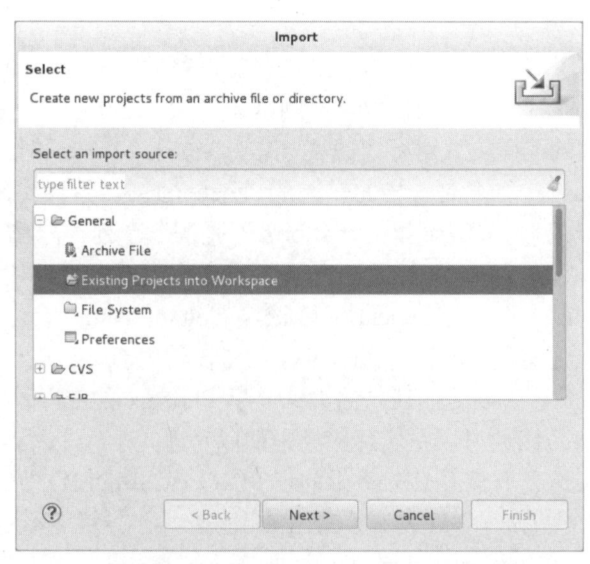

图 12-34　在“Import”对话框中选择“Genreal→Existing Projects into Workspace”

在图 12-35 中单击“Next”按钮后，弹出的“Import”下一个对话框中单击“Browse”按钮，在“/home/csu/”下选择 new_pingjia_hbase，如图 12-35 所示。

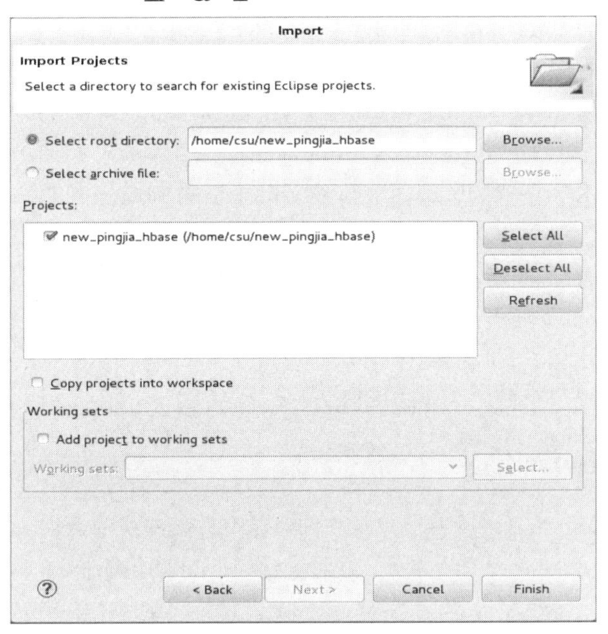

图 12-35　通过“Browse”按钮选择项目所在目录

单击图 12-35 中的“Finish”按钮即可导入项目。

上面导入的工程是某公司的一个示范性项目，源代码可以供读者研究和学习（**但是不能用于商业目的**）。现在，我们在这里仅对源码进行简单的修改。

在 Eclipse 的“Project Explorer”中展开“new→pingjia→hbase→Java Resources→src→org.zkpk.jdbc.util”，打开下面的 phoenix_Hbase.java 文件，修改其中的“private static final string URL”，将 IP 地址替换成自己计算机 Master 的 IP 地址（如 192.168.163.138，请根据计算机具体情况修改），如图 12-36 所示。

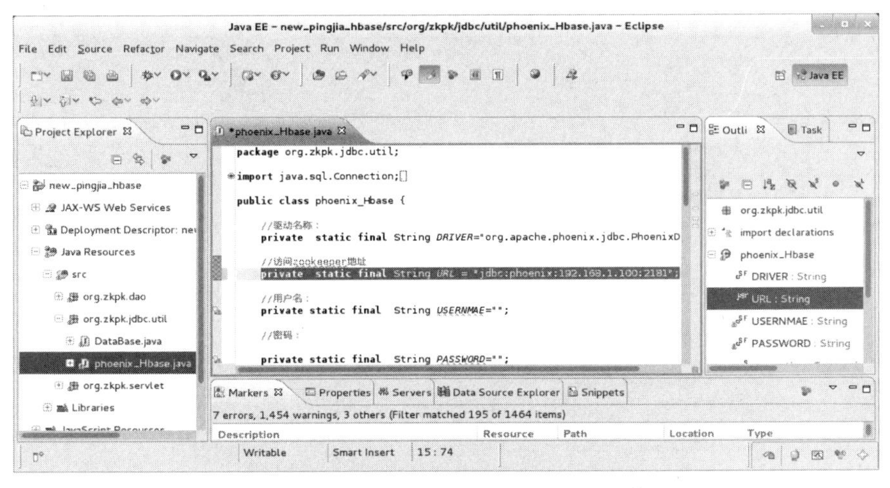

图 12-36　编辑 phoenix_Hbase.java 文件

这里还有一个问题需要说明：按照本书前面的配置，虚拟机的 JDK 是 JDK 1.8.0_171，但是现在导入的这个项目是在 JDK 1.7.0_71 下完成了，因此在导入该工程时，会看到很多红色的叉，表明出现了依赖包错误或者 JDK 失配。依据这一分析，我们有两个办法解决问题，一是修改工程代码，另一个是 Eclipse 的 JDK 使用 JDK 1.7.0_71。

为了简便起见，我们采用降低 Eclipse 的 JDK 版本的办法，步骤如下：

（1）选择工程（如 new_pingjia_hbase），单击鼠标右键，弹出的菜单中选择“Build Path→Config Build Path”，进入 “Properties for new_pingjia_hbase”界面。

（2）删除原有 JDK。在“Libraries”标签下，可以看到原来的 JDK 1.8.0_171。现在要删除它，请选中该 JDK，然后单击右边的“Remove”按钮即可。

（3）添加新的 JDK。单击右边的“Add Library”，在弹出的对话框中选择“JRE System Library”，再单击“Next”按钮，选择“Installed JREs”，找到已经安装好的 JDK 1.7.0_71，单击“Finish”按钮，返回上一页后单击“OK”按钮。

完成上述配置修改，至此，代码与配置修改就完成了。

12.4.2 安装 Tomcat

接下来需要安装 Tomcat。请读者在本章软件资源文件夹中找到 apache-tomcat-7.0.59.zip 文件，将其复制到 Master 的“/home/csu/”目录下，然后执行如下的解压缩命令（另外打开一个终端窗口）：

```
unzip apache-tomcat-7.0.59.zip
```

执行成功后，系统会在“/home/csu/”目录下自动创建“apache-tomcat-7.0.59”目录，即 Tomcat 的安装目录。

12.4.3 在 Eclipse 中配置 Tomcat

切换到 Eclipse 界面，在主菜单中选择“Window→Preferences”，在弹出的“Preferences”对话框中选择“Server→Runtime Environments”，如图 12-37 所示，在此可配置服务器运行时环境。

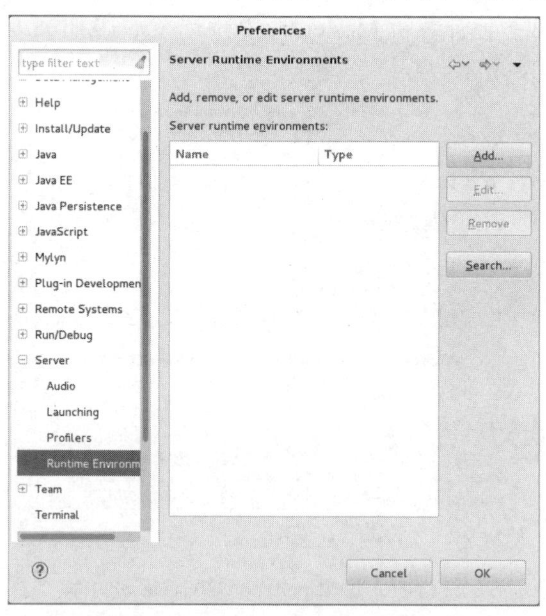

图 12-37 配置服务器运行时环境

在图 12-37 中单击“Add”按钮，选择“Apache Tomcat v 7.0，如图 12-38 所示。

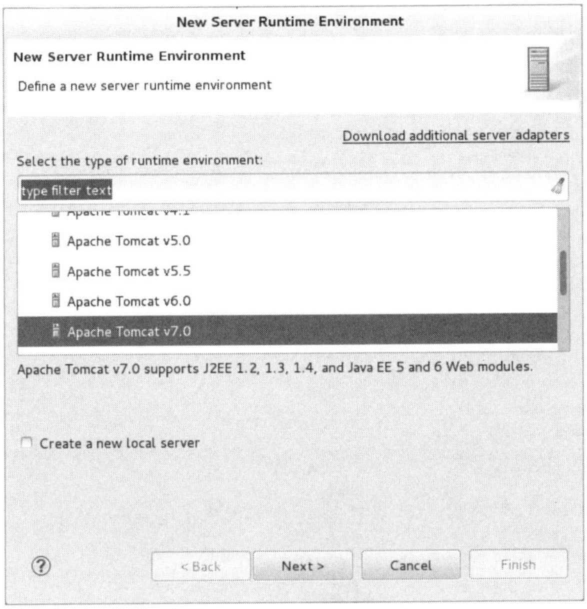

图 12-38 选择“Apache Tomcat v 7.0”

单击图 12-38 中的“Next”按钮，弹出如图 12-39 所示的“New Server Runtime Environment”对话框。在该对话框中，我们需要指定 Tomcat 的安装目录，并选择 JRE（Java Runtime Environment）。前者可通过单击图 12-39 中的“Browse”按钮进行选择，后者只要单击“JRE”下面的下拉列表，选择其中的“jdk.1.7.0_71”即可。

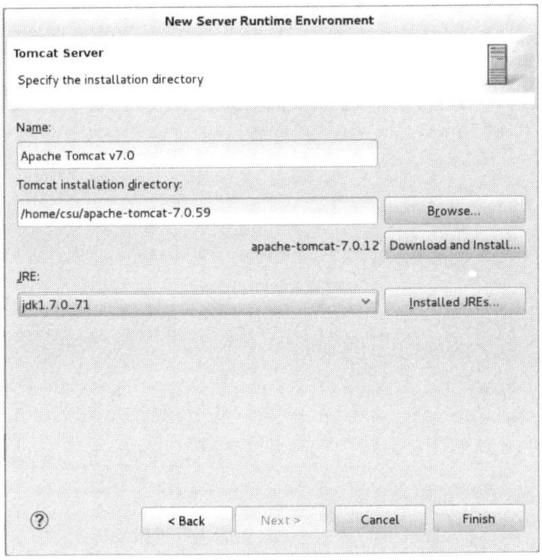

图 12-39 配置 Tomcat 安装目录和 JRE

完成选择后，单击“Finish”按钮，再单击返回页面的“OK”按钮，即可完成配置。回到 Eclipse 主界面，打开“Server”界面，如图 12-40 的中下部所示。

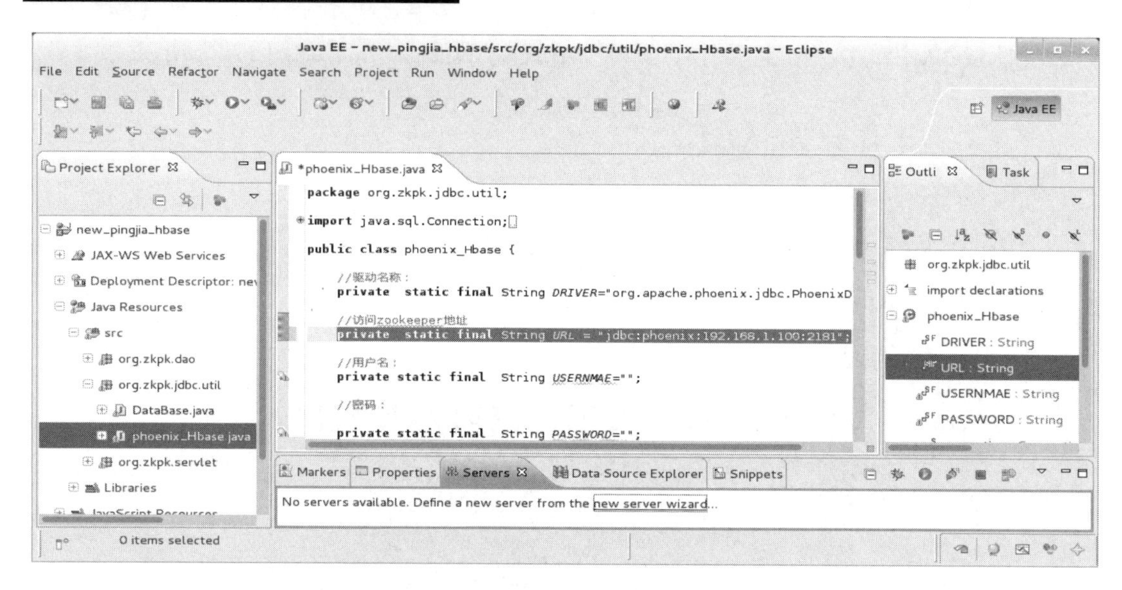

图 12-40　打开 Eclipse 主界面中的 Server 界面

如果 Server 界面事先没有出现在主界面中，也可以通过在主菜单中选择“Window→Show View →Others→ Server”将其打开。

单击图 12-40 中的“new server wizard”链接，开始添加 Tomcat。系统首先会弹出“New Server”对话框，如图 12-41 所示。

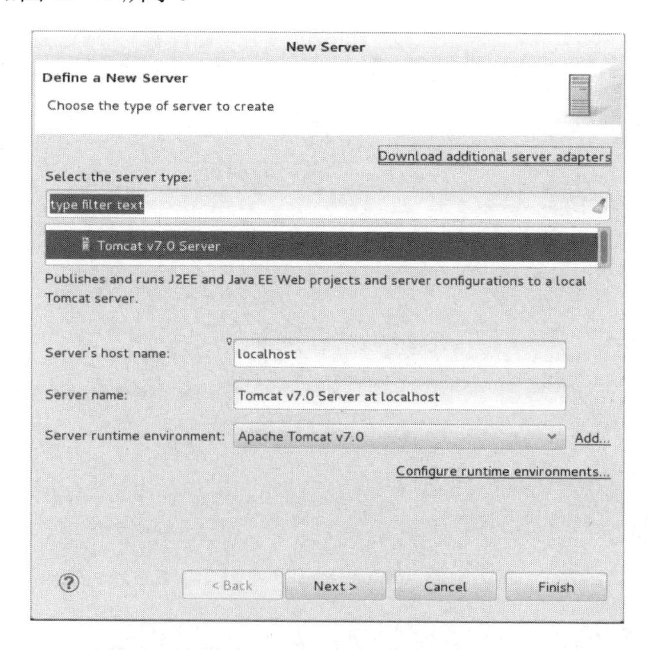

图 12-41　“New Server”对话框

直接单击上述对话框中的“Next”按钮。在随后弹出的对话框中，首先选择图 12-42（a）左边的“new_pingjia_hbase”，再单击中间的“Add”按钮，即可将项目配置到服务器中去，如图 12-42（b）所示。

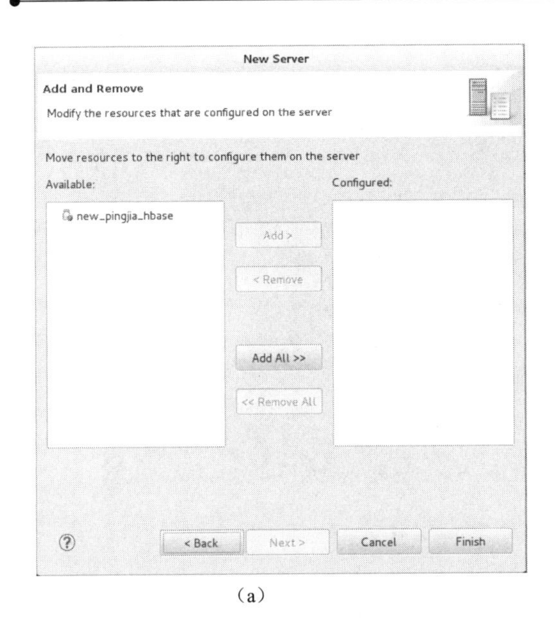

（a）

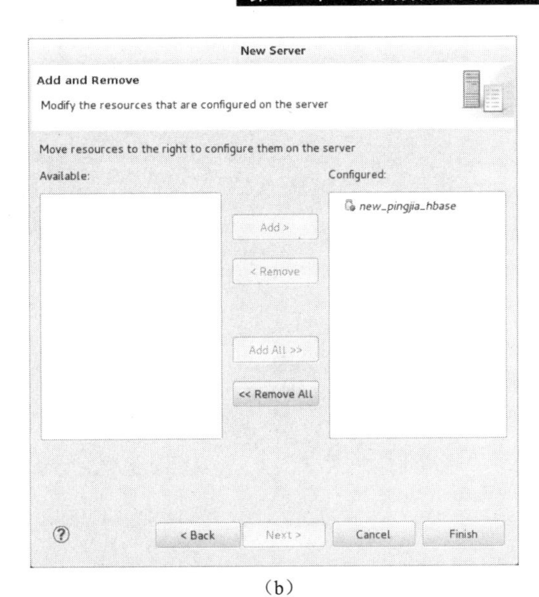

（b）

图 12-42　将 new_pingjia_hbase 项目配置到服务器中

最后启动 Tomcat。方法是在 Eclipse 主界面的“Server”界面中选择“Tomcat v7.0 Server at localhost [Stopped, Synchronized]”，单击鼠标右键，在弹出的菜单中选择“Start”，即可开始运行项目，如图 12-43 所示。

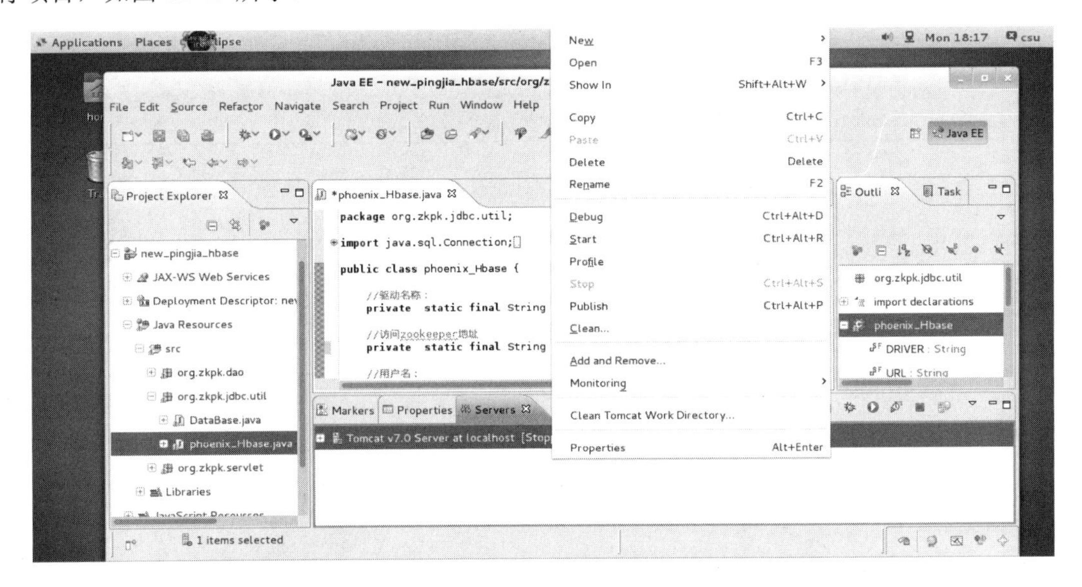

图 12-43　启动 Tomcat

12.4.4　在 Web 浏览器中查看执行结果

完成上述操作后，我们就可以通过 FireFox 浏览器查看程序的运行结果了。请在浏览器地址栏输入“http://master:8080/new_pingjia_hbase/index.jsp”，按下 Enter 键后将看到如图 12-44 所示的界面。

图 12-44　new_pingjia_hbase 项目界页

图 12-45 所示为电商平台、手机总量、数据总条数的统计结果，采用了仪表盘模式。

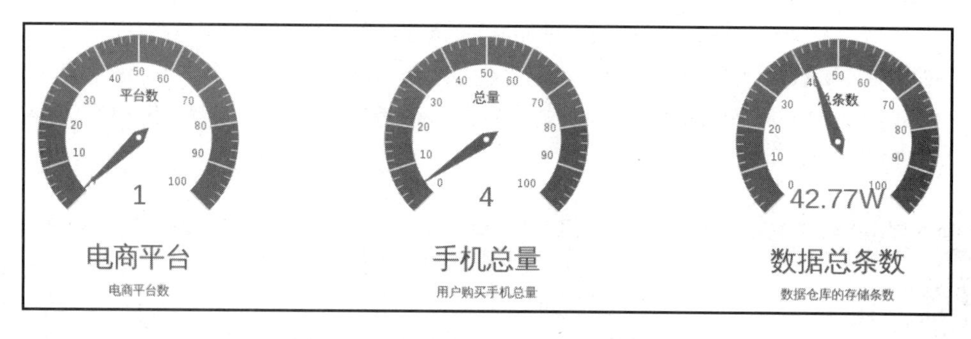

图 12-45　仪表盘模式的统计结果展示

图 12-46 是京东客户端来源统计结果展示，采用了饼图模式。我们看到，京东 Android 客户端占到一半以上（54.01%），其次是京东 PC 客户端，京东 iPhone 客户端位居第三。注意，该项目允许用户通过移动鼠标，利用弹出式数据显示框来查看细节数据。

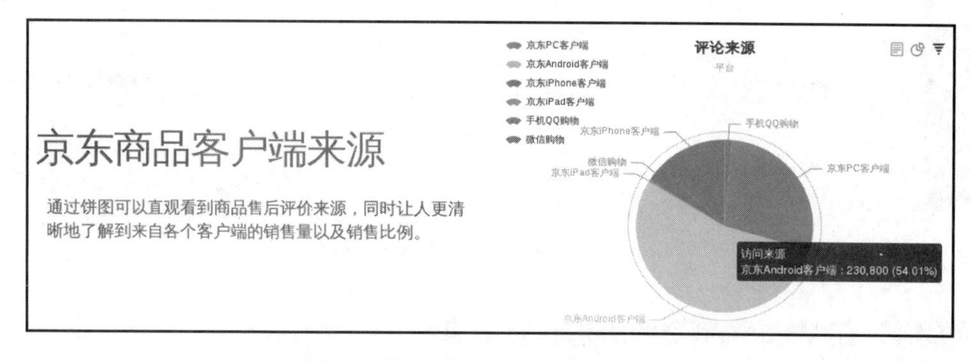

图 12-46　京东客户端来源统计结果

图 12-47 是基于会员等级的销量统计结果，主要用于分析不同等级会员对销售的倾向性。我们从图可以看出，钻石会员购买的手机越多，而金牌与银牌会员的销量差别不大（金牌会员的销量还略微少一点），铜牌会员最少，企业会员与其他注册会员的销量很小。

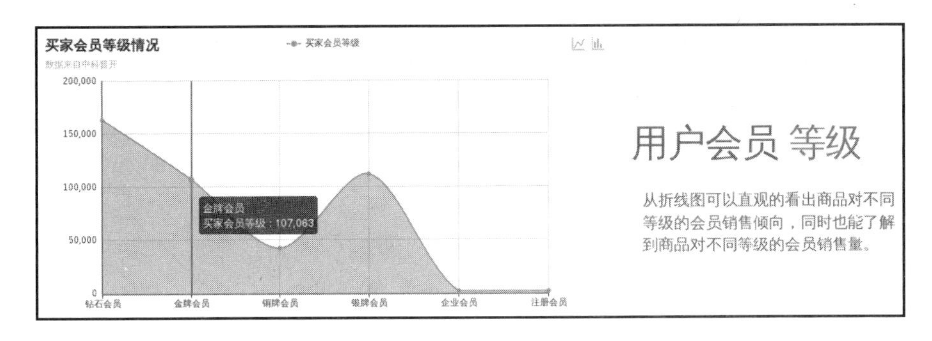

图 12-47　基于会员等级的销量统计结果

图 12-48 给出了用户购买印象的分析结果，采用了统计直方图模式。从显示结果可以直观地看出，用户对商品的印象分布，其中性价比最为用户所关心，其次是系统流畅度和外观等。显然，这些分析结果有助于手机制造商改进手机的设计，也有助于销售平台进行营销管理。

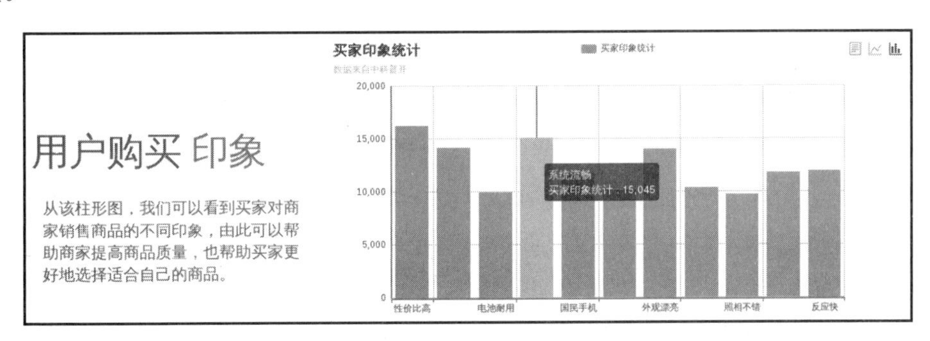

图 12-48　用户购买印象的分析结果

同样也可得到手机销量的地域分布分析结果。基于地图的大数据分析可视化模式，得到了广泛应用。这种展示数据的方式充分发挥了地图的优势，能够支持决策人员进行地域销售渠道的配额管理。

12.5　本章小结

本章介绍了大数据分析应用系统的完整开发过程，涵盖了数据采集、数据转换、数据计算、数据分析和结果展示的整个项目流程。

（1）数据采集。在数据采集方面，我们给出了基于 WebCollector 的爬虫系统设计方法，展示了对 Web 网页数据进行抓取、分析并存储到 MySQL 数据库的基本实现过程。

（2）数据存储。有了数据之后，还必须将采集到的数据导入 Hadoop 大数据分析平台存储。我们应用 Sqoop 组件，将采集到 MySQL 数据库中的数据导入到了 HBase 集群，同时介绍了 Sqoop 的作用及其应用方法。

（3）数据计算。数据进入 HBase 之后，就可以开展基于 HBase 的大数据分析计算。在分析数据时，项目借助 Phoenix 中间件实现了对 HBase 数据的读取。这里有两个关键点需要理解：第一是 HBase 的列存储方式和基于 KV 的查询，大大提高了数据处理效率，这就是为什么我们把数据导入到 HBase 中来的基本出发点；第二，HBase 的优越性固然需要，但是 HBase 中的数据采用了 NoSQL 模式，而我们的分析系统则是基于传统结构化数据库模式的，因此需要通过一个中间件将 HBase 数据转换成标准的 SQL 数据，这就是 Phoenix 的作用。

（4）数据分析和结果展示。在本章的项目中，数据分析和结果展示是通过后台的 Java Servlet 程序实现的，读者可以通过分析代码来了解实现技术。

参考文献

[1] 周渝, 唯奕. 大数据——企业运营中的新资本[J]. 信息与电脑, 2012(11): 19-21.

[2] 焦绪录, 张明钟, 杨爱新. 大数据机遇——以互联网上市企业为例[J]. 中国经济报告, 2013(6): 32-37.

[3] 唐姝. 深化编研推动“智库型”企业档案馆建设[C]. 创新：档案与文化强国建设——2014 年全国档案工作者年会优秀论文集, 2014.

[4] 张晓芳. “大数据”时代对内蒙古人力资源管理的思考[J]. 内蒙古统计, 2013(4): 15-17.

[5] 木怀琴. 美国政府的大数据之策[J]. 文化纵横, 2014(3): 12-12.

[6] 田倩飞. 美国发布联邦大数据研发战略计划[J]. 科研信息化技术与应用, 2016,7(4).

[7] 曹凯. 日本加快大数据布局　全面发展仍面临挑战[J]. 计算机与网络, 2014(19): 6-7.

[8] 陈金先. 大数据与社会化媒体营销的转变[J]. 传媒, 2016(1): 57-58.

[9] 李国甫. 国有企业推进大数据管理整体思路[J]. 钢铁文化, 2014(5): 19-21.

[10] 王福林. 大数据技术在智能建筑中的应用[J]. 智能建筑, 2017(8): 39-44.

[11] 胡鞍钢, 鄢一龙, 姜佳莹. “十三五”规划及 2030 年远景目标的前瞻性思考[J]. 行政管理改革, 2015(2): 31-36.

[12] 徐赐发. 大数据时代金融业面临的挑战[J]. 金融科技时代, 2012(10): 54-54.

[13] 彭铁元. 大数据凝聚融媒体核心竞争力[J]. 传媒, 2017(18): 8-12.

[14] 刘蔚然. 大数据技术[J]. 冶金设备管理与维修, 2014,32(4): 33-36.

[15] 王熙. 运营商初尝大数据红利　提升网络精细化经营[J]. 通信世界, 2014(24): 20-20.

[16] 徐时芳. 基于 Spark 的分布式大数据分析建模系统的设计与实现[J]. 现代电子技术, 2018,41(20): 180-182+186.

[17] 汪应洛, 黄伟, 朱志祥. 大数据产业及管理问题的一些初步思考[J]. 科技促进发展, 2014(1): 15-19.

[18] 张云泉, 徐葳, 龙桂鲁. 数据科学：问题导向的交叉学科创新[J]. 科学通报, 2015(z1): 425-426.

[19] 徐斌. 一种高可靠性系统的结构设计[J]. 湖北科技学院学报, 2006,26(6): 68-70.

[20] Apache. Hadoop: http: //zookeeper.apache.org.

[21] Tang L, Tang L, Tang L, et al. Analysis of HDFS under HBase: a facebook messages case study[C]// Usenix Conference on File & Storage Technologies. 2014.

[22] DEAN, Jeffrey, GHEMAWAT, et al. MapReduce: A Flexible Data Processing Tool[J]. Communications of the Acm, 2010, 53(1): 72-77.

[23] 唐常杰, 熊民. The Temporal Mechanisms in HBase[J]. Journal of Computer Science & Technology, 1996,11(4): 365-371.

[24] Minar N, Gray M, Roup O, et al. Hive: Distributed Agents for Networking Things[M]// Hive: distributed agents for networking things. 2000.

[25] Zaharia M, Chowdhury M, Franklin M J, et al. Spark: cluster computing with working sets[C]// Usenix Conference on Hot Topics in Cloud Computing. 2010.

[26] 曾明宇. 一种基于 Storm 和 Mongodb 的分布式实时日志数据存储与处理系统的设计与实现及应用[D]. 浙江大学硕士学位论文, 2015.

[27] 郝璇. 基于 Apache Flume 的分布式日志收集系统设计与实现[J]. 软件导刊, 2014(7): 110-111.

[28] 于秦. 基于 Apache Flume 的大数据日志收集系统[J]. 中国新通信, 2016, 18(18): 41-41.

[29] 孙元浩. 如何构建安全的 Kafka 集群[J]. 电信网技术, 2015(8): 10-14.

[30] 卢冬海, 何先波. 浅析 NoSQL 数据库[J]. 中国西部科技, 2011,10(2): 15-16.

[31] Lakshman A, Malik P. Cassandra: a decentralized structured storage system[J]. Proc Acm Ladis Oct, 2010, 44(2): 35-40.

[32] 陈名辉. 基于 YARN 和 Spark 框架的数据挖掘算法并行研究[D]. 湖南师范大学硕士学位论文, 2016.

[33] 王志刚, 陈名辉, 赵振凯. 一种 YARN 和 Spark 框架的网格聚类方法[J]. 现代计算机, 2016(35): 33-37.

[34] 李川, 鄂海红, 宋美娜. 基于 Storm 的实时计算框架的研究与应用[J]. 软件, 2014(10): 16-20.

[35] Guller M. Spark Streaming[M]// Big Data Analytics with Spark,2015.

[36] 姬秀荔. Linux 网络与安全[J]. 电视技术, 2002(10): 37-39.

[37] 佟强. Linux 集群上并行 I/O 与核外存储策略的研究与实现[D]. 哈尔滨工业大学硕士学位论文, 2002.

[38] Dean J, Ghemawat S . MapReduce: Simplified Data Processing on Large Clusters[C]// Proceedings of Sixth Symposium on Operating System Design and Implementation (OSD2004). USENIX Association, 2004.

[39] 董春涛, 李文婷, 沈晴霓, 等. Hadoop YARN 大数据计算框架及其资源调度机制研究[J]. 信息通信技术, 2015(1): 77-84.

[40] 陈冬梅, 常广炎. ZooKeeper 的开发和应用[J]. 电脑编程技巧与维护, 2017(21): 37-38+44.

[41] Alapati S R. Cassandra on Docker, Apache Spark, and the Cassandra Cluster Manager[J]. 2018.

[42] 谭旭杰, 邓长寿, 吴志健, 等. 云环境下求解大规模优化问题的协同差分进化算法[J]. 智能系统学报, 2018,13(2): 243-253.

[43] 许海玲, 吴潇, 李晓东, 等. 互联网推荐系统比较研究[J]. 软件学报, 2009,20(2): 350-362.

[44] 王媛媛, 李翔. 基于人口统计学的改进聚类模型协同过滤算法[J]. 计算机科学, 2017,44(3): 63-69.

[45] 崔苹. 基于文本挖掘的个性化推荐系统研究[D]. 上海师范大学硕士学位论文, 2018.

[46] 张光卫, 李德毅, 李鹏, 等. 基于云模型的协同过滤推荐算法[J]. 软件学报, 2007,18(10): 2403-2411.

[47] 周军锋, 汤显, 郭景峰. 一种优化的协同过滤推荐算法[J]. 计算机研究与发展, 2004,41(10): 1842-1847.

[48] 吴月萍, 郑建国. 协同过滤推荐算法[J]. 计算机工程与设计, 2011,32(9): 3019-3021.

[49] 董小妹. 大数据环境下基于本体的协同过滤推荐算法改进研究[D]. 南京工业大学硕士学位论文, 2013.

[50] 张晓飞. 解张量分解问题的信赖域交替最小二乘法[D]. 南京师范大学硕士学位论文, 2014.

[51] 孙天昊, 黎安能. 基于 Hadoop 的改进聚类协同过滤推荐算法研究[J]. 计算机工程与应用, 2015,51(17): 58-60.